繼往開來
黃埔軍校第七期研究

陳予歡 著

開篇語

　　創立於1924年6月16日的廣州黃埔軍校，至今走過了100年曆程，今年是黃埔軍校建校百年華誕。

　　黃埔軍校在發祥地的廣州，至1930年10月結束，亦經歷了6年零4個月。黃埔軍校在過往歷史的風采與軼事，通過史料史事展現與親歷者回憶，漸為世人所瞭解與認識，在現代中國軍事歷史留下了深深印記。100多年前，孫中山先生就提出打倒帝國主義在中國一切軍閥武裝勢力，向著中華民族獨立解放自主的三民主義宏偉願景而奮爭。黃埔軍校作為那個時代中國著名軍校，以其稱譽世界長存中國之軍事魅力，引發了廣大讀者與熱心史事的無盡話題。黃埔軍校曾經北伐抗戰風采奪目的真實面孔，這個回顧與再現非同小可，過往歷史的黃埔軍校是什麼？它的歷史與現實意義就在於：它是大革命時期領導先驅與進步的同義詞，是國民革命與北伐成功的搖籃，是堅持抗戰直至勝利的骨幹武力，是兩支先後為執政黨之武力發源地，是那個年代的軍人魂、民族魂之精神體現。

　　真實的史料可以告誡後人，面對外來侵略時，黃埔軍校師生曾是中華民族和國家意義的武裝力量及軍事棟樑，他們曾為中華民族及其國家興盛乃至救亡圖存生死攸關而「前仆後繼」、「拋頭顱灑熱血」，他們曾是中華民族與國家軍事成長歷程的先驅者、開拓者和奠基者！要認清他們曾在辛亥革命、國民革命、北伐戰爭、抗日戰爭及其軍事、政治、外交、社會諸多方面留存各自不同的軌跡、印痕與風采。黃埔軍校史跡其實還是一個規模宏大的學術富礦，頗具中華地域、軍事人文、文化蘊涵、歷史影響、社會效應、人文比較、公眾反響、史書記載、海外聲響、建築地標、精神傳承、媒體傳播等厚重深長歷史價值與現實意義。

　　在過去40年當中，筆者始終追尋著黃埔軍校曆期生的步伐與身影，回顧與記載他們行將遠去的背影與故事。藉海峽兩岸檔案史料、圖書資訊、同學錄冊、職官年表、軍隊序列、軍史沿革、傳主親歷、家屬來函及其相關背景資料基礎上，接續黃埔軍校前六期序列叢書，將第七期史料整理成冊。緣於第七期時間跨度較長，從1927年9月學員入伍至1930年9月黃埔本校在廣州結束，期間延續的廣州黃埔本校與南京本部所有事件人物等項，皆列入收集整理研究記述範疇，此為學界研究黃埔軍校師生提供又一部歷史學術與史籍著述。

目次

開篇語		*003*
校務委員與軍政要員題詞		*009*
校務委員與軍政要員題序		*011*
第一章　黃埔軍校第七期學員的基本概貌		*023*
第一節	第七期生數量考證和學籍辨認情況的說明	*023*
第二節	廣州黃埔本校第七期生情況	*027*
第三節	南京中央陸軍軍官學校情況	*042*
第四節	第七期生畢業分發及證書	*046*
第五節	第七期史載情況	*048*
第六節	東征北伐紀念墓園興建	*050*
第二章　部分第七期生文化修養、背景及出任教官情況		*059*
第一節	部分第七期生入學前受教育與社會經歷	*059*
第二節	部分第七期生的背景情況分析	*063*
第三節	第七期生出任校本部及各分校教官情況簡介	*065*
第三章　廣州黃埔本校與南京中央陸軍軍官學校機構與教官		*068*
第一節	廣州黃埔本校組織架構及教官	*068*
第二節	第七期時南京中央陸軍軍官學校組織架構	*081*
第三節	任職南京軍校第七期教官情況簡述	*085*
第四章　軍事素養及參與黨團政務軍統活動情況		*100*
第一節	入讀陸軍大學與軍事留學日本情況	*100*

	第二節	進入中央軍官訓練團受訓情況簡介	102
	第三節	部分第七期生參與籌辦各兵科學校	104
	第四節	任職國民黨、三青團、立法院、軍統機構情況	104

第五章	獲任將校軍官、與第五期生比較及抗日殉國簡況		106
	第一節	《國民政府公報》頒令敘任上校、將官人員情況綜述	106
	第二節	與第五期生任將校軍官比較分析	112
	第三節	參加抗日戰役殉國簡況	116

第六章	粵湘浙籍第七期生的地域人文		119
	第一節	粵籍第七期生簡況	120
	第二節	湘籍第七期生簡況	246
	第三節	浙籍第七期生簡況	287

第七章	贛閩桂籍第七期生的地域人文		305
	第一節	贛籍第七期生簡況	305
	第二節	閩籍第七期生簡況	320
	第三節	桂籍第七期生簡況	331

第八章	川蘇鄂籍第七期生的地域人文		338
	第一節	川籍第七期生簡況	338
	第二節	蘇籍第七期生簡況	347
	第三節	鄂籍第七期生簡況	355

第九章	滇皖黔豫魯直晉籍及越南籍第七期生的地域人文		359
	第一節	滇籍第七期生簡況	359
	第二節	皖籍第七期生簡況	364
	第三節	黔籍第七期生簡況	367

第四節	豫魯直晉籍第七期生簡況	*372*
第五節	越南籍第七期生簡況	*375*

第十章　參與中華人民共和國政務活動綜述　　*377*

第一節	任職地方政協、人大、參事室情況綜述	*377*
第二節	參與各省、市、自治區黃埔軍校同學會活動簡述	*378*

第十一章　參與臺灣黨務政務活動及紀念刊物史載情況　　*380*

第一節	參加黨務政務活動簡介	*380*
第二節	黃埔軍校四十、六十周年紀念刊物史載情況	*381*

餘　論　　*383*

後　記　　*387*

校務委員與軍政要員題詞

黃埔軍校校務委員、教育長及軍政要員題詞：

蔣中正題詞：親愛精誠。

張學良題詞：友以輔仁，樂其三益，接武聯鑣，夙共晨夕，同最殊塗，情親形隔，風雨永懷，毋忘徹跡，為國幹城，吾儕之責，與子偕行，同袍同襗。

閻錫山題詞：中央陸軍軍官學校第七期同學錄題辭：中央陸軍軍官學校，將刊印第七期同學錄，征辭於餘，餘以為年來中國之紛亂，皆歸軍隊之不良，而軍隊之不良，則在軍官之不善，欲改前非，厥有三要：一、要有犧牲精神；二、要有卓立志趣；三、要能遵守紀律。約言之，便是不怕死，不愛錢，不擾民三句話，能如此，才夠個真正革命軍人，才能抵禦外侮，鞏固國防。區區之意，願與諸君共勉。中華民國十八年九月閻錫山。

胡漢民題詞：軍人之任，主義建國、振起全民，以身為則。黃埔軍官學校七期生同學錄，漢民集曹全碑字題。

譚延闓題詞：蔚為國珍。

王正廷題詞：方召媲美。

方鼎英題詞：毋忘艱苦。

唐生智題詞：杞梓同升。

葛敬恩題詞：幹城出俊，黨國出英，勤業崇真，親愛精誠。

朱綬光題詞：袍澤精神。

周亞衛題詞：中央陸軍軍官學校第七期同學錄：皆兄弟也。

潘　竟題詞：中央陸軍軍官學校第七期同學錄：發揚光大。

方　策題詞：幹城腹心。

馮軼裴題詞：濟濟群英，精神一貫，努力前進，為國幹城。

李　鼎題詞：黨國之英。

陳　儀題詞：聲應氣求。

錢宗澤題詞：締造黨國重任，也惟英多磊落之才能副之，諸同志卒業於斯，以身許國本其所學，以展所長故未無囿，其應無窮，無語雲學，必逆水行舟不進則退，所冀互相砥礪，備選幹城，他日之榮，即以是錄為左，券同志勉乎也。

李　鐸題詞：為黨為國，同澤同袍。[1]

---

[1] 中國第二歷史檔案館供稿，華東工學院編輯出版部影印：檔案出版社1989年7月《黃埔軍校史稿》第十一冊《黃埔同學名冊》第312－328頁。

校務委員與軍政要員題序

常務委員蔣中正作序：第七期同學錄序一：

總理手創黃埔軍校迄今已曆五載，在此五載之內，中國革命之進展猛烈飛騰，其中原因固在於總理數十年之革命準備及改組本黨，領導民眾為黨為國奮鬥犧牲，但革命武力之締造 有莫大的關係。總理手創黃埔軍校，即在造就革命武力之幹部，剷除反革命和假革命之連環勢力，在近數年之革命戰爭，如楊劉之役、討陳之役、北伐之役及以後數次討逆之役，黃埔同學均曾勇敢前驅，為黨為國而獻身，為革命而奮鬥，過去犧牲多數之官生，造成今日光榮歷史，望同學今後仍依本黨之主義，循革命之大道，念本校之歷史，抱犧牲之精神，繼續努力獻身黨國。更要立志剷除違叛中央之殘餘軍閥，決心打破侵略中國之帝國主義。諸同學應知本校過去之光榮歷史犧牲精神，只可作為吾輩今後繼續奮鬥之鼓勵，不可坐享而受虛榮，藉之以圖私利，望諸同學對於此點加以深切之考慮。

現在國內之反動勢力，封建殘餘群向中央進攻，破壞國家統一阻礙軍隊編遣，危害和平建設。但中央之地位已固威信已揚，任何反動勢力不能動搖，任何封建殘餘不能危害。即帝國主義者，見於中國革命之進展，中央地位之鞏固，亦示驚恐。而想對於中國革命之革命加以阻礙，但全國人民已經覺醒，深感國家之困境，當不能坐視列強之侵害。中華民族之偉大力量，亦漸暴露於外人之前，彼等決不敢對我採取直接手段。惟蘇俄立國本恃暴力，不但在國內向民眾示其壓制之淫威，而且對世界弱小亦行侵略之政策。數月前，我國斷然將蘇俄利用以行赤化之中東路強行收回，以為打破帝國主義在華特權之初步，蘇俄不明此意，仍藉暴力侵我主權，向我示威，但中央仍本對外之革命政策，繼續爭鬥要之，現在革命之困難仍然極多，中國建設之環境仍甚險惡，但革命之困難愈多環境愈險，我輩之責任亦愈大。望諸同學深明此意，向前奮鬥，繼續努力，切不可因革命之獲局部勝利，即生求官發財之惡念，而成偷生怕死之劣性。第七期同學在粵入校，以來已曆三載，數經艱難顛沛流離，不但在粵遭受桂系軍閥之壓迫，而且橫被擾害，終於被迫北來，先就學於浙杭，後升學於京都，現屆卒業之期，諸生將離學校，但過去因受時局之影響，未能安心求學依時畢業，尚望諸生出校之後，在努力革命工作之外，仍然繼續學習，以補不

足，要知學問本無止境，切不要以為卒業出校，即為學習終止，其各勉之。[1]

何應欽作序：第七期同學錄序二：自先總理手創黃埔軍官學校，樹本黨貞固不拔之根基。蔣校長介石先生慘澹經營，擴充整頓，數年以來，畢業同學，已達六期以上。歷次東征北伐討逆諸役，各同學均能參加戰線，奮厲無前，以血肉之軀，與無情炮火搏擊奮鬥，而卒獲得最後之勝利。

今者七期同學修業，又屆期滿，適值反動軍閥，稱兵作亂，諸同學均即調赴前線，從事實際上之軍事工作，諸同學平時服膺主義，精勵作業，其於學術科研究之所得，自必能一一實地貢獻，為黨國負幹城之重寄，俾國民革命大業，得以早日完成也。

應欽近以兼領職務，與諸同學相見切磋之時甚多，臨歧判袂，慚惡良深，惟區區所盼望者，願諸同學出校應世，仍當一本親愛精誠之校訓，竭智盡忠，共為黨國努力，勿謂國民革命已告成功，而放姿酣嬉，看輕個人應盡之責任，勿迷戀階級之虛榮，而矜持驕傲，忽略下層基本工作，勿受腐惡社會所薰陶傳染，而沉溺墮落。置革命軍人之人格於不顧，更勿為反動分子所利用，而盲從附和，走上荊棘偏地之歧途。

中國非真正統一，樹立強固有力之中央政府，則一切建設，無從著手，三民主義之實現，殆屬遙遙無期。時至今日，統一之雛形，雖已略備，然封建軍閥，既未盡除，編遣不克實施，即軍事時期，尚不得謂之終了。掃除封建勢力，確立訓政之基礎，責在吾人，凡我同學，均宜抱與黨國共存亡之決心，準備以赤血白骨，促成革命之進展，若稍有怠惰，即為不盡職責，即系革命之障礙，黨國之罪人。

諸同學時時檢閱自己，毋忘總理之遺教，本校之校訓，暨校長師友等平素之諄誠期許，學養果有不足乎！則隨時設法補充之。行己果有不檢乎？則隨時決然矯正之。如此盡各人應以之責任，同學錄之意義，其在斯乎！言不悉意，願諸同學之勿以餘言為河漢也。訓練總監何應欽，民國十八年十月二十八日。[2]

張治中作序：第七期同學錄序三：吾校初在黃埔，以區區彈丸地，當反革命及假革命者強力之壓迫。幾難以自保，然賴校中師生，甘為主義效死，衝

---

[1] 中國第二歷史檔案館供稿，華東工學院編輯出版部影印：檔案出版社1989年7月《黃埔軍校史稿》第三輯第161－163頁記載。

[2] 中國第二歷史檔案館供稿，華東工學院編輯出版部影印：檔案出版社1989年7月《黃埔軍校史稿》第十一冊《黃埔同學名冊》第331－332頁記載。

鋒陷陣，戰無不克，卒乃大有造於革命。蓋吾校之歷史，誠有光榮矣。雖然，今不徒因襲光榮已也，畢業者，濟濟焉。當有以增吾校未來之光榮，而求增其光榮者無他。當繼續吾校行進之精神，為革命不息奮鬥耳。夫自軍閥就殲，統一雖已告成，而吾國所受於帝國主義之束縛，尚未解除，即未來為革命奮鬥之責任，不容放下。第求勝於帝國主義者，有待發展武力，不可不汲取改良軍隊也。軍隊之改良，在乎切實訓練士兵，以糾正其思想，增進其智能，蓋即畢業同志離校後所當任者。階級低下，工作勞苦，而其關係於革命前途，則至巨也。顧吾猶以常情測度於諸同志，而不免為之懼者。諸同志較之初期同學，多從容講習之時，少艱難折折之境，而惰習易由此漸，又或挾有光榮校史，而驕氣難免，驕則不屑低下，惰則不勝勞苦，庸非病乎？往者初期同學，有僅充班長，而為戰鬥犧牲者，班長職固最下，犧牲非止勞苦。然彼所以甘之如飴者，革命奮鬥之精神為之也。有此精神，故能有造於革命，而遺吾校以光榮，諸同志倘無此精神，是自斷其事業之前途。何有光榮於吾校，當愧對黃埔先進矣！諸同志勉之，苟無以常情為病，俾吾所測度之中，斯為革命之幸，今以諸同志將別，進茲忠告，即書之為同學錄序。[3]

方鼎英作序：第七期同學錄序四：鼎英任職黃埔，先後凡三年，期間經過四五六七四期，惟四五兩期，處境較優，鼎英亦始終其事。六七兩期則困苦流離幾不得竟，所學蓋當十六年秋校長下野去國，鼎英解職治軍校，務即大有更張，旋又變生肘腋慘遭。我六七兩期同學因而死亡逃散者為數甚多，回憶鼎英甫別諸生，率軍次平樂時，我六七期同學間道徒步來隨者，或一日一食，或數日不得一食，先後達軍次者達數百人，其流離顛沛之情形概可想之矣。逮校長東山複起，鼎英邊陲奉命萬裏歸來，於是隨軍及逃散之同學，乃得複聚學於杭州，於以深歎，革命生涯地黃埔，絕不能為任何惡勢力所推移而終，有復興再造之日也。六期同學既於去歲畢業，今七期同學亦將竟所學又深，或困苦流離未始，非環境顧以堅，吾同學革命之志也。夫以求學之始，即歷史艱辛備嘗，險阻流離顛沛，可謂極遭遇之難堪。或者引為吾六七兩期同學之不幸，鼎英則謂艱苦卓絕之境，皆天之所以磨礪英才，宏獎大任鐵不經鍛練，不能成鋼，木不經斷削不能成器，即如我先總理革命四十年，其挫折危險極人生所罕，經故其造詣亦遂驚天動地為不可及，然後知響之困之者，乃天之正所以厚之也，而

---

[3] 中國第二歷史檔案館供稿，華東工學院編輯出版部影印：檔案出版社1989年7月《黃埔軍校史稿》第十一冊《黃埔同學名冊》第333頁記載。

吾六七期同學於青年求學時期得受此百年難得之閱歷與教訓，天之厚待我同學，為何如耶，革命軍興於茲四年矣，我校同學之慷慨赴死從容就義者數千數百人，然內憂外患尤方興未艾，鼎英百戰餘生，每慚後死撫懷時局，尤覺憬然。方今赤俄暴卒肆攏邊陲，凡有血氣之倫莫不為之撫膺切齒，我政府果悉東南之甲，立剪凶頑。則鼎英其將與我七期同學共薗所於白山黑水之間，乎是所願矣。爰於七期畢業同學錄刊印之際，書此意勉，諸生茲自勉，是為序。方鼎英撰於合肥軍次並書。民國十八年九月。[4]

鄧悌作序：第七期同學錄序五：革命的理論，已經成為黨八股，激歸的壯語，已經成為敷衍的門而，「犧牲」，「奮鬥」，「民眾」，「革命」，這些字眼從紙上躍出來成為毫無意義空漠的黑點。一切的一切，我們只感到虛幻和深腐，似乎我們也感到機械，有紀念自然不能無刊物，有刊物自然不能無文章，有文章自然又不能無悲壯的字眼，於是這字眼也就機械的表示出來。人們機械地寫了，空漠地看了，渺茫地忘了，結果是印刷店裏多了一筆生意，大千世界中有了這回事件。

自然同學錄也是一種紀念的刊物，卻是這個紀念－臨別的紀念，將要留到每一個同學的深心裏，將要永遠的代表這一個，短短的生活過程。在這小小的一本裏，回顧過去的青春，把握過去的志願，飄忽的人生，變幻的世事，幾年以後的低徊感慨，誰又能忘卻這一層紀念。

自從第七期同學移寧以來，個人因為種種的關係，始終沒有得到一次長期的談話，然而尋常官樣的的訓話，又有什麼用處呢？機械地講了，結果定不是也只有這一回事件？有時想到個人的責任，同學的艱難，革命的危機，真覺得羞赧戰慄，熱血湧騰上來。要寫出來，說出來時又覺得只是陳腐，只是機械。

無論如何，這是最後一次的談話了，這也是這個生活過程中最後的一個紀念了。最後的幾句話，當然也希望他能成為最後紀念的一點，因此，也就不能無說。我們還是不能不談到革命，不錯，革命二字是空虛了，卻是我們正應當充實他的意義，我們更不能讓他長此空虛而走到幻滅。革命只有離了現實，離了需要，才變成空虛，變成幻想。在資產階級的眼中，請客是娛樂，是消閒，誰也感不到簡單吃飯的必要，更感不到沒有飯吃的痛苦。同樣，革命在一般新的士大夫階級眼中，也只變了笑罵的，空談的，嘲諷的，調調兒罷了。沒有感

---

[4] 中國第二歷史檔案館供稿，華東工學院編輯出版部影印：檔案出版社1989年7月《黃埔軍校史稿》第十一冊《黃埔同學名冊》第335－341頁。

到饑餓的是不能知道不吃飯的痛苦，沒有感到切膚壓迫的，是不能知道解放的必要。我們沒有站在被壓迫階級的地位，我們不能瞭解被壓迫階級的心理，自然革命除了做官的建設，八股的理論，不負責任的譏諷以外，還能有什麼？革命空虛了，要充裕這個空虛，只有從實際上體驗這些被壓迫者的靈魂，認識被壓迫者的血肉。

本來中國的革命，開始便是空虛的，因為半封建社會底下革命的領導者，始終便不能脫離掉傳位的士大夫意識。雖然在帝國主義侵略下的經濟崩潰已經使他們客觀上換了地位。卻是在主觀上，他們仍舊想掙扎著這最後的殘喘。便如印度一樣，在英國紡機隆隆聲下，雖然已經打破了封建的統治地位，而主觀的意識，仍舊使他們虛妄的想保持這傳統階級的寶椅。對英國人卑躬折節，對平民則趾高氣揚。他們不能明瞭自己即是同一個立場中被壓迫者的一份子，他們因此也不能站在被壓迫者的地位，他們自然也就不能明瞭被壓迫者的需要。他們只萬一的希望能夠跳上統治者的地位，他們更怨苦倖喜去捉到保持這統治者的生活。這樣革命才變為投機，迴環、空虛乃至於幻滅。

中國革命的領導者，離不了知識階級，目前知識階級，大多數的客觀環境是怎樣？一個小學教員，一個錄事，一個起碼的準尉，是和一個黃皮包車夫的所入差不多的。他們的客觀環境使他們站在同一個戰線上，等待同一的出路。這個出路除了共同的努力，就只有個別的萬一的倖想，中國的客觀經濟地位，不能有許多的部長給許多的錄事，不能有許多的大學教授給許多的小學教員，許多師旅長給許多的排長見習官，我們看見偶然的少數人恁著萬一的幸運走到了特殊的地位，便也個個希望這幸運同樣的降臨，卻是我們又奈得頭采就只這幾個。認識這一個被壓迫的地位，是一個整體的經濟環境所造成，除了整個經濟環境的改造，個人更無出路，兩條大道已經明顯的展開在眼前了，一個是個人的萬一的倖想，一個是整個的求解決，軍閥部下未嘗沒有輟耕太息坐思奮起的青年，然而一將功成萬骨枯，究竟是幾人成功，幾人失敗呢？假使他們的思想，都能從個人的倖想轉到求整個的解決，那麼，同樣犧牲的結果，現在的局面恐怕不致於這樣吧！

同學們，我們要充實革命，我們必須承認自己便是被壓迫者的一份子，我們不能再希冀走到新的統治階級。我們要時時刻刻在被壓迫者的意識中，在第七期同學經濟狀況的統計裏，我們看出兩張明顯的表格（省略），固然統計表格不見得精密，但是這個比例已經夠使我們認識客觀地位是在一個若何的環境中，並且這表裏所謂上等，僅僅指著一萬元家產的，中等是指五千元的。而大

多數全是農業，農業的資本所入概微，而苛捐、雜稅、土匪、兵災、水旱、蟲害，更是不斷的侵害，我們的經濟背景已經在一個搖動和崩潰之中，我們還是倖想偶一獲得壓迫者的地位來更深一步的剝削吸吮這殘餘的膏脂呢？還是認清這個地位，努力速成整個解決呢？

倖想中偶然的，革命是必然的，偶然幸運縱或使我們中間的最小部分能夠獲得特殊的地位，而革命的必然又要喚醒大多數被壓迫的群眾來撼壞他們的鎖鏈。不要迷惑著萬一的幸運，認識我們的勞苦卑下的生活，本來是我們客觀的地位！不要忘記我們同一地位的民眾們，只有他們的痛苦，才增加鬥爭的決心，只有他們的需求，才增加前途的勇氣，！時時記著整個解決的必要，從民眾的需求中，認識我們的理想，從民眾的批判中，認識我們的領袖，民眾的痛苦一天沒有解除，我們的鬥爭也一天不能停止！這些是我們革命的立場，是我們前進的標幟。第七期同學又畢業了，他們的成就，他們的前途，十年以後的迴思，我們諸證之此冊。[5]

王繩祖作序：第七期同學錄序六：本校自己黃埔創辦迄今，畢業同學已達六期以上，本黨誓師北伐以來，歷次戰役靡不以本校同學為中堅，犧牲之巨，成功之速，本校固占國民革命史上最光榮之一頁。惟吾人內審國家實情，外察世界趨勢，北伐雖幸告成功，而和平統一之新中國，猶本未能真正實現。中華民族之地位猶未能與其他民族同躋自由平等，先總理所遺授吾人艱巨繁重之國民革命，今且不過完成其中一小部分，而大部分工作，固尚留以有待也。第七期諸同學，平日服膺主義，精勤操作，學術兩科，鑽研有素，茲既修業期滿，即將分發各部隊，從事實際之訓練與指揮，必能本其所學努力精進，使全國國防軍隊其質與量日臻剛勁，充實為國家和平統一之保障，為民族平等自由之根基，自在意中將來使命綦重用，特撰此片言，期與諸君共勉焉。[6]

陳儀作序：第七期同學錄序七：吾人服務社會，事無巨細，非人互助之精神不克，畢竟其全功固夫人而知之矣！然而互助之人必相知之有素，乃耦俱兮。無猜同學之士，年齡相若環境相同，其相處相交焉平等自由而無拘束，其所秉賦之聰明，才力又時時畢現真相，無從掩藏，故其相知焉。亦視一般友生為尤真切，所以青年共學之士其精神之團結，往往能延長至白頭垂暮而不渝，

---

[5] 中國第二歷史檔案館供稿，華東工學院編輯出版部影印：檔案出版社1989年7月《黃埔軍校史稿》第十一冊《黃埔同學名冊》第343－347頁。

[6] 中國第二歷史檔案館供稿，華東工學院編輯出版部影印：檔案出版社1989年7月《黃埔軍校史稿》第十一冊《黃埔同學名冊》第348頁記載。

顧不重可貴耶。但當求學之初擔簦負笈聚首一堂，迨至卒業以後各揚分道之鑣，歷時既久，或失裏居之考，此同學中之不可以無記錄也。近者中央軍官學校第七期卒業，輯同學錄將成，屬敘於餘蓋以當日，親愛之精誠留為後來永遠之紀念，雞鳴風雨曆久不渝，它日蔚起人文必有相得益彰者，又豈僅慰離索之感哉！爰綴數語為弁。民國十八年九月陳儀序於首都。[7]

以上述七人作序內容觀察，1929年時節，國家形式上的統一大勢初顯，對於黃埔學生的寄望與期待依舊厚重深長，諄諄教誨，盼學成材，為各序之主題詞，無涉政黨分歧內容。

此外，在廣州黃埔本部第七期生（被南京本校列為第二總隊）畢業之際，於1930年秋編纂印行的《國民革命軍黃埔軍官學校第七期同學錄》刊載的題序還有：

林振雄《黃埔軍校第七期同學錄》序：天有緯象，不移則軋，地有河漢，不貫則崩，人有血脈，不行則痿，物穹則變，變則通，通則久，理固然也，吾粵當劉楊時代，兵驕將惰，百弊叢生，破碎河山，無從收拾。

先總理高瞻遠矚，知完成革命工作，非恃毫無訓練之軍隊，所能措置裕如，於是慘澹經營，創設斯校，務使莘莘學子，灌輸軍事知識，發皇政治精神，為國犧牲，義無反顧，所以各期畢業同學，對於東征北伐，光榮歷史，中外同瞻，歲月不居，現第七期諸生，又屆畢業矣！諸生學成致用，本其平日所研究，出為黨國效力，藉以禦外侮而彌內憂。革命成功，洵指顧間事，惟本屆同學錄出版，適值本校停辦時期，循覽是編，不無特殊感想，本校今日之命運，已如修蛇赴壑，夕陽在山，回首前塵惘惘如夢，竊查黃埔軍港，雖偏處一隅，然實為粵省之咽喉，東南之要塞，設校於此，蓋有深意存焉。

總理為革命馳驅，飽經憂患，見夫近代趨勢，列強環峙，兵戎玉帛，雜還五洲，輪船火車，朝發夕至，斷不能閉關自守，乃欲維時局，擴遠圖，飭兵戎，修器械，內則統一區宇，無虞軍閥之潛滋，外則鞏固藩籬，免強鄰之窺伺，故心營手擬，亟亟焉以創設埔校為急務也！爭此先著，力挽時艱，搜羅各省英豪，則人才眾；購置新式槍炮，則武器精；嚴賞罰如穰苴，定軍制如孫叔，則將才出。兵學興，戰可以強，守可以固，此七期以前各同學所收之效果，足以取資借鏡。固無待言，然本屆諸生，自入校以還，迭遭事變，即如振

---

[7] 中國第二歷史檔案館供稿，華東工學院編輯出版部影印：檔案出版社1989年7月《黃埔軍校史稿》第十一冊《黃埔同學名冊》第349頁記載。

雄來長教育，亦僅一年有奇，中間因維持粵局問題，如出發燕塘，留守惠州諸役，均藉諸生效命，始能消彌敵氛，是諸生有勇知方，既可概見。基此親愛精誠之校訓，出而打倒一切反動派，於以保障民眾，捍衛國防，實現中華之平等自由，為吾黨放一異彩，端以諸生是賴，諸生負此重大責任，又當本校絕續之交，所冀努力前途，勿負總理培植之苦心！暨校長殷勤之期望，斯亦分內事也，振雄雖譾陋無似，當茲同學錄就成，又安能不贈之以言？易曰：天行健，君子以自強不息，願諸生勉之。民國十九年九月林振雄。

何應欽《黃埔軍官學校第七期畢業同學錄》序：黃埔軍校為本黨革命武力策源地，七期同學，繼承往緒，數載薰陶，濟濟桓桓，卒成所學，引領南望，欣慰良深。革命之中堅在黨軍，諸同學又皆黨軍基礎，自茲以往，由修業而創業，由切磋而實驗，應如何奮勉淬厲，以盡對黨國應負之責任及使命。年來國內叛亂，雖一再迭起，然皆局部蠢動，不旋踵而削平，惟今日新舊軍閥，官僚政客，及一切反動分子，方合冶於一爐，揚毒焰，竭全力，與本黨作殊死戰，波詭雲譎，天昏地暗，其處心積慮，無非欲破壞本黨，以遂其盜國殃民之私。故今日之時期，實一切反革命與本黨最後爭生存之關頭，時艱之亟，十倍往昔，而黨國所望於同志之團結努力奮鬥者，尤殷且切，前數期同學犧牲奮鬥，於革命史上博無量之榮譽，今諸同學複卒業於此艱難震撼之時，感雞鳴之風雨，念磨礪之新銅，遠懷前徽，近瞻來軫，覺對黨國所負責任及使命之重鉅，實較以往諸同學有過之而無不及。而努力奮鬥之機，則尤較以往為更迫切也。待時乘勢，古哲是與，所望本親愛精誠之訓，抱矢勤矢勇之誠，百折不撓，倍加奮勉，各本所學，進而與本黨先進各同志共濟此艱難之局，肅清一切反動派，完我革命全功。更進而促成訓政，躋國家於平等自由之域，則異日勳業彪炳，昭諸史乘，黃埔軍校之榮譽，更因而愈發皇光大，是不特黨國之幸，同學之光，應欽亦當興有榮施也！謹志數語，願共勉之。何應欽十九年八月四日於武漢行營。

李揚敬《黃埔軍官學校第七期畢業同學錄》序：本校第七期生，以畢業期屆，刊同學錄，餘維同學錄之刊，具有深意，固非徒備問訊，通聲氣已也，必各本其數年來切磋砥礪之熱忱，以求合乎！

總理親愛精誠之要旨，遵守黨義，為國宣勞，毋屈於威武，毋淫於富貴，毋惑於邪說異行，努力奮鬥，群眾一心，雖或散處四方，然其貫徹主義，實行革命事業，則始終一致。夫是則本校光榮歷史，永久存在，而茲錄之列，為不虛矣！方今國雖孔亟，黨派紛乘，有所謂軍閥派、改組派、西山派、安福派、

與共產黨派，群起而樹敵，所賴忠實同志，各其其研求有得之學術！以效力黨國，團結其精神，堅定其意志，掃除革命之障礙，完成建國之大計，斯則餘之所以自勉，而即為諸生勉也！是為序。民國十九年九月十一日前教育長李揚敬序。

王寵惠《黃埔軍官學校第七期畢業同學錄》序：黃埔軍官學校之名聞天下，學校何以得名，維學生之故，學生何以得名，維軍事教育之故，軍事教育何以得名，維黨義的軍事教育之故。其創劃偉大，其樹義堅卓，其謀慮深遠，故其收效至鉅！而得名也，遂非偶然計自革命進展以來，泝珠江曆武漢踰江淮越黃河而北也，戰則克，攻則取，以迄於統一者，何一非主義之勝利，夫主義非能自動也，必有人焉奉以為領導，申之以發揚，然後能冒危難圖進取。凡革命事業，皆然軍事特其一端，此斯校學成之軍官，所以迭次聲績彰彰！在人耳目也，夫前事不忘後事之師也。前此艱難諸役，學成諸君恒身在行，聞奉主義以成功名，至於今日，亦稍稍敉寧平夷矣！而不知軍政之終，即為訓政之始，此中工具何莫，非預籌憲政之前，驅然則此後，工具之敷設雖異於前，時而締造艱難，則或有過之而無不及者。則惟有出其所學，奮厲向前，以圖貫徹主義力底於成而已矣。因於斯校第七期同學錄中特舉斯旨為諸君告。民國十九年六月東莞王寵惠。

王伯群《黃埔學校第七期畢業同學錄》序：本黨十三年改組以後，負領導革命組織民眾之責者，固賴黨部。然實際擔任軍事工作者，除其他各軍外，要以黃埔軍校為其骨幹。計由討伐劉楊以至北伐諸役，黃埔同志無一次不任先鋒，亦無一次不獲勝利。各同學同志，能本總理創辦之遺願，於本黨曆受反動派夾攻之時期中，負起救黨救國之重任。艱苦卓絕，犧牲生命，以鑄成今日本黨之基礎。其奮鬥精神，將隨其光榮歷史頁永不磨滅。後起諸君，應念前績之可貴，與本身所負使命之重大，幸有以保持而光大之！當第七期同學錄付刊之始，附數語為頌，順與各同學同志共勉之。民國十九年八月王伯群。

黃埔軍校黨部《黃埔軍官學校第七期畢業同學錄》序：本校創設的本旨，在鍛鍊革命幹部，使訓練本黨軍隊，能革命化、主義化，成為有紀律的革命軍人，以掃除革命進程中一切障礙，這種意義，早已有總理和蔣中正同志的演說詞裏面昭示過了。過去的第一期二期……已先後畢業，對於革命戰績，在一部中國史上，已很明白地表示出來。

第七期同學，受訓練的時間很久，所學很多，現在快要畢業離校了，此後和革命的士兵相處的日子很多，以平日所學，授諸於士兵，使士兵們能革命

化、主義化……，深信將來，本黨前途，實多利賴。

同學們，回憶我們的先烈，是怎樣的英勇！他們犧牲精神所換得來的黃埔光榮的代價，深願：第七期畢業同學，拿光榮的代價，發揚光大去吧！將來：在一部世界史上，黃埔學生，不要給著史者抹煞去了。中國國民黨黃埔軍官學校特別黨部執行委員會。1930年8月。

伍翔《黃埔軍官學校第七期畢業同學錄》序：國於天地，必有以立。若國防之建設，乃興政治經濟文化諸端同為立國之要素，而不容忽視者。歐戰而後，各國雖高唱和平與裁減軍備，然其實際，則莫不積極為軍備之擴張，以擴張其偏狹的國家主義與資本的帝國主義。就陸軍言之，英國自一九二八年增加軍費預算之後，其陸軍總額已達五六二三三七人（正式軍，地方軍，預備軍等在內，下同此）；日本自大正十四年舉行第二次軍備整理，其陸軍已增至二○○○○○人，現仍積極擴充；美國現有陸軍為五七六○○○人；法國陸軍為六九○○○○人；俄國陸軍為五六二○○○人。其軍額之擴充如此，而各國今日尚有一共同之趨勢為吾人所應觸目驚心者，則其軍事上對於科學之利用，若毒瓦斯之製造，化學戰之研究等皆屬莫不有其驚人之成績。十餘年來，吾國因內戰關係，於軍事方面，當局者多為局部之整理，而於整個之國防問題，迄未注意，瞻顧前途，已深危懼，若科學之研究與機械之利用，以較列強，益瞠乎其後矣！上之為說，所以明今日各國陸軍一般之趨勢，而為我中國軍人所應急切注意者也。

本黨總理高瞻遠矚，既痛心於中國這舊式軍人，遂創設本校，授我蔣校長以主辦之全權，而以創造中國之新軍人期諸本校，其用心至苦而要求至大也。所謂吾黨之新軍人，語其條件，則如下述：（一）絕對信仰三民主義，努力實行國民革命；（二）服從命令，擁護中央；（三）不為私人效力，而為整個之國家民族盡忠；（四）對內討平叛逆，對外打倒帝國主義。必如此始足以為吾黨之黨軍，即足以為國家正式之國防軍與中國之新軍人。而吾人欲具此資格，值此能力，達此目的，則惟有恪遵總理之遺訓，勿忘校長之教言，努力學術之探求，注意人格之修養，團結黃埔之同學，延續黃埔之生命，保持黃埔之朝氣，擴大黃埔之精神是也！

本校自成立迄今，同學之畢業者六期。語其工作，若曩昔之肅清陳逆，實行北伐，統一全國，與今日之擁護中央，討伐叛逆，凡此諸役，語其功績，斑斑可考，竊謂幸不辱命。今昔，吾校第七期同學又屆畢業之期，今日之軍官，即昨日之學生，我諸同學皆明達有為者，其盱衡世界之大勢，默審本國之現

狀，竊願其勿忘新軍人之修養，勿失新軍人之資格，更母負新軍人之使命，而為我總理所手創，校長所經營之黃埔軍校增光也。

本屆畢業同學將刊行同學錄，以為第一期以迄第六期同學之續，團結精神，垂諸久遠，事至盛也。主其事者，索序於翔，翔忝主本校政治訓練，平日愧無若何之供獻，今舉所知，以告同學，其相與共勉而已。民國十九年八月十九日，伍翔謹序於黃埔軍官學校政治訓練處。

李孔嘉《黃埔軍官學校第七期畢業同學錄》序：先總理嘗言革命軍不在乎兵精械足而貴乎有主義能犧牲旨哉！斯言本校為先總理所手創諄諄以革命重責，勖勉同學，使母負大任。我同學誓言遵循遺教，矢忠矢勇一心一德，致力革命事業，以增榮吾校，由草創以迄今日畢業者，已有六期，其所成就，豈偶然哉！茲者七期，同學又屆畢業，不佞濫竽教部，無所補益，以諸同學之篤信主義，勤奮研求當能本其所學，以效力黨國，繼往開來，匪易人任。我同學素以學校為家庭，多年聚處遽賦離歌於將行也，有同學錄之輯，以示精神之團結，不佞以為革命軍人之團結，不系於形跡而重乎精神，我同學既以主義相結合，雖遠猶近，曆久彌堅。是錄也，持表示團結之一端爾。異日濟濟多士齊赴事功，執是錄以互相策勵，始終不渝，同學錄之輯，其在斯意乎爰於其成也，用序數言以志交勉。民國十九年九月，李孔嘉於黃埔軍官學校教授部。

萬夢麟《黃埔軍官學校第七期畢業同學錄》序：本校成立垂七載，言念當日，先總理與黨中諸領袖同志慘澹經營，以有今日之盛譽，詎非厚幸語日作始也。簡將畢也鉅以前諸同志，既發揚蹈厲犧牲一切，以奠安黨國我同志，處此革命過程最後之奮鬥時期中，一方面須負徹底肅清一切反動勢力之責，另一方面須準備與帝國主義者相周旋，任重勢急。我同志應如何龜勉並力以起之乎！今七期同學又屆畢業，在校訓練多年，研究有素焉，吾知其必能展其抱負，以為黨國增榮也！諸同學念聚散靡常，本親愛精誠之校訓，作為同學錄以紀之編成請序，於餘以為諸同志之敬業，樂群始終砥礪以示，親愛者於同學錄蓋得二義焉。先總理訓告吾人以革命軍的基礎建築在高深學問，諸同志學既成仍當思所以極深研，幾日新其德是錄。也有互相策勵之意，存乎其間此其一義也；本校以親愛精誠為校訓，今日之如切如磋者，他日其情感固如昨也，又況覽是錄，不啻一堂對晤，其情感有不更加固結者乎，此二義也。抑或尤有欲言者，此期同學連年於役，將息不違於危難疑震撼中，而精神愈加奮發，卒屆於成其意志之統一，有如此異日之成就，蓋可預蔔也！則是錄也，特所以示其嚆矢爾，故樂為之序。民國十九年八月，萬夢麟於黃埔軍官學校訓練部。

繼往開來：黃埔軍校第七期研究

1927年10月廣州國民革命軍黃埔軍官學校正門。

南京中央陸軍軍官學校正門。

第一章

黃埔軍校第七期學員的基本概貌

　　黃埔軍校前六期推行的軍事教育現代化，經歷了三年行之有效的軍事訓練與政治教育，為國民革命運動與北伐戰爭培訓了源源不斷生力軍，中國國民黨與中國共產黨的黨組織及其學員，由軍校學員之逐鹿鋒芒，競相演繹為兩大政黨朝野在政治、軍事領域劇烈交鋒。從國民革命軍誓師北伐，到工農革命運動風起雲湧，深刻影響著現代中國的軍事、政治導向。緊隨黃埔軍校第六期研究選題，進行第七期史料種種情形之梳理與整合，變得勢所必然。

第一節　第七期生數量考證和學籍辨認情況的說明

　　由於歷史與政治緣由，軍校的名稱發生了更改。北伐戰爭開始後，第六期始，軍校名稱為「國民革命軍中央軍事政治學校」，第七期更名為「國民革命軍陸軍軍官學校」。1927年10月軍校被留守廣州的第八路軍總指揮部所統轄，校名變更為「國民革命軍陸軍軍官學校」，後改稱作「國民革命軍黃埔軍官學校」，[1]標誌為黃埔本校遷移南京、廣州結束之前奏。

　　具體變更細節為：1928年5月15日，廣州黃埔本校奉中國國民黨中央政治會議廣州分會命令，改名為「國民革命軍軍官學校」，各部處組織變更甚多，校本部辦公廳改為秘書處，教授、訓練兩部改組為各兵科，政治部改組為政治訓練處，經理部改組為經理處，入伍生部名義依舊而範圍縮小，管理處改組為副官處，軍醫處及軍醫院合併為校醫院，此外設置編輯委員會。1929年9月10日，再奉國民政府訓練總監部命令，廣州黃埔本部更名為「國民革命軍黃埔軍官學校」，從校名含意上觀察，統轄意義與範圍再度縮小。校部組織方面稍有改變：複設校長辦公廳及教授、訓練兩部，裁撤教育長辦公室、編輯委員

---

[1] 陸軍軍官學校編纂：臺灣陸軍總司令部出版，臺北陸軍印刷廠1980年4月1日印行《蔣公與陸軍軍官學校》第77頁記載。

會、副官處及校醫院，改為設置管理、軍醫兩處，而政治訓練處及經理處仍舊保留。

國民革命軍黃埔軍官學校組織系統表

校長，教育長

校長辦公廳

教授部、訓練部、政治訓練處、管理處、經理處、軍醫處

戰術主任教官、兵器主任教官、築城交通主任教官、地形主任教官、其他主任教官

步兵第一中隊、步兵第二中隊、步兵第三中隊、步兵第四中隊、炮兵中隊、工兵中隊、研究班、高級班。[2]

1930年9月1日，當廣州黃埔本部第七期學員畢業時，曾組織第八期招生委員會，進行招生事宜。1930年9月7日晚，校辦公廳接南京來電：「第七期畢業後，埔校著即停辦」。教育長林振雄於9月8日舉行總理紀念周時，向全體官生宣佈：本校奉命結束。9月19日，林振雄教育長離校，校務由即時成立的校務委員會暫維持。10月24日，本校校務正式結束。[3]

溯自黃埔軍校於1924年5月學員入校訓練開始，至1930年10月24日結束之日止，歷時六載，共招訓正式學員七期，畢業生8783名。綜述黃埔本校史事，此階段成就主要有：黃埔學生與他們的師長，結成了一個有主義、有組織、有紀律、有訓練、血肉相連的革命整體，從教導團而擴展為黨軍、國民革命軍，一一實現了孫總理建校建軍之目的，逐步完成了當時的各項革命任務。依次為：兩次東征，殲滅了陳炯明部粵軍叛逆及其餘黨；回師靖亂，削平了盤踞廣州的滇桂軍閥楊希閔部和劉震寰部，鞏固了革命策源地；北伐諸役，國民革命軍以破竹之勢，掃蕩軍閥，奠都南京，統一全國；前者純由黃埔健兒所完成，後者也以黃埔師生為主力，這兩大成就都是發揮「以一當十」、「以一學百」和「犧牲」、「團結」、「負責」的黃埔精神激勵鞭策下，用鮮血和犧牲換來的勝利。此為踐行孫總理在1924年6月16日，本校第一期開學典禮時致詞指示：黃埔軍校所負的使命，乃是創造革命軍，挽救中國危亡。六年來，本校師生秉承其志，黽勉戮力，幸能不負所托，完成統一大業，爾後的革命任務便是

---

[2] 容鑑光主編：臺灣"國防部"史政編譯局編纂："國防部"印刷廠1986年1月1日印行《黃埔軍官學校校史簡編》第66頁記載。

[3] 陸軍軍官學校編纂：臺灣陸軍總司令部出版，臺北陸軍印刷廠1980年4月1日印行《蔣公與陸軍軍官學校》第78頁記載。

第一章　黃埔軍校第七期學員的基本概貌

打倒帝國主義，取消不平等條約，建設富強康樂的新中國。[4]

根據湖南省檔案館校編湖南人民出版社1989年7月印行《黃埔軍校同學錄》第七期學員名單，以廣州、南京兩地，按姓氏筆劃排序表所列為1463名。

在《黃埔同學總名冊》[5]裏，將中央陸軍軍官學校武漢分校第七期近兩千餘名學員，納入了廣州、南京本校第七期範疇，驟然將學員數量趨近第六期，歎為觀止。本書為以校本部第七期學員為基準，遂將第七期學籍，按照湖南省檔案館校編、湖南人民出版社1989年7月《黃埔軍校同學錄》第349－386頁所載第七期各科學員學籍為據，展開本書各項課題疏理與解讀。

藉此重申關於湖南省檔案館校編、湖南人民出版社《黃埔軍校同學錄》運用與說明：

從史載《黃埔軍校同學錄》形成和流傳現狀看，基本源自1934年南京中央陸軍軍官學校印行的《黃埔同學名冊》之湖南省檔案館校編、湖南人民出版社1989年7月出版《黃埔軍校同學錄》，如今成了讀者與研究者唯一引用的學籍考據的基礎史證。據此，對該《黃埔軍校同學錄》說明如下：

一是《黃埔軍校同學錄》的運用與尷尬。目前我們能夠看到的僅有湖南省檔案館校編、湖南人民出版社《黃埔軍校同學錄》一種版本，在迄今為止沒有新披露《同學錄》史載版本的前提下，仍是唯一的、最為直接的取證與考量依據；

二是歷史學術要嚴格遵循史料依據。因此，筆者認為，正確運用《黃埔軍校同學錄》是當務之急，首要之舉。現行使用的《黃埔軍校同學錄》，不失為既定準確之學籍考據，其他史載學籍例證只能作其輔助。否則由學籍引發的以訛傳訛、各行其道、莫衷一是，無益於學界與讀者；

三是《黃埔軍校同學錄》之外的學籍確認口子要收嚴，不能失之過寬。據不完全統計，以往反映或記述於各種書刊資料為「黃埔軍校第七期生」者，累計有千名之多，其中還包括中央軍事政治學校第一分校（南寧分校）畢業學員、國民革命軍第三軍軍官學校（設立於瑞金）畢業學員，這些學員後來被比敘為黃埔七期生。因此，筆者認為對冠以「黃埔七期生」之學籍考據與確定，今後一段時期仍應以該《黃埔軍校同學錄》記載為准。

---

[4] 陸軍軍官學校編纂：臺灣陸軍總司令部出版，臺北陸軍印刷廠1980年4月1日印行《蔣公與陸軍軍官學校》第79頁記載。

[5] 中國第二歷史檔案館供稿，華東工學院編輯出版部影印：檔案出版社1989年7月《黃埔軍校史稿》第十一冊《黃埔同學名冊》第356－370頁記載。

表1：南京本部第七期第一總隊、廣州本校第七期第二總隊籍貫統計表

籍貫	南京本部第七期第一總隊	廣州本校第七期第二總隊
湖南	278	19
四川	45	2
湖北	25	6
浙江	97	12
廣東	169	493
河南	2	2
江西	78	14
江蘇	35	無
安徽	19	2
山東	2	1
河北	2	1
福建	55	13
雲南	18	4
貴州	17	1
廣西	17	30
山西	1	無
越南	2	12
合計	862	612

以廣州、南京兩地學員看，粵省籍學員數量佔據第一，依次為湘浙兩省。

表2：南京本部第七期第一總隊、黃埔本校第七期第二總隊分兵科統計表

各兵科	南京本部第七期第一總隊	廣州本校第七期第二總隊
步兵	400	388
炮兵	121	110
工兵	105	112
騎兵	120	無設置
輜重兵	106	無設置
在學期間病亡	16	9
合計	868	619

此外，還有在學期間因病逝世的9名學員，[6]並留存有照片佐證，概因《國民革命軍黃埔軍官學校同學錄》缺載，為使本史料完整齊備，特在此補

---

[6] 源自1930年12月印行《國民革命軍黃埔軍官學校同學錄》第145頁記載。

充：沈陶、謝堯章、冼頌刊（廣東順德人）、徐文化、彭惠群、楊濟英、李烜、李傑、王任（廣東臨高人）。

第二節　廣州黃埔本校第七期生情況

　　廣州黃埔本校第七期：有入伍生與預科生之別。當第六期入伍生入學考試結束時，仍有聞訊輾轉遠道而至的各地青年學子陸續來校，慕名投考者日益增多，校方為免在志青年失學，且鑒於軍隊幹部人才仍缺，遂設置成立學生軍、軍士教導隊，以備升入第七期預科，或為其他新編軍隊幹部補充之用。先後編成學生軍一總隊（代總隊長錢鎮南）、軍士教導隊一總隊（總隊長唐星）。1927年8月15日，將學生軍全部，及軍士教導隊一部分，合計1400餘人，改編為第七期預科生。1927年10月，教育長李揚敬到軍校舉行甄別考試，及格者960餘名。1928年5月，代理校務何遂到校本部後，將留校之預科生200餘人，編為一個大隊，在蝴蝶崗校區接受訓練。[7]

　　1927年秋，廣州黃埔本校學生奉命遷移南京之際，此時第八路軍總指揮部決定在廣州市郊燕塘組建幹部學校，招收學生施行士兵教育，以儲備廣東省防軍之用。1928年5月，南京國民政府軍事委員會以統一教育，電令第八路軍總指揮部將幹部學校取消，在燕塘設置入伍生部，委派李揚敬兼入伍生部部長，唐灝青為副部長。將招生錄取的800餘人，編成一個大隊轄五個中隊，派歐陽新為大隊長。入伍生訓練，旨在涵養軍人之精神，熟練各種制式操典。1928年12月，黃埔本校入伍生及預科生，均屆修業期滿。入伍生於12月13日、預科生於12月25日分別舉行升學考試，經過考試及格者，分別編入步兵四個中隊、工兵炮兵輜重兵各一個中隊共七個中隊。44名不及格者，降入炮兵工兵軍士教育班。1929年1月14日開始在燕塘授課，至4月13日遷回黃埔本校訓練。[8]

　　廣州黃埔本校畢業之際，時任軍校常務委員蔣介石未及作序。廣州校則以他在黃埔同學會所書訓詞，刊印於同學錄篇首。同學錄序：要使革命成功，必要革命中堅的團結純一健全，須使團體分子個個人能懂得科學組織的重要。所謂科學組織者，就是他內部組織各得其所，毫無停頓散漫之象，簡言之，即運

---

[7] 中國第二歷史檔案館供稿，華東工學院編輯出版部影印：檔案出版社1989年7月《黃埔軍校史稿》第二輯第247－248頁記載。

[8] 中國第二歷史檔案館供稿，華東工學院編輯出版部影印：檔案出版社1989年7月《黃埔軍校史稿》第二輯第248－249頁記載。

用自如。所謂如身使臂如臂使,指毫無不靈之象。稍停頓不靈,則腐敗廢棄,不能成器了。同學會之組織,須注重於此,必須考察監督檢查,若有一不良分子,妨礙團體業務進行者,立即檢舉整理。去其腐敗懶惰浪漫不守紀律,不從命令者,則業務整然日久,自能有功也。故現時最要注意下級幹部及派出各處者之活動成績,不使其有一人尸位素餐爭權謀利之念,必養成其為革命中堅團體而犧牲之精神,則幸甚矣。[9]

廣州黃埔本校第七期（第二總隊）學生,據《中央陸軍軍官學校史稿》記載:按步兵、工兵、炮兵、輜重兵分為七個中隊,分為兩個教授班,除學科教育班外,另設置英、德、法、日語等外國文教授班。各班學生的分配,主要以學生填報志願及程度為標準。

軍事教育,仍分為教育、訓練、演習三項課程,主要有:《戰術學》、《軍制學》、《兵器學》、《築城學》、《交通學》、《地形學》、《經理學》、《衛生學》、《馬學》等九門課目。教育的目的,是使學員掌握一般軍事學原理,熟悉運用各科常識,以此養成幹部人才。訓練課目的,主要有《陣中勤務》、《典範令》、《服務提要》、《馬術操練》等五項。演習課目的,主要有《測圖》、《演習戰術實施》、《野營演習》三門。授課、訓練、演習的目的在於:使學員熟練各種陣中勤務、明瞭術科要領、養成指揮小部隊之必要知識與技能。[10]

1929年6月16日,黃埔軍校召開建校五周年慶祝大會,教育長李揚敬,陪同胡漢民、陳濟棠、古應芬、林雲陔等蒞會參加,在廣州的廣東黨政軍各界要員300多人到會。

1930年8月,第七期學員教育期滿,舉行野外大演習,於廣州城郊車陂、石牌一帶廣闊地域,於8月22日清晨五時出發,分成東、西兩軍,作戰演習至下午二時止,作戰演習完畢。兩軍演習戰術動作,悉按計畫實施,達到各項預期目標。

1930年8月25日至27日,舉行測圖演習考試,9月1日至3日舉行戰術實施考試,9月6日至9日舉行學科考試。依據考試積分成績,及格學員計有666名。

---

[9] 中國第二歷史檔案館供稿,華東工學院編輯出版部影印:檔案出版社1989年7月《黃埔軍校史稿》第二輯第252頁記載。

[10] 中國第二歷史檔案館供稿,華東工學院編輯出版部影印:檔案出版社1989年7月《黃埔軍校史稿》第二冊第249頁記載。

第一章　黃埔軍校第七期學員的基本概貌

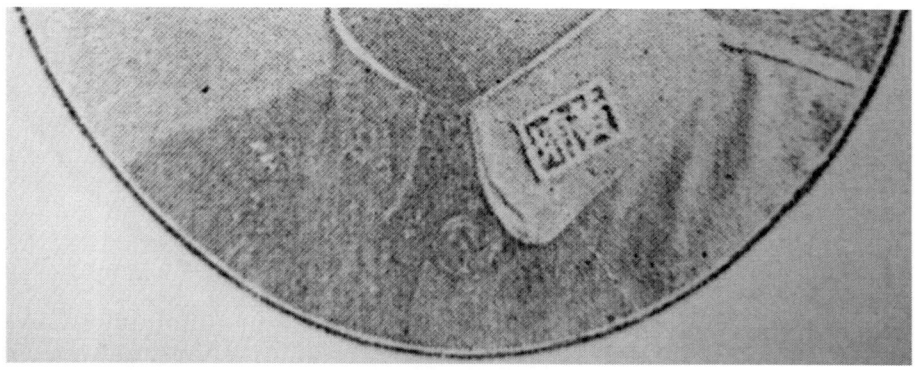

上圖為廣州國民革命軍黃埔軍官學校第七期炮兵科學員野外訓練留影。

上圖為學員軍裝領章鐫刻有「黃埔」字樣，突顯廣州黃埔本校意涵。

繼往開來：黃埔軍校第七期研究

第一章　黃埔軍校第七期學員的基本概貌

繼往開來：黃埔軍校第七期研究

校長辦公廳全體職員合影。

第一章　黃埔軍校第七期學員的基本概貌

教授部全體職員合影。

繼往開來：黃埔軍校第七期研究

經理處全體職員合影。

第一章　黃埔軍校第七期學員的基本概貌

管理处全体职员合影

軍醫處全體職員合影。

繼往開來：黃埔軍校第七期研究

第一章　黃埔軍校第七期學員的基本概貌

电灯厂印刷所官佐合影

军乐队合影

繼往開來：黃埔軍校第七期研究

第一章　黃埔軍校第七期學員的基本概貌

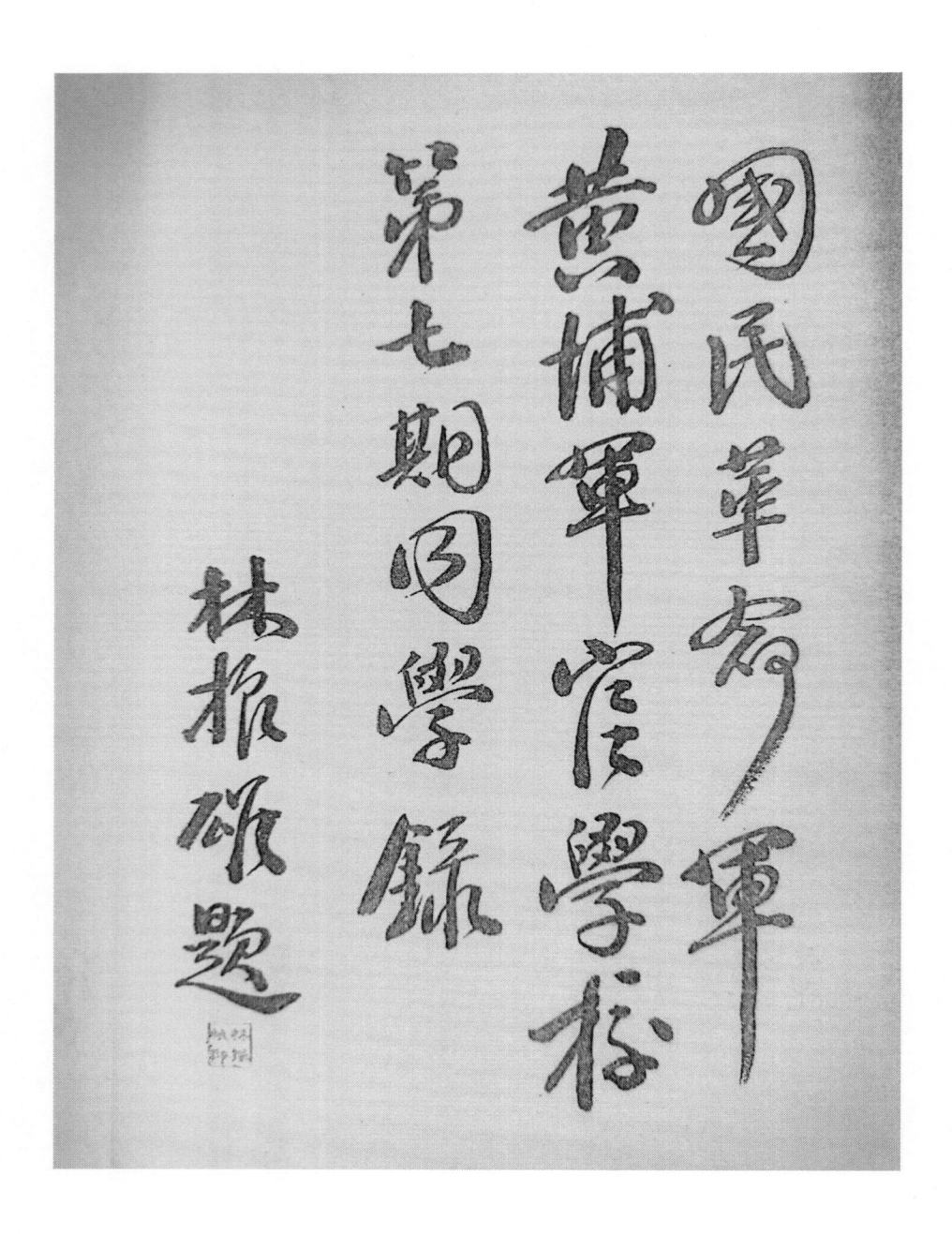

繼往開來：黃埔軍校第七期研究

國民革命軍黃埔軍官學校第七期同學錄

林振雄題

1930年9月7日，南京最高軍事當局，為維護南京中央陸軍軍官學校正統地位，下令「第七期畢業後埔校著即停辦」。[11]教育長林振雄遵命即諭各部處廳隊準備辦理結束。雖經全體官生大會議決請求繼續辦理，埔校終以國民政府既奠都南京，埔校遠離校長，關於校務諸有不便，加之南京本校業經繼黃埔本校精神而成立，埔校無續辦必要，遂於1930年10月24日發給官佐兩個月恩餉，其時廣州本部已完成各項事宜，遂定於9月26日在軍校大操場舉行畢業典禮。典禮完結遣散，黃埔本校即行結束。爾後黃埔本校七年如一日之歷史完成，總理與本校先烈未竟之工作，厥為南京本校矣。[12]

表3：廣州黃埔本校第七期第二總隊畢業生籍貫統計表

籍貫	人數	百分比
河北	1	0.15%
山東	1	0.15%
河南	2	0.30%
浙江	14	2.10%
安徽	3	0.45%
江西	17	2.55%
湖北	8	1.20%
湖南	40	6.01%
四川	4	0.60%
福建	21	3.15%
廣東	504	75.67%
廣西	33	4.95%
雲南	4	0.60%
貴州	2	0.30%
越南	12	1.80%
合計	666	100%

上表根據本校畢業生調查科刊制之《黃埔同學總名冊》之統計表。[13]

---

[11] 中國第二歷史檔案館供稿，華東工學院編輯出版部影印：檔案出版社1989年7月《黃埔軍校史稿》第二輯第252頁記載。

[12] 中國第二歷史檔案館供稿，華東工學院編輯出版部影印：檔案出版社1989年7月《黃埔軍校史稿》第二輯第253頁記載。

[13] 中國第二歷史檔案館供稿，華東工學院編輯出版部影印：檔案出版社1989年7月《黃埔軍校史稿》第二冊第251頁記載。

第三節　南京中央陸軍軍官學校情況

　　中央陸軍軍官學校第七期（第一總隊）教育：入伍生在杭州訓練情況。1928年春，浙江省政府在杭州設置軍事訓練班，收容黃埔學生1000餘人，編為三個大隊，第一、二大隊為第六期入伍生，第三大隊為第七期預科生。1928年4月間，改編為預科生大隊，大隊長宣鐵吾，分為六個中隊，合計860名。後有第二集團軍軍官學校學員50名編入各隊，各隊人數均為152名，六個中隊合計912名。[14]

　　入伍生（含預科生）訓練，主要有軍事訓練與政治訓練，軍事訓練大致與黃埔本校時相同，政治訓練分為政治課程、特別演講、政治討論三項。政治課程設置為《經濟學概論》、《政治學概論》、《社會學概論》、《經濟地理》、《中國經濟史略》、《歐洲經濟史略》、《中國革命史略》、《各國革命史略》、《各派社會主義史略》、《三民主義》等十門；特別演講及政治討論，則由各政治教官輪流擔任，主要議題有《關於國際政治經濟》、《關於群眾心理》、《軍隊中的政治工作》等，每週約授課四次，每月合計十六次，特別演講與政治討論六個月，共授課120次。[15]此為本期入伍生政治訓練大概情況。

　　升學分科教育，1928年12月10日，因杭州預科大隊修業期滿，即待升學。南京本校特派教授部副主任端木彰、訓練部副主任潘封椒等為考試委員，赴杭州舉行考試，擬定及格學生於12月28日赴南京正式升學，編為步兵科及特科各一大隊，步兵科稱為本校步兵第五大隊，以羅鐵華為大隊長；特科大隊分為騎兵科隊、炮兵科隊、工兵科隊、輜重兵科隊，以黃必強為大隊長，後委任徐鎮國兼。各隊學員合計為861名，1929年3月16日舉行開學典禮。

　　教育機關之改組，1929年1月國民政府國民革命軍編遣委員會，提議將南京中央陸軍軍官學校改為委員制，蔣介石以校長兼常務委員，何應欽、閻錫山為常務委員，胡漢民、張學良、朱培德、唐生智四人為委員。即校務交由校務

---

[14] 中國第二歷史檔案館供稿，華東工學院編輯出版部影印：檔案出版社1989年7月《黃埔軍校史稿》第三冊第154頁記載。

[15] 中國第二歷史檔案館供稿，華東工學院編輯出版部影印：檔案出版社1989年7月《黃埔軍校史稿》第三冊第155頁記載。

委員會及教育長管理。[16]1929年7月1日起正式施行校務委員制。1929年5月22日國民政府委任張治中為教育長，同日改行新制，令教授部與訓練部合併為教育處，徐鎮國任處長。

南京本部學員各科教育。第七期生編為步兵大隊，分為四個中隊，另組編騎兵科中隊、炮兵科中隊、工兵科中隊，仍為七個中隊，每中隊分為兩個教育班。教育大綱與細則，與第六期大致相同。課程設置是：軍事學科主要有：《戰術學》、《兵器學》、《軍制學》、《地形學》、《築城學》、《交通學》、《軍隊教育學》、《衛生學》、《經理學》等；政治學科主要有：《中國國民黨史》、《中國革命史》、《三民主義》、《世界政治經濟狀況》、《帝國主義侵略中國史》、《中國政治經濟狀況》、《政治概論》、《社會主義史》、《各國革命史》、《社會進化史》、《經濟概論》、《黨政府與黨軍》、《帝國主義史》、《建國大綱》、《建國方略大意》、《軍隊中的政治工作》、《社會運動》、《黨的組織與訓練》、《群眾心理》、《本黨政綱與宣言》等。術科主要有：《制式教練》、《野外演習》、《典範令》、《射擊》、《築城實施》、《技術》、《馬術》等。

步兵科主要術科授課基準，主要有：制式教練：單個教練，而後班、排、連、營教練；野外演習：距離測量、地形識別、傳令勤務、聯絡勤務、作戰教練、步哨勤務、偵探勤務、排哨勤務、前哨勤務、尖兵勤務、前衛勤務、後衛勤務、側衛勤務、行軍演習、夜間演習、設營勤務，戰鬥演習包括有排戰鬥、連戰鬥、營戰鬥；射擊：預行演習、減藥射擊、實彈射擊、戰鬥射擊；術科還包括：機關槍教練、步兵炮教練、擲手榴彈；輔助術科：劈刺術、刺槍術、拳術、大刀術。主要術科預定490小時，輔助術科預定102小時。[17]

炮兵科主要術科授課基準，除上述步兵科所有制式教練外，專業教練主要有：架炮、收炮、上下昂度、裝置架設、瞄準標杆使用、彈藥補充、變換陣地、輔助觀測、實彈射擊、野戰炮教練、山炮教練、追擊炮教練、步兵炮教練等。[18]

---

[16] 容鑑光主編：臺北"國防部"印刷廠1986年1月1日印行《黃埔軍官學校校史簡編》第123頁記載。

[17] 中國第二歷史檔案館供稿，華東工學院編輯出版部影印：檔案出版社1989年7月《黃埔軍校史稿》第三冊第156頁記載。

[18] 中國第二歷史檔案館供稿，華東工學院編輯出版部影印：檔案出版社1989年7月《黃埔軍校史稿》第三冊第157頁記載。）

騎兵科主要術科授課基準，除上述步兵科所有制式教練外，專業教練主要有：乘馬教練、特種教練、騎馬手槍、騎馬輕機關槍、架橋、爆破、通信、對刺、劈劍、馴馬、養馬、飼料、備鞍等。

工兵科主要術科授課基準，除上述步兵科所有制式教練外，專業教練主要有：築城防禦作業、架橋作業、爆破作業、坑道作業、通信作業、交通作業、電信作業、汽車教練、鐵道教練、無線電作業等。[19]

1929年10月中旬，南京本部第七期第一總隊全體師生，奉命赴武漢，組編為學生混成團，擔任警衛武漢的部署。駐武漢期間，各隊的學科與術科照常實施，部分擔負勤務之學員免課。後因衛戍漢陽時，任務繁重，駐地分散，暫時停頓部分課程。1929年11月4日，第七期第一總隊全體學員返回南京，稍事休息即轉入照常授課，補習前曾遺漏的科目，至11月18日停課，準備畢業考試。

1929年11月18日，南京中央陸軍軍官學校舉行第十五次校務會議，議決定於1929年12月19日至21日，各科學員溫習功課、檢查體格；12月23日至25日舉行畢業考試。國民政府訓練總監部特派顧邦傑、楊用斌、劉宗禧、徐裕德等為監考官，考試結束後，除成績不良者給予退學證書並遣散外，及格者計有：步兵科395名，騎兵科116名，炮兵科121名，工兵科117名，輜重兵科103名，合計852名。[20]

1929年12月28日，第七期第一總隊學員與軍官研究班，在南京校本部共同舉行畢業典禮。由軍校常務委員蔣介石，向各科成績名列前茅的學員頒發獎品與畢業文憑。胡漢民代表中國國民黨中央常務委員會訓詞，大意為：軍人以救國救民為職志，希望學生要努力完成國民革命與自己高尚學業。戴季陶代表國民政府致詞，大意為：本校由第一期至現在，經過許多艱難困苦，希望各學生完成承先啟後的偉大事業，肅清一切反動勢力，建設強固的民國基礎，尤須遵守總理在本校第一期開學的訓詞。接著，由各界代表葉楚傖、葛敬恩、朱綬光等訓詞。接續，由周亞衛代表訓練總監何應欽訓詞：本校在中華民國革命經過中特有光榮之歷史，在國民革命軍之軍事上成為一個重心，凡已畢業之各期同學均能本著革命精神艱苦奮鬥，以共負此偉大之使命，今日是本校第七期學生諸同志及軍官研究班學員諸同志畢業，諸同志受學校教育之時期告一段落，

---

[19] 中國第二歷史檔案館供稿，華東工學院編輯出版部影印：檔案出版社1989年7月《黃埔軍校史稿》第三冊第158頁記載。

[20] 中國第二歷史檔案館供稿，華東工學院編輯出版部影印：檔案出版社1989年7月《黃埔軍校史稿》第三冊第159頁記載。

而實際之服務時期從此開始,應欽所希望於諸同志者即邁。總理遺教,軍人精神教育中之智仁勇,及本校校訓之親愛精誠,以嚴守紀律克盡責任鍛煉體格精研學術,而完成諸君對於黨國之任務,是也勉哉。諸君有志者竟成。再續,常務委員蔣介石訓詞勉勵:以要不怕死、不貪財、不怠惰,及不要忘記平時之訓話。最後,教育長張治中訓詞,大意為:我們要認清敵人,絕對信仰三民主義與本黨及革命領袖之領導,完成國民革命。

表4:南京本部第七期第一總隊畢業生籍貫統計表

籍貫	人數	百分比
河北	2	0.23%
山東	2	0.23%
山西	1	0.11%
河南	2	0.23%
江蘇	35	4.11%
浙江	98	11.52%
安徽	19	2.23%
江西	72	8.46%
湖北	28	3.29%
湖南	273	32.04%
四川	42	4.93%
福建	54	6.34%
廣東	165	19.37%
廣西	18	2.11%
雲南	18	2.11%
貴州	17	1.99%
越南	2	0.47%
南洋	4	0.47%
合計	852	100%

上表根據本校畢業生調查科印製之《黃埔同學總名冊》統計表。[21]以表格內容觀察,湘、粵、浙省籍學員在數量上居前三位。

---

[21] 中國第二歷史檔案館供稿,華東工學院編輯出版部影印:檔案出版社1989年7月《黃埔軍校史稿》第三冊第161頁記載。

第四節　第七期生畢業分發及證書

畢業分發情況。

南京本部第七期第一總隊畢業後，編入軍校籌備處軍官教育團，分發入：步兵營第一至三連，每連各80名，第四連90名，騎兵連80名，炮兵連102名，工兵連60名，輜重兵連66名。

另分發各處見習者：南京本校騎兵科1名，財政部緝私局72名，中央陸軍軍官學校武漢分校37名，第三縱隊50名，國民政府警衛團30名，獨立第四團5名，陸軍第五十二師1名。批准長假（待分發者）4名，未詳者另有14名，合計共852名。[22]

實際情形據史料記載：1927年春北伐軍進軍華東、華北後，急需騎兵在華北平原作戰，在形勢的要求下，黃埔軍校第六期在廣州沙河成立騎兵營，計有三個連，各連學生由入伍生第一、二團選送，學生籍貫遍及南北各省，還有華僑、朝鮮、越南學生遠道而來學習。當時馬匹不足，教育器材缺乏，操典條令各類教程，都是從日文翻譯過來的。[23]騎兵營學生由海路乘船到上海，乘車赴南京後，進入新修建的軍校校舍。至此，南京中央陸軍軍官學校共設立步兵、騎兵、炮兵、工兵、輜重兵、交通兵、通信兵科，軍校已經初具規模。

廣州黃埔本校第七期第二總隊學員畢業甫定，分發去向主要是：粵系軍隊第八路軍總指揮部、教導第一師、第一至第十三師各部隊見習服役。[24]

畢業證書展示。從第六期起，黃埔軍校遷移南京續辦，開啟了中央陸軍軍官學校南京時期。

1927年秋黃埔軍校校本部以及學員第一總隊北上遷移南京，留在廣州黃埔軍校的第二總隊學員，以及部分校務機構續辦，改名為：「國民革命軍軍官學校」。該期畢業證書與南京中央陸軍軍官學校頒發的有所不同。

第七期生羅振之畢業證書（源自李學鋒著：解放軍出版社2009年7月《黃埔軍校存世文物收藏》第54頁）

---

[22] 中國第二歷史檔案館供稿，華東工學院編輯出版部影印：檔案出版社1989年7月《黃埔軍校史稿》第三冊第160頁記載。

[23] 中國文史出版社《文史資料選輯》第一三八輯第85頁記載。

[24] 中國第二歷史檔案館供稿，華東工學院編輯出版部影印：檔案出版社1989年7月《黃埔軍校史稿》第二冊第250頁記載。

第一章　黃埔軍校第七期學員的基本概貌

上圖為廣州國民革命軍黃埔軍官學校第七期在軍校俱樂部舉行畢業典禮會場照片。

047

據查湖南省檔案館校編湖南人民出版社《黃埔軍校同學錄》387頁記載，羅振之，廣東興寧人，系廣州黃埔國民革命軍陸軍軍官學校第七期第二總隊工兵科工兵中隊學員。

　　從上圖看到，畢業證書上端為：孫中山先生肖像居中，兩旁為中華民國國旗與黨旗（或是國民革命軍軍旗），證書增添了學生籍貫、年齡等內容，頒發畢業證書日期：1930年9月26日，校方署名：校長蔣中正、教育長林振雄，名字下文蓋私章，另蓋國民革命軍軍官學校關防大印。最引人注目的是：畢業證書首次有了學生本人照片，使得證書具有個人印記和直觀映象。

　　由於留存史料所限，我們目前只能看到廣州黃埔國民革命軍軍官學校第七期畢業證書版本，[25]是由校長蔣中正與教育長林振雄所簽發，南京中央陸軍軍官學校頒發的第七期畢業證書是否也如此？亦或是蔣中正等校務委員簽發？因無史料憑證只能虛擬推斷。

第五節　第七期史載情況

　　以上所述，皆為官文記載的情形。實際上，第七期生就學期間，無論是廣州黃埔本校，還是南京本部，從外部到內部，都經歷了持續不斷的變更，學員因時局的起伏動盪受到的各種衝擊更為劇烈，筆者依據第七期生親歷與回憶，作些復述淺釋。

　　根據黃埔六期短史記載：一、入伍前之背景：**轟轟烈烈震天動地的五卅運動**，完全暴露了帝國主義的野心，埋伏了中華民族亡國滅種的危機，而賣國賣民的軍閥－北洋、奉張、安福系……更銘心刻骨，聯合陣線，向革命的廣東，不斷地進攻，以期消滅國民黨，而達到他武力統一之野心，用他賣國賣民的手段，而達到「惟我獨尊富有四海」的黃帝之夢！雖然廣東國民政府，也在出師北伐中，然以裝備不全的，區區的幾個革命軍，與無所不有的、累累的軍閥格鬥，勝負誰敢預料！故中國興亡，就在這個千鈞一髮的時期，凡我愛國的同胞，尤其是熱血騰騰的青年，誰個不咬牙切齒，痛恨填膺，湧現著火般的心靈，膨漲著怒潮的意志，摒棄一切，犧牲一切，奮奮的要衝出這條死路，得到光明大道的到來！換句話說：一般的青年，早已受到了社會上萬惡的金錢壓迫，與其他各種環境束縛，得不到好好的出路，加以這麼危哉險哉的時局，

---

[25] 李學鋒著：解放軍出版社2009年7月《黃埔軍校存世文物收藏》第54頁記載。

所謂「天下興亡，匹夫有責」，故都願意加入革命戰線，與軍閥與帝國主義決一雌雄，而以不得良機為憾。適在此時，黃埔中央軍事政治學校，於八月間招考第六期入伍生。這個消息傳播了全國，青年就得著福音了，紛紛不辭艱辛，不畏窮途，冒著大大的危險，旅著幾千裏的長程，投到巍巍莊嚴的黃埔來了。二、入伍時情形：前前後後來報名投考者，計有兩萬餘之眾，小學、中學、大學、留學之畢業者，形形色色，無一不有！國內國外，如朝鮮、安南、緬甸、臺灣、南海群島等國──無處不有。啊！好一個東方被壓迫民族的青年大集合。考試非常嚴格，幾何三角……無一不考，更注意於政治頭腦之如何，體格更細密檢查，稍柔弱者不取。故結果史錄取了四千餘人，餘皆落孫山之外。所錄取者，先後入伍，編為一二兩團，分駐廣州沙河北教場等處，開始新兵教育。火般的烈焰，風雨的摧殘，嚴厲的紀律，丘八的衣服，麻織的草鞋，雖初由浪漫之鄉來的青年，也覺苦中有甘。三、駐防之經過：自從校長率師北伐以後，扼守於廣東各要地的軍隊，為之一空！際此鞏固後方，為北伐期中唯一重大工作時，後方勤務，惟有英氣勃勃，忠勇的六期入伍生，才能擔任得了。故入伍未久，即令調第二團，往石龍、東莞、深圳三處駐防，並調第一團第四營。往虎門駐防。時在十五年九十月間，而留一團在沙河訓練。至翌年三月初旬，始興一團調防，而將第二團完全開往沙河，正式訓練。至七月間，六期入伍時期，將屆一年，早已超過原有六個月的時間，故一團同學，亦於是時開回沙河，聽候升學。在駐防期間，因負有鞏固後方這麼大的責任，故無論風雨寒暑，以及白晝暗夜，誰都要巡查放哨，鎮靖地方的安寧，押車扣船，以利民眾的交通。每逢匪勢昌熾的時候，更要不遠千裏，不辭艱辛去剿匪。即以素為匪窟之沙頭角，經第二團第一營同學，再三痛剿後，匪徒即得完全滅跡。其他如東莞、周村、沙洲，各處都是匪盜橫行的地方，但是經吾第六期同學剿過之後，匪勢亦概掃消滅。居民得以安寧無事，熙熙攘攘，過那太平生活。此外，同學們看見附近村童，都是失學在家，遊蕩終日，實在為他們前程可憐愛惜，便乘暇各自募款，組織平民學校，使失學之兒童，有再求學之機會，並授之以主義訓練，教之以革命知識，使對於國民革命，有相當之認識。同時並於農事之暇，特開軍民聯歡大會，在一幕一幕的遊藝裏，表現著深刻的革命意味。於是民眾與同學們的感情，遂如父老兄弟之親。當我們由駐防地開回來的時候，受了民眾震天動地的爆竹聲，與鮮豔燦爛的錦旗贈予，加以鼓掌如雷的熱鬧歡送，更可證明感情的濃密，有勝於骨肉之情。四、入伍時期訓練之經過：不曉得內容的人，都以為入伍生是當兵的，並非求學。固然，入伍生的生活，同丘

八差不多，但是入伍生，除擔任一切重要勤務外，還是要照常操課，換句話來說，一面要服勤務，一面要讀書，茲為明晰起見，爰將訓練經過，分為二期敘述：一是駐防時之訓練，A、軍事－術科，除早操外，每日上下午各一次，第一次兩點鐘，學科每日兩次，教（課）本系用最新典範令及其他。B、政治－第一星期三次政治講演，一次政治問題，及其他間接的訓練，即由校部發下種種關於主義政治的書籍雜誌，自行閱讀。C、黨務－第一星期一次小組會議，一月一次黨員大會，其精神之振作，對黨之熱心，確非他團體所能及。二、駐防開回時之訓練：各種訓練，與駐防時大致相同，惟學科時間，加兩次為三次，除典範令以外，並特授史、地、理化、代數、算術、幾何、三角等普通學科。……本期（第六期）同學入學以來之生活經歷，略如上述（從略），可知本期所處環境，極其艱難險阻，與前各期迥異。外人不察，或有今日之黃埔學生，遠非昔日可比之非議，殊不知本期同學奮鬥經過，彰彰者，大有其在。……總之我們的苦困，已吃得很多了，我們受到黨國培養的恩惠，也不淺了，我們所得的經驗，也不少了，須知自己責任之重大，與目前時機之危險，眾心一致的去努力我們應該努力的工作：訓練黨的基本軍隊！建設新的中華民國。[26]

教育長方鼎英亦在《一年來本校梗概》撰文指出軍校鼎盛時期辦學成功主要有五個方面：一是學生素質單一，入伍之初即採用嚴格試驗；二是學生在任何兵科，實有受入伍訓練之必要，以後越黃河以北之作戰日近，騎、炮、工、輜、航空等特科，尤感急切；三是負管理專責之初級長官，極關緊要，必須選擇相當之人才；四是軍事教育，固須處處勿忘政治教育，而政治教育，尤須處處顧慮軍事教育，本校方能名符其實；五是啟發式的教育，固感必要，而鍛煉式教育，尤為切要。[27]

第六節　東征北伐紀念墓園興建

在第七期學員入伍修業三年期間，廣州黃埔本部於黃埔島（今稱長洲島）大興土木，修建落成了一批紀念碑坊與墓園。1927年12月底李濟深邀請何遂赴廣州，他先後任國民革命軍討逆軍廣東第八路軍總指揮部總參議、廣州國

---

[26] 《黃埔軍校史料彙編》第三輯第四十五冊刊載《第六期同學畢業專號》金士元、唐慶超、蔣平波撰文《黃埔六期短史》第253－275頁記載。
[27] 方鼎英著：《方鼎英自述》稿第9頁記載。

民革命軍黃埔軍官學校特別黨部籌備委員，1928年5月委任何遂為廣州國民革命軍黃埔軍官學校代理校務。1928年9月何遂主持召集「孫總理紀念碑籌建會議」，全校師生踴躍捐資。在任期間主持修建了東征陣亡烈士紀念坊、北伐陣亡烈士紀念碑、中山紀念碑等。撰寫《中山先生紀念碑文》、《黃埔軍校東征烈士墓碑文》等。1928年10月11日他以黃埔軍校代校務名譽，率軍校各部長官在黃埔島八卦山為孫總理紀念碑破土奠基，紀念碑正面隸書字為胡漢民書寫，紀念碑東側所刻「和平奮鬥救中國」是何遂執筆書寫，[28]此項工程1930年5月竣工，紀念碑頂孫中山銅像為日本友人梅屋莊吉捐贈。他在紀念碑基座所撰題詞：「國民革命軍軍官學校之創立，肇始於中華民國十三年六月十三日。先生蒞臨訓詞，以「親愛精誠」相激發，圜座觀聽者罔不承謦欬而奮氣節。蓋先生鑒數十年革命未能成功者，由於無純正革命軍之實力；深知救國救民，非有真能為主義而奮鬥之人傑，不足完改革而宏建設。乃創軍校，選軍人，定軍學，搜軍實，學術兼修，有典有則，使知能捐生死者，必先化其氣質。於是校長蔣中正，用編黨軍。校長躬自督率，先平東江之陳孽，繼靖楊劉之鬼域，既奏凱以東旋，複誓師而北伐。不數月，奠定長江，不兩載，統一全國。若夫以一敵百，為革命史獨造之戛戛，曠古今中外無有其匹，何一非先生精神所凝結，詎意昊天不弔，竟棄吾黨而永決。回憶瀕行告別之訓言，莫追音塵而淒咽。竊以先生手創民國，艱貞卓絕，黨建黨治，具在方略，行易知難，詳諸學說。先生言之不憚，唇焦舌敝，吾黨承之，莫不涕零心折。論者謂北境會盟，南訛平秩，鹹推開濟於黨軍，實則榮源乎百粵。顧以訓政、憲政之大，猷端資夫良弼，而吾黨所寐寐求者，繼述遺言於貫澈，庶幾先生積四十年之精力，可無遺憾於毫髮。今茲校生六期業畢，追維吾校之肇祖，不能自己於陳述。節南山之具，瞻屹豐碑，而展謁將以詔示來者。俾知先生之遺澤與吾校之榮光，並垂無垠於塊圠。中華民國十七年十二月代理校務何遂敬撰。」[29]

　　1929年1月何遂再以黃埔軍校代校務，受蔣介石委託主持在黃埔島西側萬松嶺瀕江邊，重修黃埔軍校東征陣亡烈士墓，並在墓園前修建門樓，由蔣介石書寫「東征陣亡烈士紀念坊」；他在紀念坊所立二巨碑題詞：「惠城踞山阻水，東江鎖鑰寄焉。叛將陳炯明，擁兵負隅，屢攻不下。先大元帥以無主義無訓育之傭兵，不足有為也。於是十三年五月，令設陸軍軍官學校，蔣公中正長

---

[28] 陳建華主編：廣州出版社2008年12月《廣州市文物普查彙編》黃埔區卷第89頁記載。
[29] 陳建華主編：廣州出版社2008年12月《廣州市文物普查彙編》黃埔區卷第90頁記載。

051

繼往開來：黃埔軍校第七期研究

上為孫總理紀念碑仰視全圖，彰顯建築結構之「文」字效應。

主持重修東征陣亡烈士墓園的
代校務何遂。

之。秉主義，施訓育，桓桓肅肅，興也勃然。十四年春，蔣公率學生九百餘人，教導團兩團會各師，東討鯉湖、棉湖，戰績甚偉。是役死事同學十六人，士兵六百餘人。旋挫楊希閔、劉震寰叛軍，班師歸校，複加訓練。十月再命東征，校長蔣公為總指揮，率三縱隊。副校長李公濟深、教育長何公應欽、程

第一章　黃埔軍校第七期學員的基本概貌

公潛分領之。各縱隊基幹，則本校學生三千人也。十三日。令總攻擊。炮射惠城，皆中要隘。敵以機關槍掃射，先鋒近城者，死傷枕藉。第四團長劉堯宸中將竟中彈亡。士氣抱痛愈奮。十四日炮向北門及左右側防，機關猛烈掃擊，掩護衝鋒者前進。眾乘勢倚梯肉搏以登，前仆後繼，而飛鵝嶺縱隊同時夾攻。至是敵勢不支，紛紛東遁，而海豐、陸豐、河源、紫金、老隆、凡入潮梅要衝，次第悉平。是役死事同學五十八人，士兵百七十八人。古所稱天險惠城，三年攻之，不足一日，陷之有餘。昔何其難，今何其易歟？曰：有主義，有訓育，故能果於克敵。逾年越嶺入贛，轉戰兩湖三江，剷除軍閥，直搗幽燕。國基南奠，中外翕然。完成革命之功，其兆於斯乎。夫不有黨軍，何以展黨力？不申東討，何以勛北征？烈士之榮光，吾校之榮光也。遂今春來粵，蔣、李二公倥傯馬策，以校務委代。巡視埔島，爰至平岡之原，肅然曰：烈矣諸君，為主義死，為統一先導死，死且不朽，曾何恤身後之表揚。但吾人既安其窀穸，而未彰其姓氏功績，於義有闕，乃述綜概。次名籍，俾後人得征考而仰止焉。平岡之陽，松柏九九，碧血黃花，並堪千古矣。慨歟不足，從而緣之辭。中華民國十七年十月代理校務閩人何遂撰文並書。」[30]

上圖為位於長洲島萬松嶺臨江的東征烈士墓園正門。

---

[30]　陳建華主編：廣州出版社2008年12月《廣州市文物普查彙編》黃埔區卷第274頁記載。

053

上圖為東征烈士墓園正門上方之東征陣亡烈士紀念坊題字。

　　1929年2月何遂又以黃埔軍校代校務，主持興建了「黃埔軍校學生北伐陣亡將士紀念碑」，碑身鐫刻其篆書「為民犧牲」，碑座南側亦為他撰寫碑文並書：「於戲，吾黨之榮，源於粵東也。秉先訓，豁群冢，莫不奮身振踔，虣虎蹲熊，生死與共，袍澤與同。溯自丙寅七月，鞠旅馳驟，有仇必殄，無役弗從。逾嶺蹶湘，平吳刜鄂，既焉同而車攻。奠定南京國府，廓清北系兵戎。會三晉兩河而誓師，鹹驚為並世之雄。義旗分道，風從虎而雲從龍。庶天心之厭亂，慰中外之喁喁。既夫浦口困夔者，扼力凶鋒；甚而武漢螫毒者，腥血殷紅。君等鹹皆裂肉薄，競裹馬革以完忠。於戲！幽燕直搗兮，卒殄元兇。完成北伐兮，系爾之功。吾黨抱國恤而闡先烈兮，庶幾默慰於爾衷。平岡之石齒齒兮，黃埔之水淙淙。屹豐碑以厲世兮，將以垂人紀於無窮。中華民國十八年二月二十四日何遂並書。」該碑座之東、西、北側鐫刻北伐陣亡之獨立團第一營營長曹淵等355名黃埔軍校學生之姓名。

第一章　黃埔軍校第七期學員的基本概貌

上圖為東征陣亡烈士墓園之東江陣亡烈士紀功坊。

上圖為國民革命軍軍官學校學生出身北伐陣亡將校紀念碑。碑正面文：為民犧牲。

055

繼往開來：黃埔軍校第七期研究

上圖左為東征烈士墓園東江陣亡烈士紀功坊碑。上圖右為紀功坊碑拓本。

代理校務何遂題寫的「本校學生北伐陣亡將士紀念碑文」拓本：於戲！吾黨軍之策源於粵東也，秉先訓，豁群家，莫不奮身振踔，虛虎蹲熊，生死與共，袍澤與同。溯自丙寅七月，鞠旅馳騁，有仇必殄，無役弗從，踰嶺蹶湘，平吳制鄂，既馬同而車攻，奠定南京國府，廓清北系兵戎，會三晉兩河而誓師，鹹驚為並世之雄。義旗分道，風從虎而雲從龍，庶天心之厭亂，慰中外這喁喁。既夫浦口，困婁者搤力凶鋒；甚而武漢，螫毒者腥血殷紅。君等成皆裂肉薄，競裹馬革以完忠。於戲！幽燕直搗兮卒殄元兇，完成北伐兮繄爾之功。吾黨抱國恤而闡先烈兮，庶幾默慰於爾衷。平岡之石齒齒兮，黃埔之水淙淙，

056

第一章　黃埔軍校第七期學員的基本概貌

上圖為代理校務何遂於1929年2月24日題寫的本校學生北伐陣亡將士紀念碑文拓本。

屹豐碑以厲世兮，將以垂人紀於無窮。中華民國十八年二月二十四日何遂並書。[31]

　　1929年1月何遂還在黃埔島西面主持興建了「濟深公園」，是為黃埔軍校副校長李濟深之蕩漾公園。他撰寫並書濟深公園記：「民國十五年，校長蔣公中正帥師北伐。蒼梧李公濟深以副校長行校長事。李公性沉毅，識遠大，以為學記敬業樂群，當如紫陽所解說，其於鍛煉體力，修養人格。精進學業，尤致意焉。諸生鹹一觀聽，退而自奮，相期為幹城之選。黃埔之東蝴蝶岡，居本校分校中樞，亦修學地，彼此觀摩敬其群也。岡上多松，相絡相瓦，使之息遊，樂其群也。爰就形勢，藉榛莽，去沮洳，蔚成一園，踞長洲之勝。昔庾亮稱和嵩，森森如千尺松。今嘉樹成蔭，方諸樹人樹木，有合敬業樂群之旨，即以李公名名斯園。它日李公政和之暇，與諸生俛仰其間，更進博習，親師論學取友，以至大成髦士之化。斯園之樂群其為嚆矢歟。十八年一

---

[31] 陳建華主編：廣州出版社2008年12月《廣州市文物普查彙編》黃埔區卷第277－278頁記載。

057

月何遂記」。[32]

　　上述東征、北伐諸役陣亡將士墓園等記載已永久鐫刻於此，多處建築落成於第七期廣州黃埔本校1930年10月結束之際，遂為黃埔軍校當年遺留下來之瞻仰勝地及名人墨寶。

---

[32] 陳建華主編：廣州出版社2008年12月《廣州市文物普查彙編》黃埔區卷第339頁記載。

第二章

部分第七期生
文化修養、背景及出任教官情況

　　傳統文明歷來重視文化修養和社會閱歷。選拔青年進入黃埔軍校，其中入學者的背景、素養和閱歷諸方面，無疑也是應試與考察的重要環節。依據各種史料資訊，整理出以下部分第七期生入學之前的文化修養及社會閱歷，有助於讀者認識和瞭解處於那個時代的學員基本情況。

第一節　部分第七期生入學前受教育與社會經歷

　　相當一部分第七期生在入學前，已經受各類教育，社會經歷多元化，社會閱歷及其文化修養，為日後成才奠定了基礎。

　　首先，處於國民革命發源地的廣州，中國國民黨及中國共產黨設於各省、市、縣基層組織，曾為黃埔軍校前六期招生、推薦、選拔，仍舊發揮著組織考察與主管道作用。其中涉及社會關係和家庭背景，學員們在各自所處的革命環境與先進氛圍，國共兩黨早期領導人和組織者，以及各地基層工作人員，無疑起到過重要作用影響。

　　其次，第七期生招生期間，適逢國民革命運動與北伐戰爭，許多在學學生毅然放棄學業投筆從戎。「到廣州去，投考黃埔軍校，當革命軍」，仍是當時進步熱血青年之嚮往願景及時尚追求。

　　再次，第七期生入學前，絕大多數具有中學以上的文化程度。他們通過與南方黨團有聯繫的宗族兄弟、親戚朋友，或者直接受到他們的舉薦報考，因此第七期生在入學之際，已具有相當文化程度和較高政治覺悟。

　　根據史料與資訊，筆者將搜集的相關情況輯錄如下。

表5：部分第七期生入學前學歷及社會經歷一覽表（按姓氏筆劃排序）

序	姓名	入學前學習情況及社會經歷
1	王弼	早年入本鄉高等小學堂，繼入中學肄業，緣於族中前輩為粵軍將領，並在廣州黃埔軍校任教，年過16歲即赴廣州，考入第六期入伍生隊受訓。
2	王公常	幼時私塾啟蒙，少年考入本鄉高等小學堂，繼入威遠縣立中學學習，畢業後南下考入第六期入伍生隊受訓。
3	車蕃如	少時考入本地高等小學堂就讀，肄業後入貴陽縣立中學學習，經何應欽信函介紹舉薦，赴南京考入入伍生隊受訓。
4	方仲吾	本鄉高等小學堂畢業，考入鎮海縣立中學就讀，後經舉薦考入第六期入伍生隊受訓。
5	盧雲光	幼時私塾啟蒙，後考入縣立第一高等小學堂就讀，繼考入連城縣舊制中學，畢業後赴廣州考入第六期入伍生隊受訓。
6	馮直夫	幼受庭訓啟蒙，以成績優良考入高等小學堂學習，畢業後考入府城瓊海中學就讀，受孫中山國民革命思想影響，赴廣州考入廣東守備軍教導隊受訓。
7	葉用舒	出生於僑居越南的華僑工人家庭，7歲進入越南華僑小學學習，13歲回國，考入文昌縣林梧墟小學讀書三年，高等小學堂畢業後，返回越南入華僑中學續讀五年。
8	邢詒聯	少時在本鄉南昌初級小學就讀，繼入務本高等小學堂續讀，畢業後隨叔公邢定照赴廣州讀書，考入廣東省立第二中學學習，就讀三年初中畢業，繼考入廣東守備軍幹部教導隊受訓。
9	呂省吾	幼時在本村私塾入館啟蒙，少年時考入本鄉高小學堂就讀，後入縣立初級師範學校學習，未及畢業輟學，赴廣州考入廣東守備軍幹部教導隊受訓。
10	劉珩	因父親劉禾豐1927在廣州黃埔軍校任書記官，他與兩胞兄光孚、光琮三人一同南下廣州，考入第六期入伍生隊。
11	劉雲瀚	1918年入本鄉小學就讀，1924年入縣立初級中學學習。1926年9月隨黃埔學生軍參加北伐戰爭，1926年10月考入廣州黃埔中央陸軍軍官學校入伍生隊受訓，防守廣州黃埔魚珠炮臺。1927年夏升學第七期預科，後獲黃埔同學會資助赴杭州，1928年春隨部參加第二期北伐戰事，任國民革命軍總政治部宣傳隊隊員。戰後返回南京續學。
12	劉少峰	幼時私塾啟蒙，少時入本地高等小學堂就讀，畢業後入新化縣立初級師範學校學習，後得方鼎英介紹舉薦，投考第六期入伍生隊獲錄取。
13	劉理雄	幼時本村入館庭訓，少時考入高等小學堂學習，畢業後入縣立中學學習，「五卅事件」發生後，參與本地學生抗議活動，見報聞知廣東國民革命運動風起雲湧，毅然輟學赴廣州，考入第六期入伍生隊受訓。
14	劉飄萍	先後就讀於本縣第一中學、長沙師範學校，肄業後入湘軍任文書，後經同鄉方鼎英舉薦，赴杭州考入教導隊受訓。
15	阮兆衡	早年在本鄉私塾庭訓，少年考入本縣高等小學堂就讀，後赴廣州考入廣東守備軍幹部教導隊受訓。
16	麥勁東	父壽沾，清末秀才，當地名儒，母鄭氏勤儉樸實，因病早逝。幼時入本鄉私塾啟蒙，少時考入本縣高等小學堂就讀，繼入瓊山縣立甲等中學學習，畢業後應邀赴廣州，考入第六期入伍生隊。
17	杜興強	幼年在家鄉私塾啟蒙，先後就讀於本鄉高等小學堂、縣立第一中學，應邀赴省城考入廣東守備軍幹部教導隊受訓。
18	李功寶	在兄弟中排行第二，幼時入本鄉私塾，後考入花縣縣立務本學校學習，畢業後考入縣立第一中學就讀。畢業後入廣東守備軍幹部教導隊受訓。

第二章　部分第七期生文化修養、背景及出任教官情況

序	姓名	入學前學習情況及社會經歷
19	余肇光	幼時入私塾啟蒙，本鄉高等小學肄業後，隨父赴廣州打工謀生。當年在廣州《民國日報》看到登載招考「兩廣陸軍學校入伍生」啟事，錄取後編入燕塘入伍生大隊第五中隊。
20	鄒炎	幼時入丙村務本學校就讀，肄業後考入甲等小學堂學習，繼入梅縣東山中學就讀，在學期間應同鄉李鐵軍信邀，赴廣州考入第六期生入伍生隊。
21	張大華	幼時在家務農，得親友資助入讀本鄉甲等小學堂，肄業後考入縣立初級師範學校，經在省城同鄉推薦赴廣州，入廣東守備軍幹部教導隊及入伍生隊受訓。
22	張偉漢	7歲入私塾啟蒙，後考入本鄉新思初級小學堂就讀，繼升入文成高等小學堂學習，1922年考入平遠縣立中學就讀。
23	陳慶斌	父親陳次愷（保定軍校第一期步兵科畢業）1927年冬入黃埔軍校任教職。他1913年2月2日生於陝西白河。順德縣立中學肄業後，經父介紹考入第六期入伍生隊受訓。
24	陳克強	生於防城縣城關鎮一個貧民家庭。1925年赴廣東高州求學謀生，1926年加入中國國民黨，後赴省城考入廣州大學肄業。
25	陳宏樟	少時隨父在香港九龍打工，曾入教會辦英文學校就讀，繼入寶安縣立中學學習，肄業後考入廣東守備軍幹部教導隊受訓。
26	林猷森	早年隨父赴新加坡讀書，1921年返回瓊崖，繼赴省城入國民革命軍第四軍第十一師幹部教導隊受訓。
27	歐陽春圍	幼時入本鄉私塾啟蒙，考入本鄉高等小學堂就讀，畢業後考入縣立初級師範學校學習，未及畢業聞指南下，入第六期入伍生隊受訓。
28	羅又倫	父冀良，生前奔走革命，在他五歲時英年早逝。母古善雲，勤儉持家撫養成人。他六歲進入學校讀書，1922年十歲時到離家三十華里的瑤上公學就讀，1923年轉學梅縣縣立高等小學堂學習，畢業後入梅縣中學就讀，聞知黃埔軍校招生，需要有少將以上官員推薦作保才能報考，他性急之中寫信給黃埔軍校，幸獲復信准許直接報考。
29	周萬邦	早年本鄉私塾啟蒙，繼入本縣務本學校學習，後隨父赴省城做工，考入廣州市立師範學校就讀，畢業後入廣東守備軍幹部教導隊受訓。
30	周長耀	幼時在本村私塾啟蒙，少時入家鄉初級小學堂。後隨父赴省城，考入廣東省立第十三中學學習，1926年畢業，受聘任家鄉小學教員，後聘任校長。參加國民革命運動，加入中國國民黨，被推選為中國國民黨瓊東縣黨部籌備委員，瓊東縣農民協會執行委員。1927年10月離職，赴廣州考入第六期入伍生隊受訓。
31	鄭琦	幼時入本村私塾啟蒙，繼入本鄉高等小學堂肄業四年，畢業後考入縣立第一中學學習，畢業後考入第六期入伍生隊受訓。
32	鄭僑文	本鄉高等小學肄業，繼入省城就讀中學，肄業後考入第六期入伍生隊受訓。
33	鄭邦捷	出身貧苦農耕家庭，節衣縮食供他讀書，初入本鄉珠山小學，因成績優秀考入浙江省立第六師範學校，畢業後在本鄉高等小學校任教，後因有激進言語，校長獲悉後向上報告，他離家出走到上海，為謀生在店家當計賑。一日外出發現街頭有許多人圍看一告示，見是馮玉祥西北軍招兵，遂投筆從戎，1927年投筆從戎參加北伐戰爭，任國民軍第一軍第三師步兵連準尉代排長，後被保送投考中央軍校。
34	鄭幹榮	早年入鄉間私塾就讀，後隨父赴省城做工謀生，入讀高等學堂及教會學校學習，考入廣東守備軍幹部教導隊受訓。
35	柯蜀耘	本村私塾啟蒙，繼入鄉間務本學校就讀三年，考入縣立初級中學學習，入第六期入伍生隊受訓。

序	姓名	入學前學習情況及社會經歷
36	鐘世謙	早年入本村私塾就讀兩年，少時考入周江初等小學學堂學習，後入縣立初級師範學校學習，得鄉人報信赴廣州，報考廣東守備軍幹部教導隊受訓。
37	侯志磐	梅江高等小學堂畢業後，入縣立東山中學就讀，後考入廣州市立師範學校學習。
38	淩鐵民	1916年入福田村初等小學堂就讀，繼入南陽高等小學堂學習，畢業後赴省城投考第六期入伍生隊。
39	徐建德	早年考入兩江初級師範學校就讀，繼入縣立中學學習，畢業後返回鄉間任小學教員，參加學生運動，遂毅然投筆從戎，考入廣東守備軍幹部教導隊受訓。
40	黃　通	少時入本鄉啓秀高等小學堂就讀，畢業後啓秀中學就讀，肄業兩年後，赴上海私立文治大學國文系就讀，期間同鄉杜凱元、李翔鳳返鄉，受其影響即南下投考黃埔軍校，錄取為廣州沙河燕塘第六期入伍生團第三營第十連，因沒接到通知招生，入伍受訓不久，轉為軍校政治部司書，期間加入中國國民黨。他以第二名考取，不久接軍校通知，集體赴南京報到。
41	黃　湘	本村私塾啓蒙，入本鄉高等小學就讀，後考入宜章縣立師範學校學習，肄業後南下廣州，入廣東守備軍幹部教導隊受訓。
42	黃思宗	幼時隨父就讀務本學堂，肄業後隨父親赴省城，入高等小學堂學習，繼入省城某中學就讀，1926年夏初中畢業，在廣州加入中國國民黨，1926年秋隨父參加北伐。
43	黃維亨	父為鄉村教師，耕讀人家。他從小懷有鴻鵠之志，少時考入本鄉高等小學堂就讀，1921年15歲就離鄉，考入廣東省立高州中學求學，畢業後回到廉江，任縣立廉江小學校長，在時任廉江縣縣長黃則文推薦支持下，1927年初投筆從戎，考入第六期入伍生隊受訓。
44	曹　瑩	1915年入文教鎮加德小學校就讀，1926年隨鄉人赴泰國謀生，1927年返回瓊崖，後隨同鄉赴杭州讀書。
45	符國憲	居家務農為生。他1911年入南%志新高等小學堂就讀，1917年畢業，1918年赴省城求學，考入廣州中山中學讀書六年，1923年高中畢業。1923年11月隨鄉人赴馬來亞謀生，時逢黃埔軍校向海外發出招生啓事，受孫中山國民革命思想感召，毅然回國報考。
46	梁化中	幼時私塾啓蒙，少時入本鄉高等小學堂學習，畢業後考入安化縣立第一中學就讀。
47	梁順德	早年入本村私塾啓蒙，繼入本鄉高等小學堂就讀，1925年考入梅縣鬆口中學學習，畢業後赴南京投考第六期入伍生隊。
48	彭璧生	早年入龍溪高等小學堂就讀，畢業後考入縣立第一中學學習，1925年畢業，任本鄉務本學校教員，後投筆從戎赴南京投考軍校。
49	蔣瑞清	少時在本鄉高等小學堂就讀，畢業後考入淮陰縣立第一中學，畢業任淮陰縣立甲等師範學校教員。1928年春考入第六期入伍生隊受訓。
50	程　炯	1915年2月入私塾讀書，1921年考入湘陰縣立高等小學堂學習，1923年入長沙舊制中學就讀。1927年3月入第六期入伍生隊受訓，集體加入中國國民黨。
51	謝　義	本村私塾啓蒙，考入鄉立高等小學堂就讀，畢業後入平遠縣立中學學習，初中畢業後赴廣州，考入廣東守備軍幹部教導隊受訓。
52	謝　昌	幼年在家鄉讀私塾，繼入羅豆墟高等小學堂就讀，1923年考入府城瓊海中學學習，參加學生運動為學生自治會主席，因激進活躍被校責令退學。後負笈省城求學，入第六期入伍生隊集訓。
53	謝日暘	先後畢業於信宜縣第三高級小學、信宜縣省立中學。1927年在信宜中學畢業，考入國立中山大學，讀了一年毅然投筆從戎。

第二章　部分第七期生文化修養、背景及出任教官情況

序	姓名	入學前學習情況及社會經歷
54	黎天榮	幼時在本村私塾就讀，繼入鄉立高等小學堂學習，1922年考入縣立第一中學就讀，肄業後任鄉間小學教員，1926年隨張人赴省城，考入廣東守備軍幹部教導隊受訓。
55	魏漢新	1915年就讀於本村螺峰小學，畢業後因生活窘迫，隻身到香港打石，積蓄點錢又重回家鄉讀完崇文小學。

從上表反映情況觀察，我們可以整理出規律性和傾向性。

第二節　部分第七期生的背景情況分析

從上表披露情況，對於第七期生之背景情況，顯示了明顯的時政傾向，直接或間接影響著每個學員後來的路子。分析部分學員的背景情況，主要有以下幾方面：

一是政治傾向方面。從當時政治現狀觀察，對於第七期生的政治感召，起著主導作用和影響的因素仍源自中國國民黨。

二是地域鄉情方面。在國民革命影響下的各地宗族朋黨、仕學官宦、地方勢力，以及軍閥、集團、派系仍通過無形網路，在舉薦、介紹的第七期生征招，發揮著潛在的作用與影響。

三是延攬與舉薦方面。第七期生比較前六期，文化程度有所提高，多數具有高小或初中以上學歷，他們緊隨社會潮流與時尚，通過部屬延攬或師生舉薦，使得第七期生入學機率相當高。

表6：南京中央陸軍軍官學校第七期學生家庭經濟地位人數百分比統計表[1]

家庭經濟地位	人數	百分比
上等	96	11.4%
中等	217	25.7%
下等	368	43.5%
未詳	164	19.4%
合計	845	100%

注：上等，是指當時具有價值一萬元以上產業的家庭，中等是指5000至10000元產業。

---

[1] 中國第二歷史檔案館供稿，華東工學院編輯出版部影印：檔案出版社1989年7月《黃埔軍校史稿》第十一冊第345頁。

表7：南京中央陸軍軍官學校第七期學生家庭主要職業人數百分比統計表[2]

家庭職業	人數	百分比
工業	11	1.3%
商業	184	12.8%
學界（教育）	82	9.7%
農兼商業	43	5.0%
工兼商業	5	0.6%
學兼商業	4	0.5%
紳商	2	0.2%
航海（河）商業	2	0.2%
軍界	4	0.5%
政界	8	0.9%
漁業	2	0.2%
實業	1	0.1%
工兼農業	1	0.1%
地主	1	0.1%
醫兼農業	2	0.2%
農業	429	51%
未詳	41	4.9%
合計	845	100%

根據以上資訊，初步整理出如下情形：

一、在第七期生中，分別於黃埔本校和南京中央陸軍軍官學校，根據公開資料顯示，越南有9名覺悟青年學生，赴粵投考黃埔軍校。

二、多數學員家境有一定經濟基礎，學員家庭經濟中等以上有313名，占比37%。按照當時對第七期生家庭出身情況看，以職業分類大致為：從事農耕、商業與學界居多，從工（城鎮小手工業）、仕學從教，其餘為情況不明。

三、相當部分第七期生居住於城鎮，經濟狀況比較穩定，亦有部分學員家境貧困，生活艱難。

綜合分析第七期生情況，主要有以下幾方面特點：

一、學員年齡差距較大。按照當時對第七期學員年齡登記情況看，學員平均年齡24歲左右，年齡較大學員有29歲的13名，30歲的4名。

---

[2] 中國第二歷史檔案館供稿，華東工學院編輯出版部影印：檔案出版社1989年7月《黃埔軍校史稿》第十一冊第346頁。

第二章　部分第七期生文化修養、背景及出任教官情況

二、經受教育層面各異，有中學以上文化程度比較前六期稍低。從《同學錄》記錄情況看，絕大多數第七期生為高小或初中以上文化程度。

三、家庭出身背景廣泛。有書香、鄉紳、市民和耕讀農戶等各類出身背景。經歷多元化，社會閱歷較豐富者佔有相當比例，曾經從事教育、文化、店員、商販等事務較多。學員家庭以從事農業生產居多，靠農產品獲取經濟來源。

四、第七期生比較前六期生，存在著學員成份多元化、結構複雜化等情況。學員涉及地域較廣闊。學員登記籍貫涉及全國二十二個省區，有部分歸國華僑學生回國投考，另有緬甸、安南及南洋群島青年學生。

五、隨著國民革命運動向北方擴散，第七期征招學員人數，比較前六期學員數量，有明顯減少。

第三節　第七期生出任校本部及各分校教官情況簡介

緣於北伐戰爭順利推進，早期的黃埔軍校畢業生，除了一部分充實軍隊基層崗位外，有相當一部分留校工作，意在擴大軍校規模，加速黃埔「嫡系」部隊建設步伐。中國國民黨內人士對黃埔生的寄望甚高，第七期生緊隨前六期生步伐，於畢業後留校或返回軍校擔當教職教務事宜。

表8：第七期生在南京、成都校本部、各地方分校任職任教情況一覽表

序	姓名	任職任教期別	任職年月
1	王作佐	第十六期第二總隊第三大隊第十隊少校隊附	1939.4
2	鄺文藝	廣東軍事政治學校工兵科訓練員	1932.4
3	寧師剛	廣東軍事政治學校步兵科助教	1933.10
4	朱　澄	南京中央陸軍軍官學校政治訓練處股長	1934.10
5	華　鵬	成都中央陸軍軍官學校第十六期第二總隊少校大隊附， 第十八期第二總隊第五步兵隊中校隊長。 成都陸軍軍官學校第二十期步兵科上校戰術教官， 第二十一至二十三期上校戰術教官。	1939.4 1941.4 1945.4 1946.5起
6	伍家琪	成都陸軍軍官學校第二十一期步兵科上校戰術教官， 第二十二期第一總隊上校戰術教官， 第二十三期教育處步兵科上校戰術教官	1946.5 1947.12
7	劉一中	中央陸軍軍官學校廣州分校學員總隊區隊長	1936.10
8	劉雲瀚	南京中央陸軍軍官學校附設憲兵員警訓練班	1931.3
9	劉靖遠	廣東軍事政治學校步兵科助教	1931.10
10	吳石安	廣東軍事政治學校步兵科學員大隊區隊長	1932.5

序	姓名	任職任教期別	任職年月
11	麥靜修	廣東軍事政治學校步兵科學員大隊區隊長	1933.11
12	張祖正	第七分校學員總隊少將總隊長 西安督訓處督訓官、少將高級教官	1944.10 1946.10
13	李鴻魁	廣東軍事政治學校步兵科助教	1931.10
14	蘇若水	南京中央陸軍軍官學校第十期騎兵連連附、第十三期騎兵隊少校隊附	1933.8- 1936.6
		成都中央陸軍軍官學校第十六期步兵第三大隊騎兵隊中校隊長， 第十九期特科總隊騎兵大隊上校大隊長。 成都陸軍軍官學校第二十一期騎兵科上校副科長， 第二十二期教育處騎兵科上校科長， 第二十三期第二總隊教育處騎兵科上校科長。	1939.4 1944.8 1946.5 1947.12
15	陳克強	廣東軍事政治學校炮兵科科附	1935.4
16	周長耀	中央陸軍軍官學校廣州分校學員總隊炮兵大隊少校大隊附	1936.7
17	幸光霽	廣東軍事政治學校炮兵科助教	1932.5
18	羅怒濤	中央陸軍軍官學校督訓處大隊長， 中央陸軍軍官學校第七分校學員總隊總隊附 成都陸軍軍官學校第二十二期辦公廳副官處副處長， 第二十三期副官處上校副處長， 成都陸軍軍官學校辦公廳副官處少將副處長。	1938年 1940年 1947.12 1948.12 1948年
19	龐仲乾	中央陸軍軍官學校第七分校軍士教導團副團長	1938.12
20	鄭僑文	成都陸軍軍官學校第二十一期軍校教育處陸軍少將銜高級教官	1946.5
21	姚植卿	成都中央陸軍軍官學校第十六期炮兵科戰術教官	1938.10
22	唐澤堃	南京中央陸軍軍官學校第十期第二總隊步兵大隊騎兵隊上尉隊附， 第十一期第一總隊步兵大隊騎兵隊上尉服務員 成都中央陸軍軍官學校第十八期第二總隊騎兵科上校馬術教官， 成都陸軍軍官學校第二十一期機械化部隊上校戰術教官， 第二十二期第二總隊上校機械化部隊戰術教官， 第二十三期教育處步兵科上校機械戰術教官。	1933.8 1934.9 1941.4 1946.5 1947.12 1948.12
23	錢達權	南京中央陸軍軍官學校第九期騎兵隊助教， 第十期第二總隊步兵大隊騎兵隊上尉區隊長， 第十一期第一總隊步兵大隊騎兵隊上尉服務員。 成都中央陸軍軍官學校第十四期第二總隊步兵第二大隊騎兵隊少校隊附 成都陸軍軍官學校第二十一期教育處騎兵科上校馬術教官， 第二十二期第二總隊騎兵科上校副科長， 第二十三期教育處騎兵科上校副科長	1931.5 1933.8 1934.9 1937.4 1946.5 1947.12 1948.12
24	黃　石	南京中央陸軍軍官學校第十四期第六總隊第一大隊第三隊少校隊附 成都中央陸軍軍官學校第十六期第三總隊第二大隊第六隊少校隊長， 第十七期第一總隊中校兵器教官， 第十八期第二總隊炮兵科上校兵器教官。	1937.4 1939.4 1940.4 1941.4
25	黃　通	南京中央陸軍軍官學校政治訓練人員研究班區隊長	1932.2
26	黃東海	中央陸軍軍官學校廣州分校特別班第六中隊上尉區隊長 中央陸軍軍官學校第四分校第十四期步兵大隊步兵第一隊上尉區隊長	1937.1 1937.4

第二章 部分第七期生文化修養、背景及出任教官情況

序	姓名	任職任教期別	任職年月
27	黃維新	成都中央陸軍軍官學校第十七期第一總隊少校戰術教官。 成都陸軍軍官學校第二十一期工兵科中校築城教官， 第二十二期第一總隊工兵科上校教官， 第二十三期第二總隊工兵科上校築城教官。	1940.4 1946.5 1947.12 1948.12
28	黃醒民	中央陸軍軍官學校廣州分校工兵科助教 中央陸軍軍官學校第四分校第十四期學員總隊工兵隊少校隊附	1936.6 1937.4
29	黃蔚南	中央陸軍軍官學校第七分校第二十一期學員總隊少將總隊長	1944.12
30	彭佩茂	中央陸軍軍官學校第四分校炮兵科中校兵器教官	1938.10
31	謝 義	中央陸軍軍官學校洛陽分校工兵科教官	1935.10
32	謝元謨	成都中央陸軍軍官學校第十九期上校戰術教官， 第二十一期步兵科上校戰術教官， 第二十二期第一總隊上校戰術教官， 第二十三期教育處步兵科上校戰術教官。	1942.12 1946.5 1947.12 1948.12
33	謝作哲	奉派入南京中央陸軍軍官學校軍官教育總隊受訓	1932.5
34	謝勉賢	南京中央陸軍軍官學校第十期第一總隊步兵第二隊部準尉服務員 成都中央陸軍軍官學校第十七期第二總隊中校戰術教官， 第十八期第一總隊步兵科中校戰術教官， 第十九期特科總隊中校總隊附。 成都陸軍軍官學校第二十一期上校戰術教官， 第二十二期第一總隊上校戰術教官， 第二十三期教育處步兵科上校戰術教官。	1933.8 1940.4 1941.4 1942.12 1946.5 1947.12 1948.12
35	潘啓枝	南京中央陸軍軍官學校第十二期步兵第二隊上尉區隊長 成都中央陸軍軍官學校第十五期步兵第一大隊步兵第一隊少校隊長， 第二十期軍校北較場督練區教官組上校組長， 第二十一期步兵科上校戰術教官， 第二十二期第二總隊上校副總隊長， 第二十三期第一總隊上校副總隊長。	1935.9 1938.4 1945.4 1946.5 1947.12 1948.12

　　許多第七期生曾多次在中央陸軍軍官學校任職任教，上表擇其首次任職或主要任職列出。

　　上表反映的主要是在廣州、南京、成都中央陸軍軍官學校校本部任職情況。由於存史資料中的中央陸軍軍官學校各分校教職員名單有遺缺，上表所列僅為其中一部分。

第三章

廣州黃埔本校
與南京中央陸軍軍官學校機構與教官

　　黃埔軍校舉辦至第七期，軍校的組織沿革、隸屬架構、教官情況有了明顯的變更。

第一節　廣州黃埔本校組織架構及教官

　　延續第六期情形，廣州黃埔本校仍舊稱謂：國民革命軍黃埔軍官學校，學員總隊接續南京中央陸軍軍官學校仍為第二總隊，校長仍為蔣介石，教育長為林振雄。

　　1929年時廣州黃埔本部機構設置主要是：教育長：林振雄，校長辦公廳主任：石宗素（即石鐸）、李安定（黃埔一期生）；教授部主任：梁廣謙，副主任：李孔嘉，訓練部主任：謝昭，副主任：萬夢麟；管理處處長：王景奎；經理處處長：胡士慶；軍醫處處長：歐陽慧聰；政治訓練處主任：黃珍吾、伍翔。[1]

　　依據1930年12月印行《國民革命軍黃埔軍官學校同學錄》記載，機構設置與人員變更為：校長辦公廳（主任李安定）、教授部（主任李孔嘉）、訓練部（主任萬夢麟）、政治訓練處（主任伍翔）、管理處（主任蕭洪）、經理處（主任胡士慶）、軍醫處（主任歐陽慧敏）等。記載有153名教職官佐。

表9：任職廣州黃埔本校第七期教職官佐按姓氏筆劃排序一覽表（154名）

姓名	別字	時齡	任職名稱	畢業學校	籍貫
萬夢麟	瑞孔	37歲	訓練部少將主任	雲南講武堂第十二期步兵科	雲南昆明
馬汝良	念豪	28歲	教授部中校兵器主任教官	日本陸軍士官學校中華學生隊第十九期炮兵科	廣東臺山

---

[1] 容鑑光主編：臺灣"國防部"史政編譯局編纂："國防部"印刷廠1986年1月1日印行《黃埔軍官學校校史簡編》第65頁記載。

第三章 廣州黃埔本校與南京中央陸軍軍官學校機構與教官

姓名	別字	時齡	任職名稱	畢業學校	籍貫
馬愷和	介持	29歲	教授部少校戰術教官	日本陸軍士官學校中華學生隊第二十期步兵科	廣東臺山
文建勳	蔚森	40歲	教授部上校地形副主任教官	北京陸軍測量學校	湖南益陽
方日英	建略	27歲	第二總隊步兵科第二中隊中校隊長	黃埔軍校第一期	廣東中山
王士俊	漢英	25歲	管理處官佐	日本陸軍士官學校中華學生隊第二十期炮兵科	江蘇漣水
王文華	煥章	28歲	政治訓練處中校音樂教官	廣東音樂館	廣東廣州
王國華	叔章	39歲	教授部中校兵器教官	保定陸軍軍官學校第一期炮兵科	廣東博羅
王學階	開敏	25歲	第二總隊步兵第四中隊少校區隊長	黃埔軍校第三期步兵科	廣東瓊山
王建元		30歲	第二總隊步兵第一中隊中校隊長	直隸講武堂	直隸任邱
王明宇		23歲	教授部官佐	學籍缺載	廣東欽縣
王金標	繡閣	39歲	黃埔本部少尉武術教官	河南精武會訓練班	直隸寧津
王詩萱		24歲	第二總隊步兵第二中隊少校中隊附	黃埔軍校第三期步兵科	廣東瓊東
王青霓		26歲	訓練部官佐	廣西陸軍小學	廣西馬平
王思周	道平	28歲	第二總隊步兵第一中隊中尉區隊長	湖南講武堂	湖南衡州
王曉侯	小侯	32歲	訓練部官佐	雲南陸軍講武堂第十期步兵科	雲南陸良
王景奎	樹之	32歲	黃埔本校管理處處長（1929.9.12任）	黃埔軍校第二期炮兵科	湖南衡陽
車駕龍	雲五	50歲	教授部少將戰術主任兼編譯教官	日本陸軍士官學校中華學生隊第六期步兵科	廣東茂名
鄧澤銘	小沽	30歲	第二總隊步兵第四中隊上尉區隊長	黃埔軍校第四期步兵科	湖南武岡
馮國勳		28歲	教授部中校兵器教官	日本陸軍士官學校中華學生隊第二十期炮兵科	廣東恩平
馮國雄	清海	23歲	教授部官佐	學籍缺載	廣東新會
馮寶廉		29歲	教授部官佐	學籍缺載	直隸獻縣
古兆璜	中原	29歲	第二總隊工兵科中隊少校區隊長	黃埔軍校第四期工兵科	廣東五華
古振群		24歲	軍醫處醫務科軍醫	光華醫學館	廣東五華
葉冠林		29歲	經理處財政課中校課長	學籍缺載	廣東惠陽
葉劍雄		30歲	訓練部中校技術主任教官	雲南講武堂第十五期騎兵科	廣東文昌
司徒仙		28歲	黃埔本校無線電隊附	廣東工業專科學校	廣東開平
田　謐	育宅	46歲	教授部上校戰術教官	陸軍大學正則班第四期	湖北漢陽
田渭濱	子耕	38歲	教授部上校戰術教官	保定陸軍速成學堂第二期炮兵科、陸軍大學正則班第四期	福建閩侯

姓名	別字	時齡	任職名稱	畢業學校	籍貫
石兆駒	展其	39歲	教授部中校築城交通教官	保定陸軍軍官學校第一期工兵科	福建長樂
石廷宣		25歲	教授部官佐	日本陸軍士官學校中華學生隊第二十期炮兵科	四川梁山
龍慕韓	漢臣	28歲	第二總隊步兵第四中隊中校中隊長	黃埔軍校第一期	安徽懷寧
伍 翔	一飛	28歲	政治訓練處少將主任	黃埔軍校第一期	福建泉州
關 肇	固若	27歲	政治訓練處宣傳科上校科長	黃埔軍校第二期步兵科	廣東番禺
關若珍		31歲	教授部中校兵器教官	廣東陸軍速成學堂炮兵科	廣東順德
關銓百	全佰	28歲	政治訓練處官佐	初級師範學校	廣東南海
劉衆武		24歲	第二總隊步兵科第二中隊中尉區隊附	黃埔軍校第五期步兵科	廣東興寧
劉克存		31歲	管理處電燈廠主任	梅縣學堂	廣東梅縣
劉蔭予	任儒	34歲	教授部中校地形教官	粵軍講武堂	廣東中山
劉虹兒	方島	27歲	第二總隊步兵科第三中隊中尉區隊附	黃埔軍校第五期步兵科	廣東興寧
劉贊虞		22歲	教授部官佐	學籍缺載	山東濟寧
孫權中		38歲	教授部官佐	學籍缺載	江蘇六合
齊世楠	相軒	32歲	第二總隊步兵科第一中隊上尉區隊長	湖北陸軍小學堂	湖北黃陂
朱 嶽	唯樂	24歲	政治訓練處官佐	黃埔軍校第三期步兵科	廣東臺山
朱樹森		26歲	第二總隊步兵科第一中隊上尉區隊長	黃埔軍校第四期步兵科	廣東臺山
朱鶴珍	玉麟	38歲	管理處官佐	學籍缺載	浙江永嘉
湯大鵬	鵬桂	23歲	第二總隊炮兵科中隊少校區隊長		廣東梅縣
許兆鈞	懋輝	31歲	管理處消防隊隊長	小呂宋埠亞瑞船塢學校機器科	廣東中山
嚴賓羲		29歲	經理處總務科中校科長	廣東軍需學校	廣東惠陽
何 遂	敘甫	39歲	前代理校務	陸軍大學正則班第二期	福建閩侯
何其俊	秀清	29歲	第二總隊工兵科中隊中校中隊長	黃埔軍校第二期工兵科	廣東澄邁
何建民	一萍	26歲	校長辦公廳官佐	學籍缺載	廣東中山
何造時		27歲	第二總隊步兵科第二中隊少校區隊長	黃埔軍校第三期步兵科	廣東興寧
余石民	子丘	26歲	政治訓練處總務科中校科長	黃埔軍校第二期輜重兵科	福建南安
吳 鐸	覺夫	25歲	訓練部少校機關槍助教	建國粵軍講武堂	廣東興寧
吳禮庭	禮廷	26歲	教授部官佐	建國粵軍第四軍講武堂	廣東南海
吳宏文	互平	24歲	教授部中校戰術教官	日本陸軍士官學校中華學生隊第二十期步兵科	廣東蕉嶺
吳國光	國先	34歲	教授部中校教官	法國陸軍大學	廣東電白
吳博凡	家元	30歲	第二總隊步兵科第三中隊中尉區隊附	廣東西江海陸軍講武堂第一期	廣東東莞

第三章　廣州黃埔本校與南京中央陸軍軍官學校機構與教官

姓名	別字	時齡	任職名稱	畢業學校	籍貫
吳獻瑞	柏椒	30歲	教授部中校戰術教官	日本陸軍士官學校中華學生隊第二十期步兵科	黑龍江青岡
張伯揚	健霖	34歲	訓練部少校機關槍教官		四川西充
張理覺	叔予	29歲	軍醫處醫務科軍醫	湘雅醫學院	湖南常德
李　素	墨卿	39歲	管理處少校副官	學籍缺載	貴州鎮遠
李幹民	幹民	38歲	教授部中校地形教官	粵軍講武堂	廣東興寧
李孔昭	相平	49歲	訓練部第二課中校課長	廣東武備學堂	廣東新會
李孔嘉	子猷	48歲	教授部少將主任	日本陸軍士官學校中華學生隊第六期步兵科	廣東新會
李揚敬	欽甫	34歲	前任教育長	保定陸軍軍官學校第六期輜重兵科	廣東東莞
李克明		29歲	訓練部官佐	黃埔軍校第三期步兵科	廣東文昌
李克敵	志遠	27歲	第十總隊步兵科第二中隊中尉區隊附	黃埔軍校第五期步兵科	廣東中山
李良仁	子存	31歲	教授部上校地形主任教官	廣東陸地測量學校	廣東龍川
李季梁		30歲	教授部官佐	建國粵軍講武堂	廣東新會
李定安	於一	28歲	校長辦公廳主任	黃埔軍校第一期	廣東興寧
李賡鏗	閩曾	39歲	教授部上校戰術副主任教官	保定陸軍軍官學校第一期步兵科	福建閩侯
李澤賓	叔宇	38歲	政治訓練處官佐	廣東高等師範學校	廣東惠陽
李育培	慈元	24歲	校長辦公廳官佐	國立廣東大學	廣東惠陽
李樹英	叔雯	29歲	黃埔本校見習教官	廣東守備軍幹部教導隊	廣東東莞
李翔龍	雲清	39歲	教授部中校戰術教官	保定陸軍軍官學校第一期步兵科	江蘇江寧
李鎮中		26歲	政治訓練處官佐	黃埔軍校第四期工兵科	廣東興寧
楊維一	德清	43歲	管理處軍樂隊隊長	廣東音樂學館	廣東龍門
楊雄傑		32歲	工兵科中隊少校中隊附	雲南講武堂工兵科	雲南大理
楊翰基		36歲	教授部中校築城交通教官	雲南講武堂工兵科	雲南蒙自
蘇　漢	體仁	25歲	工兵科中尉助教	國民革命軍第七軍幹部教導隊工兵科	廣西賓陽
邱貢璧	瑾珩	33歲	教授部中校戰術教官	保定陸軍軍官學校第七期步兵科	福建閩侯
邵元濟		37歲	校長辦公廳官佐	浙江紹興書院	浙江紹興
鄒世駿	堅白	29歲	政治訓練處少校政治教官	廣東高等師範學校	廣東龍川
陳　勉		25歲	政治訓練處官佐	第八路軍總指揮部幹部教導隊	廣東博羅
陳　略		27歲	第二總隊步兵科第二中隊少校區隊長	黃埔軍校第五期步兵科	廣東連平
陳　瀚	泣蘇	25歲	校長辦公廳官佐	黃埔軍校第三期騎兵科	浙江杭州
陳之策	仲安	28歲	第二總隊步兵科第一中隊上尉區隊長	駐粵湘軍講武堂	湖南郴縣

繼往開來：黃埔軍校第七期研究

姓名	別字	時齡	任職名稱	畢業學校	籍貫
陳仲章		32歲	政治訓練處中校政治教官	廣東護國軍講武堂	廣東興寧
陳季博	任楨	44歲	政治訓練處上校政治教官	日本東京明治大學政治經濟科	廣東梅縣
陳安良		24歲	軍醫處醫務科軍醫	國立中山大學醫學院	廣東東莞
陳勵正	競之	22歲	訓練部官佐	學籍缺載	廣東東莞
陳寄雲		28歲	炮兵科中隊中校中隊附	黃埔軍校第二期炮兵科	廣東興寧
屈鳳梧	浙潮	28歲	政治訓練處中校政治教官	美國加利福尼亞大學博士	湖南衡陽
幸中幸	聘商	28歲	校長辦公廳官佐	黃埔軍校第二期步兵科	廣東興寧
幸良模	範如	27歲	炮兵科中隊中校中隊長	黃埔軍校第二期炮兵科	江西南康
林之茂	知燦	39歲	教授部中校戰術教官	保定陸軍軍官學校第二期步兵科	福建閩侯
林蘭生	南森	36歲	教授部上校戰術主任教官	保定陸軍軍官學校第七期步兵科	福建閩侯
林敘彝	隆青	28歲	黃埔本校保管委員會委員	黃埔軍校第二期步兵科	廣東開平
林振雄	毅強	41歲	黃埔本校中將教育長	日本陸軍士官學校中華學生隊第十期騎兵科	廣東惠陽
林譽行		31歲	教授部中校戰術教官	粵軍講武堂步兵科	廣東臺山
歐陽迥	泮香	40歲	教授部中校地形教官	湖南湘軍講武堂	湖南衡陽
歐陽鐘	德卿	38歲	教授部中校兵器教官	保定陸軍軍官學校第一期輜重兵科	江西宜黃
歐陽慧敏	愚山	29歲	軍醫處上校處長	日本東京帝大醫學院	廣東新會
羅廣文		26歲	教授部中校兵器副主任教官	日本陸軍士官學校中華學生隊第二十期炮兵科	四川忠縣
羅美賢	自然	26歲	訓練部官佐	黃埔軍校第三期步兵科	廣東興寧
羅集誼	覺僧	31歲	政治訓練處少校政治教官	學籍缺載	陝西扶風
茂 珍	明光	30歲	訓練部官佐	雲南講武堂	雲南昆明
範 珍			炮兵科中隊中尉隊附	學籍缺載	籍貫缺載
範光祖	承先	31歲	炮兵科中隊少校中隊附	雲南講武堂	雲南保山
鄭 彬		27歲	教授部中校築城交通副主任教官	黃埔軍校第二期工兵科	廣東瓊山
侯中原	太穀	27歲	步兵科第三中隊中校隊長	粵軍講武堂	廣東梅縣
俞文茂	蓮舫	49歲	黃埔本校駐省辦事處主任	學籍缺載	浙江杭縣
宣 成	鐵華	36歲	教授部中校築城交通教官	保定陸軍軍官學校第三期步兵科	浙江海鹽
洪春榮		28歲	第二總隊步兵科第四中隊上尉區隊長	黃埔軍校第二期步兵科	廣東五華
胡士慶	新吾	44歲	經理處上校處長	北京軍需學校	安徽合肥
胡禮南	學立	28歲	第二總隊炮兵科上尉區隊長	國民革命軍第四軍幹部教導隊	廣東三水
饒崇詩	序予	28歲	政治訓練處宣傳科上校科附	黃埔軍校第一期	廣東興寧
唐 巽	炳南	35歲	訓練部官佐	黃埔軍校第四期步兵科	湖南寶慶
夏聲潮	星僑	38歲	教授部上校地形教官	北京陸軍測量學校	湖南衡陽

第三章　廣州黃埔本校與南京中央陸軍軍官學校機構與教官

姓名	別字	時齡	任職名稱	畢業學校	籍貫
夏炳仁		30歲	第二總隊步兵科第三中隊少校中隊附	黃埔軍校第三期步兵科	廣西柳州
容永昭		25歲	訓練部官佐	黃埔軍校第四期步兵科	廣東中山
徐義達	直吾	37歲	教授部中校築城交通教官	保定陸軍軍官學校第三期輜重兵科	廣東五華
聶仲文		28歲	校長辦公廳官佐	日本陸軍士官學校中華學生隊第二十期步兵科	廣東南雄
袁慎		25歲	第二總隊步兵科第二中隊中尉區隊附	黃埔軍校第五期步兵科	廣東興寧
袁槿	梓材	36歲	教授部上校戰術教官	保定陸軍軍官學校第二期步兵科	雲南安寧
高遜	愍謙	27歲	教授部中校戰術教官	湖南講武堂	湖南常德
高強斌	健侯	33歲	教授部中校戰術教官	保定陸軍軍官學校第八期步兵科	福建長樂
梁岱	俊儔	29歲	教授部少校官佐	粵軍講武堂	廣東臺山
梁鵠	淼生	24歲	第二總隊步兵科第四中隊少校中隊附	黃埔軍校第三期步兵科	江西萬安
蕭洪	翼青	31歲	管理處上校處長	黃埔軍校第一期	湖南嘉禾
蕭其昌	中恢	41歲	教授部少將戰術教官	日本陸軍士官學校中華學生隊第十一期輜重兵科	福建閩侯
蕭祖強	受天	40歲	教授部上校築城交通教官	保定陸軍軍官學校第一期工兵科	廣東中山
黃玉泉	星炎	37歲	教授部上校築城交通主任教官	保定陸軍軍官學校第三期工兵科	福建南安
黃汝仁		34歲	第二總隊工兵科中隊少校區隊長	雲南陸軍講武堂第十一期工兵科	雲南大理
黃奮銳	無咎	26歲	政治訓練處上校秘書長	黃埔軍校第一期	廣東惠陽
黃香藩		36歲	教授部上校地形教官	北京陸軍測量學校	廣東南海
黃善輝	煥吾	29歲	第二總隊步兵科第二中隊少校區隊長	黃埔軍校第三期步兵科	廣東文昌
傅良弼	全輔	38歲	上尉技術教官	學籍缺載	安徽
彭培亮		26歲	政治訓練處官佐	黃埔軍校第三期步兵科	廣東龍川
溫燕	鴻志	28歲	第二總隊步兵科第三中隊上尉區隊長	黃埔軍校第五期步兵科	廣東惠陽
曾堅	國屏	27歲	第二總隊步兵科第四中隊上尉區隊附	建國粵軍講武堂步兵科	廣東五華
蔣朝洪		24歲	第二總隊炮兵科上尉區隊長	黃埔軍校第四期炮兵科	廣西全縣
謝作屏		37歲	無線電隊隊長	學籍缺載	廣東高明
謝沃波	漁莊	39歲	訓練部少校技術教官	粵軍講武堂	廣東東莞
謝崇綺	霞波	32歲	訓練部第一課上校課長	雲南講武堂第十期炮兵科	雲南昆明

073

姓名	別字	時齡	任職名稱	畢業學校	籍貫
廖奮庸	應鵬	25歲	第二總隊步兵科第三中隊少校區隊長	黃埔軍校第三期步兵科	廣東興寧
熊令伯		29歲	教授部上校築城交通教官	江西贛軍講武堂	江西南昌
潘德立	志仁	30歲	教授部中校交通教官	黃埔軍校第一期	湖南湘鄉
譚建基	孟翊	45歲	教授部上校戰術教官	日本陸軍步兵學校中華學生隊第七期	廣東惠陽
魏漢華		28歲	第二總隊步兵科第一中隊中校中隊附	黃埔軍校第二期步兵科	廣東五華
魏濟中		29歲	第二總隊步兵科第一中隊少校區隊長	黃埔軍校第二期步兵科	廣東五華

　　上述表格資料源自1930年12月印行《國民革命軍黃埔軍官學校同學錄》第1－10頁《各部處廳隊官長職員通訊錄》記載有154名教職官佐名錄，教職官佐平均年齡為35歲左右，呈現年資適當良好狀況。表格缺項情況依據其他資料補充訂正。

　　部分任職廣州黃埔本校第七期教官按姓氏筆劃排序照片（103張）：

萬夢麟　馬汝良　馬愷和　王文華　王國華　王學階

王建元　王金標　王詩萱　王思周　文建勳　車駕龍

方日英　鄧澤銘　葉劍雄　葉冠林　田謐　田渭濱

第三章　廣州黃埔本校與南京中央陸軍軍官學校機構與教官

龍慕韓	石兆駒	古兆璜	齊世楠	劉眾武	劉蔭予
劉虹兒	關鞏	關若珍	湯大鵬	伍翔	朱樹森
嚴賓堯	吳鐸	吳博凡	吳宏文	餘石民	何其俊
何造時	張伯揚	李孔昭	李孔嘉	李克明	李克敵
李良仁	李幹民	李賡鏗	李翔龍	蘇漢	蘇呂望
楊雄傑	楊翰基	邱貢璧	鄒世駿	陳略	陳之策

075

繼往開來：黃埔軍校第七期研究

陳仲章	陳季博	範珍	範光祖	林之茂	林蘭生
林振雄	林譽行	羅廣文	羅集誼	歐陽迴	歐陽鐘
歐陽慧敏	屈鳳梧	幸良模	鄭彬	侯中原	宣成
胡士慶	胡禮南	洪春榮	唐巽	徐義達	袁慎
袁槿	夏聲潮	夏炳仁	高遜	高強斌	梁鵠
蕭洪	蕭其昌	蕭祖強	黃玉泉	黃汝仁	黃香蕃

第三章　廣州黃埔本校與南京中央陸軍軍官學校機構與教官

黃奮銳　黃善輝　傅良弼　曾堅　蔣朝洪　溫燕

謝沃波　謝崇綺　廖奮庸　熊令伯　潘德文　魏漢華

魏濟中

廣州黃埔本校最後兩任教育長：

李揚敬照片

　　1927年5月被蔣介石任命為廣州國民革命軍黃埔軍官學校教育長，兼任入伍生部部長，開始主持訓練第七期學員，1927年10月3日李濟深副校長偕新任教育長李揚敬蒞校並宣誓就職。[2]後因部分學員赴杭州及部分學員騷動，1927年11月停教育長職。1928年1月8日，李揚敬奉命返回軍校視事，1月24日李濟

---

[2] 中國第二歷史檔案館供稿，華東工學院編輯出版部影印：檔案出版社1989年7月《黃埔軍校史稿》第二輯第242頁記載。

深副校長令前教育長李揚敬復職,[3]當時在校學員仍有800餘人。曾率離校學生百餘人赴汕頭,加入東江作戰,進攻張（發奎）黃（琪翔）部,由陳銘樞編為東路軍學生隊,當河源老隆之役,該學生隊均奮勇擊破敵陣,俘虜敵軍數百名,繳獲槍械甚多,極為陳銘樞所嘉許,東江戰爭結束後,李揚敬奉命將該學生隊調回汕頭,轉回廣州,回到黃埔軍校繼續學業。1928年2月16日,他陪同陳銘樞乘坐軍艦,前往黃埔視察軍校視察,向全體學兵訓勉。1928年2月20日委派為中國國民黨廣州黃埔軍官學校特別黨部籌備委員。1928年3月5日奉蔣介石令,黃埔中央軍事政治學校遷往南京,此日約800名黃埔軍校學員離穗赴滬。1928年3月8日為收容被裁編的軍隊,李濟深令設立第八路軍總指揮部軍官教導團,委派黃埔軍校教育長李揚敬為團長（地址暫設黃埔軍校內,俟燕塘營房建成,即遷燕塘）。1928年5月7日中央政治會議廣東分會命令黃埔軍校與第八路軍官教導團合併,由第八路軍指揮部統轄,派何遂（代理校務）、李揚敬負責。[4]1928年5月15日奉令改名為國民革命軍軍官學校,教育長為李揚敬。[5]1928年10月10日,廣州慶祝「雙十節」舉行大閱兵。第八路軍參謀長鄧世增為檢閱官,李揚敬任檢閱總指揮,軍校學員全體參加閱兵式。1928年12月奉派兼任中國國民黨國民革命軍軍官學校特別黨部籌備委員。1929年1月1日廣州市各界慶祝民國十八年元旦。廣東省黨政軍各機關各界團體,舉行慶祝大會,第八路軍總指揮部在廣州東校場舉行盛大閱兵,李揚敬擔任閱兵總指揮,率軍校學員參加閱兵。1929年2月7日-9日,廣東陸海空軍要塞聯合演習在長洲、珠村、棠下一帶舉行。黃埔軍校學生,第十一軍教導隊步兵共3000人,海空軍及各要塞炮臺官兵參加。陳濟棠等檢閱,總部參謀長鄧世增、軍校代校務何遂、教育長李揚敬講評。[6]1929年4月廣東編遣區軍隊縮編完畢,第四軍縮編為第一師,師長陳濟棠;第五軍縮編為第二師,師長徐景唐;第十一軍縮編為第三師,師長蔣光鼐,每師三旅。李揚敬所率廣州國民革命軍黃埔軍官學校編制如前。1929年5月初,李揚敬被委派任討桂軍第八路總指揮（陳濟棠）部參謀長,辭去國民革命軍軍官學校教育長職。

---

[3] 中國第二歷史檔案館供稿,華東工學院編輯出版部影印:檔案出版社1989年7月《黃埔軍校史稿》第二輯第244頁記載。

[4] ①中國第二歷史檔案館供稿,華東工學院編輯出版部影印:檔案出版社1989年7月《黃埔軍校史稿》第二輯第241頁記載。;②1928年5月7日《廣州民國日報》第四版記載。

[5] 中國第二歷史檔案館供稿,華東工學院編輯出版部影印:檔案出版社1989年7月《黃埔軍校史稿》第二輯第244頁記載。

[6] 1929年3月5日《廣州民國日報》記載。

第三章　廣州黃埔本校與南京中央陸軍軍官學校機構與教官

林振雄照片

　　林振雄於1929年夏應李濟深邀請返回廣東，1929年7月31日接李揚敬，正式就職廣州國民革命軍黃埔軍官學校（後改名為國民革命軍黃埔軍官學校）教育長，[7]1929年8月26日在黃埔本校擴大歡迎會上對員生訓話，講述孫中山總理的遺產，本黨軍事幹部應負起的責任，發揚黃埔精神，完成革命大業。1929年10月3日在步兵科、特別科黨部成立大會上向員生訓話，講述本校對於本黨之關係與過去本校對於本黨之貢獻，勉勵學生繼承黃埔歷史的使命，創造黃埔未來的光榮。1929年12月9日中國國民黨廣州國民革命軍黃埔軍官學校第七屆黨部籌備委員會召開全校代表大會，投票推選他為廣州國民革命軍黃埔軍官學校第七屆黨部監察委員會委員。[8]1930年1月8日向蔣介石電請辭去廣州國民革命軍黃埔軍官學校教育長職，[9]隨即離職北上南京，向蔣介石面陳辭職緣由。1930年3月1日國民革命軍黃埔軍官學校第七期全體學生代表團賀海峰、伍權、梁樹基、譚顯英、樓國楨、梁韜、梁國權、于冠英、詹尊雯、羅大張、楊振、程翔、等十二人乘日船「淺間丸」由港赴滬，即日乘夜車晉京謁見蔣（介石）主席，請該校教育長林振雄速返校主持。[10]1930年3月22日軍校因教育長易職，發生兩派學生大鬥毆，擁黃珍吾派因人數少，被擁林振雄派當場綑綁三十餘人，另二十餘人逃去不敢回校。[11]1930年3月25日黃埔軍校學潮經全體學生，以正義解決後即電迎在京之教育長林振雄回校整理，林赴京謁蔣（介石）主席請示一切，即返回粵複職。[12]林振雄複職後，以李安定（黃埔一期生）為校本部辦公廳主任，以伍翔（黃埔一期生）為政治訓練處主任，南

---

[7] ①湖南省檔案館編、湖南人民出版社《黃埔軍校同學錄》第367頁；②黃埔軍校同學會主辦《黃埔》2014年增刊《黃埔軍校史料彙編》第269頁記載。
[8] 中國第二歷史檔案館供稿：檔案出版社1989年7月出版、華東工學院編輯出版部影印《黃埔軍校史稿》第七冊第148頁記載。
[9] 1930年1月9日《申報》新聞專欄記載。
[10] 1930年3月4日《申報》記載。
[11] 1930年3月24日《申報》記載。
[12] 1930年3月26日《申報》記載。

左圖為林振雄在惠州西湖北畔東征作戰舊址題寫：黃埔軍官學校東征陣亡烈士紀念碑。

黃埔軍校奉令停辦

九月底結束

廣州國。黃埔軍官學校。保民十二年由孫總理手創。委蔣介石為校長。第一期學生五百名。關後接期招募。以期為最多。每月經費定為六十萬元。民十五經總司令率師北伐。一二三期各生亦隨軍出發。轉戰各省。勤結燦之功業。自蔣校長出發後。該校由副校長李濟深主持。而每月濟費則減為三十萬元。上年實施編遣。輪淚軍費之減少名類。六七兩期學生。亦減至十萬元。該校迨李氏解職。校務改由軍事教育長劉（振）峻主持。劉下七期生行將畢業。八期生正擬招考。九日該校敦育長林振雄。奉到蔣校長電令。傷將黃埔軍校暫行停辦。所有軍事行政事務。移交第八路指揮部敦收保管。林氏奉令後。即傷於九月底辦理完畢。一面將第七期生提先舉行畢業典禮。並令生暫倒校內。由林氏率領赴京。派往各部服務。

漢市府限制外輪夜航

漢口市府函駐漢各領。減殿期間。請轉知各國輪船公司。每夜十二時後。翌晨五時前。勿令各輪駛入警戒區域。

職員及各科教官。或給餘遣散。關於槍炮子彈器具以及一切用品。連同各項文卷。一律移交第八路總指揮部接收。開該校停辦後。該校同學會擬仍保留。以使各同學匡相通訊云。

滬蓉航空增設漢站

在王家墩開機場

中國航空公司。自開航以來。營業頗爲發達。最近滬蓉航空。已於上週間試航。漢口。錢悉該公司爲謀營業發達起見。另開一飛機停場。現已在王家墩軍政府航空署原址開闢。另租地皮。作爲該公司飛機停場。副已與該處地主農林公司及梁竹根商。洽開農林公司租價。每石一年租金九元。至十五元。梁竹根地價。每石一年租金二十四元至三十元。劉正商洽中云。

京國民政府訓練總監部委派赴廣州調查員劉秉粹亦複電稱：報告該校已安然複課。[13]

　　1930年4月下旬，日本友人梅屋莊吉捐資建造的孫中山銅像運抵軍校，對於銅像放置紀念碑之前或之上事宜，最後他決定放置紀念碑之上，理由是：「總理為本黨民眾導師，特擇定軍校紀念碑之上為建立總理銅像地點，使民眾萬世瞻仰。」[14]1930年9月8日上午以教育長主持舉行總理紀念周（儀式），向全體官生宣佈奉命結束本校。指示黃埔本校各部處主任官長赴廣州與財政廳廳長範其務交涉經費問題，議定先付本校欠款五萬元，按日發給8000元。由他以教育長名義書面通知各部處廳隊及招生委員會辦理至結束，[15]試驗委員會則仍繼續辦理學生成績計算等問題。以教育長名義指定由伍翔、王景奎、萬夢麟、李孔嘉等組成臨時校務委員會，後又另行組織「保管委員會」，以伍翔為主任。其兼任廣東第八路軍總指揮（陳濟棠）部東江警備司令部司令官時，主持在惠州西湖北畔東征作戰舊址，修建「黃埔陸軍軍官學校東征陣亡烈士紀念碑」，並題寫碑文。1930年10月24日林振雄以黃埔本校教育長名義奉命辦理結束事宜，發給官佐恩餉兩個月遣散，廣州黃埔本校就此終止。

　　1930年9月26日《大公報》（長沙版）刊載的廣州黃埔軍校奉令停辦，暨南京、廣州兩地黃埔軍校第七期結束。

第二節　第七期時南京中央陸軍軍官學校組織架構

　　延續至第七期，黃埔軍校由地方或地域承辦的軍校，繼以國家名義在政治上、軍事上成為「國辦」軍校。首先，根據國民政府軍事委員會對於軍事業務之分工，黃埔軍校遷移南京後的延伸：中央陸軍軍官學校，由廣州時期直隸軍事委員會管轄，改為國民政府直屬部門：訓練總監部統轄，由軍事委員會分管。

　　依據1928年11月22日頒佈的《訓練總監部條例》第一條規定：「訓練總監部掌管全國軍隊及所轄學校教育，並國民軍事教育事宜」。[16]第三條規定：

---

[13] 1930年4月10日《申報》記載。
[14] 1930年5月9日《廣州民國日報》記載。
[15] 黃埔軍校同學會主辦《黃埔》2014年增刊《黃埔軍校史料彙編》第275頁記載。
[16] 中國第二歷史檔案館編：江蘇古籍出版社1994年5月《中華民國史檔案資料彙編》軍事第一編（一）第59頁記載。

「訓練總監部總務廳，步兵、騎兵、炮兵、工兵、輜重兵，並設政治訓練處、國民軍事教育處、軍學編譯處」等。其次，1929年1月25日國民革命軍編遣委員會會議決議將本校校長制改為委員制，推定：蔣介石、胡漢民、吳敬恒、戴傳賢、馮玉祥、閻錫山、何應欽、李宗仁、李濟深為校務委員會委員，並推何應欽為常務委員，經國民政府分別任命。[17]嗣因李宗仁、李濟深、馮玉祥先後免去本兼各職，校務委員祇餘6人。1929年5月22日奉國民政府任命委任張治中為教育長。增推蔣介石、閻錫山兩委員為常務委員，張學良、朱培德為校務委員。[18]按照1929年2月5日國民政府訓練總監部頒佈的《中央陸軍軍官學校組織要領及條例》第三條：「陸軍軍官學校設委員七人至九人，由（國民）政府指派組織校務委員會」。[19]規定校務委員會是中央陸軍軍官學校最高領導機構，同時規定教官的選拔任用需經校務委員會簽署決議備案。1929年7月1日起實行校務委員制。[20]另據湖南省檔案館校編、湖南人民出版社1989年印行《黃埔軍校同學錄》第343頁記載：中央陸軍軍官學校（第七期）校務委員序次為蔣介石、胡漢民、閻錫山、唐生智、何應欽、張學良、朱培德。再次，第七期始首度在校務委員會之下，設置了軍事指導委員職銜，意圖將軍校切實納入國家軍事教育首要機構，突出中央軍校教育典範。

表10：首屆南京中央軍校（第七期）校務委員會委員（按國民政府頒令排序）一覽表

序	姓名	畢業學校	籍貫	時任軍政職務
1	蔣介石	保定陸軍速成學堂第一期炮兵科	浙江奉化	校務委員會常務委員兼校長
2	何應欽	日本陸軍士官學校中華學生隊第十一期步兵科	貴州興義	校務委員會常務委員，陸海空總司令部參謀總長
3	胡漢民	日本東京法政大學	廣東番禺	軍事委員會常務委員，立法院院長

---

[17] ①中國第二歷史檔案館供稿，華東工學院編輯出版部影印：檔案出版社1989年7月《黃埔軍校史稿》第一冊第二章"南京本校組織沿革"第四節"採用委員制"第252－253頁記載；②容鑑光主編：臺北"國防部"印刷廠1986年1月1日印行《黃埔軍官學校校史簡編》第123頁記載。

[18] ①中國第二歷史檔案館供稿，華東工學院編輯出版部影印：檔案出版社1989年7月《黃埔軍校史稿》第一冊第二章"南京本校組織沿革"第四節"採用委員制"第253頁記載；②容鑑光主編：臺北"國防部"印刷廠1986年1月1日印行《黃埔軍官學校校史簡編》第123頁記載。

[19] 中國第二歷史檔案館：江蘇古籍出版社1994年5月《中華民國史檔案資料彙編》軍事第一編（一）第329－332頁記載。

[20] ①中國第二歷史檔案館供稿，華東工學院編輯出版部影印：檔案出版社1989年7月《黃埔軍校史稿》第一冊第二章"南京本校組織沿革"第四節"採用委員制"第253頁記載；②容鑑光主編：臺北"國防部"印刷廠1986年1月1日印行《黃埔軍官學校校史簡編》第123頁記載。

第三章　廣州黃埔本校與南京中央陸軍軍官學校機構與教官

4	閻錫山	日本陸軍士官學校中華學生隊第六期步兵科	山西五臺	校務委員會常務委員，國民革命軍北方總司令
5	朱培德	雲南講武堂第三期步兵科	雲南鹽興	軍事委員會常務委員，第一集團軍預備軍總指揮
6	唐生智	保定陸軍軍官學校第一期步兵科	湖南東安	第四集團軍總司令兼第一方面軍總指揮
7	張學良	東北講武堂第一期炮兵科	奉天海城	軍事委員會委員，東北邊防軍司令長官
8	吳敬恒	日本東京高等師範學校	江蘇武進	國民革命軍政治部主任
9	戴傳賢	東京日本大學法科	浙江吳興	國民政府委員兼考試院院長
10	馮玉祥	陸軍第一混成協隨營學堂	安徽巢縣	國民政府行政院軍政部部長
11	李宗仁	廣西陸軍小學堂	廣西桂林	國民政府委員兼軍事參議院院長
12	李濟深	北京陸軍大學正則班第三期	廣西蒼梧	軍事委員會常委兼總參謀長

　　首度設置的校務委員制，是對國辦軍校－南京中央陸軍軍官學校，依據當時的中央軍力與地方軍系初級軍官教育體系之一種博弈妥協，除了蔣任常務委員兼校長，更有中央軍力代表何應欽居中其間，還有接續孫中山軍事思想的民國元老胡漢民、吳敬恒（稚暉）、戴季陶，此外，還吸收了1928年第二期北伐底定中原與東北軍事態勢的各地方軍事集團首腦，依次為：閻錫山（晉綏軍）、朱培德（中央軍力與滇軍代表）、唐生智（湘軍暨國民革命軍第八軍代表）、張學良（東北軍）、馮玉祥（西北軍）、李宗仁（桂系暨國民革命軍第七軍代表）、李濟深（副校長暨粵系第四軍代表）。

　　任職南京中央陸軍軍官學校校務委員按國民政府頒令排序照片（11張）：

蔣中正 　　何應欽 　　胡漢民 　　閻錫山 　　朱培德 　　唐生智

張學良 　　吳敬恒 　　戴傳賢 　　馮玉祥 　　李宗仁 　　李濟深

1927年11月5日軍事委員會頒令將中央軍事政治學校改名為中央陸軍軍官學校。[21]校方認為教育是國家之百年大計，而軍事教育又更有勝於此，為適應未來國際間緊急局勢之演變，故對軍事教育內容不斷革新，南京本部辦學領導層組成人員亦重新作出部署與聘任。1927年12月28日軍事委員會複令中央陸軍軍官學校設立上層軍事教育指導，選派部分有軍事教學實踐經驗的高級將領組成「中央陸軍軍官學校軍事指導委員」，[22]頒令委任委員十名：黃慕松、葛敬恩、陳儀、周亞衛、馮軼裴、李鼐、方策、錢宗澤、李鐸、張修敬，皆為當時軍界教育訓練楚翹。筆者參照相關史料，將這十名軍事指導委員簡介並輔以照片。

表11：任職南京中央陸軍軍官學校的軍事指導委員（按國民政府頒令排序）一覽表

序	姓名	別字	時齡	畢業學校	籍貫	時任軍政職務
1	黃慕松	承恩	43歲	日本陸軍士官學校中華學生隊第六期工兵科，日本陸軍大學第十三期	廣東梅縣	南京中央陸軍軍官學校附設軍官團副團長，陸軍大學校代校長。
2	葛敬恩	湛侯	38歲	陸軍大學正則班第四期，日本陸軍大學第十四期	浙江嘉興	南京中央陸軍軍官學校本部籌備委員
3	陳儀	公洽	44歲	日本陸軍士官學校中華學生隊第五期步兵科，日本陸軍大學第十三期	浙江紹興	南京國民政府軍事委員會委員，軍政部兵工署署長、代部長
4	周亞衛	普文	38歲	陸軍大學正則班第四期，法國陸軍大學	浙江嵊縣	軍事委員會訓練總監（何應欽）部副監
5	馮軼裴	寶楨	35歲	保定陸軍軍官學校第一期步兵科，陸軍大學正則班第六期	廣東新會	南京中央陸軍軍官學校軍官教育團（團長蔣介石）副團長
6	李鼐	友松	37歲	德國陸軍大學	湖南城步	國民革命軍總司令部外軍顧問事務處處長。
7	方策	定中	39歲	陸軍大學正則班第五期	浙江黃岩	國民革命軍第一集團軍第二軍團總指揮（陳調元）總參議
8	錢宗澤	慕霖	38歲	保定陸軍軍官學校第一期步兵科，陸軍大學正則班第五期	浙江杭縣	南京國民政府參謀本部第二廳廳長
9	李鐸	天聲	49歲	日本陸軍士官學校中華學生隊第六期騎兵科	湖南長沙	軍事委員會中將高級參謀兼訓練總監部軍學編譯處處長。
10	張修敬	競鶱	40歲	日本陸軍士官學校中華學生隊第八期炮兵科	江蘇江寧	軍事委員會訓練總監部（總監何應欽）炮兵監。

---

[21] 臺灣陸軍總司令部1980年4月1日印行《總統蔣公與陸軍軍官學校》第84頁記載。
[22] 中國國民黨中央黨史編纂委員會編纂：臺北中央文物供應社1954年7月《黃埔建軍三十年概述》第25頁記載。

第三章　廣州黃埔本校與南京中央陸軍軍官學校機構與教官

| 黃慕松 |  葛敬恩 |  陳儀 |  周亞衛 |  馮軼裴 |  李鼐 |

| 方策 |  錢宗澤 |  李鐸 |  張修敬 |

　　軍事指導委員的設置，雖然在南京中央陸軍軍官學校延續時間不長，當年這十名高級將領，平均年齡在40歲左右，對於現代軍校教育理論的開拓與引領有過一些影響與作用，他們當中不乏民國時期著名軍事理論和教育家、封疆大吏或名聲顯赫的高級將領，對於黃埔軍校第七期及以後的軍事訓練與教育諸多方面，留下了各自不同的歷史印痕。

第三節　任職南京軍校第七期教官情況簡述

　　南京中央陸軍軍官學校第七期教職官佐，合計有288名，其中一部分是廣州黃埔軍校時期而後北上續任。

表12：任職南京軍校第七期教官情況一覽表（按姓氏筆劃排序）

姓名	別字	時齡	任職名稱	畢業學校	籍貫
丁　果	公誠	36歲	炮兵科中校兵器教官	保定陸軍軍官學校第三期炮兵科	江蘇儀征
萬文衡	玉墀	43歲	工兵科中校地形教官	江蘇陸地測量學校	江蘇江寧
萬世靖	士才	36歲	南京本校教育處中校戰術教官	保定陸軍軍官學校第三期步兵科	江西南昌
於克昌	祖培	36歲	第一總隊步兵大隊騎兵中隊少校區隊長	保定陸軍軍官學校第八期步兵科	直隸河間
於希賢	哲如	36歲	南京本校教育處中校戰術教官	保定陸軍軍官學校第二期步兵科	直隸天津
衛　烈	翼卿	28歲	第一總隊步兵大隊騎兵中隊少校區隊長	隨營學校騎兵訓練班	山東滋陽
馬應龍	慶雲	35歲	南京本校教育處中校戰術教官	保定陸軍軍官學校第六期步兵科	河南新鄉
鳳岐山	瑞周	39歲	第一總隊炮兵中隊中校區隊長	保定陸軍軍官學校第一期炮兵科	江蘇宿遷

085

姓名	別字	時齡	任職名稱	畢業學校	籍貫
文聖舉	進德	31歲	政治訓練處上校政治教官	重慶高等師範學校、日本北九洲帝國大學、廣島大學政治科	四川鄰水
文聖律	宇和	29歲	政治訓練處中校政治教官	重慶高等師範學校,日本北九州帝國大學、廣島大學文理科	四川鄰水
方華吉	天戟	27歲	第一總隊步兵大隊部上尉副官	學籍缺載	安徽安慶
方禹鏞		32歲	軍醫處少校科員	醫科講習館	韓國人
王翊	江嶽	39歲	工兵科中校地形教官	湖南講武堂工兵科	湖南衡陽
王韶	雲舫	38歲	工兵科中校地形教官	學籍缺載	浙江杭州
王萬齡	松崖	30歲	南京本校總務處上校處長	黃埔軍校第一期	雲南騰衝
王士傑	輝之	39歲	工兵科少校地形教官	學籍缺載	江蘇南京
王養吾		35歲	南京本校教育處少校機關槍教官	學籍缺載	浙江寧海
王相毅		37歲	南京本校總辦公廳上校英文秘書	山東大學堂	山東泰安
王振寰	凱丞	26歲	第一總隊步兵大隊第三隊少校區隊長	中央軍事政治學校潮州分校第二期步兵科	安徽安慶
王滌歐	拯亞	25歲	第一總隊步兵大隊步兵第三隊少校區隊長	黃埔軍校第三期步兵科	湖南祁陽
王笏琳	笏林	28歲	第一總隊步兵大隊騎兵中隊中尉助教	騎兵訓練班	浙江江山
王超凡	季野	25歲	第一總隊政治訓練處訓練課中校課長	黃埔軍校第四期步兵科	安徽太平
王道南		27歲	南京本校教育處少校機關槍教官	山東軍官講武堂	山東濱縣
王新武	湘少	29歲	政治訓練處中校政治教官	莫斯科中山大學	湖南長沙
王鼙韶	振庭	34歲	騎兵科少校馬學教官	浙江講武堂	浙江杭縣
韋信洛	希程	39歲	南京本校教育處中校戰術教官	保定陸軍軍官學校第二期步兵科	安徽蕪湖
盧廷鶴	太甫	44歲	騎兵科少校馬學教官	隨營學校騎兵訓練班	湖北沔陽
盧奮孫	奮蓀	36歲	南京本校教育處中校戰術教官	保定陸軍軍官學校第一期步兵科	江西萬載
盧贏福	海東	35歲	工兵科少校地形教官	四川陸軍測量學校第二期地形科	四川成都
史秉直	履蠡	55歲	教育處編譯科上校編譯	日本陸軍士官學校中華學生隊第六期炮兵科	湖南長沙
葉永春	澤生	38歲	南京本校教育處中校試任戰術教官	保定陸軍軍官學校第二期步兵科	浙江山陰
葉崇統	國緒	26歲	政治訓練處少校訓育員	黃埔軍校第四期步兵科	浙江寧海
葉蔚之	惠之	44歲	教育處編譯科中校編譯官	國民革命軍總司令部軍官團	江蘇南京
寧李泰	墨公	37歲	南京本校教育處上校教官	保定陸軍軍官學校第二期輜重兵科	福建建寧
石仲和		27歲	步兵大隊工兵隊少校隊附	黃埔軍校第四期工兵科	直隸沙河
左冠章	觀漳	29歲	步兵大隊部醫務所少校主任	學籍缺載	江蘇鹽城
申麟洲	承基	26歲	工兵科中校築城交通教官	日本陸軍士官學校中華學生隊第十九期步兵科	四川忠縣
白倫嚴	綸嚴	32歲	南京本校教育處中校經理教官	保定經理學堂	直隸河間

第三章　廣州黃埔本校與南京中央陸軍軍官學校機構與教官

姓名	別字	時齡	任職名稱	畢業學校	籍貫
白耀圜	尊卿	37歲	教育處裝械科少校科員	湖北陸軍武備學堂	湖北江陵
酈振翎	摩漢	39歲	政治訓練處上校政治教官	日本東京帝國大學	江西尋烏
龍夔	錫蘭	26歲	第一總隊步兵大隊部上尉軍需	黃埔軍校第四期經理科	湖南耒陽
任國光	之冰	29歲	政治訓練處總務課中校課長	黃埔軍校第三期步兵科	安徽靈璧
劉鈞	叔陶	32歲	第一總隊步兵大隊輜重兵隊少校區隊長	保定陸軍軍官學校第九期輜重兵科	河南羅山
劉渤		27歲	政治訓練處少校政治教官	江寧公學	江蘇江寧
劉驤	翊遠	35歲	南京本校教育處中校戰術教官	福建武備學堂	福建福州
劉子清	定瀾	25歲	第一總隊步兵大隊步兵第二隊中校隊長	黃埔軍校第二期步兵科	江西樂平
劉才育	世英	39歲	南京本校教育處上校戰術教官	保定陸軍軍官學校第三期步兵科	江蘇海門
劉中盛		25歲	政治訓練處中校政治教官	學籍缺載	安徽巢縣
劉永祚	紹卿	41歲	南京本校總辦公廳少將主任	保定陸軍軍官學校第一期步兵科	雲南昆明
劉兆騏	君謀	33歲	第一總隊步兵大隊輜重兵隊中校隊長	保定陸軍軍官學校第八期輜重兵科	安徽全椒
劉兆璆	訥庵	37歲	工兵科上校地形教官	保定陸軍軍官學校第八期炮兵科	安徽合肥
劉詠堯	詠堯	22歲	政治訓練處中校政治教官	黃埔軍校第一期、莫斯科中山大學	湖南醴陵
劉傑武	毓洲	36歲	教育處騎兵教官，馬匹管教所中校所長	保定陸軍軍官學校第二期騎兵科	直隸寧河
劉育仁	育人	22歲	第一總隊步兵大隊工兵中隊上尉助教	黃埔軍校第五期工兵科	四川酉陽
劉屏周	松甫	44歲	教育處編譯科中校編譯官	日本陸軍士官學校中華學生隊第六期騎兵科	安徽壽縣
劉政均		26歲	政治訓練處少校政治教官	學籍缺載	安徽巢縣
劉貴璋	松岩	41歲	工兵科中校築城交通教官	保定陸軍軍官學校第一期步兵科	江蘇句容
劉曉五	鐵然	29歲	第一總隊步兵大隊騎兵中隊中校隊長	保定陸軍軍官學校第九期騎兵科	安徽合肥
劉桐恩	琴宣	33歲	工兵科上校築城交通教官	保定陸軍軍官學校第六期工兵科	直隸滄縣
劉道經	粹六	39歲	工兵科中校地形教官	保定陸軍軍官學校第三期步兵科	安徽望江
劉贊周	典文	30歲	軍醫處中校外科主任，軍醫	奉天醫科專門學校	奉天四平
呂德章	叔勳	26歲	第一總隊步兵大隊中校大隊附	黃埔軍校第二期步兵科	四川資中
孫元良		25歲	南京本校高等教育班主任	北京法政學堂，黃埔軍校第一期步兵科	四川華陽
孫長金	醒吾	38歲	南京本校教育處中校戰術教官	保定陸軍軍官學校第三期步兵科	浙江嘉興
孫國平	家耿	37歲	工兵科中校築城交通教官	保定陸軍軍官學校第三期步兵科	浙江紹興
孫景潮	慕韓	36歲	南京本校教育處中校戰術教官	保定陸軍軍官學校第三期步兵科	江蘇無錫
孫慕迦		34歲	政治訓練處上校政治教官	東吳大學政治科	湖南長沙
孫毓熊	訪侶	34歲	工兵科中校築城交通教官	保定陸軍軍官學校第八期工兵科	江蘇靖江
師端章	景文	39歲	教育處編譯科中校編譯官	東亞預備學校	河南項城

姓名	別字	時齡	任職名稱	畢業學校	籍貫
曲 岩	希聞	41歲	南京本校教育處上校軍隊教育教官	保定陸軍速成學堂第一期炮兵科、陸軍大學正則班第四期	山東德縣
朱 鼎	柱九	31歲	南京本校教育處中校戰術教官	保定陸軍軍官學校第九期步兵科	安徽合肥
朱孔彰	哲吾	33歲	南京本校教育處少校機關槍教官	浙江講武堂	浙江桐廬
朱玉書	有麟	32歲	第一總隊步兵大隊醫務所少校主任	杭縣醫學館	浙江義烏
朱宗海	匯川	36歲	第一總隊步兵大隊工兵中隊中校中隊長	保定陸軍軍官學校第九期工兵科	安徽合肥
朱嗣龍	蔔臣	37歲	工兵科中校築城交通教官	保定陸軍軍官學校第一期工兵科	江西贛縣
朱楚藩	鏡明	26歲	第一總隊步兵大隊部少校副官	黃埔軍校第四期步兵科	湖北來鳳
畢承鏗	叔寅	37歲	經理處財務課會計少校股長	經理講習所	浙江楓涇
江超西		32歲	南京本校教育處航空班教官	美國里海大學	福建閩侯
湯 堯	子穀	31歲	南京本校教育處上校兵器教官	保定陸軍軍官學校第九期輜重兵科	安徽合肥
湯永鹹	熙臣	25歲	第一總隊步兵大隊步兵第四隊少校區隊長	黃埔軍校第四期步兵科	山東兗州
湯恩伯			南京本校教育處少將副處長	日本陸軍士官學校中華學生隊第十八期步兵科	浙江武義
許乃章	端甫	33歲	南京本校教育處少校戰術教官	保定陸軍軍官學校第八期步兵科	江蘇江寧
許用修	伯孚	34歲	炮兵科上校兵器教官	保定陸軍軍官學校第九期炮兵科	安徽合肥
許壽恒	有常	33歲	工兵科中校地形教官	保定陸軍軍官學校第三期步兵科	江蘇無錫
齊昆山	蘊璞	29歲	經理處糧被課被服股少校股長	學籍缺載	山東平原
何 然	乃民	29歲	南京本校教育處中校汽車教官	學籍缺載	浙江
何漢文		30歲	政治訓練處中校政治教官	湖南第一師範學校、黃埔軍校第三期、莫斯科中山大學	湖南寧鄉
何滌宇	迪宇	24歲	步兵大隊騎兵隊少尉助教	國民第二軍幹部教導隊騎兵訓練班	浙江臨海
何葆藩	鏡秋	43歲	經理處少校書記	杭縣書院	浙江杭縣
余金城	子湯	35歲	南京本校教育處中校戰術教官	保定陸軍軍官學校第二期步兵科	湖北荊門
吳 達	敏齋	40歲	南京本校教育處中校戰術教官	保定陸軍軍官學校第六期步兵科	江西南昌
吳 錚	養之	39歲	南京本校教育處上校教官	保定陸軍軍官學校第六期步兵科	江蘇灌雲
吳芝祥	聞真	27歲	軍醫處皮膚科少校軍醫	南昌醫科專門學校	江西泰和
吳承名	學圃	32歲	南京本校教育處中校兵器教官	保定陸軍軍官學校第三期騎兵科	安徽蕪湖
吳雨敷	仿泉	39歲	南京本校教育處中校戰術教官	保定陸軍軍官學校第一期步兵科	福建福州
吳錫權	衡卿	38歲	南京本校教育處中校戰術教官	保定陸軍軍官學校第一期步兵科	江蘇江寧
吳德秀		24歲	政治訓練處少校政治教官	瓊州初級師範學校	廣東瓊山
吳德澤	溥仁	36歲	南京本校教育處上校戰術教官	保定陸軍軍官學校第六期步兵科	江西南康
宋思一			校舍設計委員會常務委員	黃埔軍校第一期	貴州貴定
宋 振	碩聞	38歲	工兵科上校築城交通教官	保定陸軍軍官學校第二期工兵科	湖南寧鄉

第三章　廣州黃埔本校與南京中央陸軍軍官學校機構與教官

姓名	別字	時齡	任職名稱	畢業學校	籍貫
張羽	積風	33歲	政治訓練處上校秘書	黃埔軍校第三期步兵科	湖南南縣
張武		32歲	第一總隊步兵大隊醫務所少校軍醫	湘雅醫學院	湖南長沙
張九如		31歲	政治訓練處少校政治教官	常州初級師範學校	江蘇常州
張義爵	鼎三	44歲	工兵科中校地形教官	保定陸軍速成學堂第二期步兵科	山東黃縣
張士敏	梓珍	35歲	工兵科中校築城交通教官	保定陸軍軍官學校第二期步兵科	直隸蠡縣
張世希	適兮	26歲	總務處庶務課中校課長	黃埔軍校第一期	江蘇江寧
張世榮	國侯	37歲	南京本校教育處中校兵器教官	保定陸軍軍官學校第三期炮兵科	雲南昆明
張本禹	文衷	29歲	總務處保管股少校股長	黃埔軍校第三期步兵科	安徽巢縣
張訓鐸	警亞	37歲	工兵科少校地形教官	兩江學堂工程科	江蘇南京
張呈祥	子麟	50歲	南京本校教育處編譯科上校編譯官	日本陸軍士官學校中華學生隊第八期步兵科（待查）	山西離石
張國棟		35歲	南京本校教育處航空班中校飛行教官	航空學校飛行班	籍貫缺載
張宗澤	慕霖	33歲	南京本校教育處中校戰術教官	保定陸軍軍官學校第五期步兵科	河南密縣
張建極	緯房	27歲	第一總隊步兵大隊炮兵中隊中校中隊附	黃埔軍校第五期炮兵科	湖南桃源
張治中	文伯	39歲	第七期南京軍校上將教育長	保定陸軍軍官學校第三期步兵科	安徽巢縣
張樹雄	鍵廬	38歲	南京本校教育處中校戰術教官	保定陸軍軍官學校第六期步兵科	浙江新昌
張桐閣	蔭青	36歲	工兵科中校築城交通教官	保定陸軍軍官學校第二期工兵科	直隸河間
張崇甫	崇甫	39歲	工兵科上校築城交通教官	保定陸軍軍官學校第一期工兵科	江蘇崇明
張韶舞		30歲	第一總隊政治訓練處中校政治教官	日本東京大學政治系	安徽巢縣
李鄴	望源	25歲	經理處財務課中校股長	上海中華藝術大學	浙江海門
李三辰	參辰	43歲	南京本校教育處中校兵器教官	江西武備學堂	江西南城
李書雲	野嵐	34歲	南京本校教育處中校戰術教官	保定陸軍軍官學校第六期工兵科	河南開封
李光浩	孟仙	34歲	南京本校教育處中校兵器教官	保定陸軍軍官學校第八期炮兵科	山東臨淄
李延岩		36歲	第一總隊步兵大隊騎兵中隊少校區隊附	浙江講武堂騎兵科	浙江杭州
李自迷	夢夢	30歲	第一總隊步兵大隊一中隊中校中隊長	黃埔軍校第一期	安徽六安
李國鈞	藎臣	29歲	第一總隊步兵大隊騎兵中隊中尉助教	保定講武堂騎兵科	直隸保定
李建邦	孔皆	28歲	第一總隊步兵第一中隊步兵第一隊少校區隊長	黃埔軍校第四期步兵科	湖南長沙
李南屏	南平	36歲	工兵科中校地形教官	保定陸軍軍官學校第二期炮兵科	湖南祁陽
李鐘齡	九我	30歲	第一總隊步兵大隊輜重兵隊少校區隊長	保定陸軍軍官學校第九期輜重兵科	直隸武清
李海帆	文淼	32歲	軍醫處少校內科軍醫	昆明醫學館	雲南昆明

089

姓名	別字	時齡	任職名稱	畢業學校	籍貫
李培堯	春煦	46歲	教育處編譯科中校編譯官	日本陸軍士官學校中華學生隊第十期步兵科	河南開封
李崇光	及先	31歲	第一總隊步兵大隊步兵第二隊少校隊附	四川講武堂	四川峨嵋
李幹民	幹民	35歲	工兵科中校地形教官	粵軍講武堂地形班	廣東興寧
李楚潘	仲屏	25歲	第一總隊步兵大隊步兵第二隊少校區隊長	黃埔軍校第四期步兵科	湖南祁陽
李蔚枝		25歲	政治訓練處編纂委員會少校編輯	黃埔軍校第四期政治科	湖南新寧
李德裕	德玉	30歲	南京本校教育處中校戰術教官	保定陸軍軍官學校第六期步兵科	直隸天津
杜聿明	光亭	26歲	第一總隊步兵大隊步兵第四隊中校隊長	黃埔軍校第一期	陝西米脂
杜榮臻	少甫	39歲	第一總隊步兵大隊炮兵隊上校隊長	保定陸軍軍官學校第一期炮兵科	山東鄒縣
楊 怡	悅時	41歲	工兵科中校築城交通教官	保定陸軍軍官學校第一期工兵科	江蘇泰興
楊 誠	誠烈	37歲	教育處編譯科上校編譯官	日本陸軍士官學校中華學生隊第十二期炮兵科	浙江平陽
楊 彝	冶宜	38歲	南京本校教育處中校戰術教官	保定陸軍速成學堂第二期輜重兵科	江蘇安慶
楊光鈺	相之	38歲	南京本校教育處中校兵器教官	保定陸軍軍官學校第三期步兵科	安徽蕪湖
楊克岐	梓林	28歲	步兵科少校科員	黃埔軍校第四期步兵科	湖南長沙
楊炳震	西範	33歲	南京本校教育處中校戰術教官	保定陸軍軍官學校第九期炮兵科	河南南陽
楊道煦	緝純	29歲	第一總隊第一中隊步兵第一區隊少校區隊長	中央軍事政治學校潮州分校第二期步兵科	湖南湘陰
汪逢榘	藝林	23歲	第一總隊步兵大隊步兵第四隊少校區隊長	黃埔軍校第三期步兵科	安徽英山
沈 明	德建	32歲	政治訓練處上校政治教官	河海工程專門學校	湖南長沙
沈 祥	季良	38歲	工兵科上校築城交通教官	保定陸軍軍官學校第一期工兵科	江蘇太倉
沈天惠	兆琪	28歲	軍醫處少校軍醫	上海光華醫學館	江蘇上海
沈金麟	馮霄	29歲	第一總隊步兵大隊炮兵中隊校區隊長	保定陸軍軍官學校第六期炮兵科	直隸天津
沈清塵	沛霖	27歲	政治訓練處上校政治教官	武進縣立師範學校，法國索米爾工業學校獲機械工程師	江蘇武進
沈蘊山	乃珍	33歲	工兵科少校技正	機械專門學校	浙江嵊縣
蒼德克	馨階	36歲	工兵科中校築城交通教官	保定陸軍軍官學校第二期工兵科	湖北江陵
蘇紹文	天行	27歲	炮兵科中校兵器教官	日本陸軍士官學校中華學生隊第二十期炮兵科	臺灣新竹
邱 炘		34歲	第一總隊步兵大隊部中校副官	浙江武備學堂	浙江諸暨
邵令江	景群	25歲	政治訓練處考核統計股少校股長	北平中國公學大學部	浙江餘姚
鄒 達	達九	36歲	步兵科中校科員	保定陸軍軍官學校第二期步兵科	福建福州
鄒鏡清	鏡青	39歲	炮兵科中校兵器教官	保定陸軍速成學堂第一期炮兵科	江蘇常熟

第三章　廣州黃埔本校與南京中央陸軍軍官學校機構與教官

姓名	別字	時齡	任職名稱	畢業學校	籍貫
陳　良	初如	34歲	南京本校經理處上校處長	東京農業大學專門部，日本青山大學，北京軍需學校	浙江臨海
陳　直		35歲	第一總隊步兵大隊少校獸醫	醫科專門學校	浙江寧海
陳　濟	養民	26歲	南京本校教育處中校經理教官	北京軍需學校	江蘇江寧
陳以良	範吾	39歲	工兵科中校地形教官	保定陸軍軍官學校第三期輜重兵科	江蘇揚州
陳廷魁	石泉	30歲	第一總隊步兵大隊步兵第三隊中校隊長	雲南講武堂第十三期步兵科	雲南保山
陳鶴齡	子延	39歲	南京本校教育處中校戰術教官	保定陸軍軍官學校第五期步兵科	安徽安慶
周　禮	民安	38歲	南京本校教育處中校戰術教官	陸軍大學正則班第六期	江西南昌
周漢偉	醒亞	35歲	教育處裝械科中校科員	學籍缺載	江西贛縣
周鳴盛	公任	36歲	工兵科中校地形教官	浙江武備學堂工兵科	浙江平陽
周修仁	籽農	32歲	教育處編譯科中校編譯官	保定陸軍軍官學校第三期炮兵科	湖南長沙
周維經	綸丞	30歲	炮兵科少校迫擊炮教官	駐粵贛軍講武堂炮兵科	江西會昌
周鴻恩	雨蒼	30歲	經理處糧被課中校課長	黃埔軍校第一期	雲南嶍峨
巫建淮	浚川	32歲	工兵科中校築城交通教官	保定陸軍軍官學校第八期步兵科	安徽合肥
押蔭亭	靜軒	34歲	第一總隊步兵大隊工兵中隊少校區隊長	保定講武堂工兵科	直隸景縣
易　龍	見田	38歲	南京本校教育處上校戰術教官	保定陸軍軍官學校第二期步兵科	湖南湘鄉
林漢宗	渤如	40歲	工兵科少校技正	日本東京帝國大學化學系	江西南康
林仲墉	翊湛	45歲	南京本校教育處編譯科上校編譯官	日本陸軍士官學校中華學生隊第六期騎兵科	福建福州
林臥薪	克仇	27歲	第一總隊步兵大隊少校大隊附	黃埔軍校第三期步兵科	廣東文昌
林禹平	斑藩	35歲	南京本校教育處中校戰術教官	保定陸軍軍官學校第七期步兵科	福建閩侯
武頌和	節之	37歲	南京本校教育處中校兵器教官	保定陸軍軍官學校第三期炮兵科	江蘇南京
竺莘樵	樵父	35歲	工兵科中校築城交通教官	保定陸軍軍官學校第三期工兵科	浙江嵊縣
羅　張	伯驁	37歲	工兵科上校科長	保定陸軍軍官學校第一期工兵科	江西贛縣
羅光裕	鼎鉉	38歲	軍醫科少校科員	長沙醫學館	湖南桃源
羅鐵華	緯	36歲	第一總隊步兵大隊上校大隊長	保定陸軍軍官學校第三期步兵科	江蘇泗陽
苗錫純	卓如	33歲	第一總隊步兵大隊輜重兵隊少校隊附	保定陸軍軍官學校第九期輜重兵科	直隸肅寧
茅志剛	慶璽	28歲	第一總隊步兵大隊騎兵中隊上尉助教	黃埔軍校第五期步兵科	浙江天臺
鄭耀初	錫庚	33歲	南京本校教育處上校軍隊教育官	保定陸軍軍官學校第八期輜重兵科	浙江蘭溪
金　斌	守庭	38歲	炮兵科中校兵器教官	保定陸軍軍官學校第二期炮兵科	浙江青田
金　祺	季驄	44歲	南京本校教育處編譯科少將編譯官	日本陸軍士官學校中華學生隊第三期步兵科	江蘇上海
金　鋒	砃初	36歲	南京本校教育處中校戰術教官	保定陸軍軍官學校第六期輜重兵科	江蘇武進

姓名	別字	時齡	任職名稱	畢業學校	籍貫
金世成	民欽	36歲	南京本校教育處中校戰術教官	保定陸軍軍官學校第一期步兵科	江蘇江寧
侯光龍	屏東	37歲	騎兵科中校馬學教官	保定陸軍軍官學校第六期輜重兵科	安徽滁縣
俞壽鶴	浦仙	39歲	南京本校炮兵科上校科長	保定陸軍軍官學校第二期炮兵科	江蘇江都
姚繼權	仲衡	39歲	炮兵科中校兵器教官	保定陸軍軍官學校第二期步兵科	安徽桐城
姜水紋	子漪	34歲	工兵科上校築城交通教官	保定陸軍軍官學校第八期步兵科	浙江江山
姜德麟		25歲	政治訓練處少校政治教官	贛州國學館	江西
柳渭	漱波	31歲	教育處編譯科少校編譯官	浙江陸軍速成學堂	浙江臨海
柳克述	劍霞	24歲	政治訓練處上校政治教官	北京大學、英國倫敦大學	湖南長沙
洪世壽	宇生	23歲	第一總隊步兵大隊步兵第四隊少校隊附	黃埔軍校第三期步兵科	安徽巢縣
洪錫五	錫吾	28歲	經理處金櫃股少校股長	蕪湖初級學堂	安徽蕪湖
祝紹周	莆南	35歲	南京本校步兵科少將科長	保定陸軍軍官學校第二期步兵科	浙江杭縣
胡明揚	迪生	38歲	南京本校教育處上校戰術教官	保定陸軍軍官學校第八期步兵科	江西上猶
胡鎮城	樹藩	37歲	南京本校教育處中校戰術教官	保定陸軍軍官學校第六期步兵科	浙江浦江
貴襄	贄元	37歲	騎兵科中校馬術教官	保定陸軍軍官學校第三期輜重兵科	安徽當塗
趙松森	電國	40歲	南京本校教育處中校無線電教官	學籍缺載	四川榮昌
趙簡修	懋堂	29歲	軍醫處少校內科軍醫	北京醫科專門學校	陝西乾縣
趙德駒	元龍	35歲	南京本校教育處中校戰術教官	保定陸軍軍官學校第五期步兵科	安徽安慶
鄺雲	倬夫	35歲	工兵科中校築城交通教官	保定陸軍軍官學校第九期工兵科	江蘇江寧
鐘煥臻	駢伯	23歲	政治訓練處訓育股少校股長	黃埔軍校第五期政治科	江西萍鄉
黨信民	群生	24歲	第一總隊步兵大隊工兵中隊少校區隊長	黃埔軍校第四期步兵科	陝西白水
淩苞如	遜夫	39歲	工兵科中校築城交通教官	保定陸軍軍官學校第一期工兵科	安徽安慶
淩德路		26歲	政治訓練處少校政治教官	學籍缺載	江西
淩鑫泉	子惠	27歲	步兵大隊工兵隊上尉助教	隨營學校工兵訓練班	安徽壽縣
唐天賜	錫嘏	26歲	第一總隊步兵大隊步兵第四隊區隊附	黃埔軍校第四期步兵科	湖南石門
唐仲勳	鐘勳	41歲	炮兵科上校科長	江蘇武備學堂炮兵科	江蘇揚州
唐啓源	伯泉	26歲	工兵科中校築城交通教官	保定陸軍軍官學校第二期工兵科	湖北江陵
唐濟寰	濟寰	27歲	第一總隊步兵大隊部中尉書記	學籍缺載	湖南洪江
唐冠英	超伯	36歲	南京本校教育處中校戰術教官	保定陸軍軍官學校第九期步兵科	江蘇阜寧
唐葆沖	和甫	38歲	南京本校教育處中校無線電教官	學籍缺載	湖南湘潭
夏雷	振亞	25歲	第一總隊步兵大隊騎兵中隊少校區隊附	黃埔軍校第三期騎兵科	浙江溫州
夏錫賡	拜麗	37歲	工兵科少校地形教官	浙江陸地測量學校	浙江富陽
徐雲	識龍	30歲	軍醫處上校科長	江蘇醫科專門學校	江蘇鎮江
徐竹秋		40歲	經理處給養股少校股長	江寧師範學堂	江蘇江寧

第三章 廣州黃埔本校與南京中央陸軍軍官學校機構與教官

姓名	別字	時齡	任職名稱	畢業學校	籍貫
徐國鎮	公輔	36歲	南京本校教育處中將處長	保定陸軍軍官學校第三期步兵科	江蘇儀征
徐寶鼎	德周	36歲	南京本校教育處中校戰術教官	保定陸軍軍官學校第六期步兵科	江西樂平
徐彌高	仰瀛	37歲	南京本校教育處中校兵器教官	保定陸軍軍官學校第二期炮兵科	福建蒲城
徐雄士	雄仕	40歲	南京本校教育處上校軍隊教育教官	保定陸軍軍官學校第一期輜重兵科	江西贛縣
袁雪塵	血忱	38歲	南京本校教育處中校馬術教官	保定陸軍軍官學校第五期輜重兵科	安徽桐城
敖正邦	子瞻	48歲	教育處編譯科上校編譯	日本陸軍士官學校中華學生隊第二期步兵科	湖北施南
晏聲鴻		24歲	政治訓練處編譯委員會少校編譯	黃埔軍校第四期步兵科	四川巴中
殷受宣	綏宣	30歲	南京本校教育處中校鐵道教官	學籍缺載	江蘇常熟
翁叔和	俶和	38歲	南京本校教育處中校兵器教官	保定陸軍軍官學校第二期步兵科	浙江泰順
錢鶴皋	托黨	24歲	第一總隊步兵大隊工兵中隊少校區隊長	黃埔軍校第四期工兵科	浙江湖州
錢懋勳	達西	37歲	南京本校教育處中校戰術教官	保定陸軍軍官學校第三期步兵科	安徽桐城
高 益	夢隨	39歲	工兵科中校地形教官	保定陸軍軍官學校第二期步兵科	安徽潛山
高傳珠	晶齋	27歲	政治訓練處上校政治教官	國立山東大學政治系	山東惠民
高震龍	海晴	44歲	工兵科上校築城交通教官	江南陸軍講武堂第一期工兵科	湖北漢陽
崔 霈	雨水農	45歲	教育處編譯科上校編譯官	日本陸軍士官學校中華學生隊第三期炮兵科	江蘇徐州
崔邦偉	季平	41歲	南京本校教育處中校戰術教官	保定陸軍軍官學校第一期步兵科	山東臨淄
曹 灝	滌凡	42歲	工兵科少校地形教官	安徽講武堂工兵科	安徽望江
梁逢啓	迪吾	40歲	工兵科上校地形教官	保定陸軍軍官學校第一期步兵科	江西贛縣
章熙敬		40歲	政治訓練處庶務股少校股長	群治公學	湖南長沙
章履和	消尤	36歲	南京本校上校戰術教官	保定陸軍軍官學校第六期步兵科	浙江嵊縣
黃 華	夢覺	39歲	南京本校教育處中校戰術教官	江西武備學堂	江西南昌
黃豐亭		34歲	經理處審核股少校股長	廣東軍需學校	廣東揭陽
黃公華	任恒	27歲	南京本校教育處中校馬術教官	粵軍講武堂	廣東廣州
黃必強	伯襄	35歲	南京本校教育處上校兵器教官	保定陸軍軍官學校第九期炮兵科	安徽合肥
黃堅叔	鈺	46歲	南京本校教育處中校軍隊教育教官	保定陸軍軍官學校第一期步兵科	江蘇如皋
黃應運	扶搖	25歲	第一總隊步兵大隊工兵中隊上尉助教	黃埔軍校第四期工兵科	江西餘幹
黃叔甄	俶甄	45歲	南京本校教育處上校軍隊教育教官	湖南湘軍講武堂	湖南長沙
黃秉衡		39歲	南京本校教育處航空班少將主任	煙臺水師學堂、美國航空學校	浙江餘姚
黃鐘麟	朝麒	38歲	南京本校教育處上校戰術教官	保定陸軍軍官學校第二期步兵科，北京陸軍大學正則班第六期	江西大庾
黃雄立	仇貴	37歲	步兵大隊步兵第一隊少校區隊長	學籍缺載	浙江瑞安

姓名	別字	時齡	任職名稱	畢業學校	籍貫
龔成業	伯言	36歲	工兵科中校築城交通教官	保定陸軍軍官學校第八期步兵科	安徽合肥
傅人俊	柏青	37歲	工兵科中校科員	保定陸軍武備速成學堂第二期工兵科	江蘇溧水
傅湘臨	翰藩	31歲	第一總隊步兵大隊步兵第三隊少校區隊長	湘軍講武堂	湖南湘陰
傅榮堡	秋屏	26歲	第一總隊輜重兵隊少校區隊長	浙軍第一師隨營學校	浙江杭縣
儲松	甲東	39歲	南京本校教育處中校兵器教官	保定陸軍軍官學校第三期炮兵科	安徽潛山
喻松齡	綺岩	37歲	工兵科中校地形教官	北京陸軍模範測繪學堂	江西南昌
曾時瀾		31歲	工兵科中校地形教官	建國粵軍講武堂	廣東廣州
董從善	慎擇	27歲	第一總隊步兵大隊步兵第二隊少校區隊長	黃埔軍校第三期步兵科	山西河津
蔣班	石生	38歲	南京本校教育處中校軍隊教育教官	保定陸軍軍官學校第六期步兵科	江蘇南通
蔣士素	仲彥	40歲	南京本校教育處軍醫處少將處長	日本東京帝國醫科大學	江蘇丹徒
蔣漢槎	仙客	35歲	工兵科中校築城交通教官	保定陸軍軍官學校第五期步兵科	江蘇海寧
覃異之	曉能	23歲	第一總隊步兵大隊步兵第二隊少校區隊長	黃埔軍校第二期步兵科	廣西宜山
韓恩瀚	海波	34歲	第一總隊步兵大隊騎兵中隊中校區隊長	保定陸軍軍官學校第九期步兵科	直隸豐潤
謝超	超之	28歲	第一總隊步兵大隊部少校書記	贛軍隨營學校	江西萬載
樓壽臧	黎校	34歲	南京本校教育處中校兵器教官	保定陸軍軍官學校第六期步兵科	浙江蕭山
靳培		24歲	步兵大隊步兵第一隊少尉區隊附	三江學堂師範班	江蘇江寧
熊之渭	磻溪	38歲	南京本校教育處上校軍隊教育教官	陸軍大學正則班第五期	湖北黃陂
熊開智	開知	24歲	第一總隊炮兵隊少校區隊長	黃埔軍校第四期炮兵科	湖南道縣
端木彰	善夫	46歲	南京本校教育處編譯科少將科長	日本陸軍士官學校中華學生隊第六期步兵科	浙江麗水
蔡可錦	晴嵐	33歲	南京本校教育處中校戰術教官	保定陸軍軍官學校第九期步兵科	安徽巢縣
蔡聲洪	子遠	28歲	政治訓練處圖書館少校管理員	武昌文華圖書館學專科學校，武昌中華大學	湖北漢川
蔡宗濂	潤飛	25歲	第一總隊輜重兵研究班上校副主任	日本陸軍士官學校中華學生隊第十九期輜重兵科	吉林雙城
譚侃	闇生	21歲	第一總隊步兵大隊步兵第三隊少校隊附	黃埔軍校第二期步兵科	湖南長沙
潘彪	勳青	41歲	南京本校教育處炮兵科上校兵器教官	保定陸軍速成學堂第一期炮兵科，陸軍大學正則班第五期	安徽安慶
潘濱	蓬仙	39歲	教育處裝械科上校科長	北京軍需學校	江西豐城
潘正華	商霖	37歲	南京本校教育處中校經理教官	陸軍軍需學校	湖南長沙
鄧悌			政治訓練處少將處長	黃埔軍校第一期	湖南湘陰
顏朝泉	匯川	35歲	南京本校教育處中校機關槍教官	保定陸軍軍官學校第五期步兵科	江蘇揚州

第三章　廣州黃埔本校與南京中央陸軍軍官學校機構與教官

姓名	別字	時齡	任職名稱	畢業學校	籍貫
戴安瀾	海鷗	25歲	第一總隊步兵大隊步兵第一中隊少校中隊附	黃埔軍校第三期步兵科	安徽無為
戴錫齡	介子	38歲	工兵科上校築城交通教官	保定陸軍軍官學校第一期工兵科	福建福州

　　上表各欄資訊資料主要源自《黃埔同學總名冊》、《南京中央陸軍軍官學校第七期教職官佐暨同學通訊錄》、《黃埔軍校同學錄》，再依據其他檔案史料及刊行書籍整理補充而成。

　　綜上所述，第七期時的南京本校，仍保持著較為龐大的師資隊伍，平均年齡亦在37歲左右，屆於年資能量良好態勢，軍校的師資力量並沒因分割廣州、南京兩地而減弱。

　　部分任職南京本校第七期教職官佐按姓氏筆劃排序照片（141張）：

丁果　　萬世靖　　於克昌　　於希賢　　馬應龍　　王萬齡

王滌歐　　韋師洛　　盧奮孫　　葉永春　　寧李泰　　鄺振翎

劉鈞　　劉才育　　劉永祚　　劉兆騏　　劉兆璆　　劉詠堯

095

繼往開來：黃埔軍校第七期研究

劉傑武	劉貴璋	劉曉五	劉桐恩	劉道經	孫元良
孫長金	孫國平	孫景潮	孫毓熊	曲岩	朱鼎
朱宗海	朱嗣龍	湯堯	湯恩伯	許乃章	許用修
許壽恒	余金城	吳達	吳錚	吳承名	吳雨敷
吳錫權	吳德澤	宋思一	張羽	張士敏	張世希
張世榮	張本禹	張呈祥	張宗澤	張建極	張治中

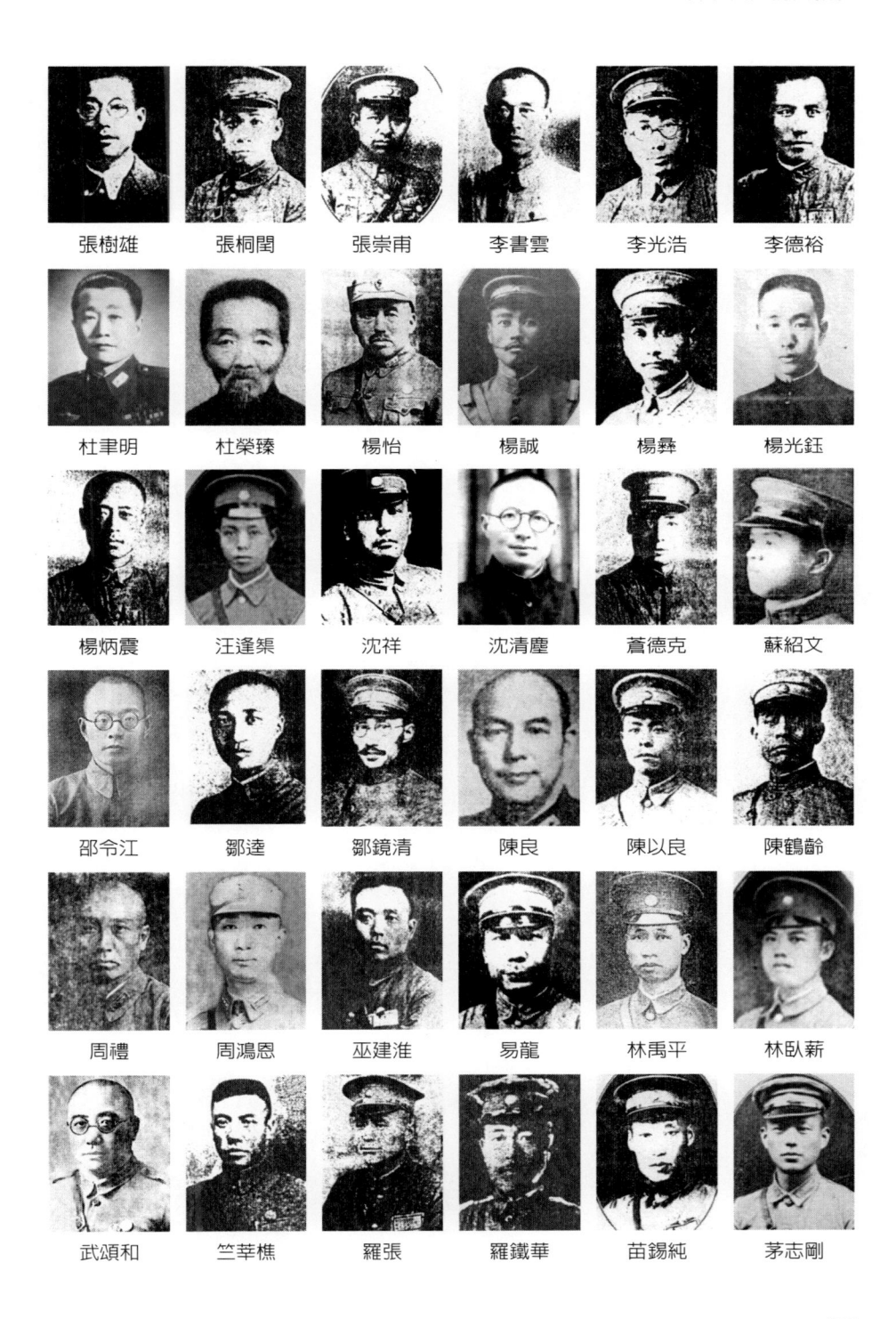

第三章　廣州黃埔本校與南京中央陸軍軍官學校機構與教官

張樹雄	張桐閭	張崇甫	李書雲	李光浩	李德裕
杜聿明	杜榮臻	楊怡	楊誠	楊彝	楊光鈺
楊炳震	汪逢榘	沈祥	沈清塵	蒼德克	蘇紹文
邵令江	鄒逵	鄒鏡清	陳良	陳以良	陳鶴齡
周禮	周鴻恩	巫建淮	易龍	林禹平	林臥薪
武頌和	竺莘樵	羅張	羅鐵華	苗錫純	茅志剛

繼往開來：黃埔軍校第七期研究

鄭耀初	金斌	金鋒	金世成	侯光龍	俞壽鶴
姚繼權	姜水紋	洪世壽	祝紹周	胡鎮城	賁襄
趙德駒	鄺雲	凌苞如	唐啓源	唐冠英	唐葆沖
夏雷	徐國鎮	徐寶鼎	徐彌高	徐雄士	敖正邦
翁叔和	錢懋勳	高益	高震龍	崔霈	崔邦偉
梁逢啓	章履和	黃必強	黃堅叔	黃鐘麟	龔成業

098

第三章　廣州黃埔本校與南京中央陸軍軍官學校機構與教官

傅人俊　儲松　董從善　蔣琳　蔣漢槎　覃異之

韓恩瀚　樓壽臧　端木彰　蔡可錦　潘彪　鄧悌

顏朝泉　戴安瀾　戴錫齡

1930年後南京中央陸軍軍官學校大禮堂廣場。

099

第四章

軍事素養及參與黨團政務軍統活動情況

據史載，民國軍事教育，舉辦有高、中、初級形形色色的軍兵種學校，特別重視軍官的軍事素養與成長。

第一節　入讀陸軍大學與軍事留學日本情況

民國時期的陸軍大學，雖泛指陸軍單一兵種而言，但實際上是綜合性高等軍事學府，目的是培養各軍兵種都能指揮的軍事人才。

表12：第七期生入學陸軍大學情況一覽表（55名）

序號	姓名	各種班／期別	入讀年月
1	丁懋	陸軍大學正則班第十六期	1938年5月
2	王公常	陸軍大學正則班第十二期	1933年11月
3	王肇中	陸軍大學參謀班第二期 陸軍大學正則班第十六期	1936年6月 1938年5月
4	車番如	陸軍大學正則班第十一期	1932年12月
5	方仲吾	陸軍大學正則班第十三期	1935年4月
6	盧雲光	陸軍大學正則班第十五期	1936年12月
7	寧師剛	陸軍大學參謀班西北班第九期	1943年2月
8	呂省吾	陸軍大學特別班第五期	1940年7月
9	朱鳴剛	陸軍大學正則班第十五期	1936年12月
10	劉雲瀚	陸軍大學正則班第十一期	1932年12月
11	劉理雄	陸軍大學正則班第十二期	1933年11月
12	杜中光	陸軍大學正則班第十二期	1933年11月
13	李文倫	陸軍大學正則班第十四期	1935年12月
14	鄒炎	陸軍大學正則班第十六期	1938年5月
15	汪政	陸軍大學將官班甲級第二期	1945年3月
16	張大華	陸軍大學正則班第十七期	1939年2月
17	張偉漢	陸軍大學正則班第十七期	1939年2月
18	張祖正	陸軍大學正則班第十三期	1935年4月

第四章　軍事素養及參與黨團政務軍統活動情況

序號	姓名	各種班／期別	入讀年月
19	陳公天	陸軍大學將官班乙級第四期	1947年11月
20	陳克強	陸軍大學正則班第十期	1932年4月
21	陳宏樟	陸軍大學將官班乙級第三期	1947年2月
22	周方琦	陸軍大學正則班第十二期	1933年11月
23	歐陽與褚	陸軍大學參謀班西南班第五期	1940年8月
24	歐陽春圃	陸軍大學正則班第十四期	1935年12月
25	羅又倫	陸軍大學正則班第十五期	1936年12月
26	龐仲乾	陸軍大學正則班第十三期	1935年4月
27	龐謀通	陸軍大學參謀班西南班第五期	1940年8月
28	鄭　琦	陸軍大學參謀班第三期	1938年6月
29	鄭僑文	陸軍大學將官班乙級第三期	1947年2月
30	鄭幹棻	陸軍大學正則班第十七期	1939年2月
31	胡立民	陸軍大學參謀班第八期	1942年2月
32	柯蜀耘	陸軍大學將官班乙級第三期	1947年2月
33	侯志磐	陸軍大學正則班第十四期	1935年12月
34	姚學濂	陸軍大學特別班第六期	1941年12月
35	姚俊庭	陸軍大學特別班第七期	1943年10月
36	姚植卿	陸軍大學正則班第十一期	1932年12月
37	徐建德	陸軍大學將官班乙級第三期	1947年2月
38	徐敏哉	陸軍大學參謀班西南班特訓第二期	1941年2月
39	黃　覺	陸軍大學特別班第七期	1943年10月
40	黃　湘	陸軍大學正則班第十二期	1933年11月
41	黃思宗	陸軍大學正則班第十一期	1932年12月
42	黃清華	陸軍大學特別班第五期	1940年7月
43	曹　登	陸軍大學正則班第十四期	1935年12月
44	龔橙生	陸軍大學將官班乙級第四期	1947年11月
45	梁化中	陸軍大學正則班第十二期	1933年11月
46	梁順德	陸軍大學特別班第八期	1947年10月
47	彭健龍	陸軍大學參謀班第三期	1938年6月
48	彭璧生	陸軍大學正則班第十期	1932年4月
49	程　炯	陸軍大學將官班乙級第二期	1946年春
50	謝　義	陸軍大學特別班第七期	1943年10月
51	謝日賜	陸軍大學將官班乙級第三期	1947 年 2 月
52	謝偉松	陸軍大學將官班乙級第三期	1947 年 2 月
53	藍守青	陸軍大學參謀班西南班第四期	1939 年 4 月
54	黎天榮	陸軍大學正則班第十四期	1935年12月
55	潘茹剛	陸軍大學正則班第十一期	1932年12月

上表所列有些數度進入陸軍大學學習，以上以第一次入讀為記載。按照資料統計，陸軍大學正則班第十期、第十一期學員，有七名學員源自第七期生，躋身黃埔前六期學員優勢當中，這個比例無論怎麼說，都是不錯的。

近代中國軍事留學熱潮，到了二十世紀二十至四十年代，赴外國高等軍事院留學成為其中一種趨向。從統計數據反映，在接受形式多樣現代教育的各級軍官中，有部分第七期生留學日本軍校。在此有第七期生相關情況。

表13：第七期生留學其他外國軍事學校情況一覽表

序	姓名	學校名稱
1	王弼	日本陸軍士官學校中華學生隊第二十六期步兵科
2	馮直夫	日本陸軍步兵專門學校
3	侯志磐	日本陸軍野戰炮兵專門學校第四十一期
4	姚學濂	日本陸軍炮兵專門學校
5	彭佩茂	日本陸軍野戰炮兵專門學校

上表反映的5名第七期生，僅為其中一小部分。

第二節　進入中央軍官訓練團受訓情況簡介

第七期生進入中央軍官訓練團受訓情況，通過表格化處理後，可以看出第七期生在某段歷史時期之任職情況與相關資訊。

中央軍官訓練團的組建起源於1933年，從江西廬山設立的軍官訓練團，到遷移四川峨眉山的幹部訓練團，並在各個戰區設立分團，是當年規模龐大、涉及廣泛的黨政軍教育訓練機構。軍官訓練團本身並未編成期別，為便於區分和歸納將其略加分期，一併載於下表。

表14：進入中央訓練團、軍官訓練團、軍事委員會戰時將校研究班任職受訓情況一覽表

姓名	受訓時班期隊別及任職	受訓年月	受訓前任職
丁懋	中央訓練團第九軍官總隊	1945.10	第七戰區遊擊挺進第一縱隊少將參謀長
王公常	中央訓練團將官班	1946.10	陸軍第五軍政治部副主任
車番如	中央訓練團黨政幹部訓練班第二十三期	1940.8	陸軍新編第十一軍司令部參謀處處長
方仲吾	中央訓練團	1946.6	陸軍大學戰術系少將兵學教官
盧雲光	中央訓練團	1946.10	第三戰區司令長官部高級參謀
葉用舒	海南島軍官訓練團	1950.1	陸軍第五十四軍司令部警衛團團長

第四章　軍事素養及參與黨團政務軍統活動情況

姓名	受訓時班期隊別及任職	受訓年月	受訓前任職
邢詒聯	中央訓練團第九軍官總隊	1946.10	陸軍第四師司令部軍械處處長
呂省吾	訓練總監部軍事教官訓練班第二期	1936.春	福建省國民兵軍事訓練處教官
朱鳴剛	中央軍官訓練團第三期	1947.4	陸軍整編第七十八師暫編第五十八旅少將副旅長
鄔剛	中央訓練團	1946.12	陸軍步兵師司令部處長
劉雲瀚	中央軍官訓練團黨政幹部訓練班第二十九期	1941.12	陸軍第八軍第五師師長
劉理雄	月奉派入中央訓練團黨政幹部訓練班	1942.8	陸軍第二〇五師司令部少將參謀長
阮兆衡	廬山中央訓練團	1936.12	學員總隊副總隊長
杜中光	中央訓練團	1946.9	軍事訓練部重炮兵研究班主任
汪政	中央軍官訓練團第三期	1947.4	衢州綏靖主任公署第二處處長
張超	中央訓練團黨政幹部訓練班第三期	1936.10	別動總隊第二支隊政治指導員
陳公天	中央訓練團	1946.10	集團軍總司令部參謀處處長
陳慶斌	中央訓練團第九軍官總隊	1946.10	陸軍第一五九師步兵第四七七團團長
陳秉才	中央訓練團第九軍官總隊	1946.10	廣東遂溪師管區司令部軍事科科長
歐陽春圃	中央訓練團黨政幹部訓練班第二十四期	1941.8	陸軍第七十八師參謀處作戰科科長
羅又倫	中央軍官訓練團第三期	1947.4	青年軍第二〇七師少將師長
羅怒濤	峨嵋山中央訓練團	1942.2	中央陸軍軍官學校第七分校學員總隊總隊附
周長耀	中央訓練團黨政幹部訓練班第十八期	1940.2	中央陸軍軍官學校第四分校炮兵科上校主任戰術教官
龐仲乾	中央訓練團	1946.10	陸軍第六十九軍副軍長
鄭琦	峨嵋山中央訓練團	1943.10	教官
侯志磐	中央軍官訓練團三期	1947.4	陸軍整編第一五七旅少將旅長
徐建德	中央訓練團將官班	1946.1	陸軍第四軍第九十師司令部少將參謀長
曹瑩	中央訓練團第九軍官總隊	1945.12	軍政部廣州第九訓練處上校處長
梁化中	峨嵋山中央訓練團	1939.10	陸軍新編第十一軍司令部幹部訓練班教育長
彭璧生	中央軍官訓練團第三期	1947.4	瀋陽警備司令部少將司令官
程炯	中央訓練團黨政幹部訓練班第十八期	1940.2	軍政部特務第五團團長

　　上表所載第七期生，是從入團受訓名單輯錄。抗日戰爭爆發後設置的中央軍官訓練團負責人有不少是帶職受訓，在表內列出當時任職，具有參考價值。

第三節　部分第七期生參與籌辦各兵科學校

據黃埔軍校史料記載，第七期生有部分學員畢業後，參與了步兵、騎兵、炮兵、工兵、輜重兵等職兵科學校之籌辦與初建活動，亦是最早一批各兵科學校的教官與早期官佐。

表15：參與籌備兵科學校的部分第七期生一覽表

序	姓名	參與籌備與創建各校情形
1	丁在山	前國民革命軍總司令部炮兵教導隊見習，參與籌備炮兵學校。
2	王　普	工兵學校訓練員、助教，參與工兵學校籌備與初建。
3	王正文	前輜重兵訓練所訓練員，參與輜重兵學校籌建，任區隊長。
4	王作佐	任步兵學校籌備處服務員，參與初建事宜。
5	鄧善謀	任炮兵學校觀測員、訓練員，參與炮兵學校早期教學訓練。
6	朱宗羲	前任國民革命軍總司令部附設軍校軍官團炮兵教導隊觀測員，續參與炮兵學校籌備處學員訓練。
7	劉修珖	任南京湯山陸軍步兵學校籌備處服務員。
8	劉屏玉	任炮兵學校學員大隊訓練員，參與炮兵學校籌建教學。
9	劉校光	任騎兵學校籌備處科員，參與籌備騎兵學校。
10	許英達	任工兵學校籌備處服務員，參與工兵學校籌建。
11	杜光瑁	任輜重兵學校籌備處服務員，參與輜重兵學校籌建。
12	李起所	任輜重兵訓練處訓練員，後參與籌建輜重兵學校。
13	楊　布	任騎兵學校籌備處服務員，參與籌備騎兵學校。
14	陳可權	任南京陸軍步兵學校籌備處服務員，參與籌建步兵學校。
15	單墨林	任國民革命軍總司令部附設軍校軍官團炮兵教導隊見習、訓練員，參與炮兵學校籌備。
16	曹鴻達	騎兵訓練處見習、排長，騎兵學校助教參與籌建事宜。

第四節　任職國民黨、三青團、立法院、軍統機構情況

據史載資料顯示，部分第七期生在抗日戰爭勝利前後這段時期，開始參與國家政務、立法等方面政治活動，以及他們所發揮的能量與作用。

表16：任職中國國民黨黨團機構成員一覽表

序	姓名	當選屆次	年月
	王　政	三民主義青年團第一屆中央幹事會候補幹事	1943.4.11

第四章　軍事素養及參與黨團政務軍統活動情況

序	姓名	當選屆次	年月
	張　超	三民主義青年團第一屆中央幹事會候補監察	1943.4.11
		三民主義青年團第二屆中央監察會候補監察	1946.9.13
		黨團合併後推選為第六屆候補中央監察委員	1947.9.12
	羅又倫	三民主義青年團第二屆中央監察會監察	1946.9.14
		中國國民黨第六屆四中全會通過當選為黨團合併後的中國國民黨第六屆中央監察委員。	1947.9.12
	黃　通	中國國民黨第六次全國代表大會代表	1945.5
		三民主義青年團第二屆中央監察會候補監察	1946.9.14
		中國國民黨第六屆四中全會通過當選為黨團合併後的中國國民黨第六屆候補中央監察委員。	1947.9.12
	梁化中	三民主義青年團中央幹事會訓練處副處長	1938.9

　　1948年5月8日「行憲」首屆立法院集會，「行憲」後之立法院為國家最高立法機關。其中只有一名第七期生當選國民政府立法院立法委員。

表17：當選國民政府立法院立法委員一覽表

序	姓名	當選屆次	當選年月
	黃　通	立法院第一屆立法委員	1946.11

　　1946年11月召開制憲「國民大會」，制定了《中華民國憲法》並通過憲法實施之準備程式，成立了國民大會代表選舉事務所，開展選舉國民大會代表的籌備工作。1948年3月29日國民大會召開，5月1日結束。

　　或許是前六期生捷足先登，佔據了一線作戰部隊許多主官職位緣故，據不完全統計，第七期生只有少數人參與「軍統」組織。由「軍統」組織引發「特務政治」，是中國國民黨執政時期最受國人深惡痛絕的「政治黑暗」，由此觀察或是中國國民黨在大陸倒臺之其中緣由。

表18：任職軍事委員會調查統計局及下屬機構一覽表

序	姓名	任職情況	任職年月
1	羅先致	秦皇島軍警憲聯合督察處處長	1948.6.1
2	柯蜀耘	軍事委員會別動總隊部指導組調查股股長，第六大隊代理大隊長	1936.12
3	徐建德	軍事委員會浙江行動委員會別動隊主任。	1937.1
4	淩鐵民	軍事委員會調查統計局派駐廣東第二廳廳長	1945.3
5	黃　通	江西星子特別人員訓練班區隊長	1934.11
6	謝　昌	福建省政府保安處（處長黃珍吾）特務大隊中校大隊長	1941.10

第五章

獲任將校軍官、與第五期生比較及抗日殉國簡況

　　現代中國軍隊任官制度設立是從二十世紀三十年代中期開始，南京國民政府軍事委員會頒令將軍隊各級軍官的任官與任職，統籌由中央軍事機關進行考核、銓敘與任免。此後軍隊的將校級軍官皆納入統籌與規範，是軍事制度和軍隊現代化的開端。第七期生是較早納入管理程式的黃埔將校。第七期與第五期群體弱勢相近，比較適宜。部分第七期生在抗戰初期陣亡殉國者多數為低級軍官。

第一節
《國民政府公報》頒令敘任上校、將官人員情況綜述

　　第七期生敘任將校軍官佔有比例較少，任官起步較晚且起點也較低。從1935年4月起，南京國民政府軍事委員會以最高軍事機關名義，將國民革命軍各級軍官軍銜任免權統歸中央。各級軍官敘任命令均在《國民政府公報》頒佈，具有國家認可的權威性。現將《國民政府公報》刊載的部分第七期生敘任情況輯錄如下：

表19：第七期生敘任中校至少將及各時期最高任職一覽表（按姓氏筆劃為序）

姓名	敘任中校年月	敘任上校年月	敘任少將年月	各時期最高軍政任職		
				1926－1936	1937－1945	1946－1949
王　政	1936.3			陸軍步兵團團長	三青團第一屆中央幹事會候補幹事	高級參謀
王　弼		1936.3		中央陸軍步兵學校教官	瓊崖守備司令部第二團上校團長	臺灣警備司令部保安處副處長

第五章　獲任將校軍官、與第五期生比較及抗日殉國簡況

姓名	敘任中校年月	敘任上校年月	敘任少將年月	各時期最高軍政任職 1926–1936	各時期最高軍政任職 1937–1945	各時期最高軍政任職 1946–1949
王公常	1942.12	1945.3		訓練總監部交通兵監部炮兵隊隊長	陸軍四十九師副師長兼政治部主任	中央訓練團幹部總隊第一大隊少將大隊長
王肇中		1946.2		第二十五師第七十三旅司令部參謀	陸軍新編第十一軍司令部參謀處處長	陸軍第四十九師司令部參謀長
車番如	1937.3	1940.7	1948.9	陸軍大學教育處上校銜教官	第十一集團軍總司令部少將參謀長	貴州綏靖主任公署（主任穀正倫）參謀長
方仲吾	1945.3			陸軍步兵團營長	陸軍大學戰術系少將兵學教官	陸軍大學後勤系少將代理主任
甘　藝				炮兵學校學員大隊分隊長	防空炮兵團團長	陸軍第六十軍第一八四師副師長
石佐民				江蘇保安縱隊第二支隊支隊長	江蘇省第一區保安司令部副司令官	參議
盧雲光		1943.7		第四路軍總司令部參謀處第三科參謀	陸軍第五十軍司令部參謀長	中央訓練團少將團員
葉　敬		1945.2		機械化裝甲兵團特務連連長	陸軍第二〇〇師步兵第五九八團團長	陸軍第二〇〇師師長
葉雲龍				陸軍訓練處炮兵助教	遊擊挺進縱隊支隊長	中央訓練團第九軍官總隊上校中隊長
馮直夫				第一集團軍第二軍第六師司令部參謀主任	第十二集團軍某師副師長	第十二集團軍總司令部高級參謀
呂省吾		1944.8		福建省學生軍事訓練總隊支隊長	陸軍第二〇〇師司令部少將參謀長	陸軍第一二一軍（軍長沈向奎）副軍長
朱鳴剛				陸軍大學正則班第十五期上尉學員	陸軍新編第二軍司令部參謀長	陸軍整編第七十八師整編第二二七旅少將旅長
華　鵬				南京中央陸軍軍官學校助教兼區隊長	中央陸軍軍官學校第十八期第二總隊第五隊中校隊長	陸軍軍官學校第二十一至二十三期上校戰術教官
鄔　剛		1944.10		陸軍步兵師司令部科長	陸軍步兵師處長	中央訓練團少將團員
劉雲瀚		1943.9	1948.9	陸軍大學兵學教官	陸軍第十八軍第十一師師長	陸軍第八十六軍軍長
劉少峰	1945.11			機械化裝甲兵團炮兵營營附	陸軍第二〇〇師副師長	青年軍第二〇七師副師長
劉理雄		1941.9		陸軍大學兵學研究院第五期研究員	陸軍第九十師副師長	國防部監察局少將附員

107

姓名	敘任中校年月	敘任上校年月	敘任少將年月	各時期最高軍政任職		
				1926-1936	1937-1945	1946-1949
阮兆衡				軍官教導大隊教官	廬山中央訓練團學員總隊副總隊長	廣東中山團管區司令部司令官
麥勁東				陸軍第三十六師第二一二團第三營營長	陸軍第三十六師第一〇七團上校團長	陸軍第三十二軍第二五五師少將師長
蘇若水				中央陸軍軍官學校第十三期少校隊附	中央陸軍軍官學校第十九期上校大隊長	第二十三期第二總隊教育處騎兵科上校科長。
杜中光		1944.10		獨立炮兵團參謀、教官	軍事訓練部重炮兵研究班主任	中央訓練團少將團員
杜興強				第四路軍總司令部炮兵營營長	廣東臺山團管區司令部司令官	廣東茂名師管區司令部司令官
巫劍峰				工兵營營長	陸軍第四師第十團團長	陸軍第三十九軍第二九九師師長
李文倫		1944.10		陸軍大學正則班第十四期少校學員	陸軍第十八師司令部參謀處處長、參謀長	國防部第二廳第一處少將副處長
李功寶				第一五三師司令部參謀處少校參謀	陸軍一五三師步兵團團長	中央訓練團第九軍官總隊上校科長
李國光	1936.12			第三軍第六師團長	第十二集團軍第六十三軍教導團團長	高級參謀
楊鳳舉	1945.9			中央軍官訓練團學員總隊大隊長	軍政部獨立炮兵團團長	中央訓練團少將團員
吳宗漢				第一集團軍第一軍司令部參謀	陸軍第九十師步兵第二七一團團長	整編第九十師司令部參謀處處長
鄒 炎				陸軍教導第二師司令部參謀	陸軍第七十六軍司令部參謀處處長	第五兵團司令（李鐵軍）部少將副參謀長
汪 政		1944.10		輜重兵隊隊長	軍政部第二廳第三處少將副處長。	衢州綏靖主任公署第二處處長
沈式琦				汽車運輸團第一營連長	軍政部第五〇一廠廠長	江灣軍用汽車廠廠長
張 超				別動總隊第二支隊政治指導員	社會部青年幹部訓導團東南分團副主任	福建省第四區行政督察專員兼保安司令官
張大華	1936.3			廣東第一集團軍司令部工兵參謀	第六十二軍司令部代參謀長	聯合勤務總司令部第三補給區司令部參謀長
張偉漢				第四路軍總司令部炮兵教導隊區隊長	第四方面軍司令官部炮兵指揮部指揮官	陸軍暫編第二軍司令部參謀長

第五章　獲任將校軍官、與第五期生比較及抗日殉國簡況

姓名	敘任中校年月	敘任上校年月	敘任少將年月	各時期最高軍政任職 1926－1936	各時期最高軍政任職 1937－1945	各時期最高軍政任職 1946－1949
張祖正		1946.11		陸軍大學正則班第十三期上尉學員	中央陸軍軍官學校第七分校學員總隊少將總隊長	第十一戰區保安總司令部少將參謀長
陳公天		1944.10		獨立炮兵團連長、參謀	陸軍第一五二師司令部參謀處處長	陸軍第六十二軍司令部參謀長
陳慶斌				廣東第一集團軍總司令部教導總隊助教	陸軍第一五九師步兵第四七七團團長	陸軍第六十四軍第一五九師副師長、代師長
陳克強	1935.5	1940.7		中央陸軍軍官學校第四分校學員總隊炮兵大隊大隊長	陸軍第一五八師師長	海南特區警備總司令部參謀長
陳宏樟		1945.6		南京湯山炮兵學校軍官研究班教官	第九戰區司令長官部炮兵指揮部參謀長	國防部少將附員
林猷森				粵系軍隊步兵連連長	陸軍步兵團團長	海南特區第一行政公署行政督察專員兼保安司令部司令官
歐陽春圃		1946.5		陸軍大學正則班第十四期上尉學員	陸軍第五軍司令部參謀處處長、參謀長	陸軍第八十五軍司令部參謀長
歐孝全				陸軍第四師第二十四團少校團附、營長	陸軍第四軍第九十師第十一團團長	陸軍第十三軍第二九七師師長
羅又倫	1936.12	1942.8	1948.9	陸軍大學正則班第十五期中校學員	青年軍第二〇七師少將師長	青年軍第六軍軍長
羅先致	1945.3			南京湯山炮兵學校少校兵器教官	陸軍新編第六軍炮兵指揮部指揮官	陸軍第二八四師少將師長
羅怒濤				中央陸軍軍官學校督訓處教官	中央陸軍軍官學校第七分校學員總隊總隊附	成都陸軍軍官學校辦公廳副官處少將副處長
羅莘求				河南國民軍事訓練委員會專任委員	第八戰區司令長官部工兵指揮部副主任	陸軍第四十九軍第一九五師師長
周長耀				中央陸軍軍官學校廣州分校炮兵大隊少校大隊長	中央陸軍軍官學校第四分校上校主任戰術教官	空軍總司令部福利總社少將薪給主任委員
龐仲乾		1938.12		陸軍大學正則班第十三期上尉學員	陸軍預備第七師師長	陸軍第六十九軍副軍長
鄭琦		1943.3		獨立炮兵團少校營長	守備區司令部副司令官	海南島榆林要塞司令部少將司令官

109

姓名	敘任中校年月	敘任上校年月	敘任少將年月	各時期最高軍政任職		
				1926-1936	1937-1945	1946-1949
鄭邦捷				陸軍步兵營少校營長	陸軍第十三軍第四師副師長	陸軍第十三軍副軍長、代理軍長
鄭僑文		1943.4		陸軍步兵團營長	陸軍步兵師副師長	中央訓練團少將團員
鄭幹菼				中央陸軍軍官學校南昌分校學員大隊長、教官	陸軍第六十二軍司令部參謀處處長、副參謀長	廣東省保安司令部少將參謀長
胡立民				陸軍步兵營連長、參謀	陸軍步兵團團長	陸軍第二三四師副師長、代師長
柯蜀耘		1945.4		訓導團學員總隊總隊長	陸軍新編第二十九師步兵旅副旅長	陸軍第四十七軍司令部少將參謀長
鐘世謙				第一五九師第四七五旅第九五二團第三營少校營長	中國遠征軍第三路教導旅副旅長	陸軍第六十四軍第一五九師副師長、師長
侯志磐		1945.3		陸軍獨立炮兵團營長	軍政部軍務署騎兵炮兵司副司長、代司長	陸軍整編第六十二師整編第一五七旅旅長
姚學濂	1940.8	1946.11		炮兵教導總隊大隊長	獨立炮兵團團長	陸軍炮兵學校教育處少將處長
姚俊庭				獨立野戰炮兵營連長	陸軍第一六〇師司令部直屬山炮兵營營長	陸軍第一六〇師司令部炮兵指揮部副主任
姚植卿	1945.4	1946.12		陸軍步兵團團長	成都中央陸軍軍官學校第十六期炮兵科戰術教官	中央訓練團少將團員
錢達權				中央陸軍軍官學校第十四期第二總隊騎兵隊少校隊附	成都中央陸軍軍官學校騎兵科馬術教官	第二十三期教育處騎兵科上校副科長
徐建德		1945.4		軍事委員會浙江行動委員會別動隊主任	陸軍第四軍第九十師司令部少將參謀長	陸軍第二軍司令部參謀長
淩鐵民				調查統計局駐外情報組少校組長	軍事委員會調查統計局派駐廣東第二廳廳長	國防部保密局派駐海南特別行政區特派員
唐澤堃				中央陸軍軍官學校第一總隊步兵大隊騎兵隊上尉服務員	成都中央陸軍軍官學校第十八期騎兵科上校馬術教官	第二十三期教育處步兵科上校機械戰術教官。
黃覺				第四路軍第一五六師第四六六旅第九三二團少校團附	陸軍第六十四軍第一五八師步兵第四六八團團長	第六十四軍（軍長劉鎮湘）司令部少將參謀長

第五章　獲任將校軍官、與第五期生比較及抗日殉國簡況

姓名	敘任中校年月	敘任上校年月	敘任少將年月	各時期最高軍政任職 1926-1936	各時期最高軍政任職 1937-1945	各時期最高軍政任職 1946-1949
黃通				東北軍第五十七軍第一一五師政治訓練處副主任、主任	軍政部補充兵訓練處新兵訓練團團長、副主任	中國國民黨南京市黨部書記長
黃湘		1942.1	1948.9	陸軍炮兵團參謀	陸軍第七十五軍第十六師師長	陸軍第一〇三軍副軍長
黃時懷				第四路軍第一五三師司令部少校副官	陸軍第六十三軍司令部副官處處長	中央訓練團第九軍官總隊總隊上校隊員
黃思宗	1941.10	1943.7		廣東綏靖主任公署總辦公廳參謀處中校參謀	陸軍第六十四軍司令部少將參謀長	軍事委員會廣州行營第四處少將處長
黃維亨				陸軍第六十二軍第一五七師步兵第四七一團營長	陸軍第六十二軍第一五一師副師長	陸軍第六十二軍第一五七師司令部參謀長
黃維新				第四路軍總司令部獨立工兵營營長	成都中央陸軍軍官學校第十七期第一總隊少校戰術教官	第二十三期第二總隊工兵科上校築城教官
蕭北辰				陸軍步兵團連長、參謀	陸軍步兵團團長	陸軍第五十七軍二一五師司令部參謀長
曹瑩				廣州市職業學校少校軍事訓練教官	軍政部廣州第九訓練處上校處長	陸軍第四軍司令部副官處上校處長
曹登		1945.4		陸軍大學正則班第十四期上尉學員	參謀、課長、處長	湖南第一兵團第十四軍司令部少將參謀長
梁筠				陸軍步兵團連長、參謀	陸軍步兵師團長	華北綏靖總司令部冀熱遼邊區司令部副參謀長
梁化中	1940.7	1943.3	1948.9	陸軍大學兵學研究院第五期研究員	陸軍第十五師師長	陸軍經理學校少將校長
梁順德				南京湯山中央炮兵學校教官	陸軍新編第二軍司令部副參謀長	甘肅河西警備總司令部參謀處處長、參謀長
彭璧生	1936.5	1937.5	1948.9	陸軍機械化裝甲兵團（團長杜聿明）團附	陸軍第五軍（軍長邱清泉）副軍長	徐州「剿匪」總司令部第二兵團司令部副司令官
蔣瑞清	1941.10	1946.5		陸軍裝甲機械化兵團司令部中校副官	後勤總司令部第五兵站分監部少將銜司令官	聯合後方勤務總司令部第十二補給區司令部少將司令官
程炯	1941.10	1943.7		陸軍第一六七師第九九七團代理團長	重慶衛戍總司令部第二衛戍分區副司令官	陸軍總司令部第五編練司令（黃傑兼）部參謀長

111

姓名	敘任中校年月	敘任上校年月	敘任少將年月	各時期最高軍政任職 1926－1936	各時期最高軍政任職 1937－1945	各時期最高軍政任職 1946－1949
湛承培				粵系軍隊獨立工兵團營長	陸軍暫編第二軍暫編第八師第十七團團長	保安第四師司令部參謀長
謝 義		1940.7		第四路軍總司令部直屬工兵第一營中校營長	陸軍第一軍第一師政治訓練處主任	陸軍第六十二軍司令部參謀長
謝 昌				重炮山炮兵營營長	青年軍第二〇八師炮兵指揮部指揮官	陸軍第三十二軍第一〇七師副師長
謝元諶				獨立工兵營營長	成都中央陸軍軍官學校第十九期上校戰術教官	第二十三期教育處步兵科上校戰術教官。
謝日暘		1945.1		陸軍第六十師第一七九團少校營長	陸軍第三十七軍六十師司令部少將參謀長	陸軍總司令部第九訓練處少將參謀長
謝偉松				陸軍第五十九師司令部工兵訓練班助教	陸軍步兵團團長	廣東某師管區司令部參謀長
藍守青				炮兵第一旅第一團第二營營長	集團軍總司令部炮兵團團長	陸軍第一九五師副師長
詹尊雯				粵系軍隊炮兵營連長	陸軍第六十二軍第一五七師步兵團團長	海南特區遊擊縱隊司令部司令官
黎天榮		1945.4		陸軍大學正則班第十四期上尉學員	第一八六師司令部參謀長	陸軍第六十三軍第一五二師副師長、代理師長
潘茹剛	1937.5	1943.2	1948.9	陸軍步兵團團長	南京首都警衛軍司令部參謀處上校課長兼代處長	聯合後方勤務總司令部經理署少將副署長
魏漢新				陸軍步兵營營長	陸軍步兵團團附	廣東省保安第十二團團長

從上表若干情形觀察，第七期生是將校任官滯後最為明顯的首批軍官，許多擔任師長級亦未曾敘任少將，從上述表格與後面的個人簡介能反映出此狀況。

第二節　與第五期生任將校軍官比較分析

在國民革命軍二十四年發展歷程中，以師、軍兩級戰略單位編制進行考量分析部隊主官任職情況，至今尚無先例。以筆者掌握資料觀察，黃埔軍校第五

第五章　獲任將校軍官、與第五期生比較及抗日殉國簡況

期生群體在前第六期生中較為弱勢,與第七期生群體考量比較情形近似,因而具有比較學意義。

第七期與第五期由於在成材數量方面相近、部分將領較為出名,一般認為:第五期有部分人物具有影響力,與第七期生比較優勢明顯,因此可斷言第五期生比第七期生「仕途優勢」,表格化處理後,第五與第七期生在將校任官的「同一尺碼」下,基本情況一目了然。

表20:第五期生與第七期生任上校以上軍官按任職先後排序對比一覽表

期別	任少將年月(按姓氏筆劃順序排列)	任上校年月(按姓氏筆劃順序排列)
第五期合計: 中將1名: 彭孟緝 少將:77名 上校:191名	方滌瑕(1948.9)、鄧宏義(1948.9)、且司典(1948.9)、丘士深(1938.6)、田湘藩(1946.7)、龍天武(1948.9)、任世桂(1948.9)、任培生(1948.9)、匡泉美(1948.9)、向軍次(1948.9)、劉孟廉(1948.9)、劉鎮湘(1948.9)、朱學孔(1948.9)、余萬裏(1948.9)、呂旃蒙(1945.4.7追晉)、呂國楨(1948.9)、嚴映皋(1948.9)、張介臣(1935.4)、張紹勳(1948.9)、張群力(1947.6)、張慕陶(1945.4)、李鴻(1948.9)、李日基(1948.9)、李志鵬(1948.9)、李則芬(1945.3)、李範章(1947.11)、李藎萱(1948.9)、楊自立(1948.9)、楊家騮(1938.12追贈)、穀炳奎(1948.9)、陳天池(1947.3)、陳鳳鳴(1946.7)、陳東生(1945.2)、陳克非(1948.9)、陳春霖(1948.9)、陳鞠旅(1948.9)、陳襄謨(1948.9)、周志城(1947.11)、鄭拔群(1948.9)、鄭庭笈(1948.9)、易舜欽(1947.11)、羅賢達(1948.9)、柏良(1947.11)、範誦堯(1948.9)、段雲(1948.9)、胡一(1948.9)、胡友為(1947.11)、胡家驥(1948.9)、胡鎮隨(1948.9)、鐘煥臻(1948.9)、唐守治(1948.9)、唐雨岩(1948.9)、夏日長(1948.9)、徐志勗(1948.9)、郭汝瑰(1948.9)、聶松溪(1948.9)、戚永年(1947.11)、盛家興(1948.9)、黃紅(1942.5.12追贈)、黃永淮(1944.10.20追贈)、黃劍夫(1948.9)、蕭炳寅(1948.9)、傅秉勳(1948.9)、彭孟緝(1938.4少將、	幹國勳(1946.5)、文濤(1942.3)、文禮(1944.10)、方濟寬(1944.10)、王凱(1946.5)、王績(1947.6)、王士翹(1945.12)、王元輝(1946.12)、王卓凡(1936.9)、王祚焱(1946.5)、王超民(1945.7)、王夢古(1946.11)、王應尊(1940.7)、鄧朝彥(1940.7)、邊萬選(1944.10)、馮超(1936.3)、田紹翰(1944.10)、葉會西(1945.9)、劉良(1947.3)、劉勉(1947.5)、劉崢(1948.3)、劉之澤(1942.4)、劉松堅(1947.3)、劉樹梓(1946.2)、劉振球(1945.1)、危治平(1948.1)、向陽(1947.3)、朱企(1940.12)、朱振邦(1947.8)、鄔子勻(1942.4)、嚴翊(1945.4)、何哲(1948.1)、何中民(1946.11)、何悰氣(1944.10)、何懋周(1946.5)、余宗磐(1943.8)、吳峻人(1939.8)、宋醒元(1948.9)、張傑(1948.3)、張純(1944.4)、張鳳翼(1945.6)、張應安(1946.5)、張夏威(1939.12)、張益熙(1946.2)、張寄春(1937.8)、張緝熙(1946.2)、李培(1945.1)、李實(1945.7)、李鴻(1948.1)、李介民(1944.10)、李放六(1945.4)、李亦煒(1944.10)、李佑民(1945.6)、李佛態(1944.10)、李宙松(1947.3)、李念勳(1947.3)、李牧良(1944.10)、李前榮(1946.5)、李祖唐(1945.6)、李敦華(1945.4)、李道泰(1947.5)、李誠一(1945.4)、李毓南(1946.11)、李維勳(1945.4)、李維藩(1937.5)、楊群(1944.10)、楊毅(1945.1)、楊顯涵

113

期別	任少將年月（按姓氏筆劃順序排列）	任上校年月（按姓氏筆劃順序排列）
	1948.9中將）、彭問津（1947.3）、曾震寰（1947.11）、程有秋（1948.9）、魯醒群（1948.1）、韓文源（1948.9）、廖肯（1948.9）、廖以義（1948.9）、廖運周（1948.9）、蔡仁傑（1944.2）、潘漢達（1948.2）、譚心（1948.9）、顏健（1947.1）、戴仲玉（1947.11）	（1945.4）、楊家書（1945.7）、楊熙宇（1944.4）、楊贊謨（1942.1）、勞冠英（1939.12）、沈鵬（1944.3）、穀宗仁（1939.11）、邱嶽（1948.2）、邱行湘（1944.3）、邱希賀（1945.3）、邵斌（1945.3）、應遠溥（1945.1）、陳華（1944.10）、陳昂（1948.1）、陳俊（1945.4）、陳宣（1945.1）、陳略（1945.4）、陳鼇（1947.3）、陳申傳（1942.8）、陳立權（1945.4）、陳漢平（1945.6）、陳先覺（1938.10）、陳傳鈞（1945.4）、陳宏謨（1944.4）、陳達民（1947.6）、陳治中（1945.1）、陳澤敷（1947.7）、陳勳猷（1947.3）、陳修和（1946.5）、陳德謀（1946.11）、陳德霖（1943.2）、周勉（1946.5）、周流（1943.8）、周名勳（1946.2）、周伯道（1946.5）、周茂曾（1945.7）、周源秀（1945.7）、周德光（1945.1）、尚望（1945.4）、鄭佩生（1945.4）、易德民（1945.1）、杲春湧（1942.8）、林鈞（1944.1）、林興琳（1944.10）、林冠雄（1944.10）、林映東（1946.11）、林樹森（1945.3）、林錫鈞（1944.4）、範廉（1945.1）、範龍驤（1944.10）、羅傑（1947.8）、羅保芬（1947.3）、羅祖良（1945.7）、羅覺民（1945.4）、歐陽烈（1938.6）、歐熙和（1945.4）、姚仲禮（1948.1）、薑潘（1947.3）、胡佛（1942.8）、胡鯤（1947.2）、胡玉陔（1947.3）、胡晉生（1944.3）、倪憬（1946.11）、唐政（1944.10）、唐德（1939.12）、唐守約（1945.4）、唐明德（1945.7）、唐憲堯（1946.5）、夏辰（1944.10）、徐敏（1939.8）、徐幼常（1945.4）、徐鼎威（1945.3）、塗澄清（1945.10）、袁岠山（1946.11）、袁滋榮（1944.10）、郭斌（1946.11）、郭文燦（1943.7）、郭幹武（1945.4）、諸葛彬（1945.7）、高維民（1945.4）、商世昌（1946.4）、常德（1945.4）、曹維漢（1945.4）、梁勃（1943.3）、梁棟新（1937.5）、梅學孚（1945.4）、章毓金（1946.10）、隋金（1945.9）、黃正中（1947.3）、黃安益（1946.4）、黃志聖（1945.6）、黃壽卿（1944.10）、黃明

114

第五章　獲任將校軍官、與第五期生比較及抗日殉國簡況

期別	任少將年月（按姓氏筆劃順序排列）	任上校年月（按姓氏筆劃順序排列）
		欽（1945.7）、黃保德（1942.8）、黃恢亞（1945.1）、黃悟聖（1945.6）、蕭鉅錚（1945.4）、蕭樹瑤（1945.4）、諶湛（1944.10）、閻毓棟（1947.3）、傅鏡方（1940.7）、蔣聲（1948.2）、蔣公敏（1937.11）、彭可健（1943.10）、彭鴻猷（1945.3）、曾幹庭（1938.11）、曾遠明（1945.4）、謝開國（1942.3）、遊靖湘（1945.7）、遊靜波（1947.6）、甄紹武（1944.10）、雷攻（1948.1）、廖萬裏（1942.8）、廖劍父（1944.10）、樊巨川（1940.7）、潘華國（1942.8）、譚魁（1945.4）、譚伯英（1947.9）、薛仲述（1943.2）、薛志剛（1945.4）、戴介枬（1945.4）、戴劍歐（1943.8）
第七期合計：少將：6名；上校：30名。	車番如（1948.9）、劉雲瀚（1948.9）、羅又倫（1948.9）、梁化中（1948.9）、彭璧生（1948.9）、潘茹剛（1948.9）	王公常（1945.3）、王肇中（1946.2）、方仲吾（1946.5）、盧雲光（1943.7）、葉敬（1945.2）、呂省吾（1944.8）、劉理雄（1941.9）、張祖正（1946.11）、杜中光（1944.10）、李文倫（1944.10）、汪政（1944.10）、陳公天（1944.10）、陳克強、（1940.7）、陳宏樟（1945.6）、歐陽春圃（1946.5）、鄭琦（1943.3）、鄭僑文（1943.4）、柯蜀耘（1945.4）、侯志磐（1945.3）、姚學濂（1946.11）、姚植卿（1946.12）、徐建德（1945.4）、黃湘（1942.1）、黃思宗（1943.7）、曹登（1945.4）、蔣瑞清（1946.5）、程炯（1943.7）、謝日暘（1945.1）、謝義（1940.7）、黎天榮（1945.4）

　　上表同前源自《[國民政府公報1935.4－1949.9]頒令任命將官上校及授勳高級軍官一覽表》名單。上表頒令任校官者，不重複計算。除上述有敘任軍銜記載者，一些沒有獲得上校任官的，在抗戰勝利後亦達到了師旅軍官職級。

　　從上表我們可以看出，第七期生在將校軍官晉任遠遜於第五期生。從史載資料檢索觀察，第七期生在軍旅任官起步，明顯低於第五期生，因為絕大多數第七期生，在抗日戰爭爆發前才敘任上尉低級軍職。

115

第三節　參加抗日戰役殉國簡況

第七期生作為那個時代的風雲人物，同樣經歷了戰火磨練、生死考驗和風雲變幻。參加了北伐國民革命戰爭、十四年抗日戰爭，歷經無數次著名戰役。這裏主要列舉部分參加以下抗日戰役的第七期生情況。

一、參加「八・一三」淞滬抗戰

現將第七期生參與1937年「八・一三」淞滬戰役作簡要介紹。

表21：黃埔軍校廣州、南京本部第七期生參加「八・一三」淞滬抗戰一覽表

姓名	籍貫	年齡	部隊番號與級職	陣亡年月
麥靜修	廣東瓊山	31歲	陸軍第三十六師步兵第二一六團第三營第六連上尉連長	1937年11月上海
陳綏之	浙江永康	30歲	陸軍第九師步兵第五十團第四連中尉排長	1937年9月嘉定
羅彰鵠	廣東興寧	35歲	陸軍第三十三師步兵第一九八團機關槍連第一連排長	1937年11月江陰
鍾狄武	廣東梅縣	32歲	陸軍第八十八師第五二四團小炮連上尉連長	1937年9月上海
程翔	浙江永嘉	31歲	陸軍第一七四師第一〇四四團中校團附	1937年11月吳興
童長僕	貴州水城	27歲	陸軍第五十八師步兵第三四三團第一營少校營長	1937年11月蘇州河
潘慶升	廣東順德	26歲	陸軍第一五九師步兵第九五二團第三營上尉營附	1937年9月南翔
戴慕班	廣東德慶	37歲	陸軍第九師步兵第五十團第一營少校營長	1937年9月羅店

以黃埔學生為主體、並有部分第七期生擔任初中級軍官的中央嫡系部隊，曾給予來犯日軍沉重打擊。

二、參加南京保衛戰簡況

發生在1937年11、12月間的南京保衛戰，是抗日戰爭時期最為慘烈的重大戰事。現將部分第七期生參加者錄之。

表22：黃埔軍校廣州、南京本部第七期生南京保衛戰陣亡殉國一覽表

姓名	籍貫	年齡	部隊番號與級職	陣亡年月
方奇偉	廣東開平	29歲	第一五九師第九五三團特務連上尉連長	1937.12.13
田小橫	廣東梅縣	34歲	陸軍第八十七師步兵第五二二團少校團附	1937.12.12
葉程勳	廣東臺山	31歲	陸軍第一五九師步兵第九五二團中校團附	1937.12.13
楊讓	廣東惠陽	32歲	第一五九師第四七七旅司令部少校參謀	1937.12.12
歐陽文	廣東興寧	34歲	陸軍第一五九師步兵第九五〇團少校團附	1937.12.13

第五章　獲任將校軍官、與第五期生比較及抗日殉國簡況

姓名	籍貫	年齡	部隊番號與級職	陣亡年月
胡贊華	浙江永嘉	32歲	第八十八師第五二四團少校團附	1937.12.12
談季榮	廣東順德	27歲	第一五九師第九五三團第三營上尉營附	1937.12.13
溫志裘	廣東梅縣	30歲	南京憲兵第八團通信連上尉連長	1937.12.13
譚國良	廣東順德	37歲	陸軍第一六○師司令部警備連中尉排長	1937.12.13

　　一部分第七期生，緊隨著前六期生參加了抗日戰爭時期所有戰役，是國民革命軍中最有成效、最富戰果的抗日基本部隊初中高級指揮群體。這裏列舉的第七期生僅為參戰者一小部分。

三、在其他抗日戰事陣亡簡述

　　第七期生在其他抗日戰事中陣亡殉國者亦有相當數量。

表23：黃埔軍校廣州、南京本部第七期生在其他抗日戰事陣亡情況一覽表

姓名	籍貫	部隊番號與級職	陣亡年月
刁遠鵬	廣東興寧	陸軍步兵團團長	抗戰陣亡殉國
王　政	四川南川	陸軍步兵團營長	抗戰陣亡殉國
王志英	廣東興寧	陸軍步兵團團長	抗戰陣亡殉國
王維勤	浙江海寧	陸軍步兵團參謀主任	抗戰陣亡殉國
鄧永臨	湖南資興	步兵第三六○團第二營第六連上尉連長	1938年3月江蘇蘇州
任益珍	浙江溫州	陸軍步兵團團長	抗戰陣亡殉國
劉中柱	湖南瀏陽	陸軍步兵團營長	抗戰陣亡殉國
劉伯軒	湖南寶慶	陸軍步兵團團長	抗戰陣亡殉國
何　瀾	湖南道縣	陸軍步兵團團附	抗戰陣亡殉國
李　浩	湖南常寧	陸軍步兵團團長	抗戰陣亡殉國
李公尚	浙江永康	陸軍步兵團團長	抗戰陣亡殉國
李國棟	廣東茂名	獨立輜重兵團團長	抗戰陣亡殉國
李繼昌	湖南湘鄉	陸軍第二○○師步兵第五九八團第一營少校營長	1939年12月昆崙關
連偉英	廣東潮陽	陸軍步兵團團長	抗戰陣亡殉國
吳賞純	廣東潮安	陸軍第一九○師步兵第一一○團少校團附	1938年9月江西
陳求平	廣東博羅	陸軍步兵團團附	抗戰陣亡殉國
陳定科	湖北秭歸	陸軍第八十七師步兵第五一八團第三營少校營長	1938年10月信陽
陳鼎勳	廣東茂名	陸軍步兵團團長	抗戰陣亡殉國
林可成	湖南醴陵	陸軍新編第十一師步兵第三十六團第一營少校營長	1937年10月新建
林國楨	浙江溫州	陸軍步兵團團長	抗戰陣亡殉國
鄭在邦	浙江寧海	陸軍步兵團團長	抗戰陣亡殉國
徐造新	湖南寶慶	陸軍步兵團團長	抗戰陣亡殉國

姓名	籍貫	部隊番號與級職	陣亡年月
黃茂松	廣東興寧	陸軍步兵團團長	抗戰陣亡殉國
曹植才	湖南資興	陸軍第五師步兵第二十團第二營上尉營附	1938年4月山東
符克白	廣東文昌	陸軍步兵團團長	抗戰陣亡殉國
藍　魁	江西大庾	陸軍步兵團團長	抗戰陣亡殉國

據上表所載，第七期生均為抗戰時期卓有勳勞者。

第六章

粵湘浙籍第七期生的地域人文

　　作為人文文化傳承和積澱的人文地域，伴隨著地域特色和人文風貌長存於中華文明。在軍事人文領域表現得尤其突出，形成了各種利益關係和隸屬沿革交織一體的軍事勢力集團。民國社會長期處於動盪與戰爭狀態，助長與加劇了現代中國軍隊的人文地域傾向，黃埔第七期生群體亦表現其中。

　　第七期生延續了前六期生的種種情形，本章圍繞著人文地域相關因素，從政治、軍事、社會、人文、地域情況，對人文地域進行各個層面之梳理抉羅，繼續就軍事人文地域加以綜合分析。

　　鑒於人文地域與名人之緊密相連。第七期生涉及當時十六個省份和地區，比較前六期生，生源涵蓋省份大致相同。第七期生按數量依次為：廣東、湖南、浙江、江西、福建、廣西、四川、江蘇、湖北、雲南、安徽、貴州等省，人數均在18名以上，10個省份第七期生佔有總人數93%。廣東籍學員最多，占總人數42%，創下曆期最高比值；河南、山東、直隸、山西籍學員最少，各1－4名。第七期生有外國籍學員：越南9名。

表24：第七期生分省籍貫一覽表

序	籍貫	人數	%	序	籍貫	人數	%	序	籍貫	人數	%
1	廣東	667	46	2	湖南	294	20	3	浙江	110	8
4	江西	85	6	5	福建	68	5	6	廣西	48	3
7	四川	45	3	8	江蘇	35	2	9	湖北	30	2
10	雲南	22	2	11	安徽	21	2	12	貴州	18	1
13	越南	9	0.1	14	河南	4	0.01	15	山東	3	0.01
16	直隸	3	0.01	17	山西	1	0.001		總計	1463	100

　　說明：本表根據湖南省檔案館校編、湖南人民出版社1989年7月《黃埔軍校同學錄》第230－342頁《南京中央陸軍軍官學校第七期（第一總隊）同學錄》、《廣州國民革命軍黃埔軍官學校第七期（第二總隊）同學錄》、《黃埔

同學總名冊》列名學員籍貫統計。現表按分省籍學員數量，據筆者收集整理資料校正並排序。

以下對第七期生進行分省歸納簡述，是人文地域考量與分析的基礎工作。經過前面各章的數據、比較和情況的鋪墊，在本節需要理清的主要問題是：第七期生置於人文地域考量分析，及其蘊涵外延及與之關聯的一些情形。

第一節　粵籍第七期生簡況

具有獨特歷史和地理環境的廣東，曾為國民革命與北伐戰爭的策源地，在國共兩黨歷史上留有深刻印記。孫中山創立的黃埔軍校開啟了現代中國最具革命意義的軍校教育成功範例，訓練與孕育了國共兩黨各自軍隊雛形，可見廣東在國共兩黨關係史上有其特殊地緣關係。僅此歷史人文文化資源，為其他各省無可比擬的。

廣東籍的第七期生共有667人，數量位居各省首席，再次顯現廣東為近現代革命發源地，具有天時地利人和先行優勢。當時瓊崖（現海南省）及廣西東部合浦、防城等隸屬廣東，故按廣東省籍學員計算。其中第七期生較多縣份為：興寧45名、瓊山39名，梅縣、文昌各38名，茂名36名，合浦28名、防城22名、惠陽21名、東莞19名，羅定、化縣各17名，五華16名，德慶15名等。

表25：廣東籍學員任官級職數量比例一覽表

職級	學員肄業暨任官職級名單	人數	％
肄業或尚未見從軍任官記載	張元年、劉慶仁、饒樹滋、藍建碩、蔡水安、林鳳飛、林　介、林倬衍、黃國明、謝爾康、譚國熹、陳厚志、許邵藻、梁鴻恩、區枝年、陳俊英、彭世泰、程志陸、孔　道、李劍青、張　斌、張國良、周　振、鐘卓英、黃定寶、梁志堅、曾　雄、曾振球、溫葆鑫、魏克群、魏纘謨、馬湑銘、鄧汝波、李藻藩、何桂元、鄭紹炎、黃道輿、蕭　克、巢添林、蔡世泰、葉浩霖、李先秋、李先慎、吳　烈、陳　聲、陳德樞、林　瑋、鐘汝柱、黃壯猷、梁　模、董　旋、董際唐、溫國武、黎樹仁、魏中堅、張少軒、黃樂春、謝德心、王士琛、雲茂衡、邢馭群、孫子傳、杜　雄、張運昊、張奇俠、張誠謙、陳光一、陳伯琳、林　疇、林濟群、翁光大、符民望、符兆鈞、韓　潮、詹偉業、劉瀚溥、徐普光、李兆芹、張仁文、黃希傑、謝　汝、王綸傑、張馭寰、林攻破、方宗榮、鄧琨史、盧靖邦、葉雲鵬、李　章、楊昭彰、陳希素、羅定民、羅炯貽、鄭志峰、袁宗祥、莫友文、莫世偉、區天祜、鄧炳朝、範士麟、崔萬熙、劉世德、何君懷、伍植之、麥和昌、李　潔、李卓仁、陳崢嶸、林鴻儒、黃　文、黃光門、黃澤林、謝敬東、韓　俊、王孫延、王作修、蘇秉輝、李幹菁、餘業建、宋德堯、宋德滄、陳瑞華、林　駒、林壽廷、龐禹庭、項一萍、莫卓材、顧金甫、容立山、詹立業、廖廣雲、廖家田、譚德儒、劉　豫、劉劍剛、李道崇、		

120

第六章　粵湘浙籍第七期生的地域人文

職級	學員肄業暨任官職級名單	人數	%
肄業或尚未見從軍任官記載	余浩東、張　森、張文機、張劍鳴、鄭民衛、鄭崢嶸、黃　覺、溫鑒祥、黎友政、王拔倫、鄧　剛、朱淑夜、劉中流、劉中望、李平球、李匯川、李執華、李湘蘭、吳翼同、何天培、張　沅、張仁山、張迪光、陳促平、陳道芳、幸銳思、羅君立、羅振之、羅儒彥、羅靄輝、饒天鑒、黃定球、蕭遠謀、賴建平、廖　和、廖建民、陳達生、梁榮宗、鐘嘉言、黃　煒、譚　彧、李宜庭、李裕猷、鄧　霑、劉鎮煊、江　剛、李榮聲、李榮薰、何治海、余桂華、陳繼唐、林人傑、易乃猷、胡鑒光、鐘日文、鐘公毅、莫東學、淩秉鈞、黃國壽、黃劍蘭、溫漢勤、溫錦洪、林延年、謝梓遜、林方舟、朱莊華、鄭國雄、韋啟彬、鄧業鉅、寧師煊、紀家位、李積棻、陳惠民、容作棟、羅振球、盧利孔、馮　漢、朱廣旗、朱明基、許培珍、李匡球、李章堯、楊宏鑫、吳溫彥、何宗藩、張爾庚、陳偉綱、陳傳鎣、陳殿元、陳鶴參、歐衛庸、莫以楨、莫國瑄、容　鼎、容易強、黃伯群、李權奎、邱　權、何越炯、張炳活、張鐵山、陳振方、鐘炳鎏、王有成、王國器、王衍陶、葉豔春、蘇柄潢、蘇民強、吳澤章、陳英球、卓家法、胡　英、黃廣鵬、黃河海、梁偉能、董炳鍇、賴華強、賴璘章、吳建業、黃建中、王鈞烈、馮寶璿、符必清、何衍章、劉名騰、關堯光、何均衡、郭應譽、黃簡孚、梁展鵬、陳蔚然、謝　鼎、蘇樹威、陳秉光、範紹熙、秦　忠、黃　藩、黃爾綱、彭駿程、藍建儀、蘇君武、吳季賢、何伯川、陳昌緒、周鳳銘、梁實芳、吳玉堂、余　傑、陳兆頤、關福靈、曾祖堯、陳巨章、陳永昌、王建卿、王紹璋、劉鐘權、鄭浪峰、徐炳森、曾繁政、張力為、陳席珍、陳震聲、林靈齋、陳克佑、陳　陽、黃居亞、曾　法、王國良、丘　冠、丘福海、朱庚齡、李心機、李守根、李沅舜、李拱光、楊宇綱、楊春閔、羅麗文、鄭崇新、鐘　傑、鐘　錚、鐘曙光、黃　森、梁有生、梁偉軍、梁國權、謝億聲、謝柏楷、賴超群、吉志中、關家武、麥青崖、林公武、伍　權、陳德建、譚砥純、王平馭、王啟能、葉烈公、麥雨亭、李　藩、李大焯、李學時、李政漢、李翼銳、吳布光、吳哲勳、吳雪恨、吳晨光、張式武、陳典五、林鼎芳、周連貴、周定國、周家修、周緒美、鄭秀南、譚　根、陳清標、王祿祺、李錦新、徐自強、黃　雄、韓練培、鄭廣文、鄧軍烈、鄧福康、朱中光、楊　素、楊定超、楊溯航、張志堅、張克光、張君達、羅礪鋒、胡　潔、鐘捷禧、黃鴻波、梁佛池、蔡懋寰、元明清、方育斌、方淞滔、張學文、柯武熊、翁汝梁、黃慕文、甘渥勳、劉永成、何伯烈、何建安、何建德、張瑞京、廖　灝、蘇　任、吳徽五、陳一民、陳辟新、楊中天、楊錫鈞、陳瑞麟、龐尤雄、朱　雲、李國思、趙廷浩、唐智麟、容惠民、黃正瑞、黃偉林、梁勝榮、陳法堯、鄭卓輝、潘國杏、王　輝、盧劍炎、陳國治、徐志偉、王　彥、布俊青、許宗堯、李伯通、李潤階、李嘉仁、李槇群、陸瑞芬、陳漢新、羅卉超、徐紹勳、梁鑾華、董尚德、董維紀、潘慶光、潘秀華、張微之、林　川、陸　常、馬侯武、劉景武、李夢山、陳功勉、陳昭明、許宇能、許錦堂、許德揚、曾慶蘭、李偉梁	440	66
排連營級	馬善述、薛秉德、羅助鐸、邢　波、余雲濟、方奇偉、曾漢光、劉錦棠、周萃民、梁　驥、龍白康、陳可為、林　威、林喬秋、林國魂、鄭又錚、符惠民、韓超文、陳志堅、林鳳儀、周良縕、梁壽輝、劉清波、黃錫鴻、林孟宙、謝　猛、李　棟、李靖祺、何茂生、陳漢忠、歐陽生、羅彰鵠、袁幼環、張智心、李瓊瑀、梁仲介、吳質純、朱廣懞、湯祖樋、許　藩、李　秀、楊贊文、柯明殷、葛振中、廖法周、王志然、吳石安、朱季賢、	113	17

121

職級	學員肄業暨任官職級名單	人數	%
	岑秉勳、談季榮、譚國良、潘慶升、盧祖biginteger、馮觀光、劉毅軍、葉烈南、王占魁、麥靜修、陳少坡、陳澄洲、陳馥鴻、田小橫、李樹華、張賢智、鐘狄武、鐘國良、鐘鳴暉、洪偉、梁志強、梁習偉、溫志裘、唐耀勳、王邦倫、王植梓、史運昌、鄺文芝、吳飄、吳乃琳、吳龍雄、吳志城、吳紹邱、吳春農、歐雨新、鄭為順、鄭持增、林正倫、楊柏盧、梁漢堂、許英達、胡經翰、詹浩、方國華、方競武、何繼志、楊潛龍、陳士俊、黃東海、曾蔚全、戴慕班、孫達華、蔣侗、羅家嶽、黎蘇、梁樹基、黎春榮、宋以浪、莫斯洪、舒紹鴻、黃漢、吳鐵珊、鄒克昌、黃玉琴、麥儒農		
團旅級	單墨林、劉汝芳、謝士元、古會真、魏漢新、謝麗天、雲逢仁、葉用舒、邢詒聯、吳振、陳秉才、曹瑩、符克白、符國憲、詹尊雯、黃玉龍、姚俊庭、葉雲龍、林克俊、巫鵠、葉程勳、阮兆衡、李國光、陳應奎、華鵬、王冠英、岑嘉逐、陳中堅、陳賢文、龐達群、鐘顯澄、容壽山、韓濯、刁遠鵬、王志英、劉冠亞、孫錫康、陳文傑、幸光靈、羅偉夫、黃茂松、廖建英、龐謀通、莫伯漢、嚴延成、李功寶、林輝年、彭健龍、寧師剛、彭佩茂、李國棟、張光寶、陳治源、陳鼎勳、袁再志、張中鼎、黃醒民、張複華、余肇光、鄧少貞、吳秀山、陳龍淵、吳宗漢、曾令福、王光、陳求平、楊讓、楊樹梁、陳鵬、方育新、黃維新、黃清華、李文倫、何慰吾、黃耀熊、周長耀、何卉君、梁順德、連偉英、鄭廷楨、葉達開、王弼	82	12
師級	丁懋、鐘世謙、謝偉松、馮直夫、林猷森、淩鐵民、張大華、張偉漢、鄭幹芬、周萬邦、黎天榮、黃覺、陳慶斌、謝昌、鄧炎、藍守青、麥勁東、杜興強、黃維亨、鄭僑文、陳勳（名勳）、姚學濂	22	3
軍級以上	湛承培、謝日暘、徐建德、黃思宗、謝義、陳公天、陳克強、陳宏樟、羅又倫、侯志磬	10	2
合計	667	667	100

注：達到中級以上軍官的「硬體」界定標準：團旅級：履任團旅長級實職或任上校者；師級：履任師長級（含副師長）實職或任少將者；軍級以上：履任軍長級（含副軍長）以上實職或任中將以上者。履任團旅長以上各級軍官按各時期各種軍隊沿革序列表冊或公開發行書報刊物回憶錄為主要依據，任上校以上將校軍官名單根據《國民政府公報》。以下各省《數量比較一覽表》同此。

部分知名學員簡介：（226名）

丁懋照片

丁　懋（1905－？）別號培怡，廣東豐順人。廣州國民革命軍黃埔軍官

學校第七期步兵科、陸軍大學正則班第十六期畢業。1927年9月考入廣州國民革命軍黃埔軍官學校第七期第二總隊步兵科步兵大隊步兵第一中隊學習，入學時登記為24歲，1930年9月畢業。歷任陸軍第二師排長、連長、參謀。抗日戰爭爆發後，1938年5月考入陸軍大學正則班第十六期學習，1940年9月畢業。任步兵旅司令部參謀主任。1943年3月升任第七戰區遊擊挺進第一縱隊少將參謀長。抗日戰爭勝利後，1945年10月奉派入中央訓練團第九軍官總隊，登記為上校隊員。1945年10月10日獲頒忠勤勳章。1946年5月30日獲頒勝利勳章。

刁遠鵬（1903－？）廣東興寧人。南京中央陸軍軍官學校第七期步兵科畢業。1928年12月28日考入南京中央陸軍軍官學校第七期第一總隊步兵科步兵大隊第三隊學習，入學時登記為25歲，1929年12月28日畢業。任陸軍步兵團排長、連長、營長、團長。在抗日戰事中陣亡殉國。[1]

雲逢仁照片

雲逢仁（1907－？）別字龍，廣東文昌人。廣州國民革命軍黃埔軍官學校第七期炮兵科畢業。1927年9月考入廣州國民革命軍黃埔軍官學校第七期第二總隊炮兵科炮兵隊學習，與同鄉林猷統、邢詒聯、葉用舒、韓漢屏、淩聲漢、吳乾海等為同期同學，入學時登記為20歲，1930年9月畢業。任瓊崖守備司令部警衛連見習、訓練員，保安第一團排長、連長、營長。抗日戰爭爆發後，隨軍參加抗日戰事。

王　光（1907－1936）廣東瓊州人。南京中央陸軍軍官學校第七期步兵科畢業。1928年12月28日考入南京中央陸軍軍官學校第七期第一總隊步兵科步兵大隊第三隊學習，入學時登記為21歲，1929年12月28日畢業。任廣東陸軍第六十師步兵營排長、連長，步兵團營長、團附。1935年7月1日被國民政府軍事委員會銓敘廳頒令敘任陸軍步兵少校。[2]1936年隨軍參與「圍剿」紅軍及根據地

---

[1] 黃埔建國文集編纂委員會主編：臺北實踐出版社1985年6月16日印行《黃埔軍魂》第585頁記載。

[2] 國民政府文官處印鑄局印行：臺灣成文出版社有限公司1972年8月出版《國民政府公報》第95

123

戰事中陣亡。[3]

王弼照片

王　弼（1912－1975）別字興宗、革惡，別號輔軍，廣東澄邁縣文儒鄉北雁峒排坡村人。前南京國民政府軍政部次長王俊侄。南京中央陸軍軍官學校第七期步兵科、日本陸軍士官學校中華學生隊第二十六期步兵科畢業。1912年農曆5月7日出生。早年入本鄉高等小學堂，繼入中學肄業，緣於族中前輩為粵軍將領，並在廣州黃埔軍校任教，年過16歲即赴廣州，考入第六期入伍生隊受訓。1928年12月28日考入南京中央陸軍軍官學校第七期第一總隊步兵科步兵大隊第一隊學習，入學時登記18歲，1929年12月28日畢業。任步兵營排長、副連長等職。1932年10月考取公費留學資格，由各軍事機關舉薦保送日本學習軍事，先入日本陸軍振武學校完成預備學業，繼入日本陸軍聯隊步兵大隊實習，1933年4月考入日本陸軍士官學校中華學生隊第二十六期學習，1935年6月畢業。任中央陸軍步兵學校教官。抗日戰爭爆發後，任第三戰區第十集團軍第九十七師步兵營營附。後返回粵軍部隊任職，奉派廣東第九區瓊崖保安團步兵營營長，隨軍參加瓊崖敵後抗日遊擊戰爭。1945年1月任瓊崖守備司令部第二團上校團長。抗日戰爭勝利後，隨部赴臺灣參與接收。1945年10月10日獲頒忠勤勳章。1946年5月30日獲頒勝利勳章。1947年調任臺灣警備司令部保安處副處長，1949年升任少將銜處長。1956年12月退役後從商。1975年12月30日因病在臺北逝世。著有《日軍侵略海南作戰沿革志》，《瓊崖守備第二團作戰紀要》等。

王占魁（1906－1936）別字占奎，廣東海口人。南京中央陸軍軍官學校第七期炮兵科畢業。1928年12月28日考入南京中央陸軍軍官學校第七期第一總隊炮兵科炮兵隊學習，入學時登記為23歲，1929年12月28日畢業。初任獨立炮

冊1935年7月2日第1782號頒令第6頁記載。
[3] 黃埔建國文集編纂委員會主編：臺北實踐出版社1985年6月16日印行《黃埔軍魂》第582頁記載。

兵團排長，後任炮兵教導隊區隊長，軍政部炮兵第一旅第二團排長、連長、營長。1936年隨軍參與「圍剿」紅軍及根據地戰事中陣亡。[4]

王邦倫（1908－？）廣東瓊山人。南京中央陸軍軍官學校第七期工兵科畢業。自填登記為民國前三年十月十三日出生。[5]1928年12月28日考入南京中央陸軍軍官學校第七期第一總隊工兵科工兵隊學習，入學時登記為20歲，1929年12月28日畢業。任工兵學校籌備處見習、訓練員，學員大隊區隊長、助教。1936年4月25日被國民政府軍事委員會銓敘廳頒令敘任陸軍工兵上尉。[6]

王志英照片

王志英（1906－？）別字志仁，廣東興寧人。南京中央陸軍軍官學校第七期步兵科畢業。1928年12月28日考入南京中央陸軍軍官學校第七期第一總隊步兵科步兵大隊第三隊學習，入學時登記為21歲，1929年12月28日畢業。任陸軍步兵營排長、連長、營長、團長。在抗日戰事中陣亡殉國。[7]

王志然（1906－？）別字英，廣東定安人。南京中央陸軍軍官學校第七期步兵科畢業。1928年12月28日考入南京中央陸軍軍官學校第七期第一總隊步兵科步兵大隊第三隊學習，入學時登記為22歲，1929年12月28日畢業。任陸軍步兵團排長、連長、營長、團附。1937年5月13日被國民政府軍事委員會銓敘廳頒令敘任陸軍步兵少校。[8]

---

[4] 黃埔建國文集編纂委員會主編：臺北實踐出版社1985年6月16日印行《黃埔軍魂》第582頁記載。
[5] 軍事委員會銓敘廳民國二十五年十二月印製《陸海空軍軍官佐任官名簿》第八冊[上尉]第1927頁記載。
[6] 軍事委員會銓敘廳民國二十五年十二月印製《陸海空軍軍官佐任官名簿》第八冊[上尉]第1927頁記載。
[7] 黃埔建國文集編纂委員會主編：臺北實踐出版社1985年6月16日印行《黃埔軍魂》第585頁記載。
[8] 國民政府文官處印鑄局印行：臺灣成文出版社有限公司1972年8月出版《國民政府公報》第123冊1937年5月14日第2353號頒令第2頁記載。

王冠英照片

王冠英（1904－？）別字整亞，廣東合浦人，廣州國民革命軍黃埔軍官學校第七期炮兵科畢業。1927年9月考入廣州國民革命軍黃埔軍官學校第七期第二總隊炮兵科炮兵中隊學習，入學時登記為25歲，1930年9月畢業。任陸軍第四軍第五十九師炮兵連見習、排長，廣東軍事政治學校第一期炮兵科觀測員、助教，第四路軍總司令部直屬高射炮兵營連長、營長。1935年7月18日被國民政府軍事委員會銓敘廳頒令敘任陸軍炮兵少校。[9]

王植梓照片

王植梓（1911－？）別字征平，廣東瓊山人。廣州國民革命軍黃埔軍官學校第七期步兵科畢業。自填登記為民國前一年九月五日出生。[10]1927年9月考入廣州國民革命軍黃埔軍官學校第七期第二總隊步兵科步兵大隊步兵第一中隊學習，入學時登記為21歲，1930年9月畢業。任廣東陸軍第五十八師幹部教導隊見習、訓練員，廣東東區綏靖主任公署訓練處科員。1936年6月27日被國民政府軍事委員會銓敘廳頒令敘任陸軍步兵上尉。[11]

---

[9] 國民政府文官處印鑄局印行：臺灣成文出版社有限公司1972年8月出版《國民政府公報》第95冊1935年7月19日第1797號頒令第2頁記載。

[10] 軍事委員會銓敘廳民國二十五年十二月印製《陸海空軍軍官佐任官名簿》第六冊[上尉]第1363頁記載。

[11] 軍事委員會銓敘廳民國二十五年十二月印製《陸海空軍軍官佐任官名簿》第六冊[上尉]第1363頁記載。

第六章　粵湘浙籍第七期生的地域人文

方國華（1905－？）別字冠之，廣東惠來人。南京中央陸軍軍官學校第七期工兵科畢業。自填登記為民國前六年十月七日出生。[12]1928年12月28日考入南京中央陸軍軍官學校第七期第一總隊工兵科工兵隊學習，入學時登記為23歲，1929年12月28日畢業。任獨立工兵營見習、副官、排長、連長、參謀。1935年9月12日被國民政府軍事委員會銓敘廳頒令敘任陸軍工兵上尉。[13]

方奇偉照片

方奇偉（1908－1937）別字業勳，廣東開平人。廣州國民革命軍黃埔軍官學校第七期步兵科畢業。1927年9月考入廣州國民革命軍黃埔軍官學校第七期第二總隊步兵科步兵大隊第三隊學習，入學時登記為20歲，1930年9月畢業。任陸軍步兵營見習、排長、副官。抗日戰爭爆發後，任陸軍第一五九師步兵第九五三團特務連上尉連長，1937年12月13日在南京保衛戰中陣亡。

方育新照片

方育新（1909－？）別字冠球，廣東惠來人。廣州國民革命軍黃埔軍官學校第七期炮兵科畢業。1927年9月考入廣州國民革命軍黃埔軍官學校第七期第二總隊炮兵科炮兵中隊學習，入學時登記為19歲，1930年9月畢業。任粵系軍

---

[12] 軍事委員會銓敘廳民國二十五年十二月印製《陸海空軍軍官佐任官名簿》第八冊[上尉]第1923頁記載。

[13] 軍事委員會銓敘廳民國二十五年十二月印製《陸海空軍軍官佐任官名簿》第八冊[上尉]第1923頁記載。

隊炮兵團排長、連長、營長、團附。1937年6月22日被國民政府軍事委員會銓敘廳頒令敘任陸軍炮兵少校。[14]

方競武（1908－？）廣東惠來人。南京中央陸軍軍官學校第七期工兵科畢業。自填登記為民國前三年一月一日出生。[15]1928年12月28日考入南京中央陸軍軍官學校第七期第一總隊工兵科工兵隊學習，入學時登記為22歲，1929年12月28日畢業。任工兵訓練所見習、訓練員，獨立工兵營排長、連長、參謀。1935年7月30日被國民政府軍事委員會銓敘廳頒令敘任陸軍工兵上尉。[16]

鄧少貞（1907－？）廣東梅縣人。南京中央陸軍軍官學校第七期步兵科畢業。1928年12月28日考入南京中央陸軍軍官學校第七期第一總隊步兵科步兵大隊第一隊學習，入學時登記為21歲，1929年12月28日畢業。任陸軍步兵團排長、連長。抗日戰爭爆發後，任廣東保安司令部參謀，保安第三團連長，遊擊挺進縱隊第三大隊中隊長、大隊長，師管區司令部參謀科科長。抗日戰爭勝利後，1945年10月10日獲頒忠勤勳章，1946年5月30日獲頒勝利勳章。1949年9月30日任廣東梅縣縣長。

馮直夫照片

馮直夫（1906－？）原名書名，別字仙俠，廣東文昌人。廣州國民革命軍黃埔軍官學校第七期步兵科、日本陸軍步兵專門學校畢業。幼受庭訓啟蒙，以成績優良考入高等小學堂學習，畢業後考入府城瓊海中學就讀，受孫中山國民革命思想影響，赴廣州考入廣東守備軍教導隊受訓。1927年9月考入廣州國民革命軍黃埔軍官學校第七期第二總隊步兵科步兵大隊步兵第一中隊學習，入學

---

[14] 國民政府文官處印鑄局印行：臺灣成文出版社有限公司1972年8月出版《國民政府公報》第126冊1937年6月23日第2387號頒令第3頁記載。
[15] 軍事委員會銓敘廳民國二十五年十二月印製《陸海空軍軍官佐任官名簿》第八冊[上尉]第1923頁記載。
[16] 軍事委員會銓敘廳民國二十五年十二月印製《陸海空軍軍官佐任官名簿》第八冊[上尉]第1923頁記載。

時登記為21歲，1930年9月畢業。赴日本學習軍事，考入陸軍步兵專門學校學習三年。1934年畢業返回廣州，任粵系軍隊步兵營營長，參謀，步兵團團附，第一集團軍第二軍第六師司令部參謀主任。抗日戰爭爆發後，隨軍參加昆侖關及桂南抗日戰事。任軍事訓練部第九補充兵訓練總處第一訓練團團長，後入陸軍大學特別班學習，[17]肄業後任軍事訓練部副處長，1944年12月曾任第十二集團軍某師副師長。抗日戰爭勝利後，任第十二集團軍總司令部高級參謀。1946年7月31日退役。

馮覲夫照片

馮覲光（1903－？）別字國光，廣東恩平人。馮耿光（日本士官一期生）同宗堂弟。廣州國民革命軍黃埔軍官學校第七期步兵科畢業。1927年9月考入廣州國民革命軍黃埔軍官學校第七期第二總隊步兵科步兵大隊步兵第一中隊學習，入學時登記為25歲，1930年9月畢業。任廣東省保安司令部少校參謀。

盧祖修照片

盧祖修（1908－？）別字業競，廣東恩平人。廣州國民革命軍黃埔軍官學校第七期炮兵科畢業。自填登記為民國前三年六月十日出生。[18]1927年9月考入廣州國民革命軍黃埔軍官學校第七期第二總隊炮兵科炮兵中隊學習，入學時

---

17 據《陸軍大學特別班第一至八期同學通訊錄》查無載，存疑待考。
18 軍事委員會銓敘廳民國二十五年十二月印製《陸海空軍軍官佐任官名簿》第十一冊[中尉]第2711頁記載。

登記為24歲，1930年9月畢業。任廣東軍事政治學校第一期炮兵科觀測員，學員大隊炮兵隊區隊長，廣東第一軍區司令部參謀。1936年4月25日被國民政府軍事委員會銓敘廳頒令敘任陸軍炮兵中尉。[19]

葉雲龍照片

葉雲龍（1904－？）別字淩育，廣東東莞人。廣州國民革命軍黃埔軍官學校第七期炮兵科畢業。1927年9月考入廣州國民革命軍黃埔軍官學校第七期第二總隊炮兵科炮兵中隊學習，入學時登記為23歲，1930年9月畢業。任廣東綏靖主任公署陸軍訓練處炮兵助教，第四路軍總司令部炮兵團排長。抗日戰爭爆發後，任第十二集團軍總司令部炮兵團連長、參謀、副團長，遊擊挺進縱隊支隊長，守備區主任。抗日戰爭勝利後，奉派入中央訓練團第九軍官總隊受訓，登記為上校中隊長，1947年6月2日辦理退役，登記住所廣州市德政中路德政新街二十三號三樓。[20]

葉用舒照片

葉用舒（1908－1977）別字玉聲，廣東文昌縣鋪前鎮林梧墟田良村人。葉劍雄堂弟。廣州國民革命軍黃埔軍官學校第七期步兵科畢業。自填登記為民國

---

[19] 軍事委員會銓敘廳民國二十五年十二月印製《陸海空軍軍官佐任官名簿》第十一冊[中尉]第2711頁記載。
[20] 1948年2月印行《廣州市陸軍在鄉軍官會會員名冊》第12頁記載。

前三年二月二日出生。[21]出生於僑居越南的華僑工人家庭，7歲進入越南華僑小學學習，13歲回國，考入文昌縣林梧墟小學讀書三年，高等小學堂畢業後，返回越南入華僑中學續讀五年。1927年9月考入廣州國民革命軍黃埔軍官學校第七期第二總隊步兵科步兵大隊步兵第一中隊學習，入學時登記為21歲，與同鄉林猷統、雲逢仁、邢詒聯、韓漢屏、淩聲漢、吳乾海等為同期同學，1930年9月畢業。隨軍赴山東駐軍，任步兵團排長、連長、營長、團附。1935年8月19日被國民政府軍事委員會銓敘廳頒令敘任陸軍步兵上尉。[22]抗日戰爭爆發後，隨軍參加臺兒莊戰役。抗日戰爭勝利後，任陸軍第五十四軍司令部警衛團團長。1947年奉調青島任職，1947年12月底退役。1948年春返回瓊崖府城，曾任海南島軍官訓練團上校總教官。1950年5月隨軍遷移臺灣，1977年春因病在臺北逝世。

葉達開照片

葉達開（1905－？）別字翼，廣東梅縣人。廣州國民革命軍黃埔軍官學校第七期炮兵科畢業。1927年9月考入廣州國民革命軍黃埔軍官學校第七期第二總隊炮兵科炮兵中隊學習，入學時登記為22歲，1930年9月畢業。參與《國民革命軍黃埔軍官學校第七期同學錄》編輯工作，為十八名籌備員之一。[23]任獨立炮兵營見習、排長、連長。1936年7月任中央陸軍軍官學校廣州分校學員總隊炮兵大隊上尉隊附。抗日戰爭爆發後，任中央陸軍軍官學校第四分校第十三期炮兵科少校科員，中校訓練教官。[24]

---

[21] 據軍事委員會銓敘廳民國二十五年十二月印製《陸海空軍軍官佐任官名簿》第七冊[上尉]第1585頁記載。

[22] 據軍事委員會銓敘廳民國二十五年十二月印製《陸海空軍軍官佐任官名簿》第七冊[上尉]第1585頁記載。

[23] 源自1930年12月印行《國民革命軍黃埔軍官學校同學錄》第198頁記載。

[24] 據民國二十七年十一月印行《中央陸軍軍官學校第四分校第十三期學生總隊同學錄》記載。

葉烈南照片

葉烈南（1904－1948）又名王煊，別字悲秋，廣東徐聞人。南京中央陸軍軍官學校第七期工兵科畢業。1928年12月28日考入南京中央陸軍軍官學校第七期第一總隊工兵科工兵隊學習，入學時登記為20歲，1929年12月28日畢業。任廣東陸軍訓練處工兵助教，廣東第三軍區司令部參謀，1936年12月1日被國民政府軍事委員會銓敘廳頒令敘任陸軍步兵少校。[25]全面抗日戰爭爆發後，任廣東省保安第四團營長、團附。

葉程勳照片

葉程勳（1905－1937）別字謀，廣東臺山人。廣州國民革命軍黃埔軍官學校第七期炮兵科畢業。1927年9月考入廣州國民革命軍黃埔軍官學校第七期第二總隊炮兵科炮兵中隊學習，入學時登記為23歲，1930年9月畢業。任獨立炮兵營見習、排長、連長、參謀。抗日戰爭爆發後，任陸軍第一五九師步兵第九五二團中校團附，1937年12月13日在南京保衛戰中陣亡。

田小橫（1903－1937）別字鋤奸，廣東梅縣人。南京中央陸軍軍官學校第七期騎兵科畢業。自填登記為民國前八年三月六日出生。[26]1928年12月28日考入南京中央陸軍軍官學校第七期第一總隊騎兵科騎兵隊學習，入學時登記為

---

[25] 國民政府文官處印鑄局印行：臺灣成文出版社有限公司1972年8月出版《國民政府公報》第117冊1936年12月3日第2218號頒令第4頁記載。
[26] 據軍事委員會銓敘廳民國二十五年十二月印製《陸海空軍軍官佐任官名簿》第八冊[上尉]第1875頁記載。

26歲，1929年12月28日畢業。任騎兵教導處見習，獨立騎兵營排長、連長、參謀。1935年8月26日被國民政府軍事委員會銓敘廳頒令敘任陸軍騎兵上尉。[27] 抗日戰爭爆發後，任陸軍第八十七師步兵第五二二團少校團附，隨軍參加南京保衛戰，1937年12月13日在作戰中陣亡。

史運昌（1907－？）別字努公，廣東瓊山人。南京中央陸軍軍官學校第七期炮兵科畢業。自填登記為民國前四年八月八日出生。[28]1928年12月28日考入南京中央陸軍軍官學校第七期第一總隊炮兵科炮兵隊學習，入學時登記為22歲，1929年12月28日畢業。任瓊崖守備處炮兵隊教練員，瓊崖保安第二團連長、參謀。1935年9月11日被國民政府軍事委員會銓敘廳頒令敘任陸軍炮兵上尉。[29]

古會真照片

古會真（1903－？）別字士元，後改名愷元，廣東五華人。廣州國民革命軍黃埔軍官學校第七期炮兵科畢業。1927年9月考入廣州國民革命軍黃埔軍官學校第七期第二總隊炮兵科炮兵中隊學習，入學時登記為25歲，1930年9月畢業。任廣東軍事政治學校第一期炮兵科見習、觀測員，第二期炮兵教導隊助教、區隊長、分隊長。1936年6月任廣東第四路軍總司令部直屬獨立第九旅（旅長王定華）第六二五團少校團附。[30]

龍白康（1904－？）又名伯康，別字翰苑，廣東文昌人。南京中央陸軍軍官學校第七期輜重兵科畢業。自填登記為民國前七年五月十五日出生。[31]1928

---

[27] 據軍事委員會銓敘廳民國二十五年十二月印製《陸海空軍軍官佐任官名簿》第八冊[上尉]第1875頁記載。

[28] 據軍事委員會銓敘廳民國二十五年十二月印製《陸海空軍軍官佐任官名簿》第八冊[上尉]第1903頁記載。

[29] 據軍事委員會銓敘廳民國二十五年十二月印製《陸海空軍軍官佐任官名簿》第八冊[上尉]第1903頁記載。

[30] 1937年5月印行《廣東綏靖主任公署暨第四路軍總司令部各機關部隊職員錄》第151頁記載。

[31] 據軍事委員會銓敘廳民國二十五年十二月印製《陸海空軍軍官佐任官名簿》第六冊[上尉]第1281頁記載。

年12月28日考入南京中央陸軍軍官學校第七期第一總隊輜重兵科輜重兵隊學習，入學時登記為28歲，1929年12月28日畢業。任廣東陸軍第六十二師步兵連見習、排長、連長、參謀。1935年8月7日被國民政府軍事委員會銓敘廳頒令敘任陸軍步兵上尉。[32]

寧師剛照片

寧師剛（1904－？）廣東靈山人。廣州國民革命軍黃埔軍官學校第七期步兵科、陸軍大學參謀班西北班第九期畢業。1927年9月考入廣州國民革命軍黃埔軍官學校第七期第二總隊步兵科步兵大隊步兵第一中隊學習，入學時登記為23歲，1930年9月畢業。任廣東軍事政治學校步兵科訓練員、助教。1936年春任第四路軍總司令部參謀處第三科航空班中尉服務員。[33]1936年12月任廣東第四路軍總司令部參謀處（處長陳勉吾）第三科（科長容幹）上尉參謀。抗日戰爭爆發後，任第十二集團軍總司令部參謀處參謀，軍官教導隊隊附。1943年2月奉派入陸軍大學參謀班西北班第九期學習，1944年2月畢業。

鄺文藝（1907－？）廣東瓊山人。南京中央陸軍軍官學校第七期工兵科畢業。自填登記為民國前四年六月十一日出生。[34]1928年12月28日考入南京中央陸軍軍官學校第七期第一總隊工兵科工兵隊學習，入學時登記為26歲，1929年12月28日畢業。任廣東軍事政治學校工兵科訓練員、學員工兵隊區隊長。1935年8月16日被國民政府軍事委員會銓敘廳頒令敘任陸軍工兵少尉。[35]

---

[32] 據軍事委員會銓敘廳民國二十五年十二月印製《陸海空軍軍官佐任官名簿》第六冊[上尉]第1281頁記載。
[33] 1937年5月印行《廣東綏靖主任公署暨第四路軍總司令部職員錄》第88頁記載。
[34] 軍事委員會銓敘廳民國二十五年十二月印製《陸海空軍軍官佐任官名簿》第十一冊[中尉]第2737頁記載。
[35] 軍事委員會銓敘廳民國二十五年十二月印製《陸海空軍軍官佐任官名簿》第十一冊[中尉]第2737頁記載。

第六章　粵湘浙籍第七期生的地域人文

阮兆衡照片

阮兆衡（1908－？）別字梓權，廣東臺山人。廣州國民革命軍黃埔軍官學校第七期第二總隊步兵科第二中隊、日本千葉步兵專門學校畢業。早年在本鄉私塾庭訓，少年考入本縣高等小學堂就讀，後赴廣州考入廣東守備軍幹部教導隊受訓。1927年9月考入廣州國民革命軍黃埔軍官學校第七期第二總隊步兵科步兵大隊步兵第二中隊學習，入學時登記為20歲，1930年9月畢業。赴日本學習軍事，考入日本陸軍步兵專門學校學習，1931年九一八事變後回國，歷任粵系軍隊參謀、連長、大隊長，曾任各軍、軍團、集團軍幹部訓練處教官，後任廬山中央訓練團學員總隊副總隊長、上校教官，[36]抗日戰爭勝利後，1945年10月10日獲頒忠勤勳章，1946年5月30日獲頒勝利勳章。任廣東中山團管區司令部司令官。

華　鵬（1911－？）別字國魂，廣東曲江人。南京中央陸軍軍官學校第七期步兵科、南京中央陸軍軍官學校高等教育班一期、南京步兵學校戰術研究班第六期畢業。自填登記為民國前一年十二月十一日出生。[37]1928年12月28日考入南京中央陸軍軍官學校第七期第一總隊步兵科步兵大隊第四隊學習，入學時登記為20歲，1929年12月28日畢業。任南京中央陸軍軍官學校訓練員、助教、區隊長。1935年9月12日被國民政府軍事委員會銓敘廳頒令敘任陸軍步兵上尉。[38]抗日戰爭爆發後，隨軍校遷移西南，歷任成都中央陸軍軍官學校第十六期第二總隊少校大隊附，第十八期第二總隊第五步兵隊中校隊長。抗日戰爭勝利後，任成都陸軍軍官學校第二十期步兵科上校戰術教官，第二十一至二十三期上校戰術教官。1949年隨軍校部分長官遷移臺灣，任陸軍大學戰役系少將教官，圓山軍官訓練團聯合作戰訓練班副主任。1958年12月退役，任中央政治大

---

[36] 蘇裕德主編：廣州華南新聞總社1949年6月出版《廣東現代人物志》第49頁記載。
[37] 據軍事委員會銓敘廳民國二十五年十二月印製《陸海空軍軍官佐任官名簿》第七冊[上尉]第1573頁記載。
[38] 據軍事委員會銓敘廳民國二十五年十二月印製《陸海空軍軍官佐任官名簿》第七冊[上尉]第1573頁記載。

135

劉汝芳（1904－？）別字炳章，後改名炳章，原載廣東廣州，另載廣東南海人。南京中央陸軍軍官學校第七期輜重兵科畢業。1928年12月28日考入南京中央陸軍軍官學校第七期第一總隊輜重兵科輜重兵隊學習，入學時登記為24歲，1929年12月28日畢業。任輜重兵教導隊見習、排長。抗日戰爭爆發後，任陸軍步兵團連長、營長、團附，隨軍參加抗日戰事。抗日戰爭勝利後，1945年10月10日獲頒忠勤勳章，1946年5月30日獲頒勝利勳章。1946年6月奉派中央訓練團第九總隊受訓，登記為上校課長，1947年9月30日辦理退役。[39]

劉冠亞照片

劉冠亞（1906－？）別字健華，廣東興寧人。廣州國民革命軍黃埔軍官學校第七期炮兵科畢業。1927年9月考入廣州國民革命軍黃埔軍官學校第七期第二總隊炮兵科炮兵中隊學習，入學時登記為22歲，1930年9月畢業。任廣東軍事政治學校炮兵科助教，第一集團軍第三軍司令部炮兵訓練班教官，獨立炮兵營排長、連長、團附。1936年6月任第四路軍總司令部直屬炮兵指揮（陳崇範）部第四營少校營長。[40]抗日戰爭爆發後，隨軍參加抗日戰事。

劉清波（1908－？）別字柏亭，廣東樂會人。南京中央陸軍軍官學校第七期騎兵科畢業。自填登記為民國前三年五月四日出生。[41]1928年12月28日考入南京中央陸軍軍官學校第七期第一總隊騎兵科騎兵隊學習，入學時登記為23歲，1929年12月28日畢業。任國民革命軍討逆軍廣東第八路軍總指揮部騎兵訓練處訓練員，步兵團排長、連長、營長。1935年8月16日被國民政府軍事委員會銓敘廳頒令敘任陸軍步兵上尉。[42]

---

[39] 1948年2月印行《廣州市陸軍在鄉軍官會會員名冊》第13頁記載。
[40] 1937年5月印行《廣東綏靖主任公署暨第四路軍總司令部各機關部隊職員錄》第155頁記載。
[41] 據軍事委員會銓敘廳民國二十五年十二月印製《陸海空軍軍官佐任官名簿》第七冊[上尉]第1728頁記載。
[42] 據軍事委員會銓敘廳民國二十五年十二月印製《陸海空軍軍官佐任官名簿》第七冊[上尉]第1728

第六章　粵湘浙籍第七期生的地域人文

劉錦棠（1906－？）別字榕光，廣東仁化人。南京中央陸軍軍官學校第七期騎兵科畢業。自填登記為民國前五年二月二十五日出生。[43]1928年12月28日考入南京中央陸軍軍官學校第七期第一總隊騎兵科騎兵隊學習，入學時登記為22歲，1929年12月28日畢業。任騎兵第一旅第一團排長、連長、參謀。1935年8月16日被國民政府軍事委員會銓敘廳頒令敘任陸軍騎兵上尉。[44]

劉毅軍（1905－？）別字立燴，廣東恩平人。南京中央陸軍軍官學校第七期騎兵科畢業。自填登記為民國前七年一月五日出生。[45]1928年12月28日考入南京中央陸軍軍官學校第七期第一總隊騎兵科騎兵隊學習，入學時登記為25歲，1929年12月28日畢業。任騎兵訓練處見習，騎兵營排長、連長、營長。1936年4月13日被國民政府軍事委員會銓敘廳頒令敘任陸軍騎兵上尉。[46]

朱廣幪照片

朱廣幪（1900－？）別字岍壽，廣東茂名人。自填登記為民國前二年五月十五日出生。廣州國民革命軍黃埔軍官學校第七期步兵科畢業。1927年9月考入廣州國民革命軍黃埔軍官學校第七期第二總隊步兵科步兵大隊步兵第二中隊學習，入學時登記為27歲，1930年9月畢業。抗日戰爭爆發後，任陸軍步兵團營長、參謀，隨軍參加抗日戰事。抗日戰爭勝利後，1945年10月10日獲頒忠勤勳章，1946年5月30日獲頒勝利勳章。1946年6月奉派入中央訓練團廣東第九軍官總隊受訓，登記為少校隊員，1947年2月1日辦理退役。登記住所為廣州市豪

　　頁記載。
[43]　據軍事委員會銓敘廳民國二十五年十二月印製《陸海空軍軍官佐任官名簿》第八冊[上尉]第1875頁記載。
[44]　據軍事委員會銓敘廳民國二十五年十二月印製《陸海空軍軍官佐任官名簿》第八冊[上尉]第1875頁記載。
[45]　據軍事委員會銓敘廳民國二十五年十二月印製《陸海空軍軍官佐任官名簿》第八冊[上尉]第1876頁記載。
[46]　據軍事委員會銓敘廳民國二十五年十二月印製《陸海空軍軍官佐任官名簿》第八冊[上尉]第1876頁記載。

賢路第七十六號二樓前廳。[47]

朱季賢（1905－？）別字毅夫，廣東順德人。廣州國民革命軍黃埔軍官學校第七期步兵科畢業。自填登記為民國前四年七月十五日出生。1927年9月考入廣州國民革命軍黃埔軍官學校第七期第二總隊步兵科步兵大隊步兵第四中隊學習，入學時登記為23歲，1930年9月畢業。任廣東陸軍訓練處訓練員、服務員、副官。抗日戰爭爆發後，任廣東省幹部訓練團幹部大隊上尉區隊長、參謀。抗日戰爭勝利後，1945年10月10日獲頒忠勤勳章，1946年5月30日獲頒勝利勳章。1946年6月奉派入中央訓練團廣東第九軍官總隊受訓，登記為少校隊員，1946年12月31日辦理退役。登記住所為廣州市逢源路寶賢南街第十三號。[48]

邢　波（1908－？）別字碧浪，原載籍貫廣東廣州，另載廣東電白人。南京中央陸軍軍官學校第七期輜重兵科畢業。自填登記為民國前三年六月二十五日出生。[49]1928年12月28日考入南京中央陸軍軍官學校第七期第一總隊輜重兵科輜重兵隊學習，入學時登記為22歲，1929年12月28日畢業。任輜重兵大隊見習、區隊長、分隊長、參謀。1936年7月18日被國民政府軍事委員會銓敘廳頒令敘任陸軍輜重兵上尉。[50]

邢詒聯照片

邢詒聯（1906－1980）別字勉成，廣東文昌縣龍馬村坡頭村人。廣州國民革命軍黃埔軍官學校第七期步兵科畢業。自填登記為民國前五年八月十日出生。[51]父穀運，早年赴馬來亞謀生，一去無音信。母潘氏，昌發村人，他為遺

---

[47] 1948年2月印行《廣州市陸軍在鄉軍官會會員名冊》第41頁記載。
[48] 1948年2月印行《廣州市陸軍在鄉軍官會會員名冊》第35頁記載。
[49] 據軍事委員會銓敘廳民國二十五年十二月印製《陸海空軍軍官佐任官名簿》第八冊[上尉]第1984頁記載。
[50] 據軍事委員會銓敘廳民國二十五年十二月印製《陸海空軍軍官佐任官名簿》第八冊[上尉]第1984頁記載。
[51] 據軍事委員會銓敘廳民國二十五年十二月印製《陸海空軍軍官佐任官名簿》第六冊[上尉]第1392頁記載。

第六章　粵湘浙籍第七期生的地域人文

腹子，出生後沒見過父親，靠母親賣苦力撫養長大。少時在本鄉南昌初級小學就讀，繼入務本高等小學堂續讀，畢業後隨叔公邢定照赴廣州讀書，考入廣東省立第二中學學習，就讀三年初中畢業，繼考入廣東守備軍幹部教導隊受訓。1927年9月考入廣州國民革命軍黃埔軍官學校第七期第二總隊步兵科步兵大隊步兵第四中隊學習，入學時登記為24歲，與同鄉林猷統、雲逢仁、葉用舒、韓漢屏、淩聲漢、吳乾海等為同期同學，1930年9月畢業。分發陸軍第十三師任見習、排長。1935年8月7日被國民政府軍事委員會銓敘廳頒令敘任陸軍步兵上尉。[52]1936年任陸軍第十師步兵營連長、營長。抗日戰爭爆發後，任陸軍榮譽第一師第三團團附、代理團長，雲南防守區司令部機場守備司令部警衛第三團團長。1945年春任陸軍第四師司令部軍械處處長。抗日戰爭勝利後，1945年10月10日獲頒忠勤勳章，1946年5月30日獲頒勝利勳章。1946年10月奉派中央訓練團廣東第九軍官總隊受訓，結業後退役。1947年奉派任駐海南島的救濟總署瓊崖分署發放股股長，1948年受聘任海南島西路「剿匪」指揮部指揮官，澄邁縣「戡亂建國」青年會主任委員。1949年11月任陸軍第五十軍司令部汽車運輸團團長，1950年5月隨軍遷移臺灣。1951年11月退役，轉任中國國民黨苗栗縣黨部書記長、執行委員，1966年10月屆齡退休。1980年6月20日因病在臺灣竹東縣榮民醫院逝世，安葬於臺灣南港墓園。

湯祖樾照片

湯祖樾（1908－？）別字蔭吾，廣東茂名人。廣州國民革命軍黃埔軍官學校第七期步兵科畢業。自填登記為民國前三年七月十六日出生。[53]1927年9月考入廣州國民革命軍黃埔軍官學校第七期第二總隊步兵科步兵大隊步兵第二中隊學習，入學時登記為25歲，1930年9月畢業。任廣東綏靖主任公署警備處見

---
[52] 據軍事委員會銓敘廳民國二十五年十二月印製《陸海空軍軍官佐任官名簿》第六冊[上尉]第1392頁記載。
[53] 據軍事委員會銓敘廳民國二十五年十二月印製《陸海空軍軍官佐任官名簿》第六冊[上尉]第1254頁記載。

習、科員、參謀。1936年7月15日被國民政府軍事委員會銓敘廳頒令敘任陸軍步兵上尉。[54]

孫達華（1906－1936）廣東澄邁人。安南華僑。南京中央陸軍軍官學校第七期輜重兵科畢業。早年隨親友赴越南謀生，入華人學校讀書，初中畢業後回國。1928年12月28日考入南京中央陸軍軍官學校第七期第一總隊輜重兵科輜重兵隊學習，入學時登記為21歲，1929年12月28日畢業。任陸軍輜重兵運輸團排長、連長、營長。1936年隨軍參與「圍剿」紅軍及根據地戰事中陣亡。

孫錫康照片

孫錫康（1900－？）別字吳，別號迪三，廣東興寧人。廣州國民革命軍黃埔軍官學校第七期步兵科畢業。1927年9月考入廣州國民革命軍黃埔軍官學校第七期第二總隊步兵科步兵大隊步兵第一中隊學習，入學時登記為27歲，1930年9月畢業。任廣東編遣區辦事處少尉服務員，燕塘陸軍訓練處助教，廣東中區綏靖主任公署幹部教導隊區隊長、分隊長，第一集團軍第一軍司令部參謀。1936年6月任廣東第四路軍第一五一師司令部參謀處少校參謀。[55]抗日戰爭爆發後，隨軍參加抗日戰事。

許藩照片

---

[54] 據軍事委員會銓敘廳民國二十五年十二月印製《陸海空軍軍官佐任官名簿》第六冊[上尉]第1254頁記載。

[55] 1937年5月印行《廣東綏靖主任公署暨第四路軍總司令部各機關部隊職員錄》第36頁記載。

第六章　粵湘浙籍第七期生的地域人文

　　許　藩（1903－？）別字伯舉，廣東茂名人。自填登記為民國前六年七月二日出生。廣州國民革命軍黃埔軍官學校第七期步兵科畢業。1927年9月考入廣州國民革命軍黃埔軍官學校第七期第二總隊步兵科步兵大隊步兵第四中隊學習，入學時登記為24歲，1930年9月畢業。任陸軍步兵營排長、連長。抗日戰爭爆發後，任陸軍步兵團營長、團附、參謀，隨軍參加抗日戰事。抗日戰爭勝利後，1945年10月10日獲頒忠勤勳章，1946年5月30日獲頒勝利勳章。1946年6月奉派入中央訓練團廣東第九軍官總隊受訓，登記為少校隊員，1946年12月1日辦理退役。登記住所為廣州市豪賢路七號一樓前廳。[56]

　　許英達（1906－？）別字造時，廣東揭陽人。南京中央陸軍軍官學校第七期工兵科畢業。自填登記為民國前五年八月一日出生。[57]1928年12月28日考入南京中央陸軍軍官學校第七期第一總隊工兵科工兵隊學習，入學時登記為25歲，1929年12月28日畢業。任工兵學校籌備處籌備員，工兵大隊區隊長、中隊長。1935年7月30日被國民政府軍事委員會銓敘廳頒令敘任陸軍工兵上尉。[58]

嚴延成照片

　　嚴延成（1905－？）別字錦生，後改名錦生，原載廣東防城，另載廣東南海人。廣州國民革命軍黃埔軍官學校第七期步兵科畢業。自填登記為民國前四年十月二十日出生。早年隨父寄居越南海防，後返回廣東省城就讀。1927年9月考入廣州國民革命軍黃埔軍官學校第七期第二總隊步兵科步兵大隊第三中隊學習，入學時登記為23歲，1930年9月畢業。歷任粵系軍隊陸軍步兵團見習、排長、參謀、連長、營長、副團長，隨軍參加抗日戰事。抗日戰爭勝利後，奉派入中央訓練團廣東第九軍官總隊受訓，登記為上校隊員，1947年5月15日辦

---

[56] 1948年2月印行《廣州市陸軍在鄉軍官會會員名冊》第42頁記載。
[57] 據軍事委員會銓敘廳民國二十五年十二月印製《陸海空軍軍官佐任官名簿》第八冊[上尉]第1923頁記載。
[58] 據軍事委員會銓敘廳民國二十五年十二月印製《陸海空軍軍官佐任官名簿》第八冊[上尉]第1923頁記載。

理退役。登記住所為廣州市恩寧路恩寧西街如意坊二號。[59]

吳振照片

吳　振（1904－？）別字會和，廣東文昌人。廣州國民革命軍黃埔軍官學校第七期第二總隊步兵科畢業。1927年9月考入廣州國民革命軍黃埔軍官學校第七期第二總隊步兵科步兵第二中隊學習，入學時登記為25歲，1930年9月畢業。任廣東第一集團軍第一軍第二師步兵團排長、連長、營長，第四路軍第一五七師步兵團團附。1935年6月17日被國民政府軍事委員會銓敘廳頒令敘任陸軍步兵少校。[60]抗日戰爭爆發後，隨軍參加抗日戰事。

吳　飄（1908－？）別字曼瑛，廣東瓊山人。南京中央陸軍軍官學校第七期步兵科畢業。自填登記為民國前三年十月一日出生。[61]1928年12月28日考入南京中央陸軍軍官學校第七期第一總隊步兵科步兵大隊第四隊學習，入學時登記為18歲，1929年12月28日畢業。任教導第一師見習，陸軍第四師步兵營排長、連長、參謀。1935年8月16日被國民政府軍事委員會銓敘廳頒令敘任陸軍步兵上尉。[62]

吳乃琳（1909－？）又名乃林，別字瑤光，廣東瓊山人。南京中央陸軍軍官學校第七期第一總隊步兵科畢業。自填登記為民國前四年九月九日出生。[63]1928年12月28日入南京中央陸軍軍官學校第七期第一總隊步=======兵科步兵大隊第一隊學習，入學時登記為21歲，1929年12月28日畢業。任上海市

---

[59] 1948年2月印行《廣州市陸軍在鄉軍官會會員名冊》第11頁記載。
[60] 國民政府文官處印鑄局印行：臺灣成文出版社有限公司1972年8月出版《國民政府公報》第94冊1935年6月18日第1770號頒令第1頁記載為吳震。
[61] 據軍事委員會銓敘廳民國二十五年十二月印製《陸海空軍軍官佐任官名簿》第七冊[上尉]第1603頁記載。
[62] 據軍事委員會銓敘廳民國二十五年十二月印製《陸海空軍軍官佐任官名簿》第七冊[上尉]第1603頁記載。
[63] 據軍事委員會銓敘廳民國二十五年十二月印製《陸海空軍軍官佐任官名簿》第十冊[中尉]第2401頁記載。

第六章　粵湘浙籍第七期生的地域人文

警察局虹口分局區隊長，1932年5月13日奉派入南京中央陸軍軍官學校軍官教導總隊受訓，1932年7月10日結訓。[64]任保安總隊中隊長、參謀。1935年8月16日被國民政府軍事委員會銓敘廳頒令敘任陸軍步兵中尉。[65]

吳石安照片

吳石安（1908－？）別字萬全，原載籍貫廣東恩平，另載廣東臨高人。廣州國民革命軍黃埔軍官學校第七期步兵科畢業。自填登記為民國前三年五月十三日出生。[66]1927年9月考入廣州國民革命軍黃埔軍官學校第七期第二總隊步兵科步兵第三中隊學習，入學時登記為24歲，1930年9月畢業。任廣東軍事政治學校步兵科學員大隊區隊長，教育處助教，步兵教導隊隊長。1935年8月16日被國民政府軍事委員會銓敘廳頒令敘任陸軍步兵上尉。[67]

吳龍雄（1908－1932）別字克軍，廣東瓊山人。南京中央陸軍軍官學校第七期步兵科畢業。1928年12月28日入南京中央陸軍軍官學校第七期第一總隊步兵科步兵大隊第四隊學習，入學時登記為20歲，1929年12月28日畢業。任陸軍步兵營見習、排長、連長，1932年秋在討伐軍閥戰事中陣亡。[68]

吳志城（1909－？）別字正筠，廣東瓊山人。南京中央陸軍軍官學校第七期工兵科畢業。自填登記為民國前三年七月九日出生。[69]1928年12月28日考入南京中央陸軍軍官學校第七期第一總隊工兵科工兵隊學習，入學時登記為19

---

[64] 1932年5月13、14日《中央日報》連續刊登"南京中央陸軍軍官學校軍官教育總隊啟事（一）"記載。

[65] 據軍事委員會銓敘廳民國二十五年十二月印製《陸海空軍軍官佐任官名簿》第十冊[中尉]第2401頁記載。

[66] 據軍事委員會銓敘廳民國二十五年十二月印製《陸海空軍軍官佐任官名簿》第七冊[上尉]第1602頁記載。

[67] 據軍事委員會銓敘廳民國二十五年十二月印製《陸海空軍軍官佐任官名簿》第七冊[上尉]第1602頁記載。

[68] 黃埔建國文集編纂委員會主編：臺北實踐出版社1985年6月16日印行《黃埔軍魂》第579頁記載。

[69] 軍事委員會銓敘廳民國二十五年十二月印製《陸海空軍軍官佐任官名簿》第十一冊[中尉]第2751頁記載。

歲，1929年12月28日畢業。任工兵訓練班助教，工兵大隊區隊長、參謀。1935年8月16日被國民政府軍事委員會銓敘廳頒令敘任陸軍工兵中尉。[70]

吳秀山照片

吳秀山（1904－？）別字伯起，廣東瓊山人。廣州國民革命軍黃埔軍官學校第七期第二總隊步兵科畢業。1927年9月考入廣州國民革命軍黃埔軍官學校第七期第二總隊步兵科步兵第四中隊學習，入學時登記為24歲，1930年9月畢業。任廣東第四軍區司令部幹部教導隊區隊長、中隊長，廣州大中專科學校軍事訓練組教官。1937年6月22日被國民政府軍事委員會銓敘廳頒令敘任陸軍步兵少校。[71]

吳宗漢照片

吳宗漢（1905－？）原名也魯，[72]別字也魯，別號若萍，後以字行，廣東瓊東人。廣東第八路軍總指揮部幹部教導隊肄業，廣州國民革命軍黃埔軍官學校第七期步兵科、陸軍大學參謀班西北班第四期畢業。1927年9月考入廣州國民革命軍黃埔軍官學校第七期第二總隊步兵科步兵第二中隊學習，入學時登記為25歲，1930年9月畢業。歷任陸軍第一軍司令部警衛連排長、連長、參謀。

---

[70] 軍事委員會銓敘廳民國二十五年十二月印製《陸海空軍軍官佐任官名簿》第十一冊[中尉]第2751頁記載。

[71] 國民政府文官處印鑄局印行：臺灣成文出版社有限公司1972年8月出版《國民政府公報》第126冊1937年6月23日第2387號頒令第3頁記載。

[72] 據湖南省檔案館校編、湖南人民出版社1989年7月《黃埔軍校同學錄》記載。

抗日戰爭爆發後。任陸軍第十七軍團司令部參謀，隨軍參加淞滬會戰。1939年4月奉派入陸軍大學參謀班西北班第四期學習，1940年6月畢業。任陸軍第九十師步兵第二七一團團長，率部參加抗日戰事。抗日戰爭勝利後，1945年10月10日獲頒忠勤勳章，1946年5月30日獲頒勝利勳章。1946年7月任整編第二十九軍（軍長劉戡）整編第九十師（師長嚴明）司令部（參謀長曾文思）參謀處處長，1948年3月1日在陝西宜川瓦子街戰役中被人民解放軍俘虜。

吳質純照片

吳質純（1907－1938）別字文彬，廣東陸豐人。廣州國民革命軍黃埔軍官學校第七期步兵科畢業。1927年9月考入廣州國民革命軍黃埔軍官學校第七期第二總隊步兵科步兵第三中隊學習，入學時登記為21歲，1930年9月畢業。任陸軍步兵營見習、排長、連長、參謀。抗日戰爭爆發後，任陸軍第一九〇師步兵第一一一〇團少校團附，1938年9月在江西與日軍作戰陣亡。

吳春農（1908－？）廣東瓊山人。南京中央陸軍軍官學校第七期炮兵科畢業。自填登記為民國前四年十月十二日出生。[73]1928年12月28日考入南京中央陸軍軍官學校第七期第一總隊炮兵科炮兵隊學習，入學時登記為26歲，1929年12月28日畢業。任炮兵教導隊見習、助教，防空學校學員大隊區隊長、中隊長。1936年4月18日被國民政府軍事委員會銓敘廳頒令敘任陸軍炮兵中尉。[74]

吳紹邱（1904－？）廣東瓊山人。南京中央陸軍軍官學校第七期炮兵科畢業。自填登記為民國前八年十二月二十七日出生。[75]1928年12月28日考入南京中央陸軍軍官學校第七期第一總隊炮兵科炮兵隊學習，入學時登記為22歲，

---

[73] 軍事委員會銓敘廳民國二十五年十二月印製《陸海空軍軍官佐任官名簿》第十一冊[中尉]第2714頁記載。

[74] 軍事委員會銓敘廳民國二十五年十二月印製《陸海空軍軍官佐任官名簿》第十一冊[中尉]第2714頁記載。

[75] 據軍事委員會銓敘廳民國二十五年十二月印製《陸海空軍軍官佐任官名簿》第八冊[上尉]第1901頁記載。

1929年12月28日畢業。任炮兵第一團見習，炮兵第一旅第一團排長、連長。1935年9月11日被國民政府軍事委員會銓敘廳頒令敘任陸軍炮兵上尉。[76]

吳鐵珊照片

吳鐵珊（1904－？）別字仲平，廣東高要人。廣州國民革命軍黃埔軍官學校第七期步兵科畢業。1927年9月考入廣州國民革命軍黃埔軍官學校第七期第二總隊步兵科步兵第一中隊學習，入學時登記為23歲，1930年9月畢業。參與《國民革命軍黃埔軍官學校第七期同學錄》編輯工作，為十八名籌備員之一。[77]

宋以浪照片

宋以浪（1906－？）別字清輝，廣東合浦人。廣州國民革命軍黃埔軍官學校第七期步兵科畢業。1927年9月考入廣州國民革命軍黃埔軍官學校第七期第二總隊步兵科步兵第二中隊學習，入學時登記為21歲，1930年9月畢業。參與《國民革命軍黃埔軍官學校第七期同學錄》編輯工作，為十八名籌備員之一。[78]

---

[76] 據軍事委員會銓敘廳民國二十五年十二月印製《陸海空軍軍官佐任官名簿》第八冊[上尉]第1901頁記載。
[77] 源自1930年12月印行《國民革命軍黃埔軍官學校同學錄》第198頁記載。
[78] 源自1930年12月印行《國民革命軍黃埔軍官學校同學錄》第198頁記載。

第六章　粵湘浙籍第七期生的地域人文

何卉君照片

何卉君（1907－？）原載籍貫廣東德慶，另載廣東肇慶人。廣州國民革命軍黃埔軍官學校第七期步兵科畢業。自填登記為民國前四年七月十日出生。[79]1927年9月考入廣州國民革命軍黃埔軍官學校第七期第二總隊步兵科步兵第三中隊學習，入學時登記為23歲，1930年9月畢業。任廣州國立中山大學軍事訓練教官，廣州防空司令部警備連連長。1935年8月24日被國民政府軍事委員會銓敘廳頒令敘任陸軍步兵中尉。[80]

何茂生（1904－1932）廣東興寧人。南京中央陸軍軍官學校第七期步兵科畢業。1928年12月28日考入南京中央陸軍軍官學校第七期第一總隊步兵科步兵大隊第四中隊學習，入學時登記為24歲，1929年12月28日畢業。任陸軍步兵營見習、排長、副連長，1932年秋在討伐軍閥戰事中陣亡。[81]

何繼志照片

何繼志（1907－？）別字善圃，廣東番禺人。廣州國民革命軍黃埔軍官學校第七期步兵科畢業。自填登記為民國前四年七月十四日出生。[82]1927年9月

---

[79] 據軍事委員會銓敘廳民國二十五年十二月印製《陸海空軍軍官佐任官名簿》第十冊[中尉]第2475頁記載。
[80] 據軍事委員會銓敘廳民國二十五年十二月印製《陸海空軍軍官佐任官名簿》第十冊[中尉]第2475頁記載。
[81] 黃埔建國文集編纂委員會主編：臺北實踐出版社1985年6月16日印行《黃埔軍魂》第580頁記載。
[82] 據軍事委員會銓敘廳民國二十五年十二月印製《陸海空軍軍官佐任官名簿》第十冊[中尉]第2473頁記載。

考入廣州國民革命軍黃埔軍官學校第七期第二總隊步兵科步兵第二中隊學習，入學時登記為23歲，1930年9月畢業。任國民革命軍討逆軍廣東第八路軍總指揮部陸軍步兵訓練處見習，廣州燕塘訓練基地練習營排長、連長。1936年4月23日被國民政府軍事委員會銓敘廳頒令敘任陸軍步兵中尉。[83]

何慰吾照片

何慰吾（1902－？）別字應勳，廣東新會人。廣州國民革命軍黃埔軍官學校第七期步兵科畢業。1927年9月考入廣州國民革命軍黃埔軍官學校第七期第二總隊步兵科步兵第二中隊學習，入學時登記為23歲，1930年9月畢業。參與《國民革命軍黃埔軍官學校第七期同學錄》編輯工作，為十八名籌備員之一。[84]任陸軍步兵營排長、連長、參謀，1936年6月任廣東第四路軍第一五二師第四五四旅步兵第九〇七團部少校團附。[85]抗日戰爭爆發後，隨軍參加抗日戰事。

余雲濟（1908－？）別字德洲，後以字行，原載廣東廣州，另載廣東東莞人。南京中央陸軍軍官學校第七期騎兵科畢業。自填登記為民國前五年十月十日出生。1928年12月28日考入南京中央陸軍軍官學校第七期第一總隊騎兵科騎兵隊學習，入學時登記為20歲，1929年12月28日畢業。任陸軍步兵營見習、排長、副連長，抗日戰爭爆發後，任陸軍步兵營連長、營附。抗日戰爭勝利後，1945年10月10日獲頒忠勤勳章，1946年5月30日獲頒勝利勳章。1946年6月奉派入中央訓練團廣東第九軍官總隊受訓，登記為上尉隊員，1946年12月31日辦理退役。登記住所為廣州市惠愛西路150號隆記商行。[86]

---

[83] 據軍事委員會銓敘廳民國二十五年十二月印製《陸海空軍軍官佐任官名簿》第十冊[中尉]第2473頁記載。
[84] 源自1930年12月印行《國民革命軍黃埔軍官學校同學錄》第198頁記載。
[85] 1937年5月印行《廣東綏靖主任公署暨第四路軍總司令部各機關部隊職員錄》第50頁記載。
[86] 1948年2月印行《廣州市陸軍在鄉軍官會會員名冊》第52頁記載。

第六章　粵湘浙籍第七期生的地域人文

余肇光照片

余肇光（1904－？）別字昂，別號浩源，廣東饒平人。廣州國民革命軍黃埔軍官學校第七期步兵科畢業。幼時入私塾啟蒙，本鄉高等小學肄業後，隨父赴廣州打工謀生。當年在廣州《民國日報》看到登載招考「兩廣陸軍學校入伍生」啟事，錄取後編入燕塘入伍生大隊第五中隊（中隊長王荓文），1927年9月考入廣州國民革命軍黃埔軍官學校第七期第二總隊工兵科工兵中隊學習，入學時登記為23歲，1930年9月畢業。歷任陸軍步兵團排長、連長、參謀、科長、副主任。抗日戰爭勝利後，1945年10月10日獲頒忠勤勳章，1946年5月30日獲頒勝利勳章。中華人民共和國成立後，定居廣州，1985年3月參加廣州地區黃埔軍校同學會活動。著有《憶述就學軍校經過》（載於廣東省黃埔軍校同學會編：廣州師範學院印刷廠1991年9月印行《崢嶸歲月：黃埔師生談黃埔》第134－138頁）等。

張大華照片

張大華（1910－2001）廣東平遠縣河頭人。廣州國民革命軍黃埔軍官學校第七期工兵科、中央陸軍工兵學校國防要塞班、陸軍大學正則班第十七期畢業。幼時在家務農，得親友資助入讀本鄉甲等小學堂，肄業後考入縣立初級師範學校，經在省城同鄉推薦赴廣州，入廣東守備軍幹部教導隊及入伍生隊受訓。1927年9月考入廣州國民革命軍黃埔軍官學校第七期第二總隊工兵科工兵中隊學習，入學時登記為21歲，1929年2月畢業。參與《國民革命軍黃埔軍官

學校第七期同學錄》編輯工作，為十八名籌備員之一。[87]1930年起任廣東陸軍第一師第二旅第五團排長、副連長、代連長，廣東第一集團軍總司令部工兵參謀。1936年3月16日被國民政府軍事委員會銓敘廳頒令敘任陸軍步兵中校。[88]抗日戰爭爆發後，任第十二集團軍總司令部工兵指揮部中校主任參謀，第七戰區司令長官部參謀處第三課課長。1939年2月考入陸軍大學正則班第十七期學習，1942年7月畢業。1942年10月任陸軍第六十二軍司令部參謀處處長、副參謀長，後任第六十二軍司令部代理參謀長，率部參加第二、第三次粵北會戰。1945年5月任第二方面軍司令長官部兵站司令部參謀長，兼任運輸指揮部指揮官。抗日戰爭勝利後，1945年10月10日獲頒忠勤勳章。1946年1月任聯合勤務總司令部第三補給區司令部參謀長，1946年5月30日獲頒勝利勳章。1947年10月任粵中師管區司令部參謀長。1949年2月任廣東綏靖主任公署參謀處副處長、陸軍少將銜高級參謀。其間在粵東參與軍事策反與起義事宜。中華人民共和國成立後，入南方大學高級班學習。後分配為廣東省人民政府參事室研究員，1957年春至1994年任廣東省人民政府參事室參事。[89]1985年3月當選為廣州地區黃埔軍校同學會理事，1986年5月當選為廣東省黃埔軍校同學會理事。2001年12月因病在廣州逝世。著有《第六十二軍參加衡陽戰役的經過》（載於中國文史出版社《原國民黨將領抗日戰爭親歷記—湖南四大會戰》）、《第十二集團軍工兵指揮部在棄守廣州中的一些情況》（載於中國文史出版社《原國民黨將領抗日戰爭親歷記－粵桂黔滇抗戰》）、《張大華自述》（本書著者藏）等。

張中鼎照片

---

[87] 源自1930年12月印行《國民革命軍黃埔軍官學校同學錄》第198頁記載。
[88] 國民政府文官處印鑄局印行：臺灣成文出版社有限公司1972年8月出版《國民政府公報》第105冊1936年3月17日第1997號頒令第1－2頁記載。
[89] 廣東省人民政府參事室2001年12月編印：《廣東參事50年[1951－2001]》第85－87頁《歷任政府參事名錄》記載。

第六章　粵湘浙籍第七期生的地域人文

張中鼎（1908－？）別字那公，廣東鬱南人。廣州國民革命軍黃埔軍官學校第七期炮兵科畢業。自填登記為民國前四年二月十七日出生。1927年9月28日考入廣州國民革命軍黃埔軍官學校第七期第二總隊炮兵科炮兵中隊學習，入學時登記為23歲，1930年9月28日畢業。任陸軍炮兵團排長、連長、營長、團長，率部參加抗日戰事。1944年12月16日任廣東鬱南縣縣長，1946年3月免職。抗日戰爭勝利後，1945年10月10日獲頒忠勤勳章，1946年5月30日獲頒勝利勳章。1946年7月奉派入中央訓練團廣東第九軍官總隊受訓，登記為上校隊員，1947年2月1日辦理退役。登記住所為廣州市連新路105號二樓。[90]

張偉漢照片

張偉漢（1905－1986）廣東平遠縣河頭鄉田心村人。廣州國民革命軍黃埔軍官學校第七期炮兵科、陸軍大學正則班第十七期畢業。7歲入私塾啟蒙，後考入本鄉新思初級小學堂就讀，繼升入文成高等小學堂學習，1922年考入平遠縣立中學就讀。1927年9月考入廣州國民革命軍黃埔軍官學校第七期第二總隊炮兵科炮兵中隊學習，入學時登記為22歲，1930年9月畢業。分發第八路軍總指揮部幹部教導隊炮兵訓練班見習、訓練員，第一集團軍第二軍司令部副官，第四路軍總司令部炮兵教導隊區隊長、參謀。抗日戰爭爆發後，1939年2月考入陸軍大學正則班第十七期學習，1942年7月畢業。任第十二集團軍總司令部炮兵團營長，後任宜昌警備司令部炮兵指揮部指揮官。[91]1945年1月任第四方面軍司令長官部炮兵指揮部指揮官，兼任炮兵第二團團長。抗日戰爭勝利後，1945年10月10日獲頒忠勤勳章，1946年5月30日獲頒勝利勳章。1948年任陸軍暫編第二軍司令部參謀長，1949年12月任海南防衛總司令部東部防守區司令部參謀長，1950年5月隨軍遷移臺灣，1954年12月屆齡退役。

---

[90] 1948年2月印行《廣州市陸軍在鄉軍官會會員名冊》第15頁記載。
[91] 梅州市政協文化和文史資料委員會、中共梅州市委黨史研究室合編：2008年11月深圳星光印刷有限公司印行《梅州將軍錄》第218頁記載。

繼往開來：黃埔軍校第七期研究

張光寰照片

張光寰（1902－？）別字攀宇，廣東茂名人。廣州國民革命軍黃埔軍官學校第七期步兵科畢業。自填登記為民國前十年十一月一日出生。1927年9月28日考入廣州國民革命軍黃埔軍官學校第七期第二總隊步兵科步兵大隊第四中隊學習，入學時登記為26歲，1930年9月28日畢業。任陸軍步兵團排長、連長。抗日戰爭爆發後，任陸軍第六十三軍司令部幹部教導隊教官、少校隊員。抗日戰爭勝利後，1945年10月10日獲頒忠勤勳章，1946年5月30日獲頒勝利勳章。1946年6月奉派中央訓練團廣東第九軍官總隊受訓，登記為中校分隊長，1946年12月1日辦理退役。自填住所為廣州市流花橋西約十二號。[92]

張複華照片

張複華（1902－？）別字秀孚，廣東順德人。廣州國民革命軍黃埔軍官學校第七期步兵科畢業。自填登記為民國前七年一月二日出生。1927年9月考入廣州國民革命軍黃埔軍官學校第七期第二總隊步兵科步兵第三中隊學習，入學時登記為26歲，1930年9月畢業。任陸軍步兵團排長、副官、連長。抗日戰爭爆發後，任上尉參謀、幹部教導隊少校隊員。抗日戰爭勝利後，1945年10月10日獲頒忠勤勳章，1946年5月30日獲頒勝利勳章。1946年6月奉派入中央訓練團廣東第九軍官總隊受訓，登記為中校隊員，1947年2月1日辦理退役。登記依據為廣州市龍津中路二巷十九號。[93]

---

[92] 1948年2月印行《廣州市陸軍在鄉軍官會會員名冊》第23頁記載。
[93] 1948年2月印行《廣州市陸軍在鄉軍官會會員名冊》第16頁記載。

第六章　粵湘浙籍第七期生的地域人文

張賢智（1906－？）別字哲，廣東梅縣人。南京中央陸軍軍官學校第七期步兵科畢業。自填登記為民國前五年一月一日出生。[94]1928年12月28日考入南京中央陸軍軍官學校第七期第一總隊步兵科步兵大隊第四隊學習，入學時登記為22歲，1929年12月28日畢業。任第十九路軍第六十一師步兵營排長、連長，南京中央陸軍軍官學校學員總隊區隊長、中隊長。1935年9月12日被國民政府軍事委員會銓敘廳頒令敘任陸軍步兵上尉。[95]抗日戰爭爆發後，1937年10月任南京中央陸軍訓練團第三大隊第九隊上尉區隊長兼訓練教官。[96]

張智心照片

張智心（1903－？）別字一帆，別號君鐵，廣東防城人。廣州國民革命軍黃埔軍官學校第七期步兵科畢業。1927年9月考入廣州國民革命軍黃埔軍官學校第七期第二總隊步兵科步兵第四中隊學習，入學時登記為24歲，1930年9月畢業。任廣州燕塘軍事訓練處步兵科助教，第八路軍總指揮部幹部教導隊教官，廣東省保安司令部參謀。1936年6月任第四路軍第一五三師第四五九旅司令部參謀處少校參謀。[97]抗日戰爭爆發後，隨軍參加抗日戰事。

李秀照片

---

[94] 軍事委員會銓敘廳民國二十五年十二月印製《陸海空軍軍官佐任官名簿》第八冊[上尉]第1814頁記載。
[95] 軍事委員會銓敘廳民國二十五年十二月印製《陸海空軍軍官佐任官名簿》第八冊[上尉]第1814頁記載。
[96] 據民國二十七年十月印行《中央陸軍訓練團官佐通訊錄》記載。
[97] 1937年5月印行《廣東綏靖主任公署暨第四路軍總司令部各機關部隊職員錄》第64頁記載。

李　秀（1910－？）別字池，後以字行，廣東茂名人。廣州國民革命軍黃埔軍官學校第七期炮兵科畢業。自填登記為民國前一年三月十五日出生。[98] 1927年9月考入廣州國民革命軍黃埔軍官學校第七期第二總隊炮兵科炮兵中隊學習，入學時登記為25歲，1930年9月畢業。因與另一高級軍官重名，按照戰時條例規定奉令改名池。任廣東陸軍炮兵訓練所見習，第一集團軍第三軍司令部直屬炮兵營排長。抗日戰爭爆發後，隨軍參加惠廣戰役，與日軍作戰中腿部負重傷，入傷兵醫院治療，後為傷殘一級。抗日戰爭勝利後，入中央訓練團廣東第九軍官總隊受訓，登記為上尉服務員，[99]1946年7月31日退役。登記住所為廣州市大德路219號二樓。

李棟照片

　　李　棟（1905－？）別字秉良，後改名東，廣東興寧人。廣州國民革命軍黃埔軍官學校第七期工兵科畢業。自填登記為民國前七年五月五日出生。[100] 1927年9月考入廣州國民革命軍黃埔軍官學校第七期第二總隊工兵科工兵中隊學習，入學時登記為24歲，1930年9月畢業。因與另一高級軍官重名，按照戰時條例規定奉令改名東。歷任廣東陸軍工兵訓練所見習，獨立工兵營排長、連長、參謀。1935年9月18日被國民政府軍事委員會銓敘廳頒令敘任陸軍工兵中尉。[101]

---

[98] 1948年2月印行《廣州市陸軍在鄉軍官會會員名冊》第31頁記載。
[99] 1948年2月印行《廣州市陸軍在鄉軍官會會員名冊》第33頁記載。
[100] 軍事委員會銓敘廳民國二十五年十二月印《陸海空軍軍官佐任官名簿》第十一冊[中尉]第2743頁記載。
[101] 軍事委員會銓敘廳民國二十五年十二月印《陸海空軍軍官佐任官名簿》第十一冊[中尉]第2743頁記載。

第六章　粵湘浙籍第七期生的地域人文

李文倫照片

李文倫（1907－？）別字敘彝，廣東新會人。廣州國民革命軍黃埔軍官學校第七期工兵科、陸軍大學正則班第十四期畢業。自填登記為民國前十年四月十七日出生。[102]1927年9月考入廣州國民革命軍黃埔軍官學校第七期第二總隊工兵科工兵中隊學習，入學時登記為20歲，1930年9月畢業。記載初任軍職為廣東第一集團軍第一軍第二師第六團排長，後任連長、營長。[103]依據國民政府軍事委員會1935年5月頒令官位序號為第4037號。[104]1935年12月考入陸軍大學正則班第十四期學習，1938年7月畢業。抗日戰爭爆發後，歷任陸軍第十八軍第十八師司令部參謀處參謀、課長、參謀主任，陸軍第十八師司令部科長、參謀長。1942年12月18日頒令委任軍政部軍務司防戰科少將科長。[105]1944年10月1日敘任陸軍工兵上校。[106]另載1945年1月被國民政府軍事委員會銓敘廳頒令敘任陸軍工兵上校。抗日戰爭勝利後，1945年10月10日獲頒忠勤勳章，1946年5月30日獲頒勝利勳章。1946年12月11日頒令委任為國防部第二廳第一處少將副處長。[107]

---

[102] 據軍事委員會銓敘廳民國三十三年十二月印製《軍官資績簿》第二冊[陸軍現役少將上校軍官資績簿]第414頁記載。

[103] 據軍事委員會銓敘廳民國三十三年十二月印製《軍官資績簿》第二冊[陸軍現役少將上校軍官資績簿]第414頁記載。

[104] 國民政府國防部第一廳民國三十六年二月印行《現役軍官資績簿》第三冊[陸軍現役少將上校軍官資績簿]第61頁記載。

[105] 據軍事委員會銓敘廳民國三十三年十二月印製《軍官資績簿》第二冊[陸軍現役少將上校軍官資績簿]第414頁記載。

[106] 國民政府國防部第一廳民國三十六年二月印行《現役軍官資績簿》第三冊[陸軍現役少將上校軍官資績簿]第61頁記載。

[107] 國民政府國防部第一廳民國三十六年二月印行《現役軍官資績簿》第三冊[陸軍現役少將上校軍官資績簿]第61頁記載。

李功寶照片

李功寶（1901－2004）別字平夷，廣東花縣人。廣州國民革命軍黃埔軍官學校第七期步兵科畢業，第八路軍總指揮部幹部教導隊軍官研究班結業。自填登記為民國前十年十一月二十六日出生。在兄弟中排行第二，幼時入本鄉私塾，後考入縣立務本學校學習，畢業後考入縣立第一中學就讀。畢業後入廣東守備軍幹部教導隊受訓。1927年9月考入廣州國民革命軍黃埔軍官學校第七期第二總隊步兵科步兵大隊第一中隊學習，入學時登記為27歲，1930年9月畢業。1936年6月任第四路軍第一五三師司令部參謀處少校參謀。[108]抗日戰爭爆發後，任陸軍第六十三軍司令部參謀處情報科科長，後任守備處主任，陸軍步兵團團長，率部參加抗日戰事。其三弟在廣州警官學校畢業，曾任番禺市橋員警分局局長。抗日戰爭勝利後，他任陸軍第六十三軍駐廣州辦事處主任，他與三弟謀劃逮捕李朗雞。那時李朗雞正籌備潛逃，他讓三弟先穩住他，然後發動突襲，到多寶路「李公館」，逮捕漢奸李朗雞落網。1945年10月10日獲頒忠勤勳章，1946年5月30日獲頒勝利勳章。1946年6月奉派入中央訓練團廣東第九軍官總隊受訓，登記為上校科長，1947年10月1日辦理退役，登記住所為廣州市文昌路鄉約直街十一號。[109]2004年春因病在廣州逝世。

李國光（1906－？）廣東臺山人。南京中央陸軍軍官學校第七期第一總隊步兵科畢業。1928年12月28日入南京中央陸軍軍官學校第七期第一總隊步兵科步兵大隊第四隊學習，入學時登記為23歲，1929年12月28日畢業。歷任粵系軍隊排長、連長、營長、團長。1936年12月30日被國民政府軍事委員會銓敘廳頒令敘任陸軍步兵中校。[110]抗日戰爭爆發後，任第十二集團軍第六十三軍教導團團長，率部參加抗日戰事。

---

[108] 1937年5月印行《廣東綏靖主任公署暨第四路軍總司令部各機關部隊職員錄》第57頁記載。

[109] 1948年2月印行《廣州市陸軍在鄉軍官會會員名冊》第12頁記載。

[110] 國民政府文官處印鑄局印行：臺灣成文出版社有限公司1972年8月出版《國民政府公報》第118冊1936年12月31日第2242號頒令第4頁記載。

第六章　粵湘浙籍第七期生的地域人文

李國棟（1907－？）別字柱也，廣東茂名人。南京中央陸軍軍官學校第七期輜重兵科畢業。1928年12月28日入南京中央陸軍軍官學校第七期第一總隊輜重兵科輜重兵隊學習，入學時登記為23歲，1929年12月28日畢業。任陸軍獨立輜重兵團排長、連長、營長、團長。在抗日戰事中陣亡殉國。[111]

李樹華照片

李樹華（1901－？）別字隱仙，廣東梅縣人，廣州國民革命軍黃埔軍官學校第七期第二總隊步兵科畢業。1927年9月考入廣州國民革命軍黃埔軍官學校第七期第二總隊步兵科第四中隊學習，入學時登記為27歲，1930年9月畢業。任陸軍步兵團排長、連長、營長、團附。1935年6月18日被國民政府軍事委員會銓敘廳頒令敘任陸軍步兵少校。[112]

李瓊瑀照片

李瓊瑀（1905－？）別字並琚，廣東吳川人。廣州國民革命軍黃埔軍官學校第七期步兵科畢業。自填登記為民國前六年十月一日出生。[113]1927年9月考入廣州國民革命軍黃埔軍官學校第七期第二總隊步兵科步兵大隊步兵第二中隊學習，入學時登記為21歲，1930年9月畢業。任廣東防空司令部步兵連排長、

---

[111] 黃埔建國文集編纂委員會主編：臺北實踐出版社1985年6月16日印行《黃埔軍魂》第585頁記載。
[112] 國民政府文官處印鑄局印行：臺灣成文出版社有限公司1972年8月出版《國民政府公報》第94冊1935年6月19日第1771號頒令第1頁記載。
[113] 軍事委員會銓敘廳民國二十五年十二月印製《陸海空軍軍官佐任官名簿》第六冊[上尉]第1402頁記載。

連長、參謀。1936年7月18日被國民政府軍事委員會銓敘廳頒令敘任陸軍步兵上尉。[114]

李靖祺照片

李靖祺（1901－？）別字逖，廣東興寧人。廣州國民革命軍黃埔軍官學校第七期步兵科畢業，國民革命軍討逆軍廣東第八路軍總指揮部幹部教導隊軍官研究班結業。1927年9月考入廣州國民革命軍黃埔軍官學校第七期第二總隊步兵科步兵大隊步兵第三中隊學習，入學時登記為26歲，1930年9月畢業。任第八路軍總指揮部軍官研究班助教、區隊長、分隊長，第四路總司令部參謀。1936年6月任第四路軍第一五一師第四五三旅司令部參謀處少校參謀。[115]抗日戰爭爆發後，隨軍參加抗日戰事。

杜興強（1905－1977）又名英強，[116]別字素夫，廣東瓊山縣長流鎮道益村人。南京中央陸軍軍官學校第七期炮兵科畢業。自填登記為民國前七年一月十五日出生。[117]幼年在家鄉私塾啟蒙，先後就讀於本鄉高等小學堂、縣立第一中學，應邀赴省城考入廣東守備軍幹部教導隊受訓。1928年12月28日考入南京中央陸軍軍官學校第七期第一總隊炮兵科炮兵隊學習，入學時登記為22歲，1929年12月28日畢業。歷任陸軍第七十八師司令部炮兵營排長、連長。1935年7月30日被國民政府軍事委員會銓敘廳頒令敘任陸軍炮兵中尉。[118]任第四路軍總司令部炮兵營副營長、營長。抗日戰爭爆發後，任第十二集團軍總司令部直屬野戰補充第一團團長，廣東臺山團管區司令部副司令官、司令官。1943年10月入

---

[114] 軍事委員會銓敘廳民國二十五年十二月印製《陸海空軍軍官佐任官名簿》第六冊[上尉]第1402頁記載。

[115] 1937年5月印行《廣東綏靖主任公署暨第四路軍總司令部各機關部隊職員錄》第42頁記載。

[116] 據湖南省檔案館校編，湖南人民出版社1989年7月《黃埔軍校同學錄》記載。

[117] 軍事委員會銓敘廳民國二十五年十二月印《陸海空軍軍官佐任官名簿》第十一冊[中尉]第2703頁記載。

[118] 軍事委員會銓敘廳民國二十五年十二月印《陸海空軍軍官佐任官名簿》第十一冊[中尉]第2703頁記載。

陸軍大學特別班第七期學習，1946年3月畢業。任廣東茂名師管區司令部司令官，1949年11月任海南防衛總司令部重建後的第六十四軍司令部副參謀長、代理參謀長。1950年5月隨軍赴臺灣。1977年2月因病在臺北逝世。

楊讓照片

楊　讓（1903－1937）別字季鵬，廣東惠陽人。廣州國民革命軍黃埔軍官學校第七期步兵科畢業。1927年9月考入廣州國民革命軍黃埔軍官學校第七期第二總隊步兵科步兵大隊步兵第一中隊學習，入學時登記為25歲，1930年9月畢業。任第一集團軍第三軍步兵連見習、排長，第四路軍第一五九師司令部參謀、步兵營連長、營附。1936年6月任第四路軍第一五九師第四七五旅第九五三團少校團附。[119]抗日戰爭爆發後，任陸軍第一五九師步兵第四七七旅司令部少校參謀，1937年12月13日在南京保衛戰中陣亡。

楊柏盧（1905－？）別字永漢，後以字行，原載廣東瓊州，另載廣東文昌人。廣州國民革命軍黃埔軍官學校第七期工兵科畢業。1928年12月28日考入南京中央陸軍軍官學校第七期第一總隊工兵科工兵隊學習，入學時登記為23歲，1929年12月28日畢業。任陸軍獨立工兵營見習、排長、連長，1936年春任第四路軍總司令部參謀處上尉參謀。[120]抗日戰爭爆發後，隨軍參加抗日戰事。

楊樹樑照片

---

[119] 1937年5月印行《廣東綏靖主任公署暨第四路軍總司令部各機關部隊職員錄》第131頁記載。
[120] 1936年12月印行《廣東綏靖主任公署暨第四路軍總司令部職員錄》第83頁記載。

楊樹梁（1908－？）又名樹良，別字棟煌，廣東惠陽人。廣州國民革命軍黃埔軍官學校第七期工兵科畢業。1927年9月考入廣州國民革命軍黃埔軍官學校第七期第二總隊工兵科工兵中隊學習，入學時登記為21歲，1930年9月畢業。任廣東綏靖主任公署幹部教導大隊助教、教官。1936年6月任第四路軍第一五五師第四六五旅第九三〇團（團長譚生林）少校團附。[121]

楊贊文照片

楊贊文（1909－？）別字亦武，廣東茂名人。廣州國民革命軍黃埔軍官學校第七期第二總隊工兵科畢業。1927年9月考入廣州國民革命軍黃埔軍官學校第七期第二總隊工兵科工兵中隊學習，入學時登記為21歲，1930年9月畢業。任廣東軍事政治學校第一期工兵科助教、教官。1932年5月13日奉派入南京中央陸軍軍官學校軍官教育總隊受訓，1932年7月10日結訓。[122]

楊潘龍（1908－？）別字競飛，廣東普寧人。南京中央陸軍軍官學校第七期步兵科畢業。自填登記為民國前三年十二月二十四日出生。[123]1928年12月28日考入南京中央陸軍軍官學校第七期第一總隊步兵大隊第一隊學習，入學時登記為20歲，1929年12月28日畢業。任步兵學校學員大隊區隊長、中隊長。1935年9月12日被國民政府軍事委員會銓敘廳頒令敘任陸軍步兵上尉。[124]抗日戰爭爆發後，1937年10月任南京中央陸軍訓練團第三大隊第十二隊上尉區隊長兼訓練教官。[125]

---

[121] 1937年5月印行《廣東綏靖主任公署暨第四路軍總司令部各機關部隊職員錄》第88頁記載。

[122] 1932年5月13、14日《中央日報》連續刊登"中央陸軍軍官學校軍官教育總隊啟事（一）"記載。

[123] 軍事委員會銓敘廳民國二十五年十二月印製《陸海空軍軍官佐任官名簿》第六冊[上尉]第1462頁記載。

[124] 軍事委員會銓敘廳民國二十五年十二月印製《陸海空軍軍官佐任官名簿》第六冊[上尉]第1462頁記載。

[125] 據民國二十七年十月印行《中央陸軍訓練團官佐通訊錄》記載。

第六章　粵湘浙籍第七期生的地域人文

巫鵠照片

巫　鵠（1905－？）別字真我，廣東電白人。廣州國民革命軍黃埔軍官學校第七期步兵科畢業。1927年9月考入廣州國民革命軍黃埔軍官學校第七期第二總隊步兵科步兵大隊第四中隊學習，入學時登記為23歲，1930年9月畢業。任廣東軍事政治學校步兵科訓練員、助教，廣東綏靖主任公署參謀，幹部教導團大隊長。1936年6月任第四路軍第一五四師第四六二旅第九二二團（團長廖道明）少校團附。[126]

陳鵬照片

陳　鵬（1908－？）別字麗鵬，廣東惠陽人。廣州國民革命軍黃埔軍官學校第七期第二總隊步兵科畢業。1927年9月考入廣州國民革命軍黃埔軍官學校第七期第二總隊步兵科步兵第一中隊學習，入學時登記為21歲，1930年9月畢業。任廣東東區綏靖主任公署步兵營排長、連長、參謀。1935年7月1日被國民政府軍事委員會銓敘廳頒令敘任陸軍步兵少校。[127]

---

[126] 1937年5月印行《廣東綏靖主任公署暨第四路軍總司令部各機關部隊職員錄》第76頁記載。
[127] 國民政府文官處印鑄局印行：臺灣成文出版社有限公司1972年8月出版《國民政府公報》第95冊1935年7月2日第1782號頒令第6頁記載。

陳士俊照片

陳士俊（1903－？）別字學偉，廣東新會人。廣州國民革命軍黃埔軍官學校第七期步兵科畢業。1927年9月考入廣州國民革命軍黃埔軍官學校第七期第二總隊步兵科步兵第一中隊學習，入學時登記為24歲，1930年9月畢業。任廣東陸軍訓練處見習、副官、訓練員。1936年春任第四路軍總司令部軍務處軍事科編遣股中尉股員。[128]

陳中堅照片

陳中堅（1907－？）廣東合浦人。廣州國民革命軍黃埔軍官學校第七期步兵科畢業。1927年9月考入廣州國民革命軍黃埔軍官學校第七期第二總隊步兵科步兵第一中隊學習，入學時登記為28歲，1930年9月畢業。任第一集團軍總司令部幹部教導隊訓練員、助教，第二司令部參謀，廣東綏靖主任公署參謀。1936年6月任第四路軍第一六〇師第四八〇旅第九六〇團（團長莫福如）少校團附。[129]抗日戰爭爆發後，隨軍參加抗日戰事。

陳少坡（1902－1936）別字巨石，廣東海口人。1928年12月28日考入南京中央陸軍軍官學校第七期第一總隊步兵科步兵大隊第一隊學習，入學時登記為25歲，1929年12月28日畢業。任陸軍步兵營排長、連長、營長。1936年隨軍參與「圍剿」紅軍及根據地戰事中陣亡。[130]

---

[128] 1937年5月印行《廣東綏靖主任公署暨第四路軍總司令部職員錄》第109頁記載。
[129] 1937年5月印行《廣東綏靖主任公署暨第四路軍總司令部各機關部隊職員錄》第143頁記載。
[130] 黃埔建國文集纂委員會主編：臺北實踐出版社1985年6月16日印行《黃埔軍魂》第582頁記載。

第六章　粵湘浙籍第七期生的地域人文

陳公天照片

陳公天（1909－1994）別字光熹，廣東興寧縣石馬鎮新群村維城第人。廣州國民革命軍黃埔軍官學校第七期炮兵科畢業。陸軍大學西南參謀班第八期、陸軍大學將官班乙級第四期畢業。自填登記為民國前二年十月二日出生。[131] 1927年9月考入廣州國民革命軍黃埔軍官學校第七期第二總隊炮兵科炮兵中隊學習，入學時登記為23歲，1930年9月畢業。記載初任軍職為國民革命軍第三軍司令部直屬炮兵團第一營第三連排長，履歷獨立炮兵團連長、參謀。依據國民政府軍事委員會1936年2月頒令官位為第9215號。[132] 抗日戰爭爆發後，歷任陸軍第六十二軍第一五二師營長、副團長，1939年參加粵北會戰，軍事委員會記大功一次。1940年隨軍參加良口抗日戰事，入陸軍大學西南參謀班第八期受訓，結業後任陸軍第六十二軍第一五二師司令部參謀處處長，1944年隨軍參加從化阻擊戰，第七戰區司令長官部記大功獎賞。1944年10月1日被國民政府軍事委員會銓敘廳頒令敘任陸軍炮兵上校。[133] 獲頒陸海空軍甲種一等獎章。抗日戰爭勝利後，1945年10月10日獲頒忠勤勳章，1946年5月30日獲頒勝利勳章。1946年10月8日奉派入中央訓練團受訓，登記為少將團員。[134] 1947年11月入陸軍大學乙級將官班第四期學習，1948年11月畢業。1949年任陸軍第六十二軍司令部參謀長。1994年10月因病逝世。

---

[131] 據國民政府國防部第一廳民國三十六年二月印行《現役軍官資績簿》第三冊[陸軍現役少將上校軍官資績簿]第44頁記載。

[132] 據國民政府國防部第一廳民國三十六年二月印行《現役軍官資績簿》第三冊[陸軍現役少將上校軍官資績簿]第44頁記載。

[133] 據國民政府國防部第一廳民國三十六年二月印行《現役軍官資績簿》第三冊[陸軍現役少將上校軍官資績簿]第44頁記載。

[134] 據國民政府國防部第一廳民國三十六年二月印行《現役軍官資績簿》第三冊[陸軍現役少將上校軍官資績簿]第44頁記載。

陳文傑照片

陳文傑（1900－？）別字化中，廣東興寧人。廣州國民革命軍黃埔軍官學校第七期第二總隊步兵科畢業。1927年9月考入廣州國民革命軍黃埔軍官學校第七期第二總隊步兵科步兵第一中隊學習，入學時登記為28歲，1930年9月畢業。任陸軍步兵團排長、連長、營長、少校團附。1936年6月任第四路軍第一五六師第四六六旅第九三二團（團長李紹嘉）中校團附。[135]1937年3月31日被國民政府軍事委員會銓敘廳頒令敘任陸軍步兵少校。[136]

陳可為（1912－？）別字博浪，別號沙，廣東文昌人。南京中央陸軍軍官學校第七期輜重兵科畢業。自填登記為民國前一年十一月七日出生。[137]1928年12月28日考入南京中央陸軍軍官學校第七期第一總隊輜重兵科輜重兵隊學習，入學時登記為20歲，1929年12月28日畢業。任輜重兵大隊區隊長、中隊長，兵站軍事訓練教官。1936年7月15日被國民政府軍事委員會銓敘廳頒令敘任陸軍輜重兵上尉。[138]

陳龍淵（1908－？）廣東瓊山人。南京中央陸軍軍官學校第七期第一總隊步兵科畢業。自填登記為民國前二年九月六日出生。[139]1928年12月28日考入南京中央陸軍軍官學校第七期第一總隊步兵科步兵大隊第三隊學習，入學時登記為20歲，1929年12月28日畢業。任陸軍第四師步兵第十一團排長、連長、參謀。1935年9月12日被國民政府軍事委員會銓敘廳頒令敘任陸軍步兵上尉。[140]

---

[135] 1937年5月印行《廣東綏靖主任公署暨第四路軍總司令部各機關部隊職員錄》第94頁記載。
[136] 國民政府文官處印鑄局印行：臺灣成文出版社有限公司1972年8月出版《國民政府公報》第122冊1937年4月1日第2316號頒令第1頁記載。
[137] 軍事委員會銓敘廳民國二十五年十二月印製《陸海空軍軍官佐任官名簿》第八冊[上尉]第1987頁記載。
[138] 軍事委員會銓敘廳民國二十五年十二月印製《陸海空軍軍官佐任官名簿》第八冊[上尉]第1987頁記載。
[139] 軍事委員會銓敘廳民國二十五年十二月印製《陸海空軍軍官佐任官名簿》第八冊[上尉]第1832頁記載。
[140] 軍事委員會銓敘廳民國二十五年十二月印製《陸海空軍軍官佐任官名簿》第八冊[上尉]第1832頁記載。

第六章　粵湘浙籍第七期生的地域人文

抗日戰爭爆發後，任陸軍步兵團團附，隨軍參加抗日戰事。1937年9月8日國民政府頒令由陸軍步兵上尉晉任陸軍步兵少校。[141]1937年10月任南京中央陸軍訓練團第二大隊第一隊少校區隊長兼教官。[142]

陳漢忠照片

陳漢忠（1907—？）別字繼龍，廣東興寧人。廣州國民革命軍黃埔軍官學校第七期第二總隊步兵科畢業。1927年9月考入廣州國民革命軍黃埔軍官學校第七期第二總隊步兵科步兵第二中隊學習，入學時登記為21歲，1930年9月畢業。任陸軍步兵團排長、連長、營長、參謀。1935年7月11日被國民政府軍事委員會銓敘廳頒令敘任陸軍步兵少校。[143]

陳慶斌照片

陳慶斌（1913—2001）原籍廣東順德。順德縣立中學肄業，廣州國民革命軍黃埔軍官學校第七期步兵科畢業。父親陳次愷（保定軍校第一期步兵科畢業）1927年冬入黃埔軍校任教職。他1913年2月2日生於陝西白河。後隨父返回廣東讀書，順德縣立中學肄業後，經父介紹考入第六期入伍生隊受訓。1927年9月考入廣州國民革命軍黃埔軍官學校第七期第二總隊步兵科步兵第二中隊學

---

[141] 國民政府文官處印鑄局印行：臺灣成文出版社有限公司1972年8月出版《國民政府公報》第129冊1937年9月9日第2453號頒令第1頁記載。
[142] 據民國二十七年十月印行《中央陸軍訓練團官佐通訊錄》記載。
[143] 國民政府文官處印鑄局印行：臺灣成文出版社有限公司1972年8月出版《國民政府公報》第95冊1935年7月12日第1791號頒令第1—2頁記載。

165

習，入學時登記為19歲，1930年9月畢業。歷任廣東第一集團軍見習官，教導總隊助教，步兵連排長、連長。抗日戰爭爆發後，任陸軍第六十四軍第一五九師步兵第九五二團第一營第二連連長、第二營副營長、代理營長，隨軍參加淞滬會戰、南京保衛戰。1938年1月任陸軍第一五九師司令部參謀，步兵第四七七團第一營營長，參加南潯會戰、萬家嶺戰役、第一次粵北會戰。參加崑崙關戰役時立功，獲國民政府頒發六等寶鼎勳章，陸海空軍甲種一等獎章。1943年任步兵第四七七團副團長，隨軍參加桂柳會戰。1945年2月任陸軍第一五九師步兵第四七七團團長。抗日戰爭勝利後，1945年10月10日獲頒忠勤勳章，1946年5月30日獲頒勝利勳章。1946年10月奉派入中央訓練團第九軍官總隊受訓，1946年12月結業。1948年2月任陸軍第六十四軍第一五九師副師長，不久代理師長，1948年冬在淮海戰役中被人民解放軍俘虜，入華東野戰軍政治部聯絡部解放軍官教導團學習。中華人民共和國成立後，入撫順戰俘管理所學習和勞動。1960年11月28日獲得特赦釋放。1979年起任廣州市人民政府參事室研究員、參事，1985年當選為廣州市第六屆政協委員，1985年3月廣州地區黃埔軍校同學會副秘書長，1988年8月22日當選為廣東省黃埔軍校同學會副秘書長，1998年11月20日當選為廣東省黃埔軍校同學會常務副會長。2001年5月13日因病在廣州逝世。著有《黃埔軍校續辦第七期始末》（載於廣東省黃埔軍校同學會編：廣州師範學院印刷廠1991年9月印行《崢嶸歲月：黃埔師生談黃埔》第112－119頁）1993年9月12日撰詩《抗戰勝利四十八周年：寄語臺灣同學》（載於《崢嶸歲月：黃埔師生抗戰詩詞集》第二集第73頁）等。

陳名勳照片

陳名勳（1904－1990）原名勛，後改名勳，興寧人。廣州國民革命軍黃埔軍官學校第七期炮兵科畢業。1927年9月考入廣州國民革命軍黃埔軍官學校第七期第二總隊炮兵科炮兵中隊學習，入學時登記為23歲，1930年9月畢業。歷任獨立炮兵營排長、連長、參謀。抗日戰爭爆發後，任獨立炮兵團營長、團

附、團長,隨軍參加抗日戰事。抗日戰爭勝利後,任高級參謀,炮兵訓練班副主任,國防部少將參議。[144]

陳志堅(1909-?)別字廷楣,廣東平遠人。南京中央陸軍軍官學校第七期第一總隊步兵科畢業。1928年12月28日考入南京中央陸軍軍官學校第七期第一總隊步兵科步兵大隊第四隊學習,入學時登記為21歲,1929年12月28日畢業。任各軍事學校學員登記科科員、黃埔同學會調查科調查員。1932年5月13日奉派入南京中央陸軍軍官學校軍官教育總隊受訓,1932年7月10日結訓。[145]

陳求平(1908-?)又名裘平,別字育成,廣東博羅人。南京中央陸軍官學校第七期步兵科畢業。1928年12月28日考入南京中央陸軍軍官學校第七期第一總隊步兵科步兵大隊第三隊學習,入學時登記為20歲,1929年12月28日畢業。任陸軍步兵團排長、連長、營長、團長。在抗日戰事中陣亡殉國。[146]

陳宏樟照片

陳宏樟(1909-1995)別字以偉,別號樟,廣東寶安人。廣州國民革命軍黃埔軍官學校第七期炮兵科畢業,南京湯山炮兵學校軍官研究班、軍事委員會戰術軍官戰術軍官研究班結業,陸軍大學將官班乙級第三期畢業。記載為民國前二年六月一日出生。[147]少時隨父在香港九龍打工,曾入教會辦英文學校就讀,繼入寶安縣立中學學習,肄業後考入廣東守備軍幹部教導隊受訓。1927年9月考入廣州國民革命軍黃埔軍官學校第七期第二總隊炮兵科炮兵中隊學習,入學時登記為22歲,1930年9月畢業。任第一集團軍總司令部炮兵團見習、隊

---

[144] 梅州市政協文化和文史資料委員會、中共梅州市委黨史研究室編纂:梅縣程江彩色印刷廠有限公司2013年12月印行《梅州將軍錄》第53頁記載。
[145] 1932年5月13、14日《中央日報》連續刊登"中央陸軍軍官學校軍官教育總隊啟事(一)"記載。
[146] 黃埔建國文集編纂委員會主編:臺北實踐出版社1985年6月16日印行《黃埔軍魂》第585頁記載。
[147] 軍事委員會銓敘廳民國二十五年十二月印《陸海空軍軍佐任官名簿》第十一冊[中尉]第2731頁記載。

長、連長，南京湯山炮兵學校軍官研究班學員、助教、教官。1936年4月18日被國民政府軍事委員會銓敘廳頒令敘任陸軍炮兵中尉。[148]抗日戰爭爆發後，任軍政部炮兵第七團營長、副團長，重迫擊炮第一團團長，軍政部炮兵第三旅司令部參謀長，率部參加武漢會戰。1940年10月後奉調返回廣東，任第七戰區司令長官部炮兵指揮（王若卿）部參謀長、副指揮官、指揮官，參與指揮炮兵第一團、第十二團、第十四團參加第三次長沙會戰。後任第九戰區司令長官部炮兵指揮部參謀長，參與湖南會戰諸役。1945年6月被國民政府軍事委員會銓敘廳頒令敘任陸軍炮兵上校。抗日戰爭勝利後，1945年10月10日獲頒忠勤勳章。任戰防炮兵總隊大隊長，1946年5月30日獲頒勝利勳章。野戰炮兵團少將團長。1947年2月入陸軍大學乙級將官班第三期學習，1948年4月畢業。任國防部少將附員，後離職返回廣東寶安縣，任寶安民眾自衛總隊總隊長，創辦寶安縣辛衙中學，兼任校長。1949年10月率部起義。先任廣東省人民政府參事室研究員。1980年春至1995年任廣東省人民政府參事室參事。[149]1995年春在廣州因病逝世。著有《長沙防守戰經過》（載於中國文史出版社《原國民黨將領抗日戰爭親歷記—湖南四大會戰》）等。

陳應奎照片

陳應奎（1907－1994）別字砥中，廣東臺山人。廣州國民革命軍黃埔軍官學校第七期步兵科畢業。1927年9月考入廣州國民革命軍黃埔軍官學校第七期第二總隊步兵科步兵第三中隊學習，入學時登記為24歲，1930年9月畢業。歷任廣東第一集團軍第二軍第三師司令部教導連連長，第一集團軍總司令部獨立憲兵營連長、營長。抗日戰爭爆發後，任陸軍第四軍政治部科長，軍需處副主

---

[148] 軍事委員會銓敘廳民國二十五年十二月印《陸海空軍軍官佐任官名簿》第十一冊[中尉]第2731頁記載。

[149] 廣東省人民政府參事室2001年12月編印：《廣東參事50年[1951－2001]》第85－87頁《歷任政府參事名錄》記載。

第六章　粵湘浙籍第七期生的地域人文

任。1941年10月28日國民政府令：任命陳應奎為陸軍一等軍需佐。[150]抗日戰爭勝利後，曾任廣東某區保安司令部副司令官。1950年4月由海南島赴香港，後轉移臺灣，1951年11月1日以陸軍步兵上校退役。1990年遷移原籍臺山定居，1994年春在原籍鄉間因病逝世。與原配夫人安葬於臺山良村。其嫡孫陳丹青為當代著名畫家、作家、藝術家。

陳克強照片

陳克強（1906－1981）別字錦繢，別號競進、競進，後改名錦君，廣東防城人。[151]防城縣立高等小學畢業，廣州大學肄業，廣州國民革命軍黃埔軍官學校第七期炮兵科、陸軍大學正則班第十期畢業。父均霖，母利氏。1906年9月9日生於防城縣城關鎮一個貧民家庭。1925年赴廣東高州求學謀生，1926年加入中國國民黨，後赴省城考入廣州大學肄業。1927年9月考入廣州國民革命軍黃埔軍官學校第七期第二總隊炮兵科炮兵中隊學習，1930年9月畢業。參與《國民革命軍黃埔軍官學校第七期同學錄》編輯工作，為十八名籌備員之一。[152]分發粵軍部隊任職，隨部赴廣西參加討逆作戰。後考取公費留學日本，入日本陸軍士官學校第二十期步兵科學習，1931年因「九•一八」事變爆發，憤然退學回國。返回粵軍供職，1932年4月考入陸軍大學正則班第十期學習，1935年4月畢業。回到廣州後，奉派任廣東軍事政治學校第二期炮兵科科附。1935年5月27日被國民政府軍事委員會銓敘廳頒令敘任陸軍步兵中校。[153]1936年7月任陸軍第六十五軍第一六〇師司令部直屬炮兵營營長，1937年3月任中央陸軍軍官學校第四分校學員總隊炮兵大隊大隊長。抗日戰爭爆發後，任陸軍獨立第二十

---

[150] 國民政府文官處印鑄局印行：臺灣成文出版社有限公司1972年8月出版《國民政府公報》第164冊1941年10月29日渝字第409號頒令第9頁記載。
[151] 據《日本陸軍士官學校中華學生隊歷屆同學通訊錄》記載為廣東合浦人。
[152] 源自1930年12月印行《國民革命軍黃埔軍官學校同學錄》第198頁記載。
[153] 國民政府文官處印鑄局印行：臺灣成文出版社有限公司1972年8月出版《國民政府公報》第93冊1935年5月28日第1752號頒令第4頁記載。

169

旅（旅長陳勉吾）司令部參謀長，1938年10月率部參加粵軍惠廣戰役。1938年12月任第十二集團軍總司令部直屬獨立第二十旅步兵第一團團長，1939年10月任陸軍第六十五軍（軍長繆培南）司令部參謀長，率部參加第一次粵北會戰。1940年7月10月被國民政府軍事委員會銓敘廳頒令敘任陸軍炮兵上校。1940年10月獲頒幹城甲種一等獎章。1941年任陸軍第一五八師（師長林廷華）副師長，1942年任陸軍第一五八師師長，兼任廣東羅（定）雲（浮）師管區司令部司令官。抗日戰爭勝利後，任聯合勤務總司令部第三補給司令（繆培南）部參謀長，兼任廣東防城縣縣長。1948年12月任粵桂邊區「清剿」區指揮部指揮官，1949年夏獲頒四等雲麾勳章。[154]1949年10月任海南特區警備總司令部參謀長。1950年1月部隊改編，任海南防衛總司令（薛嶽）部第四路軍司令部副司令官，1950年5月率部撤退臺灣。1955年4月遞補陳濟棠空缺，補任為臺灣「國民大會」代表。[155]曾任臺灣「光復大陸設計研究委員會」委員。1981年5月22日因病在臺北榮民總醫院逝世。

陳秉才照片

陳秉才（1907－1959）譜名陳學源，別字博泉，別號為公，廣東文昌人。廣州國民革命軍黃埔軍官學校第七期第二總隊工兵科畢業，廬山軍官訓練團教官研究班、中央訓練團兵役班第二期結業。自填登記為民國前五年六月九日出生。[156]據後人親屬記載為清光緒三十三年（西元1907年）六月初九日出生於海南文昌一個農民家庭。父曾為風水師，在他幼年時被人暗害致死。他時年13歲兄長陳學敏挑起家庭重擔，長兄如父，在哥哥鼓勵支持下，他發奮讀書，胸中常懷報國之志，順利考取了海口瓊臺師範學校。師範學校畢業後，回鄉教書，

---

[154] 劉紹唐主編：傳記文學出版社有限公司1989年12月印行《傳記文學》第五十五卷第五期第141頁記載。

[155] 1980年臺灣印行《第一屆"國民大會"逝世代表傳略》第四輯記載。

[156] 據軍事委員會銓敘廳民國二十五年十二月印製《陸海空軍軍官佐任官名簿》第八冊[步騎炮工輜通信兵空軍上尉]第1954頁記載。

關心時政,認為只有武力才能統一中國,毅然投筆從戎。1927年9月考入廣州國民革命軍黃埔軍官學校第七期第二總隊工兵科工兵隊學習,入學時登記為24歲,1930年9月畢業。分發任工兵隊見習、排長,後任連長、營長,1933年奉派入廬山軍官訓練團教官研究班受訓,結業後返回原部隊。1936年9月11日被國民政府軍事委員會銓敘廳頒令敘任陸軍工兵上尉。[157]抗日戰爭爆發後,歷任少校營長、中校團附,隨軍參加抗日戰事。1939年12月隨軍參加第一次粵北會戰,他時任陸軍第六十五軍第一五八師步兵團中校團附,隨軍在英德阻擊日軍北犯,參加高田阻擊戰,戰鬥十分激烈,部隊傷亡慘重,在友軍的支援下擊退日軍,取得第一次粵北會戰大捷。1940年調任廣東省地方行政幹部訓練團,任中校大隊附,培訓戰時地方幹部。後入中央訓練團兵役班第二期受訓。1942年6月任廣東遂溪師管區司令部軍事科科長,國民兵團中校副團長,負責徵兵及訓練。抗日戰爭勝利後,以編餘軍官入設置於廣東韶關的第九軍官訓練總隊受訓,受訓期間任第一大隊第十一中隊中校中隊長,結業被安置退役。1947年調職柳州,任接待站過境主任,經手物資無數,在解放軍大軍壓境時,他保存部分物資,使完好無損交給人民政府。中華人民共和國成立後,1949年11月,他回到廣州閒住,由侄子提供每月生活費。1956年國家疏散城市閒散人員,他回到故鄉務農,1958年因為他放牧的耕牛誤吃禾苗,被處理送去勞改,1959年在勞改農場饑餓至死。2016年5月獲頒抗日戰爭勝利70周年紀念章。[158]

陳賢文照片

陳賢文(1907-?)別字煥章,廣東合浦人。廣州國民革命軍黃埔軍官學校第七期第二總隊步兵科畢業。自填登記為民國前三年十二月十七日出生。[159]

---

[157] 據軍事委員會銓敘廳民國二十五年十二月印製《陸海空軍軍官佐任官名簿》第八冊[步騎炮工輜通信兵空軍上尉]第1954頁記載。
[158] 陳秉才後人陳光峰提供《陳秉才生平事略》資料記載。
[159] 軍事委員會銓敘廳民國二十五年十二月印製《陸海空軍軍官佐任官名簿》第五冊[少校]第1091頁記載。

1927年9月考入廣州國民革命軍黃埔軍官學校第七期第二總隊步兵科步兵大隊第一中隊學習，入學時登記為22歲，1930年9月畢業。歷任陸軍步兵團排長、連長、營長、團附。1935年7月6日被國民政府軍事委員會銓敘廳頒令敘任陸軍步兵少校。[160]

陳治源照片

陳治源（1908－？）廣東茂名人。廣州國民革命軍黃埔軍官學校第七期第二總隊步兵科畢業。自填登記為民國前三年五月二十一日出生。[161]1927年9月考入廣州國民革命軍黃埔軍官學校第七期第二總隊步兵科步兵第一中隊學習，入學時登記為22歲，1930年9月畢業。歷任陸軍步兵營排長、連長、營長。1936年7月15日被國民政府軍事委員會銓敘廳頒令敘任陸軍步兵上尉。[162]抗日戰爭爆發後，任陸軍步兵團代理團長，率部參加抗日戰事。抗日戰爭勝利後，1946年6月奉派入中央訓練團廣東第九軍官總隊受訓，登記為上校中隊長，1947年8月22日辦理退役。登記住所為廣州市河南同福西路瑞華里十三號。[163]

陳澄洲（1904－？）別字仲雲，原載籍貫廣東海口，另載廣東文昌人。南京中央陸軍軍官學校第七期輜重兵科畢業。自填登記為民國前八年六月一日出生。[164]1928年12月28日考入南京中央陸軍軍官學校第七期第一總隊輜重兵科輜重兵隊學習，入學時登記為26歲，1929年12月28日畢業。任輜重兵隊見習、排

---

[160] ①據軍事委員會銓敘廳民國二十五年十二月印製《陸海空軍軍官佐任官名簿》第五冊[少校]第1091頁記載；②國民政府文官處印鑄局印行：臺灣成文出版社有限公司1972年8月出版《國民政府公報》第95冊1935年7月7日第1787號頒令第1頁記載。

[161] 軍事委員會銓敘廳民國二十五年十二月印製《陸海空軍軍官佐任官名簿》第八冊[上尉]第1843頁記載。

[162] 軍事委員會銓敘廳民國二十五年十二月印製《陸海空軍軍官佐任官名簿》第八冊[上尉]第1843頁記載。

[163] 1948年2月印行《廣州市陸軍在鄉軍官會會員名冊》第13頁記載。

[164] 軍事委員會銓敘廳民國二十五年十二月印製《陸海空軍軍官佐任官名簿》第八冊[上尉]第1842頁記載。

長,步兵營連長、參謀。1936年6月27日被國民政府軍事委員會銓敘廳頒令敘任陸軍步兵上尉。[165]

陳鼎勳照片

陳鼎勳(1906－？)廣東茂名人。廣州國民革命軍黃埔軍官學校第七期步兵科畢業。1927年9月考入廣州國民革命軍黃埔軍官學校第七期第二總隊步兵科步兵第三中隊學習,入學時登記為22歲,1930年9月畢業。任陸軍步兵團排長、連長、營長、團長。在抗日戰事中陣亡殉國。[166]

陳馥楊(1904－？)別字明五,原載籍貫廣東海口,另載廣東瓊山人。南京中央陸軍軍官學校第七期步兵科畢業。自填登記為民國前七年九月一日出生。[167]1928年12月28日考入南京中央陸軍軍官學校第七期第一總隊步兵科步兵大隊第三隊學習,入學時登記為23歲,1929年12月28日畢業。任陸軍步兵連見習、排長、連長。1935年8月16日被國民政府軍事委員會銓敘廳頒令敘任陸軍步兵中尉。[168]

鄒炎照片

---

[165] 軍事委員會銓敘廳民國二十五年十二月印製《陸海空軍軍官佐任官名簿》第八冊[上尉]第1842頁記載。
[166] 黃埔建國文集編纂委員會主編:臺北實踐出版社1985年6月16日印行《黃埔軍魂》第585頁記載。
[167] 軍事委員會銓敘廳民國二十五年十二月印《陸海空軍軍官佐任官名簿》第十一冊[中尉]第2652頁記載。
[168] 軍事委員會銓敘廳民國二十五年十二月印《陸海空軍軍官佐任官名簿》第十一冊[中尉]第2652頁記載。

鄒炎（1906－1960）原名紹炎，別字輝甫，別號暉甫，廣東梅縣丙村大雅人。廣州國民革命軍黃埔軍官學校第七期工兵科、陸軍大學正則班第十六期畢業。幼時入丙村務本學校就讀，肄業後考入甲等小學堂學習，繼入梅縣東山中學就讀，在學期間應同鄉李鐵軍信邀，赴廣州考入第六期生入伍生隊。1927年9月考入廣州國民革命軍黃埔軍官學校第七期第二總隊工兵科工兵中隊學習，入學時登記為24歲，1930年9月畢業。任軍校教導團籌備處見習，教導第二師步兵連排長、連長、參謀。抗日戰爭爆發後，任陸軍第八師司令部參謀，隨軍參加抗日戰事。1938年5月考入陸軍大學正則班第十六期學習，1940年9月畢業。任陸軍第七十六軍（軍長李鐵軍）司令部參謀處處長、副參謀長。抗日戰爭勝利後，任西安綏靖主任公署第五兵團司令（李鐵軍）部（參謀長李英才）少將副參謀長，1947年12月26日在河南西平戰敗後被人民解放軍俘虜，[169]奉派入中國人民解放軍華中軍政大學高級研究班學習後，參加中國人民解放軍。中華人民共和國成立後，任中國人民解放軍山東軍區司令部參謀處戰史研究組組長，中國人民解放軍華東高級步兵學校教員。1952年10月轉業地方工作，1954年1月因案被捕入獄，1960年10月因病在呼和浩特逝世。

鄒克昌照片

鄒克昌（1906－？）別字複仁，廣東茂名人。廣州國民革命軍黃埔軍官學校第七期步兵科畢業。1927年9月考入廣州國民革命軍黃埔軍官學校第七期第二總隊步兵科步兵第一中隊學習，入學時登記為27歲，1930年9月畢業。參與《國民革命軍黃埔軍官學校第七期同學錄》編輯工作，為十八名籌備員之一。[170]

連偉英（1905－？）廣東潮陽人。南京中央陸軍軍官學校第七期步兵科畢業。1928年12月28日考入南京中央陸軍軍官學校第七期第一總隊步兵科步兵

---

[169] 姚夫、李維民、伊增塤、孫志淵、孫璞方、姚仁雋編著：解放軍出版社1987年6月《解放戰爭紀事》第245頁記載。

[170] 源自1930年12月印行《國民革命軍黃埔軍官學校同學錄》第198頁記載。

大隊第四隊學習，入學時登記為22歲，1929年12月28日畢業。任陸軍步兵營排長、連長、營長、團長。在抗日戰事中陣亡殉國。[171]

麥勁東照片

麥勁東（1908－1966）別字強南，別號錦同，廣東瓊山縣長流鎮美德村人。廣州國民革命軍黃埔軍官學校第七期步兵科畢業。自填登記為民國前三年一月二日出生於瓊山縣城一個書香之家。[172]父壽沾，清末秀才，當地名儒，母鄭氏勤儉樸實，因病早逝。幼時入本鄉私塾啟蒙，少時考入本縣高等小學堂就讀，繼入瓊山縣立甲等中學學習，畢業後應邀赴廣州，考入第六期入伍生隊。1927年9月考入廣州國民革命軍黃埔軍官學校第七期第二總隊步兵科步兵大隊步兵第三中隊學習，入學時登記為20歲，1930年9月畢業。入國民革命軍附設軍校軍官團教導隊受訓，任教導第一師第二團排長，1930年12月任國民政府警衛軍第一師第二團排長，陸軍第八十七師步兵第五一八團中尉排長、副連長。1933年夏任陸軍第三十六師第二一二團連長、第三營營長。1935年8月17日被國民政府軍事委員會銓敘廳頒令敘任陸軍步兵上尉。[173]抗日戰爭爆發後，任陸軍榮譽第一師軍官大隊第二大隊中校大隊長，陸軍第七十一軍第三十六師第二一三團中校副團長、代團長。1940年任第二一三團上校團長，1941年任陸軍第三十六師第一〇七團上校團長。1943年隨軍參加遠征印緬抗日戰事，率部參加防守保山、怒江阻擊戰、騰沖、龍陵、畹町戰役，掩護友軍強渡怒江，打通滇緬公路歷次戰事。抗日戰爭勝利後，1945年10月10日獲頒忠勤勳章，1946年5月30日獲頒勝利勳章。率部北上山東與人民解放軍作戰，1946年7月任陸軍整編第五十四師獨立第七旅副旅長，陸軍第五十軍第一〇七師副師長。1948年秋

---

[171] 黃埔建國文集編纂委員會主編：臺北實踐出版社1985年6月16日印行《黃埔軍魂》第585頁記載。
[172] 軍事委員會銓敘廳民國二十五年十二月印製《陸海空軍軍官佐任官名簿》第七冊[上尉]第1506頁記載。
[173] 軍事委員會銓敘廳民國二十五年十二月印製《陸海空軍軍官佐任官名簿》第七冊[上尉]第1506頁記載。

任陸軍第三十二軍第二五五師少將師長。1948年11月率部從營口、葫蘆島撤退青島，再率部乘軍艦南下廣東，1949年到臺灣，任「國防部」少將部員、高級參謀，1964年10月退為備役。1966年夏因病在臺北榮民總醫院逝世，安葬於松山塋城墓園。

麥靜修照片

麥靜修（1906－1937）別字致遠，廣東海口人，另載廣東瓊山。廣州國民革命軍黃埔軍官學校第七期步兵科畢業。自填登記為民國前五年八月十八日出生。[174]1927年9月考入廣州國民革命軍黃埔軍官學校第七期第二總隊步兵科步兵大隊步兵第二中隊學習，入學時登記為21歲，1930年9月畢業。任廣東軍事政治學校步兵科助教、學員大隊區隊長、參謀。1936年4月9日被國民政府軍事委員會銓敘廳頒令敘任陸軍步兵上尉。[175]抗日戰爭爆發後，任陸軍第三十六師步兵第二一六團第三營第六連上尉連長，1937年11月在上海與日軍作戰陣亡。

麥儒農照片

麥儒農（1910－？）別字念民，廣東鶴山人。廣州國民革命軍黃埔軍官學校第七期工兵科畢業。自填登記為民國前一年一月十日出生。[176]1927年9月考

---

[174] 軍事委員會銓敘廳民國二十五年十二月印製《陸海空軍軍官佐任官名簿》第七冊[上尉]第1506頁記載。

[175] 軍事委員會銓敘廳民國二十五年十二月印製《陸海空軍軍官佐任官名簿》第七冊[上尉]第1506頁記載。

[176] 軍事委員會銓敘廳民國二十五年十二月印製《陸海空軍軍官佐任官名簿》第八冊[上尉]第1935

第六章　粵湘浙籍第七期生的地域人文

入廣州國民革命軍黃埔軍官學校第七期第二總隊工兵科工兵中隊學習，入學時登記為20歲，1930年9月畢業。任工兵團排長、連長、營長。1935年8月26日被國民政府軍事委員會銓敘廳頒令敘任陸軍工兵上尉。[177]

岑秉勳照片

岑秉勳（1907－？）別字戰驅，別號德中，廣東順德人。廣州國民革命軍黃埔軍官學校第七期炮兵科畢業。1927年9月28日考入廣州國民革命軍黃埔軍官學校第七期第二總隊炮兵科炮兵中隊學習，入學時登記為21歲，1930年9月28日畢業。任燕塘陸軍訓練處炮兵訓練班助教，獨立炮兵營排長、連長。1936年春任第四路軍總司令部參謀處第一科第二班上尉參謀。[178]抗日戰爭爆發後，隨軍參加抗日戰事。

岑嘉遂照片

岑嘉遂（1905－？）別字加遂，廣東合浦人。廣州國民革命軍黃埔軍官學校第七期步兵科畢業。1927年9月考入廣州國民革命軍黃埔軍官學校第七期第二總隊步兵科步兵第三中隊學習，入學時登記為23歲，1930年9月畢業。任廣州陸軍步兵訓練處訓練員、區隊長。抗日戰爭爆發後，任陸軍第一五二師幹

頁記載。
[177] 軍事委員會銓敘廳民國二十五年十二月印製《陸海空軍軍官佐任官名簿》第八冊[上尉]第1935頁記載。
[178] 1936年12月印行《廣東綏靖主任公署暨第四路軍總司令部職員錄》第83頁記載。

177

部教導隊隊員、少校副官。抗日戰爭勝利後，1945年10月10日獲頒忠勤勳章，1946年5月30日獲頒勝利勳章。1946年6月奉派入中央訓練團廣東第九軍官總隊受訓，登記為中校隊員，1947年2月1日辦理退役。登記住所為廣州市惠福東清源巷二號之一。[179]

周萬邦照片

周萬邦（1909－1987）別字作孚，廣東電白人。廣州國民革命軍黃埔軍官學校第七期第二總隊步兵科畢業。自填登記為民國前四年十一月十一日出生。[180]早年本鄉私塾啟蒙，繼入本縣務本學校學習，後隨父赴省城做工，考入廣州市立師範學校就讀，畢業後考入廣東守備軍幹部教導隊受訓。1927年9月考入廣州國民革命軍黃埔軍官學校第七期第二總隊步兵科步兵第二中隊學習，入學時登記為25歲，1930年9月畢業。歷任國民政府警衛軍排長、連長，陸軍第九師步兵團營長。1936年7月15日被國民政府軍事委員會銓敘廳頒令敘任陸軍步兵少校。[181]抗日戰爭爆發後，陸軍第三十七軍步兵師營長、團長、旅長、副師長兼政治部主任。抗日戰爭勝利後，任廣東第七「清剿」區司令部副司令官，[182]兼任廣東兩陽指揮部指揮官。入中央訓練團廣東第九軍官總隊受訓，登記為少將團員，1947年10月1日辦理退役，登記住所為廣州市豪賢路183號二樓。[183]1949年6月14日任廣東徐聞縣縣長，1950年春到臺灣，1987年春因病於臺北逝世。

周長耀（1904－？）別字光遠，別號若望，廣東嘉積人。南京中央陸軍軍官學校第七期第一總隊炮兵科、南京湯山炮兵學校第一期畢業。1904年10

---

[179] 1948年2月印行《廣州市陸軍在鄉軍官會會員名冊》第25頁記載。
[180] 1948年2月印行《廣州市陸軍在鄉軍官會會員名冊》第5頁記載。
[181] 國民政府文官處印鑄局印行：臺灣成文出版社有限公司1972年8月出版《國民政府公報》第110冊1936年7月16日第2101號頒令第1頁記載。
[182] 蘇裕德主編：廣州華南新聞總社1949年6月出版《廣東現代人物志》第63頁記載。
[183] 1948年2月印行《廣州市陸軍在鄉軍官會會員名冊》第7頁記載。

月1日生於瓊海縣福寨村一個華僑家庭。父鈞國，在南洋經商，家境小康，母林氏，育二子，他居長，弟長輝次之。幼時在本村私塾啟蒙，少時入家鄉初級小學堂。後隨父赴省城，考入廣東省立第十三中學學習，1926年畢業，受聘任家鄉小學教員，後聘任校長。參加國民革命運動，加入中國國民黨，被推選為中國國民黨瓊東縣黨部籌備委員，瓊東縣農民協會執行委員。1927年10月離職，赴廣州考入第六期入伍生隊受訓。1928年12月28日考入南京中央陸軍軍官學校第七期第一總隊炮兵科炮兵隊學習，入學時登記為24歲，1929年12月28日畢業。入軍校教導團籌備處見習，分配任教導第一師野戰炮兵團少尉排長、連長，隨軍轉戰豫魯皖，參與「圍剿」紅軍及根據地戰事。1931年10月任國民政府警衛軍炮兵團連長，繼入南京湯山炮兵學校第一期受訓，畢業後返回原部隊，任炮兵連連長、教官。1936年7月任中央陸軍軍官學校廣州分校學員總隊炮兵大隊少校大隊隊附、大隊長。[184]1937年6月22日被國民政府軍事委員會銓敘廳頒令敘任陸軍炮兵少校。[185]抗日戰爭爆發後，隨中央陸軍軍官學校第四分校遷移廣西、貴州，備嘗辛勞。1941年奉派入中央訓練團黨政幹部訓練班第十八期受訓，結業後返回第四分校，任炮兵科戰術教官、上校主任戰術教官。抗日戰爭勝利後，1945年10月10日獲頒忠勤勳章，1946年5月30日獲頒勝利勳章。第四分校裁撤後，轉任中央空軍防空學校上校教官，後任防空司令部高級參謀，空軍總司令部第二軍區司令部教育科上校科長。1947年12月奉派入空軍軍官學校參謀班受訓，任防空學校研究員、教授。1949年任空軍總司令部福利總社少將薪給主任委員，兼任空軍防空學校交通學教授。1940年隨軍遷移臺灣，仍任防空學校教授，1953年12月屆齡退役，聘任教會學校任教。著有《墨子思想之研究》、《孔孟思想之比較》、《天人論集》等。

周良蘊照片

---

[184] 據民國二十七年十一月印行《中央陸軍軍官學校第四分校第十三期學生總隊同學錄》記載。
[185] 國民政府文官處印鑄局印行：臺灣成文出版社有限公司1972年8月出版《國民政府公報》第126冊1937年6月23日第2387號頒令第3頁記載。

周良蘊（1906－？）別字介光，後改名直筠，廣東東莞人。民國前五年九月三十日出生。[186]1927年9月考入廣州國民革命軍黃埔軍官學校第七期第二總隊炮兵科炮兵中隊學習，入學時登記為26歲，1930年9月畢業。任獨立炮兵營排長、連長。1936年4月18日被國民政府軍事委員會銓敘廳頒令敘任陸軍炮兵中尉。[187]

周萃民照片

周萃民（1904－？）廣東化縣人。民國前三年七月十五日出生。[188]1927年9月考入廣州國民革命軍黃埔軍官學校第七期第二總隊炮兵科炮兵中隊學習，入學時登記為23歲，1930年9月畢業。任軍政部獨立炮兵團排長、連長、團附。1936年4月13日被國民政府軍事委員會銓敘廳頒令敘任陸軍炮兵上尉。[189]

林　威（1908－？）別字尚俠，原載籍貫廣東文昌，另載廣東電白人。南京中央陸軍軍官學校第七期輜重兵科畢業。自填登記為民國前四年一月十八日出生。[190]1928年12月28日考入南京中央陸軍軍官學校第七期第一總隊輜重兵科輜重兵隊學習，入學時登記為23歲，1929年12月28日畢業。任輜重兵隊見習、區隊長，第一集團軍總司令部第三兵站部參謀，廣東綏靖主任公署運輸營連長、營長。1936年7月18日被國民政府軍事委員會銓敘廳頒令敘任輜重兵上尉。[191]

---

[186] 軍事委員會銓敘廳民國二十五年十二月印《陸海空軍軍官佐任官名簿》第十一冊[中尉]第2724頁記載。

[187] 軍事委員會銓敘廳民國二十五年十二月印《陸海空軍軍官佐任官名簿》第十一冊[中尉]第2724頁記載。

[188] 據軍事委員會銓敘廳民國二十五年十二月印製《陸海空軍軍官佐任官名簿》第八冊[上尉]第1911頁記載。

[189] 據軍事委員會銓敘廳民國二十五年十二月印製《陸海空軍軍官佐任官名簿》第八冊[上尉]第1911頁記載。

[190] 軍事委員會銓敘廳民國二十五年十二月印製《陸海空軍軍官佐任官名簿》第八冊[上尉]第1984頁記載。

[191] 軍事委員會銓敘廳民國二十五年十二月印製《陸海空軍軍官佐任官名簿》第八冊[上尉]第1984頁記載。

第六章　粵湘浙籍第七期生的地域人文

林鳳儀（1910－？）別字彌堅，後改名彌堅，廣東平遠人。南京中央陸軍軍官學校第七期工兵科畢業。自填登記為民國前二年十月五日出生。[192]1928年12月28日考入南京中央陸軍軍官學校第七期第一總隊工兵科工兵隊學習，入學時登記為21歲，1929年12月28日畢業。任國民革命軍總司令部附設軍校軍官團工兵教導隊見習、區隊長，獨立工兵營排長、連長、參謀。1935年8月28日被國民政府軍事委員會銓敘廳頒令敘任陸軍工兵上尉。[193]

林正倫照片

林正倫（1909－？）別字鴻鑒，廣東瓊東人。廣州國民革命軍黃埔軍官學校第七期工兵科畢業。自填登記為民國前二年四月十四日出生。[194]1927年9月考入廣州國民革命軍黃埔軍官學校第七期第二總隊工兵科工兵中隊學習，入學時登記為22歲，1930年9月畢業。任陸軍第六十三師司令部工兵訓練班見習、訓練員，第一集團軍第二軍司令部工兵教導隊區隊長，第四路軍總司令部工兵營連長、營長。1936年4月4日被國民政府軍事委員會銓敘廳頒令敘任陸軍工兵上尉。[195]

林喬秋（1908－？）別字中導，廣東文昌人。南京中央陸軍軍官學校第七期步兵科畢業。自填登記為民國前四年一月二十日出生。[196]1928年12月28日考入南京中央陸軍軍官學校第七期第一總隊步兵科步兵大隊第四隊學習，入學時

---

[192] 軍事委員會銓敘廳民國二十五年十二月印製《陸海空軍軍官佐任官名簿》第八冊[上尉]第1932頁記載。

[193] 軍事委員會銓敘廳民國二十五年十二月印製《陸海空軍軍官佐任官名簿》第八冊[上尉]第1932頁記載。

[194] 軍事委員會銓敘廳民國二十五年十二月印製《陸海空軍軍官佐任官名簿》第八冊[上尉]第1932頁記載。

[195] 軍事委員會銓敘廳民國二十五年十二月印製《陸海空軍軍官佐任官名簿》第八冊[上尉]第1932頁記載。

[196] 軍事委員會銓敘廳民國二十五年十二月印製《陸海空軍軍官佐任官名簿》第六冊[上尉]第1450頁記載。

181

登記為23歲，1929年12月28日畢業。任陸軍步兵營排長、連長、參謀。1935年8月7日被國民政府軍事委員會銓敘廳頒令敘任陸軍步兵上尉。[197]

林克俊（1910－？）原名克俊，別字求自，後改名求自，廣東東莞人。南京中央陸軍軍官學校第七期第一總隊步兵科畢業。1928年12月28日考入南京中央陸軍軍官學校第七期第一總隊步兵科步兵大隊第三隊學習，入學時登記為20歲，1929年12月28日畢業。歷任陸軍步兵團排長、連長、營長，1935年5月6日任寧波防守司令部參謀處參謀。1935年5月7日被國民政府軍事委員會銓敘廳頒令敘任陸軍步兵少校。[198]

林國魂照片

林國魂（1909－？）別字中雄，廣東文昌人。廣州國民革命軍黃埔軍官學校第七期炮兵科畢業。自填登記為民國前二年六月六日出生。[199]1927年9月考入廣州國民革命軍黃埔軍官學校第七期第二總隊炮兵科炮兵中隊學習，入學時登記為21歲，1930年9月畢業。任炮兵教導隊見習、區隊長，第四路軍總司令部炮兵訓練班教官。1935年9月12日被國民政府軍事委員會銓敘廳頒令敘任陸軍炮兵上尉。[200]

林孟宙（1910－？）原載籍貫廣東汕頭，另載廣東惠來人。南京中央陸軍軍官學校第七期炮兵科畢業。自填登記為民國前二年七月二十六日出生。[201]1928年

---

[197] 軍事委員會銓敘廳民國二十五年十二月印製《陸海空軍軍官佐任官名簿》第六冊[上尉]第1450頁記載。

[198] 國民政府文官處印鑄局印行：臺灣成文出版社有限公司1972年8月出版《國民政府公報》第93冊1935年5月9日第1736號頒令第1頁記載。

[199] 軍事委員會銓敘廳民國二十五年十二月印製《陸海空軍軍官佐任官名簿》第八冊[上尉]第1890頁記載。

[200] 軍事委員會銓敘廳民國二十五年十二月印製《陸海空軍軍官佐任官名簿》第八冊[上尉]第1890頁記載。

[201] 軍事委員會銓敘廳民國二十五年十二月印製《陸海空軍軍官佐任官名簿》第八冊[上尉]第1890頁記載。

第六章　粵湘浙籍第七期生的地域人文

12月28日考入南京中央陸軍軍官學校第七期第一總隊炮兵科炮兵隊學習，入學時登記為22歲，1929年12月28日畢業。任獨立炮兵營排長、連長、參謀。1935年9月9日被國民政府軍事委員會銓敘廳頒令敘任陸軍炮兵上尉。[202]

林煇年照片

林煇年（1907－？）原名煇年，[203]別字澤長，別號勁中，後以字行，廣東花縣人。廣州國民革命軍黃埔軍官學校第七期步兵科、陸軍大學特別班第七期畢業。1927年9月考入廣州國民革命軍黃埔軍官學校第七期第二總隊步科步兵大隊第四中隊學習，入學時登記為20歲，1930年9月畢業。歷任陸軍步兵團排長、連長、營長。抗日戰爭爆發後，任獨立第九旅司令部參謀主任，陸軍暫編第二軍第八師司令部參謀處處長。1943年10月入陸軍大學特別班第七期學習，1946年3月畢業。

林猷森照片

林猷森（1905－？）又名猷統，別字木生、堅庵，官名政，廣東文昌縣邁號鎮陶坡東裏村人。廣州國民革命軍黃埔軍官學校第七期步兵科畢業。自填登記為1905年11月12日出生。早年隨父赴新加坡讀書，1921年返回瓊崖，繼赴省城入國民革命軍第四軍第十一師幹部教導隊受訓。1927年9月考入廣州國民

---

[202] 軍事委員會銓敘廳民國二十五年十二月印製《陸海空軍軍官佐任官名簿》第八冊[上尉]第1890頁記載。

[203] 據湖南省檔案館校編、湖南人民出版社1989年7月《黃埔軍校同學錄》記載。

183

革命軍黃埔軍官學校第七期第二總隊步科步兵大隊第四中隊學習，入學時登記為20歲，與同鄉邢詒聯、雲逢仁、葉用舒、韓漢屏、淩聲漢等為同期同學，1930年9月畢業。任粵系軍隊見習、排長、連長。抗日戰爭爆發後，任第十一集團軍司令部情報處情報員，情報組少校組長，陸軍步兵團營長。抗日戰爭勝利後，1945年10月10日獲頒忠勤勳章，1946年5月30日獲頒勝利勳章。任海口市警察局上校督察長，海口警備司令部參謀，海南特區第一行政公署行政督察專員兼保安司令部司令官。1950年1月任海南防衛總司令部西路司令部副司令官，1950年5月隨軍遷移臺灣。

鄭又錚（1908－1932）廣東文昌人。南京中央陸軍軍官學校第七期步兵科畢業。1928年12月28日考入南京中央陸軍軍官學校第七期第一總隊步兵科步兵大隊第三隊學習，入學時登記為20歲，1929年12月28日畢業。任陸軍步兵營見習、排長、連長，1932年秋在討伐軍閥戰事中陣亡。[204]

鄭為順（1909－？）別字英華，廣東瓊山人。南京中央陸軍軍官學校第七期輜重兵科畢業。自填登記為民國前二年十一月五日出生。[205]1928年12月28日考入南京中央陸軍軍官學校第七期第一總隊輜重兵科輜重兵隊學習，入學時登記為22歲，1929年12月28日畢業。任軍校教導團籌備處見習，陸軍教導第一師司令部輜重兵隊區隊長，陸軍第四師司令部軍需處運輸營排長、連長、參謀。1935年8月16日被國民政府軍事委員會銓敘廳頒令敘任陸軍輜重兵上尉。[206]

鄭廷楨照片

鄭廷楨（1907－？）廣東中山人。廣州國民革命軍黃埔軍官學校第七期工兵科畢業。1927年9月考入廣州國民革命軍黃埔軍官學校第七期第二總隊工兵

---

[204] 黃埔建國文集編纂委員會主編：臺北實踐出版社1985年6月16日印行《黃埔軍魂》第579頁記載。
[205] 軍事委員會銓敘廳民國二十五年十二月印製《陸海空軍軍官佐任官名簿》第八冊[上尉]第1983頁記載。
[206] 軍事委員會銓敘廳民國二十五年十二月印製《陸海空軍軍官佐任官名簿》第八冊[上尉]第1983頁記載。

第六章　粵湘浙籍第七期生的地域人文

科工兵中隊學習，入學時登記為20歲，1930年9月畢業。初任國民革命軍教導第一師工兵連排長。1936年7月任中央陸軍軍官學校廣州分校學員總隊工兵大隊上尉隊附。抗日戰爭爆發後，任中央陸軍軍官學校第四分校第十三期工兵科少校科員兼訓練教官。[207]

鄭僑文（1906－1970）別字定華，別號中石，廣東潮陽人。南京中央陸軍軍官學校第七期步兵科、陸軍大學將官班乙級第三期畢業，峨嵋山中央訓練團第十九期黨政幹部訓練班、中央訓練團將官班結業。自填登記為民國前五年八月五日出生。[208]本鄉高等小學肄業，繼入省城就讀中學，肄業後考入第六期入伍生隊受訓。1928年12月28日考入南京中央陸軍軍官學校第七期第一總隊步兵科步兵大隊第二隊學習，入學時登記為23歲，1929年12月28日畢業。初任陸軍第一師步兵連排長。歷任陸軍步兵團排長、連長、營長。依據國民政府軍事委員會1935年5月頒令官位序號為第1786號。[209]抗日戰爭爆發後，任陸軍步兵團團長，副師長，高級參謀、教官、組長。1943年4月1日被國民政府軍事委員會銓敘廳頒令敘任陸軍步兵上校。[210]抗日戰爭勝利後，任成都陸軍軍官學校第二十一期軍校教育處陸軍少將銜高級教官。1945年10月10日獲頒忠勤勳章，1946年5月30日獲頒勝利勳章。1946年7月30日奉派入中央訓練團受訓，登記為少將團員。[211]返回原部隊續任原職。1947年2月入陸軍大學乙級將官班第三期學習，1948年4月畢業。1949年被人民解放軍俘虜，1970年在押期間病亡。

鄭持增（1909－？）廣東瓊山人。南京中央陸軍軍官學校第七期步兵科畢業。自填登記為民國前二年二月十八日出生。[212]1928年12月28日考入南京中央陸軍軍官學校第七期第一總隊步兵科步兵大隊第四隊學習，入學時登記為19歲，1929年12月28日畢業。任陸軍步兵連見習、排長、連長。1935年9月11日被國民政府軍事委員會銓敘廳頒令敘任陸軍步兵中尉。轉任廣東憲兵司令部參

---

[207] 據民國二十七年十一月印行《中央陸軍軍官學校第四分校第十三期學生總隊同學錄》記載。
[208] 據國民政府國防部第一廳民國三十六年二月印行《現役軍官資績簿》第二冊[陸軍現役少將軍官資績簿]第40頁記載。
[209] 據國民政府國防部第一廳民國三十六年二月印行《現役軍官資績簿》第二冊[陸軍現役少將軍官資績簿]第40頁記載。
[210] 據國民政府國防部第一廳民國三十六年二月印行《現役軍官資績簿》第二冊[陸軍現役少將軍官資績簿]第40頁記載。
[211] 據國民政府國防部第一廳民國三十六年二月印行《現役軍官資績簿》第二冊[陸軍現役少將軍官資績簿]第40頁記載。
[212] 軍事委員會銓敘廳民國二十五年十二月印製《陸海空軍軍官佐任官名簿》第九冊[中尉]第1994頁記載。

185

謀。1936年3月26日改敘任陸軍憲兵中尉。[213]

鄭幹棻照片

鄭幹棻（1909－？）別字中宜，又字魯幹，別號幹棻，廣東東莞縣虎門白沙鄉人。廣州國民革命軍黃埔軍官學校第七期步兵科、南京騎兵學校、陸軍大學正則班第十七期畢業。早年入鄉間私塾就讀，後隨父赴省城做工謀生，入讀高等小學堂及教會學校學習，考入廣東守備軍幹部教導隊受訓。1927年9月考入廣州國民革命軍黃埔軍官學校第七期第二總隊步科步兵第二中隊學習，入學時登記為22歲，1930年9月畢業。歷任第十九路軍第六十一師排長、連長。中央陸軍軍官學校南昌分校學員大隊長、教官。1937年6月22日被國民政府軍事委員會銓敘廳頒令敘任陸軍步兵少校。[214]抗日戰爭爆發後，任第二兵團司令（薛嶽）部警衛營營長，陸軍第三十二軍司令部中校營長、直屬輜重團團長，第三戰區司令長官部作戰處科長。1939年2月考入陸軍大學正則班第十七期學習，1942年7月畢業。任第三戰區司令長官部作戰處科長，陸軍第六十二軍司令部參謀處作戰科科長，隨軍參加第一、二、三次長沙會戰。後任陸軍第六十二軍司令部參謀處處長、副參謀長兼教導團團長。抗日戰爭勝利後，1945年10月10日獲頒忠勤勳章，1946年5月30日獲頒勝利勳章。1946年秋任廣東省保安司令部少將參謀長，東江「清剿」區副指揮官，瓊崖「清剿」區副指揮官，廣東南路「清剿」司令部司令官。1947年7月退為備役，任廣東英德縣縣長，1949年10月辭職，遷移香港定居。

---

[213] 軍事委員會銓敘廳民國二十五年十二月印製《陸海空軍軍官佐任官名簿》第九冊[中尉]第1994頁記載。

[214] 國民政府文官處印鑄局印行：臺灣成文出版社有限公司1972年8月出版《國民政府公報》第126冊1937年6月23日第2387號頒令第3頁記載。

第六章　粵湘浙籍第七期生的地域人文

羅又倫照片

羅又倫（1912－1994）原名絲，[215]別字又倫，別號思揚，後以字行，再改名友倫，廣東梅縣瑤上鎮鉛佘村人。南京中央陸軍軍官學校第七期騎兵科、陸軍大學正則班第十五期畢業，中央軍官訓練團第三期結業，陸軍大學兵學研究院第八期畢業。自填登記為民國前二年十二月十七日出生。[216]父冀良，生前奔走革命，在他五歲時英年早逝。母古善雲，勤儉持家撫養成人。他六歲進入學校讀書，1922年十歲時到離家三十華里的瑤上公學就讀，1923年轉學梅縣縣立高等小學堂學習，畢業後入梅縣中學就讀，聞知黃埔軍校招生，需要有少將以上官員推薦作保才能報考，他性急之中寫信給黃埔軍校，幸獲復信准許直接報考。[217]1928年12月考入南京中央陸軍軍官學校第七期第一總隊騎兵科騎兵隊學習，1929年12月畢業。記載初任軍職為教導第二師排長，後任國民革命軍騎兵團排長、連長、參謀。依據國民政府軍事委員會1936年5月頒令官位為第2144號。[218]1936年12月12日被國民政府軍事委員會銓敘廳頒令敘任陸軍步兵中校。[219]1936年12月考入陸軍大學正則班第十五期學習，1939年3月畢業。歷任陸軍步兵團營長，團長。1942年8月19日敘任陸軍騎兵上校。[220]1944年8月21日頒令委任陸軍第四十九師少將副師長。[221]獲頒陸海空軍甲種一等獎章。1942年

---

[215] 湖南省檔案館校編、湖南人民出版社1989年7月《黃埔軍校同學錄》記載。
[216] 據國民政府國防部第一廳民國三十六年二月印行《現役軍官資績簿》第二冊[陸軍現役少將軍官資績簿]第78頁記載。
[217] 羅又倫著：訪問者朱浤源、張瑞德，記錄者蔡說麗、潘光哲，中央研究院近代史研究所口述歷史叢書第53輯，中央研究院近代史研究所1994年8月《羅友倫先生訪問記錄》第7頁記載。
[218] 據國民政府國防部第一廳民國三十六年二月印行《現役軍官資績簿》第二冊[陸軍現役少將軍官資績簿]第78頁記載。
[219] 國民政府文官處印鑄局印行：臺灣成文出版社有限公司1972年8月出版《國民政府公報》第118冊1936年12月15日第2228號頒令第3頁記載。
[220] 據軍事委員會銓敘廳民國三十三年十二月印製《軍官資績簿》第一冊[陸軍現役少將上校軍官資績簿]第221頁記載。
[221] 據軍事委員會銓敘廳民國三十三年十二月印製《軍官資績簿》第一冊[陸軍現役少將上校軍官資績簿]第221頁記載。

8月19日被國民政府軍事委員會銓敘廳頒令敘任陸軍騎兵上校。[222]1945年4月12日頒令委任陸軍青年軍第二〇七師少將師長。[223]獲頒陸海空軍甲種一等獎章。抗日戰爭勝利後，續任青年軍第二〇七師少將師長。1947年4月入中央軍官訓練團第三期第三中隊學員隊受訓，1947年6月結業，返回原部隊，續任青年軍第二〇七師師長。1948年9月22日被國民政府軍事委員會銓敘廳頒令敘任陸軍少將，時年36歲，是當年獲任少將的最年輕者及第七期少數幾人之一。作為第五軍司令部作戰參謀，他參與同古保衛戰、臘戌保衛戰等重大戰役參謀決策。到了撤退的最後關頭，軍長杜聿明被他說服，也簽了字。一夜之間第二〇〇師循鐵索橋渡過河川撤退，粉碎日軍企圖四面包圍全殲圖謀。[224]1942年4月由於日軍佔領臘戌，陸軍第五軍司令部和所屬的新編第二十二師、第九十六師主力於4月26日黃昏由皎克西乘汽車、火車向曼德勒轉移，全部撤至伊洛瓦底江以西以北地區，此後第五軍直屬部隊、第二〇〇師、第九十六師、第六十六軍的新編第三十八師徒步輪流掩護撤退。杜聿明親率軍部進入緬北原始森林，在穿越野人山中，他隨第五軍經歷了極為痛苦和漫長的「死亡之旅」，由於命令倉促，準備工作極其不充分，連地圖都沒有，士兵在熱帶還穿著棉襖，下雨時連雨衣也沒有。在原始森林中，沒有食物，沒有補給，缺醫少藥，許多士兵都倒在了路邊。[225]他在回憶錄寫到：「從緬北到印度，我們在絕地中行軍，一路上遭遇饑餓、疾病、蟲害，死在途中的有8000多人，沿途都是白骨，我師有1萬多人，到印度只剩下3000多人，160匹馬全死在路上。他因缺醫少藥傷口發炎，差點死在回國路上。直到從一個犧牲士兵身上找到消炎藥，他才僥倖活下來。」回顧這段經歷他感歎道：「我們之所以能夠活下來，就是依靠求生存的意志和力量。第五軍中有很多黃埔畢業生，他們是遠征軍的中堅，正是由於他們在黃埔軍校中受到的教育和薰陶，以及接受的種種嚴格的軍事訓練，鍛造他們奮勇向前、不畏犧牲精神，在黃埔精神感召鼓舞下，他們最後在艱苦卓絕的環境中頑強地生存下來，並最終獲得了勝利」。到達印度藍伽後，他積極補充兵員，換裝美式裝備，整訓部隊，加強叢林戰訓練，在短期內迅速提升戰力，

---

[222] 據國民政府國防部第一廳民國三十六年二月印行《現役軍官資績簿》第二冊[陸軍現役少將軍官資績簿]第78頁記載。
[223] 據國民政府國防部第一廳民國三十六年二月印行《現役軍官資績簿》第二冊[陸軍現役少將軍官資績簿]第78頁記載。
[224] 臺北"國史館"編纂《國史館典藏民國人物傳記史料彙編》第二十冊第555頁記載。
[225] 臺北"國史館"編纂《中華民國褒揚令集》續編第五冊第611頁記載。

為反攻緬北積蓄力量。抗日戰爭勝利後，參與創辦青年軍，任第二〇七師師長。1945年10月10日獲頒忠勤勳章，1946年5月30日獲頒勝利勳章。任青年軍第六軍軍長，後因病到美國治療。1946年9月14日被推選為三民主義青年團第二屆中央監察會監察。[226]1947年9月12日在中國國民黨第六屆四中全會通過當選為黨團合併後的中國國民黨第六屆中央監察委員。[227]1950年到臺灣後，他被任命為在鳳山複校的陸軍軍官學校首任校長，是黃埔軍校創校第四任校長。在複辦鳳山軍校期間，他力主接續大陸黃埔軍校的期數，自1951年開始招第二十四期生，隨後的第二十四至第二十六期黃埔生都畢業於其任上。任校長期間，他大力傳承黃埔精神，延續黃埔情緣，開展黃埔軍校史教育，並積極籌備軍校新制方案，將學制從兩年轉為四年，並以美國西點軍校為藍本，重新規劃軍事教育和學年教育。之後他調任「憲兵司令部」司令官。1965年2月晉升陸軍二級上將。續任「海軍陸戰隊司令部」司令官，「國防部總政治作戰部」主任、「聯合後方勤務總司令部」總司令。1969年4月8日當選為中國國民黨第十屆中央委員。[228]1976年10月16日當選為中國國民黨第十一屆中央委員。[229]1981年4月2日當選為中國國民黨第十二屆中央評議委員會委員。[230]1988年7月8日當選為中國國民黨第十三屆中央評議委員會委員。[231]1993年8月18日當選為中國國民黨第十四屆中央評議委員會委員。[232]1994年8月因病在臺北逝世。著有《「剿匪」作戰之研究》等。

羅偉夫照片

---

[226] 劉維開編：中華書局2014年6月《中國國民黨職員錄1894－1994》第192頁記載。
[227] 劉維開編：中華書局2014年6月印行《中國國民黨職名錄（1894－1994）》第141頁記載。
[228] 劉維開編：中華書局2014年6月《中國國民黨職員錄1894－1994》第240頁記載。
[229] 劉維開編：中華書局2014年6月《中國國民黨職員錄1894－1994》第259頁記載。
[230] 劉維開編：中華書局2014年6月《中國國民黨職員錄1894－1994》第272頁記載。
[231] 劉維開編：中華書局2014年6月《中國國民黨職員錄1894－1994》第287頁記載。
[232] 劉維開編：中華書局2014年6月《中國國民黨職員錄1894－1994》第309頁記載。

羅偉夫（1905－？）別字墨城，廣東興寧人。自填登記為民國前四年七月三日出生。廣州國民革命軍黃埔軍官學校第七期步兵科畢業。1927年9月考入廣州國民革命軍黃埔軍官學校第七期第二總隊步兵科步兵第三中隊學習，入學時登記為23歲，1930年9月畢業。任陸軍步兵營見習、排長、連長。抗日戰爭爆發後，任陸軍步兵團營長、副團長，隨軍參加抗日戰事。抗日戰爭勝利後，1945年10月10日獲頒忠勤勳章，1946年5月30日獲頒勝利勳章。1946年6月奉派入中央訓練團廣東第九軍官總隊受訓，登記為中校參謀，1947年5月20日辦理退役。登記住所為廣州市海珠南路鹽亭東街慶福安行。[233]

羅助鐸（1909－？）別字思潮，廣東大埔人。南京中央陸軍軍官學校第七期騎兵科畢業。自填登記為民國前二年九月二日出生。[234]1928年12月28日考入南京中央陸軍軍官學校第七期第一總隊騎兵科騎兵隊學習，入學時登記為20歲，1929年12月28日畢業。歷任騎兵教導隊見習、訓練員，騎兵科助教，陸軍騎兵營排長、連長、參謀。1935年7月30日被國民政府軍事委員會銓敘廳頒令敘任陸軍騎兵上尉。[235]

羅家嶽照片

羅家嶽（1902－？）廣東雲浮人。廣州國民革命軍黃埔軍官學校第七期炮兵科畢業。1927年9月考入廣州國民革命軍黃埔軍官學校第七期第二總隊炮兵科炮兵中隊學習，入學時登記為25歲，1930年9月畢業。參與《國民革命軍黃埔軍官學校第七期同學錄》編輯工作，為十八名籌備員之一。[236]

---

[233] 1948年2月印行《廣州市陸軍在鄉軍官會會員名冊》第43頁記載。
[234] 軍事委員會銓敘廳民國二十五年十二月印製《陸海空軍軍官佐任官名簿》第八冊[上尉]第1875頁記載。
[235] 軍事委員會銓敘廳民國二十五年十二月印製《陸海空軍軍官佐任官名簿》第八冊[上尉]第1875頁記載。
[236] 源自1930年12月印行《國民革命軍黃埔軍官學校同學錄》第198頁記載。

第六章　粵湘浙籍第七期生的地域人文

羅彰鵠照片

羅彰鵠（1899－1937）別字劍亞，廣東興寧人。廣州國民革命軍黃埔軍官學校第七期步兵科畢業。1927年9月考入廣州國民革命軍黃埔軍官學校第七期第二總隊步兵科步兵第三中隊學習，入學時登記為28歲，1930年9月畢業。任廣東軍事政治學校科見習、區隊長、副官。抗日戰爭爆發後，任陸軍第三十三師步兵第一九八團機關槍連第一連排長，1937年11月在江陰與日軍作戰陣亡。

歐陽文照片

歐陽文（1904－1937）別字家鼐，廣東興寧人。廣州國民革命軍黃埔軍官學校第七期步兵科畢業。1927年9月考入廣州國民革命軍黃埔軍官學校第七期第二總隊步兵科步兵第四中隊學習，入學時登記為23歲，1930年9月畢業。任陸軍步兵營見習、排長、連長、參謀。抗日戰爭爆發後，任陸軍第一五九師步兵第九五零團少校團附，1937年12月13日在南京保衛戰中陣亡。

歐雨新（1902－1936）別字逸樵，廣東瓊山人。南京中央陸軍軍官學校第七期步兵科畢業。1928年12月28日考入南京中央陸軍軍官學校第七期第一總隊步兵科步兵大隊第四隊學習，入學時登記為25歲，1929年12月28日畢業。任陸軍步兵營排長、連長、營長、少校訓練員。1936年隨軍參與「圍剿」紅軍及根據地戰事中陣亡。[237]

---

[237] 黃埔建國文集編纂委員會主編：臺北實踐出版社1985年6月16日印行《黃埔軍魂》第582頁記載。

幸光霽照片

幸光霽（1905－？）別字以勉，廣東興寧人。廣州國民革命軍黃埔軍官學校第七期第二總隊炮兵科畢業。1928年12月入廣州國民革命軍黃埔軍官學校第七期第一總隊炮兵科炮兵中隊學習，入學時登記為24歲，1929年12月畢業。任國民革命軍討逆軍廣東第八路軍總指揮部炮兵教導隊見習，廣東軍事政治學校炮兵科助教，炮兵隊隊附，第四路軍總司令部獨立炮兵營營長、參謀。1937年1月25日被國民政府軍事委員會銓敘廳頒令敘任陸軍炮兵少校。[238]

龐達群照片

龐達群（1904－？）別字碧君，廣東合浦人。廣州國民革命軍黃埔軍官學校第七期步兵科畢業。自填登記為民國前四年十月十五日出生。1927年9月考入廣州國民革命軍黃埔軍官學校第七期第二總隊步兵科步兵第一中隊學習，入學時登記為24歲，1930年9月畢業。任陸軍步兵團排長、副官、連長、參謀。抗日戰爭爆發後，任陸軍步兵團部軍需，第十二集團軍幹部訓練團上尉隊員，參謀隊參謀，補充訓練處少校訓練員。抗日戰爭勝利後，1945年10月10日獲頒忠勤勳章，1946年5月30日獲頒勝利勳章。1946年7月奉派入中央訓練團廣東第九軍官總隊受訓，登記為中校隊員，1946年12月30日辦理退役。登記住所為廣州市光塔街進士裏62號。[239]

---

[238] 國民政府文官處印鑄局印行：臺灣成文出版社有限公司1972年8月出版《國民政府公報》第119冊1937年1月26日第2262號頒令第2頁記載。

[239] 1948年2月印行《廣州市陸軍在鄉軍官會會員名冊》第15頁記載。

第六章　粵湘浙籍第七期生的地域人文

龐謀通照片

龐謀通（1905－？）別字博吾，廣東陽山人。廣州國民革命軍黃埔軍官學校第七期步兵科、陸軍大學參謀班西南班第五期畢業。1927年9月考入廣州國民革命軍黃埔軍官學校第七期第二總隊步科步兵大隊步兵第一中隊學習，入學時登記為22歲，1930年9月畢業。任粵系軍隊步兵營排長、連長、參謀。1940年8月考入陸軍大學參謀班西南班第五期學習，1941年8月畢業。任粵系軍隊步兵團營長、團長。

侯志磐照片

侯志磐（1906－？）別字鵬舉，又號中心，別號騰心，廣東梅縣梅江上市水浪口人，另載三角地人。廣州國民革命軍黃埔軍官學校第七期炮兵科、日本陸軍野戰炮兵專門學校第四十一期、陸軍大學正則班第十四期、美軍駐印度蘭姆伽軍官戰術學校畢業，中央軍官訓練團第三期結業。自填登記為民國前五年四月十四日出生。[240]梅江高等小學堂畢業後，入縣立東山中學就讀，後考入廣州市立師範學校學習。1927年9月考入廣州國民革命軍黃埔軍官學校第七期第二總隊炮兵科炮兵中隊學習，入學時登記為22歲，1930年9月畢業。初任廣東虎門要塞司令部海岸炮兵營排長，歷任國民革命軍陸軍獨立炮兵團營附、連長、營長。依據國民政府軍事委員會1935年5月頒令官位為第3526號。[241] 1935

---

[240] 國民政府國防部第一廳民國三十六年二月印行《現役軍官資績簿》第三冊[陸軍現役少將上校軍官資績簿]第44頁記載。

[241] 國民政府國防部第一廳民國三十六年二月印行《現役軍官資績簿》第三冊[陸軍現役少將上校

年12月考入陸軍大學正則班第十四期學習，1937年1月25日被國民政府軍事委員會銓敘廳頒令敘任陸軍炮兵少校。[242]1938年7月陸軍大學畢業。抗日戰爭爆發後，任教官、參謀、處長、團長，後任軍政部直屬炮兵旅副旅長。1944年11月任國民政府軍政部（部長陳誠）軍務署（署長方天）騎兵炮兵司副司長、代理司長。1945年3月1日被國民政府軍事委員會銓敘廳頒令敘任陸軍炮兵上校。[243]獲頒陸海空軍甲種一等獎章，美軍獨立自由獎章。抗日戰爭勝利後，仍任軍政部軍務署騎兵炮兵司司長。1945年10月10日獲頒忠勤勳章，1946年5月30日獲頒勝利勳章。1946年5月被國民政府軍事委員會銓敘廳頒令敘任陸軍炮兵上校。1946年7月部隊整編後，發表為陸軍整編第六十二師整編第一五七旅旅長。1946年10月24日正式任陸軍整編第一五七旅少將旅長。[244]1947年4月入中央軍官訓練團第三期第一中隊學員隊受訓，1947年6月結業，返回原部隊續任原職。著有《夜間攻擊之研究》（賀耀祖作序，重慶軍學編譯社1939年10月印行，全書有圖表32開共106頁）等。

姚學濂照片

姚學濂（1904－？）別字法溪，廣東潮陽人。廣州國民革命軍黃埔軍官學校第七期炮兵科、日本陸軍炮兵專門學校、陸軍大學特別班第六期畢業。自填登記為民國前七年四月二十日出生。[245]1927年9月考入廣州國民革命軍黃埔軍官學校第七期第二總隊炮兵科炮兵中隊學習，入學時登記為21歲，1930年9

軍官資績簿]第44頁記載。
[242] 國民政府文官處印鑄局印行：臺灣成文出版社有限公司1972年8月出版《國民政府公報》第119冊1937年1月26日第2262號頒令第2頁記載。
[243] 國民政府國防部第一廳民國三十六年二月印行《現役軍官資績簿》第三冊[陸軍現役少將上校軍官資績簿]第44頁記載。
[244] 國民政府國防部第一廳民國三十六年二月印行《現役軍官資績簿》第三冊[陸軍現役少將上校軍官資績簿]第44頁記載。
[245] 國民政府國防部第一廳民國三十六年二月印行《現役軍官資績簿》第三冊[陸軍現役少將上校軍官資績簿]第47頁記載。

月畢業。初任國民革命軍第五軍第十七旅司令部炮兵連排長。記載初任軍職為國民革命軍第五軍第十七旅司令部炮兵連排長。[246]歷任炮兵連連長，炮兵教導總隊區隊長、隊長、大隊長。依據國民政府軍事委員會1935年5月頒令官位序號為3890號。[247]奉派赴日本陸軍炮兵專門學校學習，結業後回國。抗日戰爭爆發後，任國民政府軍事訓練部科長、炮兵分監，獨立炮兵團團長，處長等職。1940年8月28日被國民政府軍事委員會銓敘廳頒令敘任陸軍炮兵中校。[248]1941年12月入陸軍大學特別班第六期學習，1943年12月畢業。1944年7月1日頒令委任軍事訓練部少將參事。[249]抗日戰爭勝利後，1945年10月10日獲頒忠勤勳章，1946年5月30日獲頒勝利勳章。1946年10月18日任陸軍炮兵學校教育處少將處長。[250]1946年11月被國民政府軍事委員會銓敘廳頒令敘任陸軍炮兵上校。

姚俊庭照片

姚俊庭（1905－？）別字才秀，廣東平遠人。廣州國民革命軍黃埔軍官學校第七期炮兵科、陸軍大學參謀班西南班第四期、陸軍大學特別班第七期畢業。1927年9月考入廣州國民革命軍黃埔軍官學校第七期第二總隊炮兵科炮兵中隊學習，入學時登記為22歲，1930年9月畢業。任炮兵教導隊訓練員，獨立野戰炮兵營排長、連長。抗日戰爭爆發後，任陸軍第一六〇師司令部直屬山炮兵營營長。1939年4月考入陸軍大學參謀班西南班第四期，1940年6月畢業。任

---

[246] 據軍事委員會銓敘廳民國三十三年十二月印製《軍官資績簿》第二冊[陸軍現役少將上校軍官資績簿]第395頁記載。

[247] 國民政府國防部第一廳民國三十六年二月印行《現役軍官資績簿》第三冊[陸軍現役少將上校軍官資績簿]第47頁記載。

[248] 國民政府國防部第一廳民國三十六年二月印行《現役軍官資績簿》第三冊[陸軍現役少將上校軍官資績簿]第47頁記載。

[249] 據軍事委員會銓敘廳民國三十三年十二月印製《軍官資績簿》第二冊[陸軍現役少將上校軍官資績簿]第395頁記載。

[250] 國民政府國防部第一廳民國三十六年二月印行《現役軍官資績簿》第三冊[陸軍現役少將上校軍官資績簿]第47頁記載。

陸軍第一六〇師司令部炮兵指揮部副主任。1943年10月入陸軍大學特別班第七期學習，1946年3月畢業。

胡經翰照片

胡經翰（1906－1936）別字冠英，廣東惠陽人。廣州國民革命軍黃埔軍官學校第七期炮兵科畢業。1927年9月考入廣州國民革命軍黃埔軍官學校第七期第二總隊炮兵科炮兵中隊學習，入學時登記為22歲，1930年9月畢業。任陸軍獨立炮兵營排長、連長、營長。1936年隨軍參與「圍剿」紅軍及根據地戰事中陣亡。[251]

柯明殷照片

柯明殷（1907－？）別字崇威，廣東茂名人。廣州國民革命軍黃埔軍官學校第七期步兵科畢業。1927年9月考入廣州國民革命軍黃埔軍官學校第七期第二總隊步兵科步兵大隊第四中隊學習，入學時登記為21歲，1930年9月畢業。任陸軍步兵營排長、連長。1936年6月任第四路軍第一五五師第四六五旅第九二九團（團長李琳）第一營少校營長。[252]

---

[251] 黃埔建國文集編纂委員會主編：臺北實踐出版社1985年6月16日印行《黃埔軍魂》第582頁記載。
[252] 1937年5月印行《廣東綏靖主任公署暨第四路軍總司令部各機關部隊職員錄》第87頁記載。

第六章　粵湘浙籍第七期生的地域人文

鍾世謙照片

鍾世謙（1902－1979）別字益涵，廣東五華縣周江人。廣州國民革命軍黃埔軍官學校第七期步兵科畢業，中央訓練團軍官教導隊結業。早年入本村私塾就讀兩年，少時考入周江初等小學學堂學習，後入縣立初級師範學校學習，得鄉人報信赴廣州，投考廣東守備軍幹部教導隊受訓。1927年9月考入廣州國民革命軍黃埔軍官學校第七期第二總隊步兵科步兵大隊第二中隊學習，入學時登記為21歲，1930年9月畢業。歷任第十九路軍第六十一師排長、連長、營長、參謀。1936年6月任第四路軍第一五九師第四七五旅第九五二團第三營少校營長。[253]抗日戰爭爆發後，任陸軍第六十六軍第一五九師四七六團團長，率軍參加淞滬會戰、南京保衛戰。後任中國遠征軍第三路教導旅副旅長。抗日戰爭勝利後，1945年10月10日獲頒忠勤勳章，1946年5月30日獲頒勝利勳章。隨軍赴山東戰場，任陸軍第六十四軍（一度整編為第六十四師）第一五六旅副旅長，整編第一五九旅旅長。1948年夏任陸軍第六十四軍第一五九師副師長、師長。1948年12月底在淮海戰役中率部起義，入華東野戰軍政治部聯絡部解放軍官教育團學習，繼入華東軍區政治部解放軍官訓練團、中國人民解放軍華東軍政大學高級研究班受訓。[254]中華人民共和國成立後，辦理手續返回廣東定居，1953年任廣東省人民政府參事室參事，加入民革廣東省委員會，1957年5月2日廣東省政協第一屆第三次會議補選為廣東省政協委員。1959年12月5日繼續任廣東省政協第二屆委員，1963年12月27日續任廣東省政協第三屆委員。1977年12月19日續任廣東省政協第四屆委員。[255]1979年3月因病在廣州逝世。

---

[253] 1937年5月印行《廣東綏靖主任公署暨第四路軍總司令部各機關部隊職員錄》第131頁記載。
[254] 夏繼誠著：江蘇人民出版社1997年7月《折戟》第386－388頁記載。
[255] 中國人民政治協商會議廣東省委員會編纂：2017年3月廣東信源彩色印務有限公司印行《廣東政協60年圖片選編》第85頁記載。

繼往開來：黃埔軍校第七期研究

鍾狄武照片

鍾狄武（1903－1937）別字荻武，廣東梅縣人。廣州國民革命軍黃埔軍官學校第七期步兵科畢業。1927年9月考入廣州國民革命軍黃埔軍官學校第七期第二總隊步兵科步兵大隊第四中隊學習，入學時登記為24歲，1930年9月畢業。參與《國民革命軍黃埔軍官學校第七期同學錄》編輯工作，為十八名籌備員之一。[256]任陸軍教導第二師步兵營見習、排長、參謀。抗日戰爭爆發後，任陸軍第八十八師步兵第五二四團小炮連上尉連長，1937年9月在上海與日軍作戰陣亡。

鍾國良（1907－？）廣東梅縣人。南京中央陸軍軍官學校第七期步兵科畢業。自填登記為民國前五年二月四日出生。[257]1928年12月28日考入南京中央陸軍軍官學校第七期第一總隊步兵科步兵大隊第三隊學習，入學時登記為23歲，1929年12月28日畢業。任陸軍步兵營排長、連長、營長。1935年8月31日被國民政府軍事委員會銓敘廳頒令敘任陸軍步兵上尉。[258]

鍾鳴暉（1910－？）別字決，廣東梅縣人。南京中央陸軍軍官學校第七期炮兵科畢業。自填登記為民國前二年九月十一日出生。[259]1928年12月28日考入南京中央陸軍軍官學校第七期第一總隊炮兵科炮兵隊學習，入學時登記為20歲，1929年12月28日畢業。任軍校教導團籌備處炮兵訓練班訓練員，炮兵學校學員隊區隊長、野戰炮兵連連長、參謀。1936年4月25日被國民政府軍事委員會銓敘廳頒令敘任陸軍炮兵上尉。[260]

---

[256] 源自1930年12月印行《國民革命軍黃埔軍官學校同學錄》第198頁記載。
[257] 軍事委員會銓敘廳民國二十五年十二月印製《陸海空軍軍官佐任官名簿》第七冊[上尉]第1649頁記載。
[258] 軍事委員會銓敘廳民國二十五年十二月印製《陸海空軍軍官佐任官名簿》第七冊[上尉]第1649頁記載。
[259] 軍事委員會銓敘廳民國二十五年十二月印製《陸海空軍軍官佐任官名簿》第八冊[上尉]第1904頁記載。
[260] 軍事委員會銓敘廳民國二十五年十二月印製《陸海空軍軍官佐任官名簿》第八冊[上尉]第1904頁記載。

第六章　粵湘浙籍第七期生的地域人文

鍾顯澄照片

鍾顯澄（1903－？）別字湛波，廣東合浦人。自填登記為民國前四年一月二十九日出生。廣州國民革命軍黃埔軍官學校第七期步兵科畢業。1927年9月考入廣州國民革命軍黃埔軍官學校第七期第二總隊步兵科步兵大隊第一中隊學習，入學時登記為24歲，1930年9月畢業。任陸軍步兵營見習、排長、連長。抗日戰爭爆發後，任陸軍步兵團營長、團附，第十二集團軍總司令部幹部訓練團學員總隊教導大隊區隊長。抗日戰爭勝利後，1945年10月10日獲頒忠勤勳章，1946年5月30日獲頒勝利勳章。1946年6月奉派入中央訓練團廣東第九軍官總隊受訓，登記為少校隊員，1946年12月31日辦理退役。登記住所為廣州市惠福東路清源巷第二號之一。[261]

淩鐵民照片

淩鐵民（1907－？）又名聲登，別字瀛仙，原載籍貫廣東文昌縣南陽鎮福田村，另載廣東瓊山人。廣州國民革命軍黃埔軍官學校第七期步兵科畢業。自填登記為民國前四年十二月十二日出生。[262]另載1907年農曆十一月二十三日出生。[263]1916年入福田村初等小學堂就讀，繼入南陽高等小學堂學習，畢業後赴省城投考第六期入伍生隊。1927年9月考入廣州國民革命軍黃埔軍官學校第

---

[261] 1948年2月印行《廣州市陸軍在鄉軍官會會員名冊》第41頁記載。
[262] 軍事委員會銓敘廳民國二十五年十二月印製《陸海空軍軍官佐任官名簿》第九冊[中尉]第2098頁記載。
[263] 郭仁勇著：香港天馬圖書有限公司2002年5月印行《文昌將軍傳》第160頁記載。

七期第二總隊步兵科步兵大隊步兵第三中隊學習，入學時登記為24歲，與同鄉林猷森、雲逢仁、葉用舒、韓漢屏、邢詒聯等為同期同學，1930年9月畢業。任陸軍步兵營排長、連長、參謀。1932年3月經鄭介民介紹加入中華民族復興社，從事軍事情報工作。1936年7月18日被國民政府軍事委員會銓敘廳頒令敘任陸軍步兵中尉。[264]抗日戰爭爆發後，被軍事委員會調查統計局派赴野戰部隊負責對日軍情報偵緝，歷任軍事委員會調查統計局駐外少校組長、中校站長、上校站長，軍事委員會調查統計局派駐廣東第二廳廳長。抗日戰爭勝利後，任保密局廣東特派員。1945年10月10日獲頒忠勤勳章，1946年5月30日獲頒勝利勳章。1949年國防部保密局派駐海南特別行政區特派員。1950年5月隨軍撤退臺灣。1957年12月屆齡退休，1967年2月當選為臺北市海南同鄉會改選後第一屆（總第十四屆）理事會顧問。

洪　偉（1908－？）別字清萍，廣東梅縣人。南京中央陸軍軍官學校第七期工兵科畢業。自填登記為民國前三年十月十日出生。[265] 1928年12月28日考入南京中央陸軍軍官學校第七期第一總隊工兵科工兵隊學習，入學時登記為22歲，1929年12月28日畢業。任工兵營見習、排長、連長、營長。1935年7月30日被國民政府軍事委員會銓敘廳頒令敘任陸軍工兵上尉。[266]

唐耀勳照片

唐耀勳（1907－？）別字紹堯，廣東清遠人。廣州國民革命軍黃埔軍官學校第七期步兵科畢業。自填登記為民國前四年九月二十四日出生。[267] 1927年9

---

[264] 軍事委員會銓敘廳民國二十五年十二月印製《陸海空軍軍官佐任官名簿》第九冊[中尉]第2098頁記載。
[265] 軍事委員會銓敘廳民國二十五年十二月印製《陸海空軍軍官佐任官名簿》第八冊[上尉]第1919頁記載。
[266] 軍事委員會銓敘廳民國二十五年十二月印製《陸海空軍軍官佐任官名簿》第八冊[上尉]第1919頁記載。
[267] 軍事委員會銓敘廳民國二十五年十二月印製《陸海空軍軍官佐任官名簿》第六冊[上尉]第1291頁記載。

月考入廣州國民革命軍黃埔軍官學校第七期第二總隊步兵科步兵大隊步兵第三中隊學習，入學時登記為22歲，1930年9月畢業。任陸軍步兵團排長、連長、營長。1936年4月4日被國民政府軍事委員會銓敘廳頒令敘任陸軍步兵上尉。[268]

談季燊照片

談季燊（1905－1937）別字達兼，廣東順德人。廣州國民革命軍黃埔軍官學校第七期炮兵科畢業。1927年9月考入廣州國民革命軍黃埔軍官學校第七期第二總隊炮兵科炮兵中隊學習，入學時登記為22歲，1930年9月畢業。任第一集團軍第三軍司令部炮兵連見習、排長，第四路軍總司令部幹部教導隊訓練員、區隊長，教導旅司令部炮兵連連長。抗日戰爭爆發後，任陸軍第六十六軍第一五九師步兵第九五三團第三營上尉營附，1937年12月13日在南京保衛戰中陣亡。

徐建德照片

徐建德（1901－1964）又名日豐，廣東樂昌縣兩江凰落村人。兩江初級師範學校、廣州國民革命軍黃埔軍官學校第七期工兵科、陸軍大學將官班乙級第三期畢業，中央訓練團將官班結業。早年考入兩江初級師範學校就讀，繼入縣立中學學習，畢業後返回鄉間任小學教員，參加學生運動，遂毅然投筆從戎，考入廣東守備軍幹部教導隊受訓。1927年9月考入廣州國民革命軍黃埔軍官學

---

[268] 軍事委員會銓敘廳民國二十五年十二月印製《陸海空軍軍官佐任官名簿》第六冊[上尉]第1291頁記載。

校第七期第二總隊工兵科工兵中隊學習，入學時登記為26歲，1930年9月畢業。參與《國民革命軍黃埔軍官學校第七期同學錄》編輯工作，為十八名籌備員之一。[269]任粵系軍隊工兵連排長、連長、參謀。後任廣東省廣寧縣遊擊隊大隊長，福建省廈門集美中學軍事訓練教官，江蘇省無錫縣縣長，浙江省寧波市市長，上海大廈軍事訓練教官，軍事委員會浙江行動委員會別動隊主任。抗日戰爭爆發後，任第四路軍總司令部工兵指揮部參謀、工兵營營長，陸軍步兵團團長，率部參加抗日戰事。後任第九戰區司令長官部高級參謀兼特務團團長。1942年10月20日國民政府頒令：任命徐建德為陸軍工兵少校。此令。[270]任陸軍第四軍第九十師司令部參謀處處長、少將參謀長，率部參加第一、二、三次長沙會戰。1945年4月被國民政府軍事委員會銓敘廳頒令敘任陸軍步兵上校。抗日戰爭勝利後，1945年10月10日獲頒忠勤勳章，1946年1月入中央訓練團將官班受訓，1946年3月結業。1946年5月30日獲頒勝利勳章。1947年2月入陸軍大學乙級將官班第三期學習，1948年4月畢業。任陸軍第二軍司令部參謀長，1949年10月離職，遷移香港定居。1964年12月因病在香港逝世。

袁再志照片

袁再志（1904－？）別字榮堅，廣東茂名人。廣州國民革命軍黃埔軍官學校第七期第二總隊炮兵科畢業。自填登記為民國前二年六月五日出生。[271]1927年9月考入廣州國民革命軍黃埔軍官學校第七期第二總隊炮兵科炮兵中隊學習，入學時登記為25歲，1930年9月畢業。任廣東陸軍第五十八師司令部炮兵連見習、排長，第二軍司令部炮兵教導隊訓練員、連長、營長。1936年7月15

---

[269] 源自1930年12月印行《國民革命軍黃埔軍官學校同學錄》第198頁記載。

[270] 國民政府文官處印鑄局印行：臺灣成文出版社有限公司1972年8月出版《國民政府公報》第173冊1942年10月21日渝字第511號頒令第4頁記載。

[271] 據軍事委員會銓敘廳民國二十五年十二月印製《陸海空軍軍官佐任官名簿》第五冊[少校]第1153頁記載。

第六章　粵湘浙籍第七期生的地域人文

日被國民政府軍事委員會銓敘廳頒令敘任陸軍炮兵少校。[272]抗日戰爭爆發後，任獨立炮兵團副團長，炮兵指揮所副主任等職。

袁幼環照片

袁幼環（1908－？）又名幼環，廣東興寧人。廣州國民革命軍黃埔軍官學校第七期工兵科畢業。自填登記為民國前三年十月三日出生。[273]1927年9月考入廣州國民革命軍黃埔軍官學校第七期第二總隊工兵科工兵中隊學習，入學時登記為22歲，1930年9月畢業。任第一集團軍第三軍司令部工兵訓練班訓練員，工兵營排長、連長、營長。1935年7月25日被國民政府軍事委員會銓敘廳頒令敘任陸軍工兵上尉。[274]

莫伯漢照片

莫伯漢（1906－？）別字雪友，廣東陽江人。廣州國民革命軍黃埔軍官學校第七期步兵科畢業。自填登記為民國前三年二月二十日出生。1927年9月考入廣州國民革命軍黃埔軍官學校第七期第二總隊步兵科步兵大隊步兵第一中

---

[272] ①據軍事委員會銓敘廳民國二十五年十二月印製《陸海空軍軍官佐任官名簿》第五冊[少校]第1153頁記載；②國民政府文官處印鑄局印行：臺灣成文出版社有限公司1972年8月出版《國民政府公報》第110冊1936年7月16日第2101號頒令第1頁記載。

[273] 軍事委員會銓敘廳民國二十五年十二月印製《陸海空軍軍官佐任官名簿》第八冊[上尉]第1935頁記載。

[274] 軍事委員會銓敘廳民國二十五年十二月印製《陸海空軍軍官佐任官名簿》第八冊[上尉]第1935頁記載。

隊學習，入學時登記為22歲，1930年9月畢業。抗日戰爭爆發後，任陸軍步兵團排長、連長，第十二集團軍總司令部軍官教導隊區隊長。抗日戰爭勝利後，1945年10月10日獲頒忠勤勳章，1946年5月30日獲頒勝利勳章。1946年6月奉派入中央訓練團廣東第九軍官總隊受訓，登記為中校隊員，1946年12月31日辦理退役。登記住所為廣州市德政北路三十號三樓。[275]

莫斯洪照片

莫斯洪（1903－？）廣東南海人。廣州國民革命軍黃埔軍官學校第七期步兵科畢業。1927年9月考入廣州國民革命軍黃埔軍官學校第七期第二總隊步兵科步兵第四中隊學習，入學時登記為24歲，1930年9月畢業。參與《國民革命軍黃埔軍官學校第七期同學錄》編輯工作，為十八名籌備員之一。[276]

容壽山照片

容壽山（1902－？）別字正樞，廣東合浦人。廣州國民革命軍黃埔軍官學校第七期步兵科畢業。1927年9月考入廣州國民革命軍黃埔軍官學校第七期第二總隊步兵科步兵大隊步兵第三中隊學習，入學時登記為22歲，1930年9月畢業。1936年6月任第四路軍總司令部直屬獨立第九旅（旅長王定華）司令部參謀處（處長張中權）少校參謀。[277]抗日戰爭爆發後，隨軍參加抗日戰事。

---

[275] 1948年2月印行《廣州市陸軍在鄉軍官會會員名冊》第15頁記載。
[276] 源自1930年12月印行《國民革命軍黃埔軍官學校同學錄》第198頁記載。
[277] 1937年5月印行《廣東綏靖主任公署暨第四路軍總司令部各機關部隊職員錄》第150頁記載。

第六章　粵湘浙籍第七期生的地域人文

曹　瑩（1907－1977）原名邦和，廣東文昌縣昌灑鎮舊市村人。南京中央陸軍軍官學校第七期步兵科畢業。1915年入文教鎮加德小學校就讀，1926年隨鄉人赴泰國謀生，1927年返回瓊崖，後隨同鄉赴杭州讀書。1928年12月28日考入南京中央陸軍軍官學校第七期第一總隊步兵科步兵大隊第一隊學習，入學時登記為21歲，1929年12月28日畢業。任軍校教導團處見習、排長，陸軍第十師司令部警衛連排長、連長。1934年春奉派訓練總監部受訓，1935年任湖南長沙中學軍事訓練教官，1936年返回廣州，任廣州市職業學校少校軍事訓練教官。抗日戰爭爆發後，任貴陽補充兵訓練總處教官，1939年任中國遠征軍第二〇〇師步兵團中校政治指導員，1940年任中央陸軍軍官學校第四分校步兵科教官，第二十三學員總隊中校大隊長。1943年春任陸軍第九十七軍步兵團中校營長，1944年任第七新兵補充訓練處中校大隊長。1945年任軍政部廣州第九訓練處上校處長。抗日戰爭勝利後，入中央訓練團第九軍官總隊受訓，1945年10月10日獲頒忠勤勳章，1946年5月30日獲頒勝利勳章。後任陸軍第四軍司令部副官處上校處長，步兵第七團團長。1950年5月隨軍撤退臺灣。1977年1月因病逝世。

符克白（1904－？）別字英洲，廣東文昌人。南京中央陸軍軍官學校第七期步兵科畢業。1928年12月28日考入南京中央陸軍軍官學校第七期第一總隊步兵科步兵大隊第三隊學習，入學時登記為23歲，1929年12月28日畢業。任陸軍步兵營排長、連長、營長、團長。在抗日戰事中陣亡殉國。[278]

符國憲（1903－？）廣東文昌縣清瀾鎮義門村人。南京中央陸軍軍官學校第七期騎兵科畢業。自填登記為1903年農曆二月二十五日出生。父樹藩，母陳氏，居家務農為生。他1911年考入南海志新高等小學堂就讀，1917年畢業，1918年赴省城求學，考入廣州中山中學讀書六年，1923年高中畢業。1923年11月隨鄉人赴馬來亞謀生，時逢黃埔軍校向海外發出招生啟事，受孫中山國民革命思想感召，毅然回國報考。1928年12月28日考入南京中央陸軍軍官學校第七期第一總隊騎兵科騎兵隊學習，入學時登記為26歲，1929年12月28日畢業。任軍校教導團籌備處見習、排長，教導第二師步兵團排長、連長、營長。抗日戰爭爆發後，任陸軍步兵團營長、團長，隨軍參加淞滬會戰。抗日戰爭勝利後，任陸軍總司令部警衛團團長，率部執行對日軍甲級戰犯穀壽夫執行槍決。1945年10月10日獲頒忠勤勳章，1946年5月30日獲頒勝利勳章。1946年6月參與軍隊整編與軍官編遣復員事宜，1946年10月退役。任廣州招商局計賬員，1948年隨

---

[278] 黃埔建國文集編纂委員會主編：臺北實踐出版社1985年6月16日印行《黃埔軍魂》第585頁記載。

招商局遷移臺灣，經商為生直至退休。

符惠民（1904－？）別字國恩，廣東文昌人。南京中央陸軍軍官學校第七期步兵科畢業。自填登記為民國前七年四月二日出生。[279] 1928年12月28日考入南京中央陸軍軍官學校第七期第一總隊步兵科步兵大隊第四隊學習，入學時登記為25歲，1929年12月28日畢業。任陸軍步兵營排長、連長、營長。1935年8月13日被國民政府軍事委員會銓敘廳頒令敘任陸軍步兵上尉。[280]

黃漢照片

黃漢（1900－？）別字大陶，廣東海康人。廣州國民革命軍黃埔軍官學校第七期步兵科畢業。1927年9月考入廣州國民革命軍黃埔軍官學校第七期第二總隊步兵科步兵第四中隊學習，入學時登記為27歲，1930年9月畢業。參與《國民革命軍黃埔軍官學校第七期同學錄》編輯工作，為十八名籌備員之一。[281]

黃覺照片

黃覺（1904－？）別字為公，廣東茂名人。廣州國民革命軍黃埔軍官學校第七期炮兵科、陸軍大學特別班第七期畢業。中央軍官訓練團第三期結業。1927年9月考入廣州國民革命軍黃埔軍官學校第七期第二總隊炮兵科炮兵中隊

---

[279] 軍事委員會銓敘廳民國二十五年十二月印製《陸海空軍軍官佐任官名簿》第七冊[上尉]第1642頁記載。

[280] 軍事委員會銓敘廳民國二十五年十二月印製《陸海空軍軍官佐任官名簿》第七冊[上尉]第1642頁記載。

[281] 源自1930年12月印行《國民革命軍黃埔軍官學校同學錄》第198頁記載。

學習，入學時登記為23歲，1930年9月畢業。歷任陸軍炮兵營排長、連長、營長。1936年6月任第四路軍第一五六師第四六六旅第九三二團（團長李紹嘉）少校團附。[282]抗日戰爭爆發後，任陸軍炮兵團副營長，陸軍步兵團副團長。抗日戰爭後期，任陸軍第六十四軍（軍長張弛）第一五八師（師長劉棟材）步兵第四六八團團長。1943年10月入陸軍大學特別班第七期學習，1946年3月畢業。抗日戰爭勝利後，1945年10月10日獲頒忠勤勳章，1946年5月30日獲頒勝利勳章。1946年7月部隊整編，任陸軍整編第六十四師整編第一五六旅第四六八團團長。1947年4月奉派入中央軍官訓練團第三期第三中隊學員隊受訓，1947年6月結業。1948年任徐州「剿匪」總司令部第七兵團（司令官黃伯韜）第六十四軍（軍長劉鎮湘）司令部少將參謀長，率部參加淮海戰役與人民解放軍作戰。所部後被全殲，1948年11月22日在徐州附近曹八集碾莊，與副軍長韋德等被人民解放軍俘虜。

黃玉龍（1908－？）別字壁光，廣東龍川人。廣州國民革命軍黃埔軍官學校第七期第二總隊炮兵科畢業。1927年9月考入廣州國民革命軍黃埔軍官學校第七期第二總隊炮兵科炮兵中隊學習，入學時登記為21歲，1930年9月畢業。任陸軍炮兵營排長、連長、營長、團附。1937年6月22日被國民政府軍事委員會銓敘廳頒令敘任陸軍炮兵少校。[283]

黃玉琴照片

黃玉琴（1907－？）廣東東莞人。廣州國民革命軍黃埔軍官學校第七期工兵科畢業。1927年9月考入廣州國民革命軍黃埔軍官學校第七期第二總隊工兵科工兵中隊學習，入學時登記為20歲，1930年9月畢業。參與《國民革命軍黃埔軍官學校第七期同學錄》編輯工作，為十八名籌備員之一。[284]

---

[282] 1937年5月印行《廣東綏靖主任公署暨第四路軍總司令部各機關部隊職員錄》第95頁記載。

[283] 國民政府文官處印鑄局印行：臺灣成文出版社有限公司1972年8月出版《國民政府公報》第126冊1937年6月23日第2387號頒令第3頁記載。

[284] 源自1930年12月印行《國民革命軍黃埔軍官學校同學錄》第198頁記載。

黃東海照片

黃東海（1908－？）廣東新會人。廣州國民革命軍黃埔軍官學校第七期步兵科畢業，南京中央陸軍軍官學校軍官教育隊結業。自填登記為民國前三年二月二十六日出生。[285]1927年9月考入廣州國民革命軍黃埔軍官學校第七期第二總隊步兵科步兵大隊步兵第四中隊學習，入學時登記為22歲，1930年9月畢業。任陸軍步兵營見習、排長、連長。1936年4月25日被國民政府軍事委員會銓敘廳頒令敘任陸軍步兵上尉。[286]1937年1月任中央陸軍軍官學校廣州分校特別班第六中隊上尉區隊長。抗日戰爭爆發後，任中央陸軍軍官學校第四分校第十四期步兵大隊步兵第一隊上尉區隊長。

黃茂松照片

黃茂松（1901－1940）別字志群，廣東興寧人。廣州國民革命軍黃埔軍官學校第七期步兵科畢業。1927年9月考入廣州國民革命軍黃埔軍官學校第七期第二總隊步兵科步兵大隊步兵第三中隊學習，入學時登記為26歲，1930年9月畢業。參與《國民革命軍黃埔軍官學校第七期同學錄》編輯工作，為十八名籌備員之一。[287]任陸軍步兵營排長、連長、營長、團長。在抗日戰事中陣亡殉國。[288]

---

[285] 軍事委員會銓敘廳民國二十五年十二月印製《陸海空軍軍官佐任官名簿》第七冊[上尉]第1539頁記載。
[286] 軍事委員會銓敘廳民國二十五年十二月印製《陸海空軍軍官佐任官名簿》第七冊[上尉]第1539頁記載。
[287] 源自1930年12月印行《國民革命軍黃埔軍官學校同學錄》第198頁記載。
[288] 黃埔建國文集編纂委員會主編：臺北實踐出版社1985年6月16日印行《黃埔軍魂》第585頁記載。

第六章　粵湘浙籍第七期生的地域人文

黃思宗照片

黃思宗（1909－2002）別號汪度，別號江渡，廣東平遠縣東石子岡人。廣州國民革命軍黃埔軍官學校第七期第二總隊工兵科、陸軍大學正則班第十一期畢業。幼時隨父就讀務本學堂，肄業後隨父親赴省城，入高等小學堂學習，繼考入省城某中學就讀，1926年夏初中畢業，在廣州加入中國國民黨，1926年秋隨父參加北伐。1927年9月考入廣州國民革命軍黃埔軍官學校第七期第二總隊工兵科工兵中隊學習，入學時登記為21歲，1930年9月畢業。歷任國民革命軍陸軍步兵團工兵排排長、步兵連連長、營長。1932年12月考入陸軍大學正則班第十一期學習，1935年12月畢業。1936年秋任廣東綏靖主任公署總辦公廳參謀處中校參謀，廣東第四路軍總司令部參謀處（處長陳勉吾）第三科（科長容幹）中校參謀。1937年3月31日被國民政府軍事委員會銓敘廳頒令敘任陸軍步兵少校。[289]抗日戰爭爆發後，任第四戰區第十二集團軍步兵團團長，軍司令部副參謀長。1939年12月任陸軍第一五八師司令部參謀長，後任陸軍第一五八師第四七四旅副旅長、旅長。1941年10月30日國民政府頒令：陸軍步兵少校黃思宗晉任為陸軍步兵中校。[290]1943年7月被國民政府軍事委員會銓敘廳頒令敘任陸軍工兵上校。1945年1月任陸軍第六十四軍司令部少將參謀長。抗日戰爭勝利後，1945年10月10日獲頒忠勤勳章，1946年5月30日獲頒勝利勳章。任國民政府主席廣州行轅（主任宋子文）第四處處長，廣東省軍管區司令部軍事訓練處處長。後任軍事委員會廣州行營第四處少將處長。1949年移居香港。[291]

---

[289] 國民政府文官處印鑄局印行：臺灣成文出版社有限公司1972年8月出版《國民政府公報》第122冊1937年4月1日第2316號頒令第1頁記載。

[290] 國民政府文官處印鑄局印行：臺灣成文出版社有限公司1972年8月出版《國民政府公報》第164冊1941年11月1日渝字第410號頒令第6頁記載。

[291] 劉國銘主編，陳予歡第一副主編：團結出版社2005年12月《中國國民黨百年人物全書》第2079頁記載。

黃維亨照片

黃維亨（1906－1999）廣東廉江縣良垌鎮茅垌村人。廣東省立高州中學、廣州國民革命軍黃埔軍官學校第七期炮兵科畢業。父為鄉村教師，耕讀人家。他從小懷有鴻鵠之志，少時考入本鄉高等小學堂就讀，1921年15歲就離鄉，考入廣東省立高州中學求學，畢業後回到廉江，任縣立廉江小學校長，在時任廉江縣縣長黃則文推薦支持下，1927年初投筆從戎，考入第六期入伍生隊受訓。1927年9月考入廣州國民革命軍黃埔軍官學校第七期第二總隊炮兵科炮兵隊學習，入學時登記為23歲，在學時加入中國國民黨，1930年9月畢業。分配廣東陸軍六十一師見習、排長，後任第十九路軍第六十一師第一二一旅第一團第二營第四連副連長，1932年隨軍參加「一‧二八」淞滬抗戰，參加上海江灣、廟行前線戰事。1933年11月隨軍參加抗日反蔣的「福建事變」，失敗後第十九路軍番號裁撤，各師編制幸得以保留。任第一集團軍第三軍第八師教導團連長、參謀。1936年7月起任第四路軍陸軍第六十二軍第一五七師步兵第四七一團連長、營長。抗日戰爭爆發後，1937年8月任陸軍第六十六軍（軍長葉肇）第一五九師（師長譚邃）第四七五旅（旅長羅策群）第九五〇團（團長林偉儔以副旅長兼）第二營營長，隨軍參加保衛上海戰役，從上海南站下車後即進入國際無線電臺附近的劉家行陣地，與日軍激戰中，所部第四七五旅陣亡營長一人、營以下官兵300多人。1937年11月12日上海淪陷，隨後參加南京保衛戰，他任第九五七團副團長兼第一營營長，第一五九師防守湯水鎮，大戰前他立下遺書「餘決以一死報效國家。吾三代單傳，無兄弟代孝，憾千里迢迢，難以馬革裹屍，然國難當頭，忠孝不能兩全，謹望高堂諒解保重⋯⋯。」1937年12月10日，第四七五旅奉命接防南京雨化門（左至水西門，右至中華門）。12月12日突圍作戰中，粵系軍隊第六十六軍、第八十三軍主力（軍長鄧龍光，欠第一五六師）在軍長葉肇、鄧龍光指揮下，從正面突破日軍陣地，部隊在突圍過程中被打散，第一五九師與日軍在太平門、麒麟門激戰。在旅長林偉儔果斷指揮下，第四七五旅在南京陷落前夕冲出太平門，沿紫金山北麓向東突圍，在仙

鶴門、湯山等地與日軍苦戰後成功突圍。此後突圍部隊一面收容整頓，一面組織壯丁，成立遊擊隊，多次襲擊敵人。12月31日經茅山南返，終於在1938年1月10日到達中國軍隊警戒區域。是役師長羅策群等數百官兵英勇陣亡，第四七五旅是15萬南京守城隊伍中唯一能保持戰鬥力成編制突圍部隊。1938年2月國民政府授予林偉儔青天白日勳章一枚，他獲頒四等寶鼎勳章一枚。1938年6月至1938年10月，隨軍參加武漢會戰的萬家嶺戰役，他任陸軍第六十六軍第一五九師第四七五旅（旅長林偉儔）第九五七團團長，他率部為前鋒，戰鬥中斃（傷）敵600多人。第六十六軍因戰績顯赫，薛嶽代表軍事委員會頒給第六十六軍「鋼軍」獎旗一面。1938年12月1日，陸軍第六十六軍開赴吉安集中整頓，經贛州回粵保衛廣東。1939年12月至1940年1月，他率部參加粵北第一次會戰，任陸軍第六十六軍第一五一師第四五一旅副旅長，是當時廣東戰區規模最大、時間最長、戰鬥最激烈的戰鬥，歷時近一個月，最後以日軍的敗退結束。他因戰功獲國民政府頒發的甲種二等幹城獎章一枚。1940年5月至1940年6月，他率部參加粵北第二次戰役，時任陸軍第六十六軍第一五一師司令部少將參謀長，中國守軍依託工事，在前沿阻擊日軍，對於深入縱深的敵軍，則集中兵力進行圍殲，經過一個月拉鋸戰後日軍撤退。1944年6月至9月，他率部參加長衡會戰（含第四次長沙會戰），他任陸軍第六十二軍第一五一師司令部參謀長，兼任第四五一旅旅長，率部參加了祁陽洪橋、衡陽解圍等戰役，消滅日軍800多人，獲國民政府頒發的甲種一等幹城獎章一枚。1944年11月至1945年8月，他率部參加桂柳會戰和桂越邊境靖西戰役，時任陸軍第六十二軍第一五一師司令部參謀長、副師長，率部進入越南高平、諒山，解除河內市、海防市和康海港日軍武裝。抗日戰爭勝利後，率部進入越南北緯16度以北的中國受降地區接受日軍投降。9月28日受降儀式在河內舉行，越南受降結束後，第六十二軍奉令赴臺灣受降。抗日戰爭勝利後，1945年10月任陸軍第一五一師副師長兼參謀長，他率第六十二軍先遣部隊抵達臺灣接受日軍投降。1945年11月17日，陸軍第一五一師被指定為第一梯隊在越南康海港登艦開赴臺灣，作為淪陷50年後登上臺灣土地的第一批中國軍人，他率先遣部隊在臺灣高雄外港登陸後，立即搶佔高雄山及市區各據點，向鳳山、屏東、左營等地挺進，迫使日軍投降。受降儀式後，他協助黃濤、練惕生、林偉儔等，順利完成收繳日軍武器裝備的接收工作和日俘、日僑遣送工作，他因對日作戰勇敢屢立戰功，被國民政府授予忠勇勳章一枚。自1932年起至1945年，他長期戰鬥在抗日第一線，歷經抗戰十四年，身經百戰、視死如歸、戰績彪炳。1945年10月10日獲頒忠勤勳章，

211

1946年5月30日獲頒勝利勳章。1949年1月任陸軍第六十二軍第一五七師（師長何寶松）司令部參謀長，同年春率部參加北平起義。所部改編後任中國人民解放軍華北野戰軍獨立第二十四師第二團團長，南下廣東時任中國人民解放軍兩廣縱隊第二師第二團團長。中華人民共和國成立後，1950年轉業地方工作，任廣東省鹽業公司科長，粵西行政專員公署科長，湛江地區商業局科長，民革湛江地區委員會負責人、顧問，1955年當選為湛江市第一屆政協委員。1988年8月20日在廣東省黃埔軍校同學會第一次會員代表大會上當選為廣東省黃埔軍校同學會第一屆理事。1998年11月20日當選為廣東省黃埔軍校同學會第二屆理事會理事。1999年6月因病在原籍鄉間逝世。後人按照將軍生前遺願葬其於家鄉廉江市良垌鎮茅垌村山雞達嶺其祖母的墓旁。在中國人民抗日戰爭暨世界反法西斯戰爭勝利70周年之際，他被以抗日將領授予抗戰勝利70周年紀念章一枚，由家屬後人代領。

黃維新（1878－？）原載籍貫廣東惠來，另載廣東汕頭人。南京中央陸軍軍官學校第七期工兵科畢業，工兵學校戰術研究班結業。自填登記為民國前三十四年四月二十二日出生。[292] 1928年12月28日考入南京中央陸軍軍官學校第七期第一總隊工兵科工兵隊學習，入學時登記為22歲，1929年12月28日畢業。任陸軍工兵營排長、連長。1935年9月13日被國民政府軍事委員會銓敘廳頒令敘任陸軍工兵中尉。任第四路軍總司令部獨立工兵營營長。1936年10月9日敘任陸軍工兵上尉。[293] 抗日戰爭爆發後，成都中央陸軍軍官學校第十七期第一總隊少校戰術教官。抗日戰爭勝利後，任成都陸軍軍官學校第二十一期工兵科中校築城教官，第二十二期第一總隊工兵科上校教官，第二十三期第二總隊工兵科上校築城教官。

黃清華照片

---

[292] 軍事委員會銓敘廳民國二十五年十二月印製《陸海空軍軍官佐任官名簿》第八冊[上尉]第1937頁記載。

[293] 軍事委員會銓敘廳民國二十五年十二月印製《陸海空軍軍官佐任官名簿》第八冊[上尉]第1937頁記載。

黃清華（1907－？）原名清華，[294]別字宏，別號複權，後以字行，以黃宏行世為官，原籍廣東梅縣，生於廣東番禺。廣州國民革命軍黃埔軍官學校第七期步兵科、陸軍大學特別班第五期畢業。1927年9月考入廣州國民革命軍黃埔軍官學校第七期第二總隊步兵科步兵大隊第三中隊學習，入學時登記為20歲，1930年9月畢業。歷任陸軍步兵營排長、連長、營長。抗日戰爭爆發後，任陸軍第一五四師司令部參謀，隨軍參加第一、二次粵北會戰。1940年7月入陸軍大學特別班第五期學習，1942年7月畢業。任廣東某團管區司令部副司令官。抗日戰爭勝利後，1945年10月10日獲頒忠勤勳章，1946年5月30日獲頒勝利勳章。1949年8月19日任廣東五華縣縣長，不久辭職。

黃錫鴻（1904－？）別字秋生，廣東臺山人。南京中央陸軍軍官學校第七期炮兵科畢業。自填登記為民國前七年二月三日出生。[295]1928年12月28日考入南京中央陸軍軍官學校第七期第一總隊炮兵科炮兵隊學習，入學時登記為24歲，1929年12月28日畢業。歷任陸軍炮兵營排長、連長、參謀、營長。1936年6月27日被國民政府軍事委員會銓敘廳頒令敘任陸軍炮兵上尉。[296]

黃醒民照片

黃醒民（1908－？）別字錦然，廣東羅定人。廣州國民革命軍黃埔軍官學校第七期工兵科畢業。1927年9月考入廣州國民革命軍黃埔軍官學校第七期第二總隊工兵科工兵隊學習，入學時登記為20歲，1930年9月畢業。歷任陸軍步兵連見習、排長、參謀。1936年6月任中央陸軍軍官學校廣州分校工兵科助教。抗日戰爭爆發後，任中央陸軍軍官學校第四分校第十四期學員總隊工兵隊少校隊附。

---

[294] 據湖南省檔案館校編、湖南人民出版社1989年7月《黃埔軍校同學錄》記載。
[295] 軍事委員會銓敘廳民國二十五年十二月印製《陸海空軍軍官佐任官名簿》第八冊[上尉]第1897頁記載。
[296] 軍事委員會銓敘廳民國二十五年十二月印製《陸海空軍軍官佐任官名簿》第八冊[上尉]第1897頁記載。

黃燿熊照片

黃燿熊（1901－？）別字奇炳，廣東新會人。廣州國民革命軍黃埔軍官學校第七期步兵科畢業。1927年9月考入廣州國民革命軍黃埔軍官學校第七期第二總隊步兵科步兵大隊第四中隊學習，入學時登記為27歲，1930年9月畢業。歷任陸軍步兵營排長、連長、營長。1936年6月任第四路軍第一六〇師第四八〇旅第九五八團少校團附。[297]

梁驥照片

梁　驥（1902－？）別字子超，後改名子超，廣東化縣人。廣州國民革命軍黃埔軍官學校第七期步兵科畢業。自填登記為民國前九年七月六日出生。[298]1927年9月考入廣州國民革命軍黃埔軍官學校第七期第二總隊步兵科步兵大隊步兵第一中隊學習，入學時登記為30歲，1930年9月畢業。歷任陸軍第五十九師司令部警衛連排長、連長、參謀。1936年4月2日被國民政府軍事委員會銓敘廳頒令敘任陸軍步兵上尉。[299]

---

[297] 1937年5月印行《廣東綏靖主任公署暨第四路軍總司令部各機關部隊職員錄》第141頁記載。
[298] 軍事委員會銓敘廳民國二十五年十二月印製《陸海空軍軍官佐任官名簿》第六冊[上尉]第1249頁記載。
[299] 軍事委員會銓敘廳民國二十五年十二月印製《陸海空軍軍官佐任官名簿》第六冊[上尉]第1249頁記載。

第六章　粵湘浙籍第七期生的地域人文

梁仲介照片

梁仲介（1907－？）別字家福，廣東靈山人。廣州國民革命軍黃埔軍官學校第七期第一總隊炮兵科畢業。1927年9月考入廣州國民革命軍黃埔軍官學校第七期第二總隊炮兵科炮兵中隊學習，入學時登記為22歲，1930年9月畢業。歷任陸軍步兵團排長、連長、營長、團附。1937年6月22日被國民政府軍事委員會銓敘廳頒令敘任陸軍炮兵少校。[300]

梁漢堂（1907－？）原載籍貫廣東瓊州，另載廣東儋縣人。南京中央陸軍軍官學校第七期工兵科畢業。自填登記為民國前五年一月二十九日出生。[301]1928年12月28日考入南京中央陸軍軍官學校第七期第一總隊工兵科工兵隊學習，入學時登記為23歲，1929年12月28日畢業。歷任陸軍獨立工兵大隊見習、區隊長、中隊長、參謀。1935年9月3日被國民政府軍事委員會銓敘廳頒令敘任陸軍工兵上尉。[302]

梁志強（1902－1932）廣東梅縣人。南京中央陸軍軍官學校第七期步兵科畢業。1928年12月28日考入南京中央陸軍軍官學校第七期第一總隊步兵科步兵大隊第四隊學習，入學時登記25歲，1929年12月28日畢業。任陸軍步兵連見習、排長，1932年秋在討伐軍閥戰事中陣亡。[303]

---

[300] 國民政府文官處印鑄局印行：臺灣成文出版社有限公司1972年8月出版《國民政府公報》第126冊1937年6月23日第2387號頒令第3頁記載。
[301] 軍事委員會銓敘廳民國二十五年十二月印製《陸海空軍軍官佐任官名簿》第八冊[上尉]第1919頁記載。
[302] 軍事委員會銓敘廳民國二十五年十二月印製《陸海空軍軍官佐任官名簿》第八冊[上尉]第1919頁記載。
[303] 黃埔建國文集編纂委員會主編：臺北實踐出版社1985年6月16日印行《黃埔軍魂》第579頁記載。

梁壽輝照片

梁壽輝（1899－？）別字變元，原載廣東東莞，另載廣東茂名人。自填登記為民國前一年七月十四日出生。廣州國民革命軍黃埔軍官學校第七期步兵科畢業。1927年9月考入廣州國民革命軍黃埔軍官學校第七期第二總隊步兵科步兵大隊步兵第三中隊學習，入學時登記為28歲，1930年9月畢業。任陸軍步兵連見習、排長、連附。抗日戰爭爆發後，任陸軍第六十五軍幹部教導大隊中尉隊員，隨軍參加抗日戰事。抗日戰爭勝利後，1945年10月10日獲頒忠勤勳章，1946年5月30日獲頒勝利勳章。1946年6月奉派入中央訓練團廣東第九軍官總隊受訓，登記為上尉隊員，1947年1月31日辦理退役。登記住所為廣州市河南龍導尾武功巷一號。[304]

梁順德（1909－1952）別字真心，別號德順，又號惠，廣東梅縣人。[305]梅縣鬆口中學、南京中央陸軍軍官學校第七期炮兵科、中央陸軍炮兵學校第一期、陸軍大學參謀班第一期、陸軍大學特別班第八期畢業。早年入本村私塾啟蒙，繼考入本鄉高等小學堂就讀，1925年考入梅縣鬆口中學學習，畢業後赴南京投考第六期入伍生隊。1928年12月28日考入南京中央陸軍軍官學校第七期第一總隊炮兵科炮兵隊學習，入學時登記21歲，1929年12月28日畢業。繼入陸軍炮兵學校第一期學習，畢業後歷任軍政部直屬獨立炮兵團排長、連長。1935年9月奉派入陸軍大學參謀班第一期學習，1936年11月畢業。任南京湯山中央炮兵學校教官，兼任學員大隊重炮兵隊隊附。1937年5月31日被國民政府軍事委員會銓敘廳頒令任命陸軍炮兵少校。[306]抗日戰爭爆發後，1937年任陸軍炮兵學校戰術教官。後任軍政部直屬炮兵第九團團附、營長。1939年10月任軍政部直屬獨立炮兵第九團副團長，1941年12月任軍政部獨立炮兵第九團團長，1943年6月任陸軍第七十六軍司令部副參謀長，兼任軍炮兵指揮所主任，1944年12月

---

[304] 1948年2月印行《廣州市陸軍在鄉軍官會會員名冊》第59頁記載。
[305] 湖南省檔案館校編、湖南人民出版社1989年7月《黃埔軍校同學錄》記載為廣東潮安人。
[306] 國民政府文官處印鑄局印行：臺灣成文出版社有限公司1972年8月出版《國民政府公報》第125冊1937年6月3日第2370號頒令第3頁記載。

任陸軍新編第二軍司令部副參謀長，軍政部炮兵署參謀、炮兵視察組組長。抗日戰爭勝利後，1945年10月10日獲頒忠勤勳章，任陸軍總司令部第二方面軍司令長官部直屬重炮兵第一團團長。1946年5月30日獲頒勝利勳章。後任陸軍總司令部重炮兵訓練班副主任。1946年12月任甘肅河西警備總司令部參謀處處長，後任參謀長。1947年10月入重慶陸軍大學特別班第八期學習，1949年11月畢業。1949年12月隨軍在川南向人民解放軍投誠，1950年後入中國人民解放軍西南軍政大學高級研究班學習，1950年赴中國人民解放軍東北高級炮兵學校任重炮兵教員，1952年因案被捕入獄，後被判處死刑。1984年7月由中國人民解放軍第二地面炮兵學校政治部決定撤銷原判，恢復起義投誠人員名譽。

梁樹基照片

梁樹基（1901－？）別字漪濤，廣東惠陽人。廣州國民革命軍黃埔軍官學校第七期步兵科畢業。1927年9月考入廣州國民革命軍黃埔軍官學校第七期第二總隊步兵科步兵第二中隊學習，入學時登記為26歲，1930年9月畢業。參與《國民革命軍黃埔軍官學校第七期同學錄》編輯工作，為十八名籌備員之一。[307]

梁智偉（1910－？）別字浪我，廣東梅縣人。南京中央陸軍軍官學校第七期步兵科畢業。自填登記為民國前二年六月十五日出生。[308] 1928年12月28日考入南京中央陸軍軍官學校第七期第一總隊步兵科步兵大隊第三隊學習，入學時登記為20歲，1929年12月28日畢業。歷任陸軍步兵營排長、連長、參謀。1936年4月8日被國民政府軍事委員會銓敘廳頒令敘任陸軍步兵上尉。[309]

湛承培（1911－？）別字中衛，原載籍貫廣東廣州，另載廣東增城人，又載瓊崖嘉積人。南京中央陸軍軍官學校第七期工兵科、廣東軍事政治學校軍

---

[307] 源自1930年12月印行《國民革命軍黃埔軍官學校同學錄》第198頁記載。
[308] 軍事委員會銓敘廳民國二十五年十二月印製《陸海空軍軍官佐任官名簿》第六冊[上尉]第1252頁記載。
[309] 軍事委員會銓敘廳民國二十五年十二月印製《陸海空軍軍官佐任官名簿》第六冊[上尉]第1252頁記載。

官訓練班第二期畢業。自填登記為民國前一年一月二十七日出生。[310]1928年12月28日考入南京中央陸軍軍官學校第七期第一總隊工兵科工兵隊學習，入學時登記為19歲，1929年12月28日畢業。歷任工兵學校訓練員、教育處助教，學員大隊區隊長。後任陸軍第四師司令部工兵連排長、機關槍連連長。1935年7月30日被國民政府軍事委員會銓敘廳頒令敘任陸軍工兵上尉。[311]任粵系軍隊獨立工兵團連長、營長。抗日戰爭爆發後，任財政部稅警總團第三團第六大隊大隊長，廣東稅警大隊大隊長，陸軍暫編第二軍暫編第八師第十七團團長。抗日戰爭勝利後，1945年10月10日獲頒忠勤勳章，1946年5月30日獲頒勝利勳章。1947年任廣東省保安司令部保安第四師司令部參謀長，陸軍第三十二軍教導師第一團團長，海南防衛總司令部第一防守區司令部高級參謀。1950年5月隨軍撤退臺灣，任臺灣陸軍第三十二軍司令部參謀長，「國防部」少將高級參謀。1959年11月退役。

曾漢光照片

曾漢光（1908－？）廣東雲浮人。廣州國民革命軍黃埔軍官學校第七期工兵科畢業。自填登記為民國前三年十一月四日出生。[312]1927年9月考入廣州國民革命軍黃埔軍官學校第七期第二總隊工兵科工兵中隊學習，入學時登記為23歲，1930年9月畢業。任工兵訓練班訓練員，獨立工兵營排長、連長、營長。1935年7月25日被國民政府軍事委員會銓敘廳頒令敘任陸軍工兵上尉。[313]

---

[310] 軍事委員會銓敘廳民國二十五年十二月印製《陸海空軍軍官佐任官名簿》第八冊[上尉]第1919頁記載。

[311] 軍事委員會銓敘廳民國二十五年十二月印製《陸海空軍軍官佐任官名簿》第八冊[上尉]第1919頁記載。

[312] 軍事委員會銓敘廳民國二十五年十二月印製《陸海空軍軍官佐任官名簿》第八冊[上尉]第1924頁記載。

[313] 軍事委員會銓敘廳民國二十五年十二月印製《陸海空軍軍官佐任官名簿》第八冊[上尉]第1924頁記載。

第六章　粵湘浙籍第七期生的地域人文

曾令福照片

曾令福（1907－？）又名令孚，別字範五，廣東瓊東人。廣州國民革命軍黃埔軍官學校第七期第二總隊工兵科畢業。1927年9月考入廣州國民革命軍黃埔軍官學校第七期第二總隊工兵科工兵中隊學習，入學時登記為22歲，1930年9月畢業。歷任軍政部獨立工兵團見習、排長、連長、團附。1937年6月29日被國民政府軍事委員會銓敘廳頒令敘任陸軍工兵少校。[314]抗日戰爭爆發後，隨軍參加抗日戰事。

曾蔚全（1909－？）別字金華，廣東蕉嶺人。南京中央陸軍軍官學校第七期工兵科畢業。自填登記為民國前二年十二月四日出生。[315]1928年12月28日考入南京中央陸軍軍官學校第七期第一總隊騎兵科騎兵隊學習，入學時登記為22歲，1929年12月28日畢業。任騎兵學校學員大隊區隊長、中隊長、助教。1935年8月16日被國民政府軍事委員會銓敘廳頒令敘任陸軍騎兵上尉。[316]

彭佩茂照片

彭佩茂（1907－？）別字友松，廣東陸豐人。廣州國民革命軍黃埔軍官學校第七期第二總隊炮兵科、日本陸軍野戰炮兵專門學校畢業。1927年9月考

---

[314] 國民政府文官處印鑄局印行：臺灣成文出版社有限公司1972年8月出版《國民政府公報》第126冊1937年6月30日第2393號頒令第2頁記載為曾令孚。

[315] 軍事委員會銓敘廳民國二十五年十二月印製《陸海空軍軍官佐任官名簿》第八冊[上尉]第1870頁記載。

[316] 軍事委員會銓敘廳民國二十五年十二月印製《陸海空軍軍官佐任官名簿》第八冊[上尉]第1870頁記載。

入廣州國民革命軍黃埔軍官學校第七期第二總隊炮兵科炮兵中隊學習，入學時登記為22歲，1930年9月畢業。任國民革命軍總司令部炮兵教導隊見習、觀測員，獨立炮兵團排長、連長、營長、團附。1937年4月29日被國民政府軍事委員會銓敘廳頒令敘任陸軍炮兵少校。[317]抗日戰爭爆發後，任中央陸軍軍官學校第四分校炮兵科中校兵器教官。

彭健龍照片

彭健龍（1907－？）別字禦雲，廣東連山人。廣州國民革命軍黃埔軍官學校第七期步兵科、陸軍大學參謀班第三期畢業。1927年9月考入廣州國民革命軍黃埔軍官學校第七期第二總隊步科第一中隊學員隊學習，入學時登記為20歲，1930年9月畢業。歷任陸軍步兵團排長、連長、參謀。抗日戰爭爆發後，1938年6月考入陸軍大學參謀班第三期學習，1939年8月畢業。任陸軍步兵旅司令部參謀，陸軍步兵師參謀處科長、處長等職。

韓濯照片

韓　濯（1908－？）廣東合浦人。廣州國民革命軍黃埔軍官學校第七期步兵科畢業。1927年9月考入廣州國民革命軍黃埔軍官學校第七期第二總隊步兵科步兵第二中隊學習，入學時登記為23歲，1930年9月畢業。任廣東軍事政治學校步兵科訓練員、助教，廣東省會警察局區隊長、分隊長，廣州警備司令部

---

[317] 國民政府文官處印鑄局印行：臺灣成文出版社有限公司1972年8月出版《國民政府公報》第122冊1937年4月30日第2341號頒令第12頁記載。

參謀。1936年6月任第四路軍第一五八師司令部參謀處少校參謀。[318]抗日戰爭爆發後，隨軍參加抗日戰事。

韓超文照片

韓超文（1907－？）廣東文昌人。廣州國民革命軍黃埔軍官學校第七期炮兵科畢業。自填登記為民國前四年四月十日出生。[319]1927年9月考入廣州國民革命軍黃埔軍官學校第七期第二總隊炮兵科炮兵中隊學習，入學時登記為23歲，與同鄉林猷森、雲逢仁、邢詒聯、葉用舒、淩聲登等為同期同學，1930年9月畢業。歷任廣東陸軍第五十九師炮兵教導隊見習、觀測員，獨立迫擊炮兵營排長、連長、參謀。1936年7月18日被國民政府軍事委員會銓敘廳頒令敘任陸軍炮兵上尉。[320]

蔣侗照片

蔣　侗（1906－？）廣東澄邁人。廣州國民革命軍黃埔軍官學校第七期工兵科畢業。自填登記為民國前五年八月十五日出生。[321]1927年9月考入廣州國

---

[318] 1937年5月印行《廣東綏靖主任公署暨第四路軍總司令部各機關部隊職員錄》第112頁記載。
[319] 軍事委員會銓敘廳民國二十五年十二月印製《陸海空軍軍官佐任官名簿》第八冊[上尉]第1894頁記載。
[320] 軍事委員會銓敘廳民國二十五年十二月印製《陸海空軍軍官佐任官名簿》第八冊[上尉]第1894頁記載。
[321] 軍事委員會銓敘廳民國二十五年十二月印製《陸海空軍軍官佐任官名簿》第七冊[上尉]第1587頁記載。

民革命軍黃埔軍官學校第七期第二總隊工兵科工兵中隊學習，入學時登記為21歲，1930年9月畢業。任第一集團軍總司令部工兵教導隊見習、區隊長，獨立工兵營連長、參謀。1936年4月7日被國民政府軍事委員會銓敘廳頒令敘任陸軍步兵上尉。[322]

葛振中（1908－？）廣東茂名人。南京中央陸軍軍官學校第七期工兵科畢業。自填登記為民國前三年二月五日出生。[323]1928年12月28日考入南京中央陸軍軍官學校第七期第一總隊工兵科工兵隊學習，入學時登記為21歲，1929年12月28日畢業。歷任陸軍獨立工兵營見習、排長、連長、參謀。1936年4月25日被國民政府軍事委員會銓敘廳頒令敘任陸軍工兵上尉。[324]

謝義（1908－？）原名道基，[325]別字義，後以字行，廣東平遠人。廣州國民革命軍黃埔軍官學校第七期工兵科、陸軍大學特別班第七期畢業。本村私塾啟蒙，考入鄉立高等小學堂就讀，畢業後入平遠縣立中學學習，初中畢業後赴廣州，考入廣東守備軍幹部教導隊受訓。1927年9月考入廣州國民革命軍黃埔軍官學校第七期第二總隊工兵科工兵中隊學習，入學時登記為19歲，1930年9月畢業。歷任第十九路軍補充團排長、連長、參謀，第十九路軍遣散後，1934年夏任中央陸軍軍官學校洛陽分校工兵科教官、科長。1936年6月應邀返回廣東，任第四路軍總司令部直屬工兵指揮（方萬方）部工兵第一營中校營長。[326]抗日戰爭爆發後，應李鐵軍邀請，任西北戰時黨政幹部訓練團教育處副處長，陸軍第一軍第一師政治訓練處主任。1940年7月被國民政府軍事委員會銓敘廳頒令敘任陸軍工兵上校。任第一戰區司令長官部高級參謀。1943年10月入陸軍大學特別班第七期學習，1946年3月畢業。抗日戰爭勝利後，1945年10月10日獲頒忠勤勳章，任天津城防司令部參謀處處長。1946年5月30日獲頒勝利勳章。任陸軍第六十二軍司令部參謀長。1948年任陸軍總司令部參謀長，陸軍總司令部第二署署長。1949年隨軍赴臺灣，1958年10月以陸軍少將退役。

---

[322] 軍事委員會銓敘廳民國二十五年十二月印製《陸海空軍軍官佐任官名簿》第七冊[上尉]第1587頁記載。

[323] 軍事委員會銓敘廳民國二十五年十二月印製《陸海空軍軍官佐任官名簿》第八冊[上尉]第1939頁記載。

[324] 軍事委員會銓敘廳民國二十五年十二月印製《陸海空軍軍官佐任官名簿》第八冊[上尉]第1939頁記載。

[325] 湖南省檔案館編、湖南人民出版社1989年7月《黃埔軍校同學錄》記載。

[326] 1937年5月印行《廣東綏靖主任公署暨第四路軍總司令部各機關部隊職員錄》第156頁記載。

第六章 粵湘浙籍第七期生的地域人文

謝　昌（1906－1974）原名自昌，又名伯文，後改名昌，原載廣東海口，廣東文昌縣羅豆墟放梅村人。南京中央陸軍軍官學校第七期炮兵科、炮兵學校軍官訓練班第二期畢業。自填登記為民國前四年十一月十五日出生。[327]幼年在家鄉讀私塾，繼入羅豆墟高等小學堂就讀，1923年考入府城瓊海中學學習，參加學生運動為學生自治會主席，因激進活躍被校責令退學。後負笈省城求學，入第六期入伍生隊集訓。1928年12月28日考入南京中央陸軍軍官學校第七期第一總隊炮兵科炮兵隊學習，入學時登記為21歲，1929年12月28日畢業。分發福建炮兵團見習，任重炮山炮兵營排長、連長、營長。1935年9月12日被國民政府軍事委員會銓敘廳頒令敘任陸軍炮兵上尉。[328]抗日戰爭爆發後，隨軍參加福建沿海防禦日軍戰事。1937年9月8日國民政府頒令由陸軍炮兵上尉謝昌晉任陸軍炮兵少校。[329]1938年夏任湖南省幹部訓練團學員總隊中校教官，1939年春奉派設置遵義的炮兵學校軍官訓練班第二期受訓，1940年結業。任重慶國民政府軍事訓練部國民軍事教育處中校科員，1941年夏應黃珍吾邀請，返回福建任福建省政府保安處（處長黃珍吾）幹部訓練所教官，兼任學員總隊第二中隊中隊長、特務大隊中校大隊長、炮兵訓練團副團長。1942年任福建省保安縱隊第六團團長，率部防守閩江右岸。1943年任第三戰區閩浙贛邊區遊擊挺進指揮部第二挺進縱隊司令官，1945年1月任青年軍第二〇八師（師長黃珍吾）司令部炮兵指揮部指揮官。抗日戰爭勝利後，1945年10月10日獲頒忠勤勳章，1946年5月30日獲頒勝利勳章。1946年6月任陸軍第四十六軍第一三一師少將副師長兼師政治部主任，1947年4月所部整編後，任陸軍整編第四十六師整編第一三一旅新聞處處長。1947年12月隨黃珍吾赴南京，任南京首都員警廳（廳長黃珍吾）特警大隊少將大隊長，淞滬警備司令部政治訓練處處長。1949年10月隨軍南下海南島，任陸軍第四十六軍第一七五師政治部主任，兼任榆林《和平日報》社社長。後任陸軍第三十二軍第一〇七師副師長，駐防海南島三亞港口。1950年5月隨軍撤退臺灣，1964年12月以陸軍少將退役。1974年11月因病在臺北逝世。

---

[327] 軍事委員會銓敘廳民國二十五年十二月印製《陸海空軍軍官佐任官名簿》第八冊[上尉]第1883頁記載。
[328] 軍事委員會銓敘廳民國二十五年十二月印製《陸海空軍軍官佐任官名簿》第八冊[上尉]第1883頁記載。
[329] 國民政府文官處印鑄局印行：臺灣成文出版社有限公司1972年8月出版《國民政府公報》第129冊1937年9月9日第2453號頒令第1頁記載。

謝　猛（1898－？）別字曉然，廣東汕頭人。南京中央陸軍軍官學校第七期步兵科畢業。自填登記為民國前十二年二月三日出生。[330]1928年12月28日考入南京中央陸軍軍官學校第七期第一總隊步兵科步兵大隊第二隊學習，入學時登記為25歲，1929年12月28日畢業。任陸軍步兵營排長、連長、參謀。1935年9月19日被國民政府軍事委員會銓敘廳頒令敘任陸軍步兵上尉。[331]

謝士元照片

謝士元（1908－？）別字若癡，後改名以文，廣東開平人。廣州國民革命軍黃埔軍官學校第七期步兵科畢業。自填登記為民國前三年三月十五日出生。[332] 1927年9月考入廣州國民革命軍黃埔軍官學校第七期第二總隊步兵科步兵大隊第三中隊學習，入學時登記為21歲，1930年9月畢業。分發廣東軍事政治學校第一期任步兵科訓練員。抗日戰爭爆發後，任廣東省幹部訓練團部訓練處參謀，學員總隊第七中隊少校中隊附。抗日戰爭勝利後，奉派入中央訓練團廣東第九軍官總隊受訓，登記為中校隊員。1945年10月10日獲頒忠勤勳章，1946年5月30日獲頒勝利勳章。1947年6月退役，登記住址為廣州市將軍東前粵華西街十二號寓所。[333]

謝日暘照片

---

[330] 軍事委員會銓敘廳民國二十五年十二月印製《陸海空軍軍官佐任官名簿》第六冊[上尉]第1303頁記載。
[331] 軍事委員會銓敘廳民國二十五年十二月印製《陸海空軍軍官佐任官名簿》第六冊[上尉]第1303頁記載。
[332] 1948年2月印行《廣州市陸軍在鄉軍官會會員名冊》第12頁記載。
[333] 1948年2月印行《廣州市陸軍在鄉軍官會會員名冊》第14頁記載。

第六章　粵湘浙籍第七期生的地域人文

謝日暘（1909－1993）別字立中，別號匡原，廣東雲浮人。信宜縣省立中學畢業，廣州國立中山大學肄業，廣州國民革命軍黃埔軍官學校第七期步兵科、陸軍大學將官班乙級第三期畢業。自填登記為民國前四年十一月十六日出生。[334]另載1909年11月16日出生於鬱南縣飛地山坪豐垌村，成長於信宜縣，父謝愧前早逝，賴祖母陳氏與母親楊氏撫養成人。先後畢業於信宜縣第三高級小學、信宜縣省立中學。1927年在信宜中學畢業，考入國立中山大學，讀了一年毅然投筆從戎。1927年9月考入廣州國民革命軍黃埔軍官學校第七期第二總隊步科步兵大隊步兵第二中隊學習，入學時登記為22歲，1930年9月畢業。分發廣東陸軍第六十師司令部見習，任第六十師補充團排長、連長。1936年7月15日被國民政府軍事委員會銓敘廳頒令敘任陸軍步兵上尉。[335]抗日戰爭爆發後，任陸軍第六十師（師長陳沛）第一七九團第二營營長、參謀，第六十師司令部參謀處處長，隨軍參加抗日戰事。1939年任陸軍第三十七軍第六十師司令部少將參謀長，他曾上書第九戰區司令長官兼湖南省主席薛嶽建議保衛長沙戰略：用「天爐戰法」與日軍決戰。薛嶽接納此建議。1939年11月17日，長沙防衛會議上薛嶽將「天爐戰法」交由會議進行充分討論，並正式確定為保衛長沙的戰略方針。「天爐戰法」指：徹底破壞交通道路，在中間地帶空室清野，誘敵深入，設置縱深的伏擊區作為基礎，企圖扭轉敵我之間的戰力，把入侵之敵誘至決戰地區，從四面八方構成一個天然熔爐，予以圍殲。長沙防衛軍事會議還決定：以新牆河至汨羅江之間為誘敵區，瀏陽河至撈刀河之間為決戰殲敵區。同時，實行民眾總動員，破壞道路，向水田蓄水，嚴格要求加鄉村保甲制度，竭力加強戰備，組織戰時民工隊，配合大軍決戰。戰後於1942年8月21日國民政府頒令：軍事委員會准給予謝日暘光華甲種一等獎章。此令。[336]後隨軍參加第二、三次長沙會戰。1944年9月兼任第六十師步兵第一八〇團團長。1945年1月被國民政府軍事委員會銓敘廳敘任陸軍步兵上校。實施「天爐戰法」取得預期戰果，謝日暘獻策有功，為表彰其功績，國民政府除授予勳章外，還特許他在家鄉信宜合水鎮排東村建立「謝氏抗戰紀念樓」（現為信宜市文物保護單

---

[334] 據軍事委員會銓敘廳民國二十五年十二月印製《陸海空軍軍官佐任官名簿》第六冊[憲兵、步兵上尉]第1304頁記載。

[335] 據軍事委員會銓敘廳民國二十五年十二月印製《陸海空軍軍官佐任官名簿》第六冊[憲兵、步兵上尉]第1304頁記載。

[336] 國民政府文官處印鑄局印行：臺灣成文出版社有限公司1972年8月出版《國民政府公報》第172冊1942年8月22日渝字第494號頒令第31頁記載。

225

位），作永久紀念。抗戰期間他參加大小戰役數十次，其中比較著名的有：流洞橋金雞嶺戰役，江西麒麟峰戰役，常寧守城戰役，贛南追敵戰役，遂川保衛飛機場戰役等。抗日戰爭勝利後，1945年10月10日獲頒忠勤勳章，1946年5月30日獲頒勝利勳章。1946年6月任陸軍整編第六十九師整編第六十旅少將副旅長，1947年2月入陸軍大學將官班乙級第三期學習，1948年4月畢業。任陸軍總司令部第九訓練處少將參謀長。1949年隨軍赴臺灣，先後在育達商業職業學校、馬祖高級中學、東引中學任教多年。1993年5月4日因病在臺北逝世。

謝偉松照片

謝偉松（1907－？）別字寒知，廣東從化人。廣州國民革命軍黃埔軍官學校第七期工兵科、陸軍大學將官班乙級第三期畢業。自填登記為民國前二年七月十四日出生。[337]1927年9月考入廣州國民革命軍黃埔軍官學校第七期第二總隊工兵科工兵中隊學習，入學時登記為20歲，1930年9月畢業。任陸軍第五十九師司令部工兵訓練班訓練員、助教，第一集團軍第三軍司令部獨立工兵營連長、參謀。1936年4月2日被國民政府軍事委員會銓敘廳頒令敘任陸軍工兵上尉。[338]抗日戰爭爆發後，任陸軍步兵團營長、團長，率部參加抗日戰事。抗日戰爭勝利後，1945年10月10日獲頒忠勤勳章，1946年5月30日獲頒勝利勳章。任廣東某師管區司令部參謀長。1947年2月入陸軍大學乙級將官班第三期學習，1948年4月畢業。1948年11月29日任廣東從化縣縣長，1949年春辭職。

---

[337] 軍事委員會銓敘廳民國二十五年十二月印製《陸海空軍軍官佐任官名簿》第八冊[上尉]第1924頁記載。
[338] 軍事委員會銓敘廳民國二十五年十二月印製《陸海空軍軍官佐任官名簿》第八冊[上尉]第1924頁記載。

第六章　粵湘浙籍第七期生的地域人文

謝麗天照片

謝麗天（1903－？）別字惠寧，別號光遠，廣東從化人。廣州國民革命軍黃埔軍官學校第七期工兵科畢業。1927年9月考入廣州國民革命軍黃埔軍官學校第七期第二總隊工兵科工兵中隊學習，入學時登記為24歲，1930年9月畢業。1936年6月任第四路軍總司令部直屬工兵指揮（方萬方）部工兵第三營少校營長。[339]抗日戰爭爆發後，任第十二集團軍總司令部直屬工兵團團長，第七戰區司令長官部工兵指揮部副指揮官。

溫志裘照片

溫志裘（1904－1937）別字守奇，廣東梅縣人。廣州國民革命軍黃埔軍官學校第七期工兵科畢業。1927年9月考入廣州國民革命軍黃埔軍官學校第七期第二總隊工兵科工兵中隊學習，入學時登記為24歲，1930年9月畢業。任國民革命軍總司令部工兵教導隊訓練員，工兵學校籌備處服務員，南京憲兵司令部參謀、排長、分隊長。抗日戰爭爆發後，任南京憲兵司令部憲兵第八團通信連上尉連長，1937年12月13日在南京保衛戰中陣亡。

---

[339] 1937年5月印行《廣東綏靖主任公署暨第四路軍總司令部各機關部隊職員錄》第157頁記載。

舒紹鴻照片

舒紹鴻（1904－？）廣東番禺人。廣州國民革命軍黃埔軍官學校第七期步兵科畢業。1927年9月考入廣州國民革命軍黃埔軍官學校第七期第二總隊步兵科步兵第一中隊學習，入學時登記為23歲，1930年9月畢業。參與《國民革命軍黃埔軍官學校第七期同學錄》編輯工作，為十八名籌備員之一。[340]

藍守青（1905－？）又名守清，廣東梅縣人。南京中央陸軍軍官學校第七期第一總隊炮兵科、陸軍大學參謀班西南班第四期畢業。自填登記為民國前五年九月三日出生。[341]1928年12月28日考入南京中央陸軍軍官學校第七期第一總隊炮兵科炮兵隊學習，入學時登記為24歲，1929年12月28日畢業。任國民革命軍總司令部炮兵教導隊見習，炮兵學校訓練員、助教。1935年9月9日被國民政府軍事委員會銓敘廳頒令敘任陸軍炮兵上尉。[342]任炮兵第一旅第一團第二營連長、營長。1937年5月20日被國民政府軍事委員會銓敘廳頒令晉任陸軍炮兵少校。[343]抗日戰爭爆發後，任軍政部直轄炮兵第一旅重炮兵營營長，集團軍總司令部炮兵團團長，率部轉戰河南、河北、湖北等地。1939年4月考入陸軍大學參謀班西南班第四期學習，1940年6月畢業。1941年10月13日國民政府令：司法院呈，奉行政院呈，據軍政部轉呈，以監犯藍守青，前犯毀棄兵器瀆罪，經第一戰區軍法執行監部判處有期徒刑七年，嗣准調服軍役在案。現據該管長官證明，該犯在調服軍役期間，參加作戰，功績特殊，請予赦免其刑一案。經核與非常時期監犯調服軍役條例第七條之規定相符，擬請依法准予免其執行等情。茲依據中華民國訓政時期約法第六十八條之規定，宣告該犯原判之有期

---

[340] 源自1930年12月印行《國民革命軍黃埔軍官學校同學錄》第198頁記載。
[341] 軍事委員會銓敘廳民國二十五年十二月印製《陸海空軍軍官佐任官名簿》第八冊[上尉]第1900頁記載。
[342] 軍事委員會銓敘廳民國二十五年十二月印製《陸海空軍軍官佐任官名簿》第八冊[上尉]第1900頁記載。
[343] 國民政府文官處印鑄局印行：臺灣成文出版社有限公司1972年8月出版《國民政府公報》第124冊1937年5月21日第2359號頒令第1頁記載。

第六章　粵湘浙籍第七期生的地域人文

徒刑七年免予執行。此令。主席林森，司法院院長居正。[344]抗日戰爭勝利後，1945年10月10日獲頒忠勤勳章，1946年5月30日獲頒勝利勳章。1947年2月任東北保安總司令部直屬炮兵團少將團長。後隨部撤退關內。1949年1月任陸軍第一九五師副師長。民國時期著有《最新德式通信器材使用及操法》（1934年6月南京拔提書店印行，1936年8月再版，全書有圖照及表，32開，共160頁）等。中華人民共和國成立後，定居武漢市青山區武漢鋼鐵第一中學宿舍。20世紀80年代參加武漢市黃埔軍校同學會活動。著有《黃埔軍校第七期始末》（1962年5月撰文，中國文史出版社《文史資料存稿選編－軍事機構》下冊第430－433頁）、《汜水炮戰記》（載於中國文史出版社《原國民黨將領抗日戰爭親歷記－中原抗戰》）、《保定、正定抗敵記》（載於中國文史出版社《原國民黨將領抗日戰爭親歷記－七七事變》）等。

　　詹　浩（1902－？）別字德浩，廣東惠陽人。南京中央陸軍軍官學校第七期步兵科畢業。自填登記為民國前九年四月二十四日出生。[345]1928年12月28日考入南京中央陸軍軍官學校第七期第一總隊步兵科步兵大隊第一隊學習，入學時登記為27歲，1929年12月28日畢業。任陸軍步兵營排長、連長、營長。1935年7月30日被國民政府軍事委員會銓敘廳頒令敘任陸軍步兵上尉。[346]

詹尊雯照片

　　詹尊雯（1905－？）廣東文昌人。廣州國民革命軍黃埔軍官學校第七期炮兵科畢業。自填登記為民國前四年六月二十四日出生。1927年9月考入廣州國民革命軍黃埔軍官學校第七期第二總隊炮兵科炮兵隊學習，入學時登記為23

---

[344] 國民政府文官處印鑄局印行：臺灣成文出版社有限公司1972年8月出版《國民政府公報》第164冊1941年10月15日渝字第405號頒令第1頁記載。
[345] 軍事委員會銓敘廳民國二十五年十二月印製《陸海空軍軍官佐任官名簿》第七冊[上尉]第1707頁記載。
[346] 軍事委員會銓敘廳民國二十五年十二月印製《陸海空軍軍官佐任官名簿》第七冊[上尉]第1707頁記載。

歲，1930年9月畢業。任粵系軍隊炮兵營排長、連長。抗日戰爭爆發後，任陸軍第六十二軍第一五七師步兵團營長、團長，隨軍參加抗日戰事。抗日戰爭勝利後，1945年9月1日任廣東樂昌縣縣長，1946年5月18日免職。1945年10月10日獲頒忠勤勳章，1946年5月30日獲頒勝利勳章。1946年6月奉派入中央訓練團廣東第九軍官總隊受訓，登記為上校隊員，1947年1月1日辦理退役。登記住所為廣州市沙面中興路一號二樓。[347]1949年12月任海南特區遊擊縱隊司令部司令官。

廖建英照片

廖建英（1906－？）別字冤禽，別號海燕，廣東興寧人。廣州國民革命軍黃埔軍官學校第七期工兵科畢業。1927年9月考入廣州國民革命軍黃埔軍官學校第七期第二總隊工兵科工兵中隊學習，入學時登記為22歲，1930年9月畢業。任工兵教導隊見習、訓練員，獨立工兵營排長、連長。1936年6月任第四路軍總司令部直屬教導旅第二團（團長伍少武）少校團附。[348]

廖法周（1902－？）別字仲瑜，廣東茂名人。南京中央陸軍軍官學校第七期步兵科畢業。自填登記為民國前九年三月十八日出生。[349]1928年12月28日考入南京中央陸軍軍官學校第七期第一總隊步兵科步兵大隊第三隊學習，入學時登記為25歲，1929年12月28日畢業。歷任陸軍步兵團見習、排長、連長、營長、參謀。1936年7月15日被國民政府軍事委員會銓敘廳頒令敘任陸軍步兵上尉。[350]

---

[347] 1948年2月印行《廣州市陸軍在鄉軍官會會員名冊》第14頁記載。
[348] 1937年5月印行《廣東綏靖主任公署暨第四路軍總司令部各機關部隊職員錄》第147頁記載。
[349] 軍事委員會銓敘廳民國二十五年十二月印製《陸海空軍軍官佐任官名簿》第六冊[上尉]第1286頁記載。
[350] 軍事委員會銓敘廳民國二十五年十二月印製《陸海空軍軍官佐任官名簿》第六冊[上尉]第1286頁記載。

第六章　粵湘浙籍第七期生的地域人文

譚國良照片

譚國良（1900－1937）別字桂安，廣東順德人。廣州國民革命軍黃埔軍官學校第七期步兵科畢業。1927年9月考入廣州國民革命軍黃埔軍官學校第七期第二總隊步兵科步兵第三中隊學習，入學時登記為27歲，1930年9月畢業。任廣東綏靖主任公署幹部教導隊見習、訓練員，廣東第一軍區司令部補充團排長、副官、參謀。抗日戰爭爆發後，任陸軍第一六〇師司令部警備連中尉排長，1937年12月13日在南京保衛戰作戰陣亡。

潘慶昇照片

潘慶升（1907－1937）別字慶昇，廣東順德人。廣州國民革命軍黃埔軍官學校第七期步兵科畢業。1927年9月考入廣州國民革命軍黃埔軍官學校第七期第二總隊步兵科步兵大隊步兵第二中隊學習，入學時登記為20歲，1930年9月畢業。任廣東省保安司令部練習團見習、排長、連長。抗日戰爭爆發後，任陸軍第六十六軍第一五九師步兵第九五二團第三營上尉營附，1937年9月在南翔與日軍作戰陣亡。

黎蘇照片

231

黎蘇（1901－？）原名甦，別字複之，廣東羅定人。廣州國民革命軍黃埔軍官學校第七期步兵科畢業。1927年9月考入廣州國民革命軍黃埔軍官學校第七期第二總隊步兵科步兵第二中隊學習，入學時登記為26歲，1930年9月畢業。參與《國民革命軍黃埔軍官學校第七期同學錄》編輯工作，為十八名籌備員之一。[351]

黎天榮照片

黎天榮（1904－2006）別號華胄，廣東電白縣城西門黎家花園人。廣州國民革命軍黃埔軍官學校第七期第二總隊工兵科、陸軍大學正則班第十四期畢業，中央訓練團第二期結業。幼時在本村私塾就讀，繼入鄉立高等小學堂學習，1922年考入縣立第一中學就讀，肄業後任鄉間小學教員，1926年隨張人赴省城，考入廣東守備軍幹部教導隊受訓。1927年9月考入廣州國民革命軍黃埔軍官學校第七期工兵科工兵中隊學習，入學時登記為24歲，1930年9月畢業。任廣東第一集團軍第一軍（軍長餘漢謀）第二師（師長葉肇）司令部副官、參謀處參謀，區隊長，步兵團營附。1935年12月獲葉肇（時任粵系軍隊師長）保薦並考入陸軍大學正則班第十四期學習，抗日戰爭爆發後，同年9月陸軍大學奉命停課，擬隨軍赴上海參加淞滬會戰，同年10月再接陸軍大學複課通知，遂轉道長沙續學，1938年7月畢業。奉派入國民政府軍令部任參謀，後調派軍事委員會委員長侍從室任參謀一年。1939年10月應葉肇召集返回粵軍部隊，先任第四戰區第六十六軍（軍長葉肇）司令部參謀處（處長郭永鑣）作戰科科長，後任參謀處（處長郭永鑣）副處長，隨部參加桂南會戰。1940年1月任第四戰區第三十七集團軍（總司令葉肇）第六十六軍（軍長陳驥）司令部（參謀長郭永鑣）參謀處處長，隨部赴粵北參加第一次會戰，駐軍廣東新豐地區。不久隨部調返廣西，參加昆侖關會戰。1940年春葉肇因昆侖關「違命避戰」被撤職，後交軍法判處七年徒刑，陸軍第六十六軍也因此被撤銷編制。1940年春調任第七戰區第十二集團軍（總司令餘漢謀兼）第一八六師（師長）司令部參謀長。

---

[351] 源自1930年12月印行《國民革命軍黃埔軍官學校同學錄》第198頁記載。

1945年4月被國民政府軍事委員會銓敘廳頒令敘任陸軍工兵上校。抗日戰爭勝利後，1945年10月10日獲頒忠勤勳章，1946年5月30日獲頒勝利勳章。任陸軍整編第六十三師整編第一五二旅副旅長。1946年6月奉派入中央軍官訓練團第二期第四中隊學員隊受訓，1946年7結業。1948年春恢復為軍編制後，任陸軍第六十三軍（軍長陳章）第一五二師（師長雷秀民）副師長，率部在淮海戰場與人民解放軍作戰。1948年11月10日師長雷秀民離職後，由軍長陳章任其為該師代理師長，1948年11月12日拂曉在江蘇新沂縣窰灣鎮被人民解放軍俘虜。入華東軍區政治部聯絡部解放軍官訓練團學習，中華人民共和國成立後，轉送撫順戰犯管理所，1975年3月19日獲得特赦釋放。後安排返回廣州定居，任廣東省政協秘書處文史專員，參加廣州、廣東省黃埔軍校同學會活動。2006年9月4日因病在廣州市老人院逝世。著有《我隨國民黨第六十六軍參加昆侖關戰役的回憶》（1988年3月撰稿，載於《廣州文史》2005年第63期廣州出版社2005年3月）《憶抗戰時期昆侖關戰役宋公臺部攻佔佛子嶺、淥龍嶺的戰鬥經過》（載於廣東《花縣文史》1987年第十輯）、《我參加抗戰時期第二次粵北戰役的回憶》（載於廣東《從化文史資料》1983年第四輯）、《巧布伏擊，全殲敵人》及《佯攻獅嶺，誘敵出巢伏擊》（均載於廣東《從化文史資料》1985年第四輯）、《第六十六軍在桂南會戰中》（載於中國文史出版社《文史資料存稿選編－抗日戰爭》下冊）、《我隨余漢謀第一軍入贛「圍剿」紅軍的片斷回憶》（載於中國文史出版社《中華文史資料文庫》第三卷）、《我在蔣介石侍從室工作的片斷回憶》（載於中國文史出版社《中華文史資料文庫》第三卷）、《牛嶺之戰》（載於中國文史出版社《原國民黨將領的回憶—圍追堵截紅軍長征親歷記》上冊）、《第二次粵北戰役從化良口、鴨洞口、雞籠崗之戰》（載於中國文史出版社《原國民黨將領抗日戰爭親歷記—粵桂黔滇抗戰》）、《第六十三軍窰灣鎮被殲記》（載於中國文史出版社《原國民黨將領的回憶—淮海戰役親歷記》）等。

黎春榮照片

繼往開來：黃埔軍校第七期研究

　　黎春榮（1906－？）廣東東莞人。廣州國民革命軍黃埔軍官學校第七期步兵科畢業。1927年9月考入廣州國民革命軍黃埔軍官學校第七期第二總隊步兵科步兵第三中隊學習，入學時登記為21歲，1930年9月畢業。參與《國民革命軍黃埔軍官學校第七期同學錄》編輯工作，為十八名籌備員之一。[352]

戴慕班照片

　　戴慕班（1903－1937）別字邃懷，廣東德慶人。廣州國民革命軍黃埔軍官學校第七期步兵科畢業。自填登記為民國前八年十二月二十三日出生。[353]1927年9月考入廣州國民革命軍黃埔軍官學校第七期第二總隊步兵科步兵大隊步兵第三中隊學習，入學時登記為27歲，1930年9月畢業。曾任廣東省保安司令部警衛營見習、副官、參謀，廣東第三區保安司令部參謀主任。1935年8月6日被國民政府軍事委員會銓敘廳頒令敘任陸軍步兵上尉。[354]抗日戰爭爆發後，後任陸軍第九師步兵第五十團第一營少校營長，1937年9月在羅店與日軍作戰陣亡。

魏漢新照片

---

[352] 源自1930年12月印行《國民革命軍黃埔軍官學校同學錄》第198頁記載。
[353] 軍事委員會銓敘廳民國二十五年十二月印製《陸海空軍軍官佐任官名簿》第七冊[上尉]第1491頁記載。
[354] 軍事委員會銓敘廳民國二十五年十二月印製《陸海空軍軍官佐任官名簿》第七冊[上尉]第1491頁記載。

234

第六章　粵湘浙籍第七期生的地域人文

魏漢新（1904－1984）原名亞泗，別字漢薪，廣東五華縣橫陂鎮夏阜人，廣州國民革命軍黃埔軍官學校第七期步兵科畢業。1915年就讀於本村螺峰小學，畢業後因生活窘迫，隻身到香港打石，積蓄點錢又重回家鄉讀完崇文小學。1927年9月考入廣州國民革命軍黃埔軍官學校第七期第二總隊步兵科步兵大隊步兵第三中隊學習，入學時登記為24歲，1930年9月畢業。歷任陸軍步兵營排長、連長、營長。全面抗日戰爭爆發後，隨軍參加淞滬會戰，作戰負傷。痊癒後返回原部隊，任陸軍步兵團團長。抗日戰爭勝利後，1945年10月10日獲頒忠勤勳章，1946年5月30日獲頒勝利勳章。1948年1月任廣東省保安第十二團營長、副團長、團長。1949年5月率領全團在梅縣起義。起義部隊改編後，任中國人民解放軍閩粵贛邊縱第三支隊司令員。中華人民共和國成立後，任中國人民解放軍廣東軍區潮汕軍分區步兵第二團團長。轉業地方工作後，加入民革廣東省地方組織，任廣東省人民政府參事室參事，1955年1月29日當選為廣東省政協第一屆常務委員，廣東省第一屆人民代表大會代表。1980年任廣東省人民政府參事室副主任。1984年因病在廣州逝世。

廣東以其獨特歷史文化內涵及地緣優勢，促使廣東籍第七期學員數量繼續領先。從上表若干數據反映：其中軍級以上人員10名，占1.5%，師級人員21名，占3.2%，兩項相加3.7%，共有31名將領。綜合分析第七期學員情況，主要有以下幾方面特點：一是有部分第七期生多數人軍旅生涯均在粵軍部隊任職；二是該期生知名將領為羅又倫、黃思宗、侯志磐、謝日暘、麥勁東、陳克強、陳慶斌、黎天榮等；三是率部起義將領有黃維亨、鐘世謙、梁順德、陳宏樟、張大華等，部分人參與廣東地方人民政權工作；四是周長耀等畢生從事軍校、軍隊教育訓練工作。為留存人文史料記憶資訊，特將第七期部分暫缺簡介的粵籍學員照片輯錄。

部分缺載簡介學員照片（363張）：

| 葉烈公 |  寧師煊 |  朱廣旗 |  蔡戀寰 |  曾法 |  曾令福 |

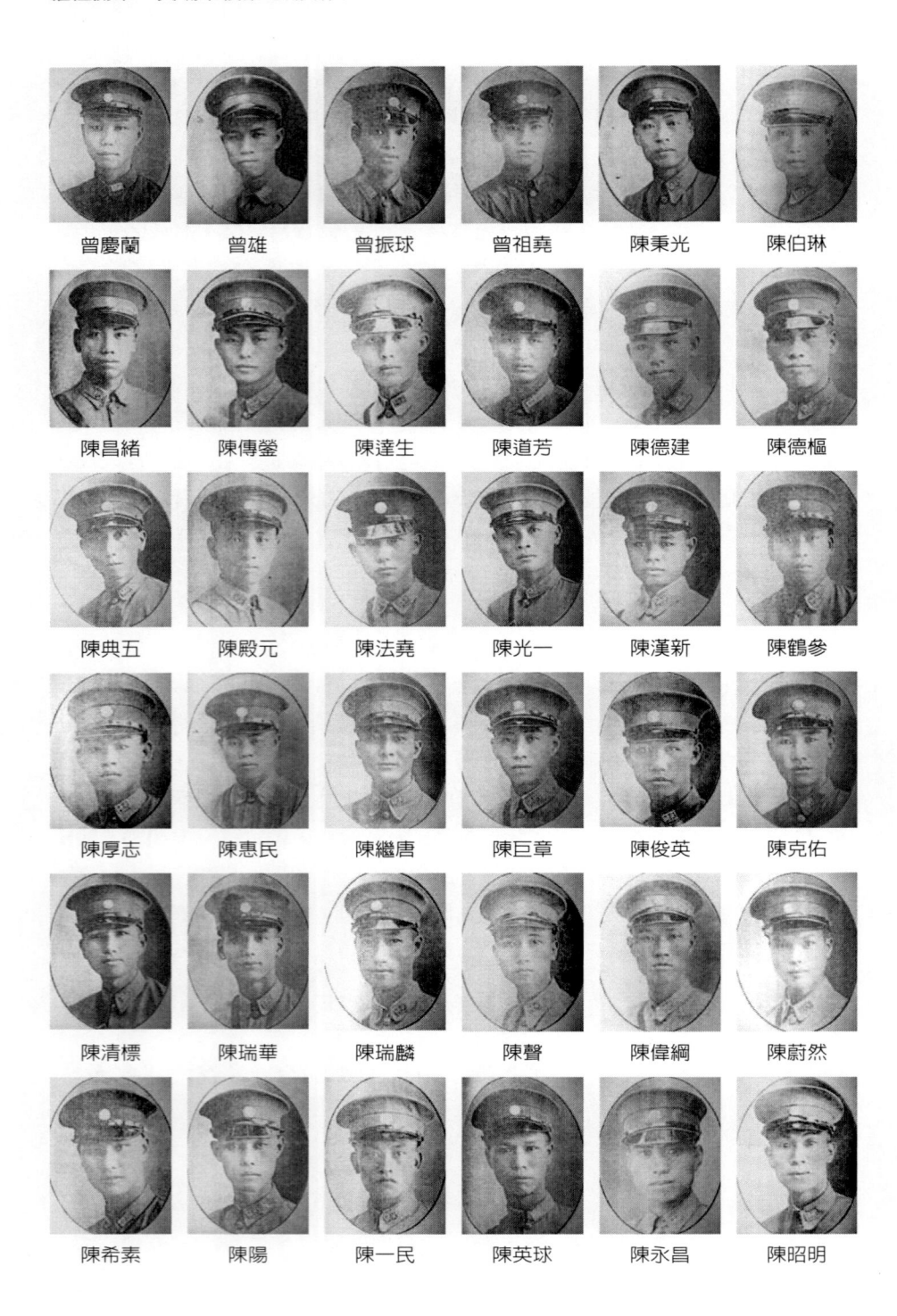

繼往開來：黃埔軍校第七期研究

曾慶蘭	曾雄	曾振球	曾祖堯	陳秉光	陳伯琳
陳昌緒	陳傳鎣	陳達生	陳道芳	陳德建	陳德樞
陳典五	陳殿元	陳法堯	陳光一	陳漢新	陳鶴參
陳厚志	陳惠民	陳繼唐	陳巨章	陳俊英	陳克佑
陳清標	陳瑞華	陳瑞麟	陳聲	陳偉綱	陳蔚然
陳希素	陳陽	陳一民	陳英球	陳永昌	陳昭明

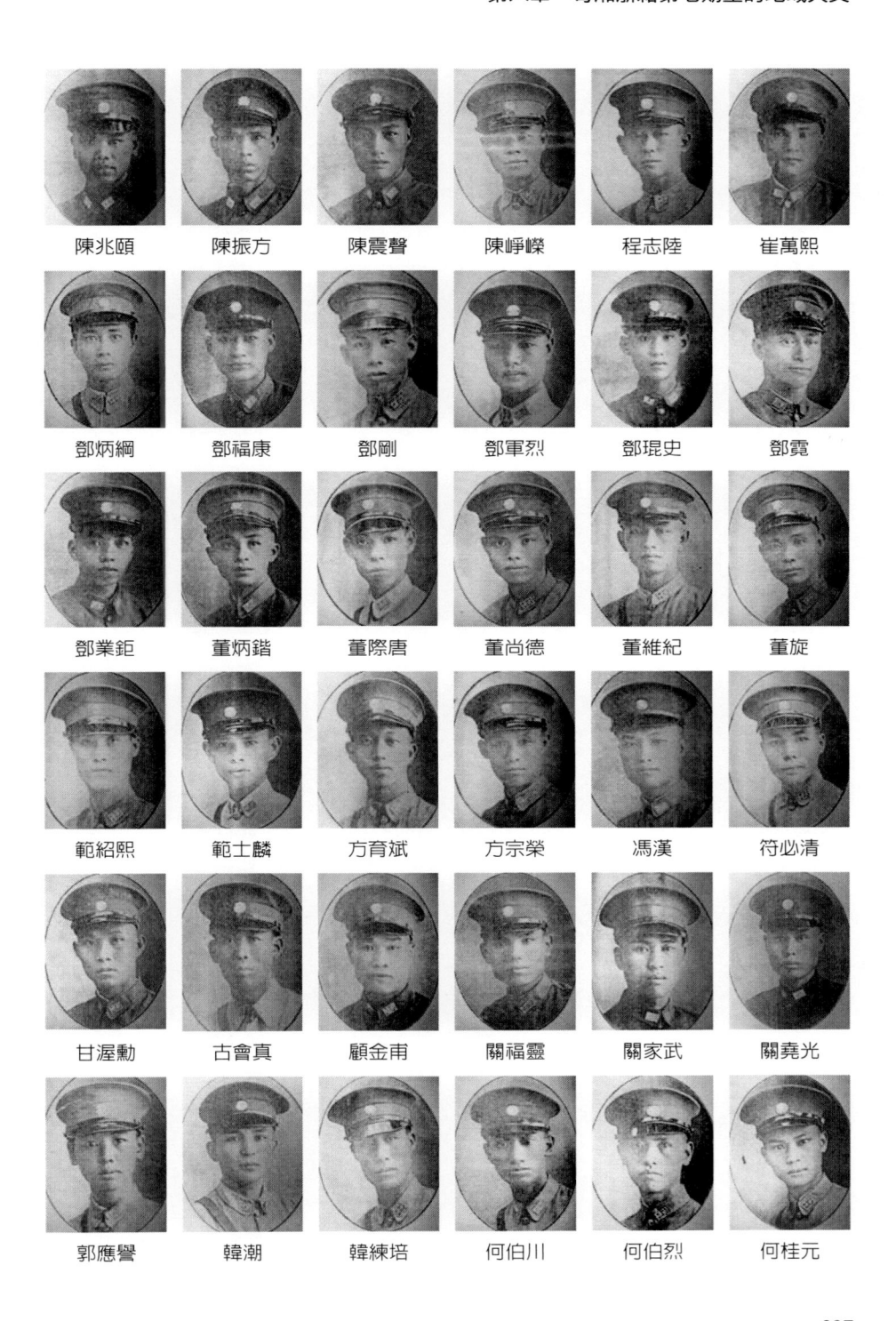

第六章　粵湘浙籍第七期生的地域人文

陳兆頤	陳振方	陳震聲	陳崢嶸	程志陸	崔萬熙
鄧炳綱	鄧福康	鄧剛	鄧軍烈	鄧琨史	鄧霑
鄧業鉅	董炳鍇	董際唐	董尚德	董維紀	董旋
範紹熙	範士麟	方育斌	方宗榮	馮漢	符必清
甘渥勳	古會真	顧金甫	關福靈	關家武	關堯光
郭應譽	韓潮	韓練培	何伯川	何伯烈	何桂元

237

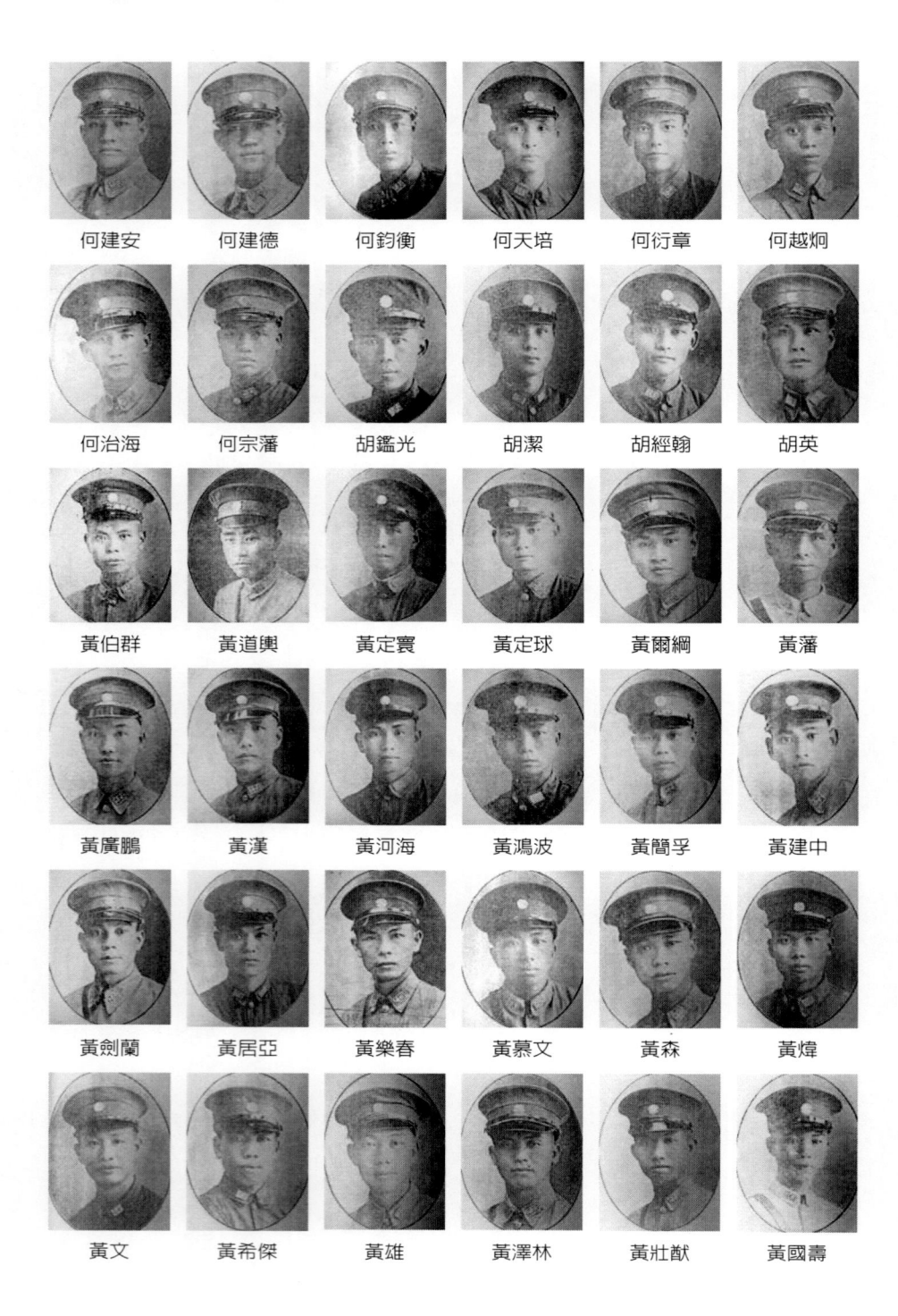

繼往開來：黃埔軍校第七期研究

何建安	何建德	何鈞衡	何天培	何衍章	何越炯
何治海	何宗藩	胡鑑光	胡潔	胡經翰	胡英
黃伯群	黃道輿	黃定寰	黃定球	黃爾綱	黃藩
黃廣鵬	黃漢	黃河海	黃鴻波	黃簡孚	黃建中
黃劍蘭	黃居亞	黃樂春	黃慕文	黃森	黃煒
黃文	黃希傑	黃雄	黃澤林	黃壯猷	黃國壽

第六章 粵湘浙籍第七期生的地域人文

吉志中	紀家位	江剛	柯武熙	孔道	賴傾強
賴建平	賴璘章	藍建碩	黎樹仁	李伯通	李藩
李幹菁	李拱光	李檟群	李國恩	李匯川	李積棻
李嘉仁	李劍青	李俊	李匡球	李平球	李權奎
李榮聲	李榮薰	李潤階	李守根	李偉樑	李先秾
李先慎	李湘蘭	李宜庭	李裕猷	李沅舜	李藻藩

239

繼往開來：黃埔軍校第七期研究

李章	李夢山	李章堯	李兆芹	李政漢	李執華
梁佛池	梁國權	梁鴻恩	梁驥	梁鑾華	梁模
梁榮宗	梁勝榮	梁實芳	梁偉能	梁有生	梁展鵬
廖瀰	廖廣雲	廖和	廖家田	廖建民	林鼎芳
林方舟	林鳳飛	林公武	林國魂	林鴻儒	林靈齋
林人傑	林壽廷	林瑋	林延年	林正倫	凌秉鈞

240

第六章　粵湘浙籍第七期生的地域人文

劉冠亞	劉景武	劉名騰	劉世德	劉永成	劉鎮煊
劉中流	劉中望	盧靖邦	盧利禮	盧祖修	陸常
陸瑞芬	羅定民	羅卉超	羅炯貽	羅君立	羅麗文
羅礦鋒	羅儒彥	羅振球	羅振之	馬渭銘	麥和昌
麥青崖	麥雨亭	莫東學	莫國瑄	莫世偉	莫以楨
莫友文	莫卓材	寧師煊	歐衛庸	潘國杏	潘慶光

241

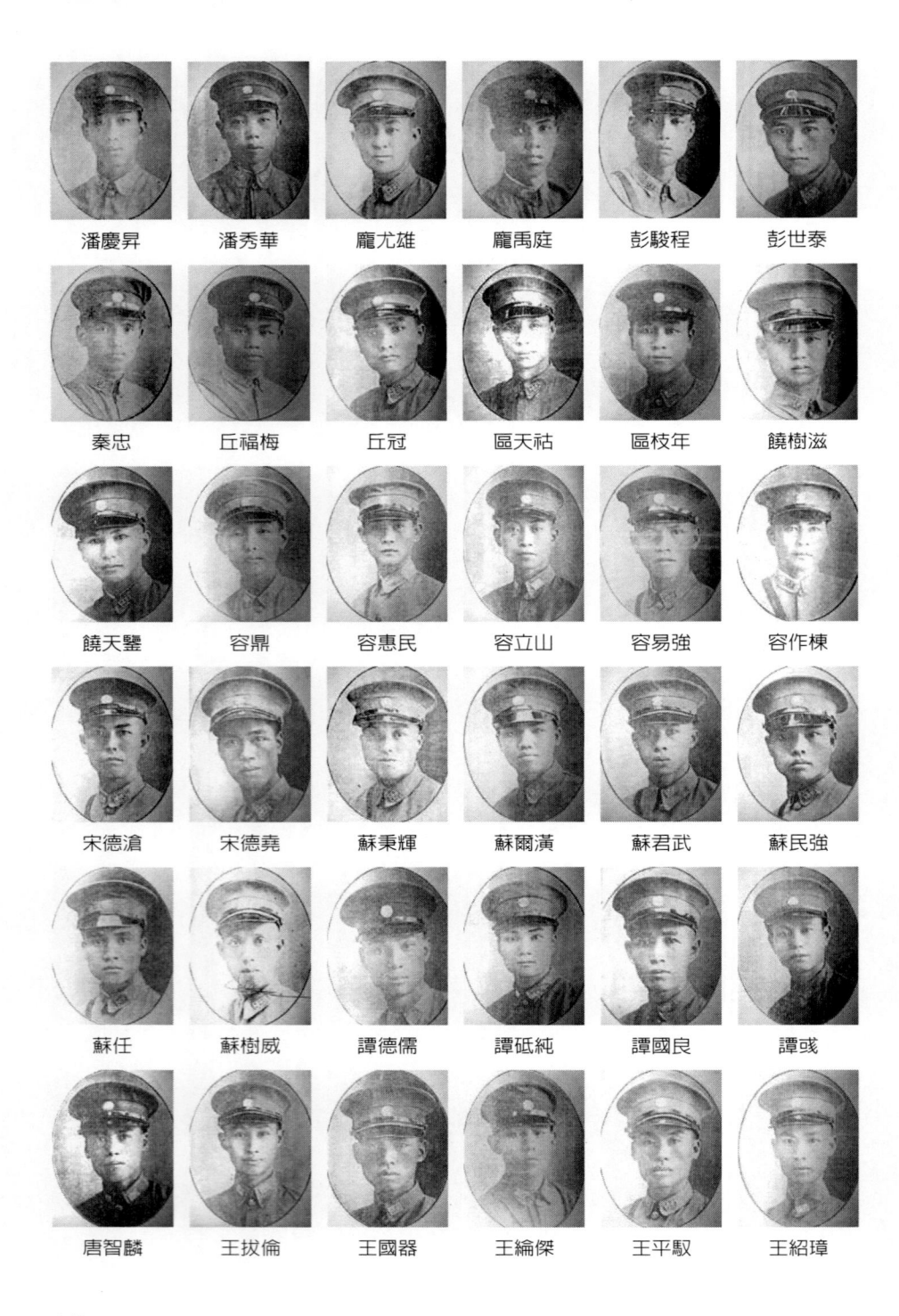

繼往開來：黃埔軍校第七期研究

潘慶昇	潘秀華	龐尤雄	龐禹庭	彭駿程	彭世泰
秦忠	丘福梅	丘冠	區天祐	區枝年	饒樹滋
饒天鑒	容鼎	容惠民	容立山	容易強	容作棟
宋德滄	宋德堯	蘇秉輝	蘇爾潢	蘇君武	蘇民強
蘇任	蘇樹威	譚德儒	譚砥純	譚國良	譚彧
唐智麟	王拔倫	王國器	王綸傑	王平馭	王紹璋

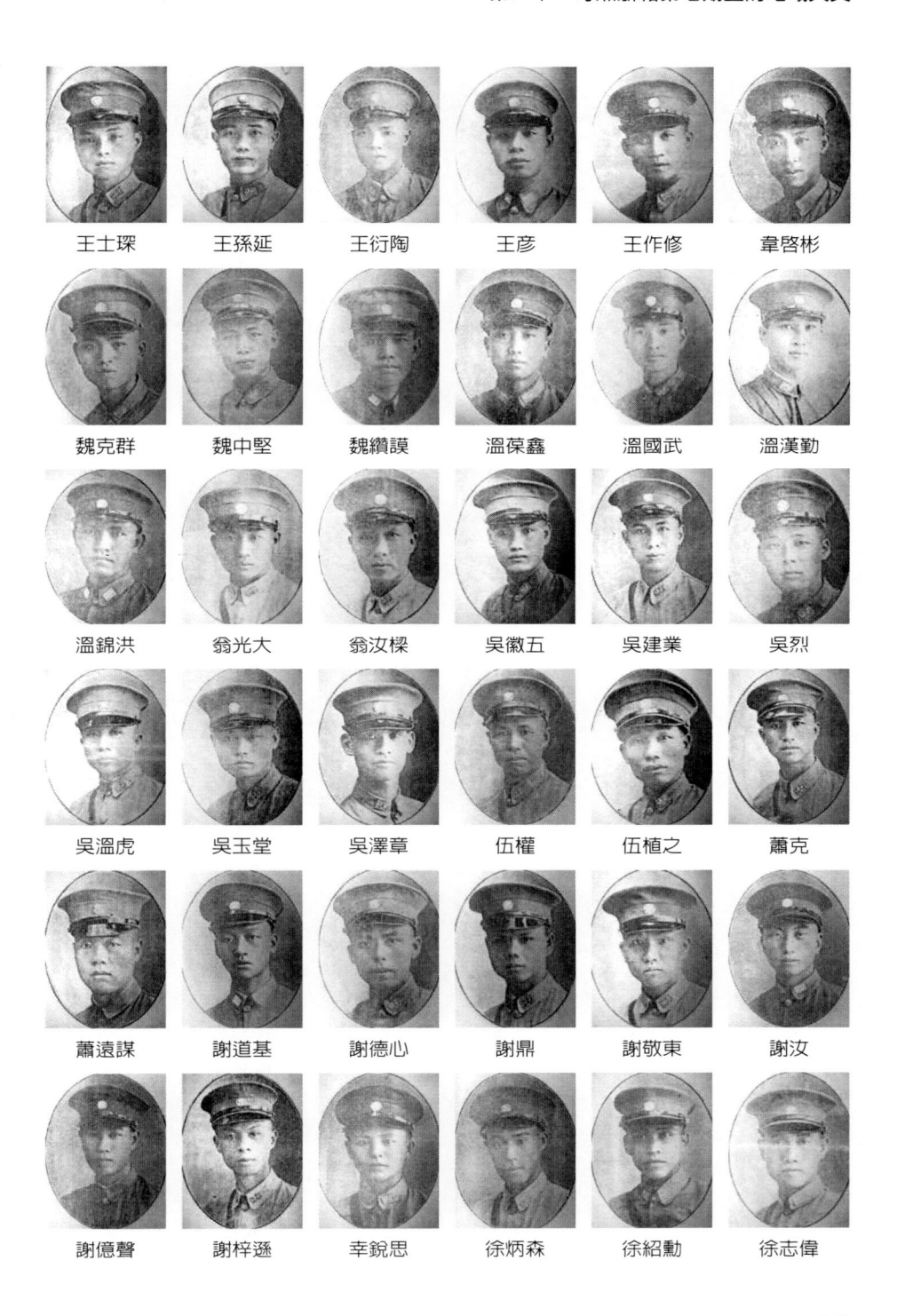

第六章　粵湘浙籍第七期生的地域人文

王士琛	王孫延	王衍陶	王彥	王作修	韋啓彬
魏克群	魏中堅	魏纘謨	溫葆鑫	溫國武	溫漢勤
溫錦洪	翁光大	翁汝樑	吳徽五	吳建業	吳烈
吳溫虎	吳玉堂	吳澤章	伍權	伍植之	蕭克
蕭遠謀	謝道基	謝德心	謝鼎	謝敬東	謝汝
謝億聲	謝梓遜	幸銳思	徐炳森	徐紹勳	徐志偉

243

繼往開來：黃埔軍校第七期研究

徐自強	許德揚	許藩	許錦堂	許培珍	許宇能
楊定超	楊宏鎏	楊錫鈞	楊昭彰	楊中天	葉浩霖
葉烈公	葉豔春	葉雲鵬	餘桂華	餘業建	餘傑
元明清	袁宗祥	雲茂衡	詹立業	詹偉業	張斌
張炳活	張誠謙	張迪光	張國良	張君達	張克光
張奇俠	張仁山	張仁文	張瑞京	張少軒	張式武

第六章　粵湘浙籍第七期生的地域人文

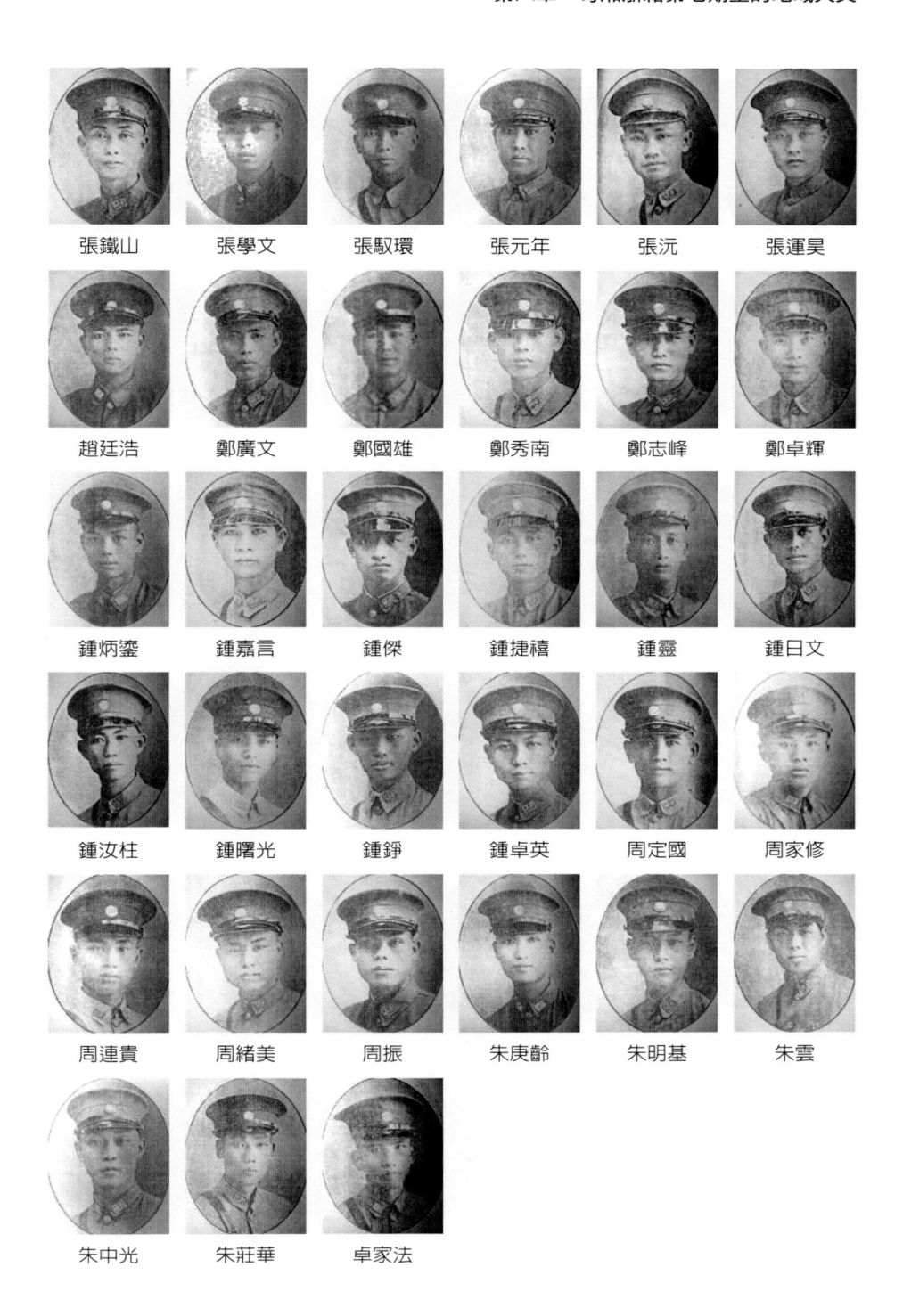

張鐵山　張學文　張馭環　張元年　張沅　張運昊

趙廷浩　鄭廣文　鄭國雄　鄭秀南　鄭志峰　鄭卓輝

鍾炳鎏　鍾嘉言　鍾傑　鍾捷禧　鍾靈　鍾日文

鍾汝柱　鍾曙光　鍾錚　鍾卓英　周定國　周家修

周連貴　周緒美　周振　朱庚齡　朱明基　朱雲

朱中光　朱莊華　卓家法

第二節　湘籍第七期生簡況

　　湖南有史以來人傑地靈，「湖湘文化」培養和孕育了湖南名人輩出將星閃耀，前六期學員中眾多民國知著名將領及中共黃埔黨史名人，佔據著顯要位置。黃埔軍校第七期生中以湖南籍學員較多，計有294名，位居本期各省學員人數次席。湘籍學員人數較多的縣主要有：寶慶、衡陽各26名，零陵24名，長沙21名，耒陽、資興、湘鄉、新化各13名等。

表26：湖南籍學員任官級職數量比例一覽表

職級	學員肄業暨任官職級名單	人數	%
肄業或尚未見從軍任官記載	劉文楷、李昌騂、楊定邦、楊寅達、歐陽震、趙宇年、胡篤一、黃　鼎、曹仲義、閻敦立、魯複生、戴　雲、張　瑩、張　琳、許君瑋、李　俊、李壽芝、荊　梃、黃榮之、劉松森、李　鑫、李祖壽、易政歐、尹仁民、李孝駿、吳兆璜、黃存願、羅伯陶、章山峰、鄧　英、劉勳伯、谷翼鵬、穀耀華、周之楨、鄭棣之、徐振華、曹旭嵐、楊經綸、蔡　鶴、蔡鋤野、李　瓊、周　均、劉震川、周名嶽、夏三傑、夏世俊、王卓如、龍志成、劉　屏、阮　英、李　奇、黃炳鑫、黃鐵書、蕭匡民、蔣資生、徐京山、夏　蘇、李靖烈、劉弱扶、陳略新、歐陽芳、趙　文、鄧志道、張仲靈、崔　超、呂冠南、伍　斌、劉　敵、劉及鋒、李若旭、李楨幹、何冠中、羅湘偉、黃華祝、蕭　凱、謝　錚、謝之翰、謝建新、翟拙夫、顏　裕、魏平章、劉慕洵、譚化民、馬　謙、酈書樞、何　柱、張光皙、胡　斌、郭亞生、黃　建、婁樹民、鄧祥仁、劉光璜、雷　憲、王敬唐、袁　亮、劉鐘山、許賢才、陳漢明、陳詩詰、袁陳濤、謝履之、黎承嘉、王秉文、劉德彤、廖精華、朱　珪、何　雲、何積翰、周鑒殷、孟　瑢、唐　傑、王靜山、朱承培、李進欽、李蔭柏、吳一新、蔣　琢、李文毅、陳任波、胡劍豪、王天瑞、王孟林、孫　剛、李紹賢、張勳懋、陳　玟、周　士、胡　焱、胡　熹、胡純賢、高鐵人、唐　純、唐重賢、曹昌瑜、廖　成、方　醒、成獨山、劉化之、劉鹿仙、張振南、陳武定、羅四維、周族光、謝震球、李拯民、陳　強、李鎮虞、曹映春、羅　建、王　崴、王能軍、寧　紳、寧二南、劉漢沛、李希周、何傳林、鄒國幹、陸夢蘇、羅　致、羅建績、周政新、段惟凱、聶宗武、唐　突、唐敫先、彭　熙、蔣承吉、蔣鵬程、謝　瑩、謝建安、謝持中、謝鐵珊、譚仁川、胡易生、曾協卿、朱　華	175	61
排連營級	汪　濤、劉克中、李起所、陳遠程、陳啓相、曹鴻達、閻雄歐、曾　魯、伍伯先、龔世香、覃遵三、高　峰、鄭慶楨、鐘　瑛、周　華、鐘　靈、李　熊、曹代賓、伍珍銜、劉光榮、周國藩、蕭茂藩、蔡文義、李治清、虞上勳、李芳園、周駿亞、袁玉璋、劉名顯、劉炳炎、于冠英、張　鐺、羅　磊、羅直雲、周光群、鄧善謀、劉一中、林　棲、周水天、方精一、楊　布、雷光華、劉子紹、劉校光、羅　豫、周　環、聶　勁、徐造新、黃程源、郭　威、王應潮、方慕韓、李雄亮、余子述、鄧永臨、歐陽與褚、曹植才、樊傳海、程樹槐、左履之、李　柱、李繼昌、賀子樵、蕭伯	86	30

246

職級	學員肄業暨任官職級名單	人數	%
團旅級	廉、蕭鴻儀、曹湖山、李貽謨、陳星橋、雷夢熊、鄧步禹、陳可權、周真愚、胡皓白、柳　堤、錢墨林、唐紹懋、黃　勁、黃廬世、張國森、文底、歐陽向、胡　笙、羅　雄、郭開倫、朱　瑜、林可成 謝元諶、劉　俊、葉　琦、劉伯軒、李華白、蕭北辰、陳應特、劉中柱、樊傳波、李　浩、雷中玄、何　瀾、曹浩鑫、潘啓枝、劉飄萍、張鯤化、伍家琪、劉　超、蘇若水、唐志才、魯　實、周方琦	22	6
師級	周　璞、劉少峰、羅萃求	3	1
軍級以上	曹　登、梁化中、黃　湘、胡立民、程　炯、彭璧生	6	2
合計	294	294	100

部分知名學員簡介：（118名）

于冠英照片

于冠英（1908-？）別字又英，湖南祁陽人。廣州國民革命軍黃埔軍官學校第七期步兵科畢業。自填登記為民國前四年四月二十四日出生。[355] 1927年9月考入廣州國民革命軍黃埔軍官學校第七期第二總隊步兵科步兵大隊步兵第四中隊學習，入學時登記為21歲，1930年9月畢業。歷任陸軍步兵營見習、副官、排長、連長。1935年8月31日被國民政府軍事委員會銓敘廳頒令敘任陸軍步兵中尉。[356]

王應潮（1905-？）別字瑞香，湖南郴縣人。南京中央陸軍軍官學校第七期步兵科畢業。自填登記為民國前六年十二月十日出生。[357] 1928年12月28日考入南京中央陸軍軍官學校第七期第一總隊步兵科步兵大隊第二隊學習，入學時

---

[355] 軍事委員會銓敘廳民國二十五年十二月印製《陸海空軍軍官佐任官名簿》第九冊[中尉]第2122頁記載。

[356] 軍事委員會銓敘廳民國二十五年十二月印製《陸海空軍軍官佐任官名簿》第九冊[中尉]第2122頁記載。

[357] 軍事委員會銓敘廳民國二十五年十二月印製《陸海空軍軍官佐任官名簿》第六冊[上尉]第1334頁記載。

登記為24歲，1929年12月28日畢業。歷任陸軍步兵營排長、連長、參謀。1935年9月12日被國民政府軍事委員會銓敘廳頒令敘任陸軍步兵上尉。[358]抗日戰爭爆發後，1937年10月任南京中央陸軍訓練團第二大隊第四隊上尉區隊長兼訓練教官。[359]

　　文　　底（1906－？）別字傑五，別號鯉，後改名鯉，湖南衡山人。南京中央陸軍軍官學校第七期騎兵科畢業。自填登記為民國前五年十一月十二日出生。[360]1928年12月28日考入南京中央陸軍軍官學校第七期第一總隊騎兵科騎兵隊學習，入學時登記為20歲，1929年12月28日畢業。任騎兵訓練所見習、騎術訓練員，獨立騎兵大隊區隊長、分隊長。1936年4月25日被國民政府軍事委員會銓敘廳頒令敘任陸軍騎兵上尉。[361]抗日戰爭爆發後，隨軍參加抗日戰事。中華人民共和國，定居湖南省衡山縣祝融鄉托塘村。1986年12月參加湖南省黃埔軍校同學會活動。[362]

　　方精一（1906－？）別字允中，湖南岳陽人。南京中央陸軍軍官學校第七期步兵科畢業。自填登記為民國前五年五月十日出生。[363]1928年12月28日考入南京中央陸軍軍官學校第七期第一總隊步兵科步兵大隊第三隊學習，入學時登記為21歲，1929年12月28日畢業。歷任軍校教導團籌備處見習，教導第二師步兵連排長，陸軍第四師司令部參謀。1935年8月16日被國民政府軍事委員會銓敘廳頒令敘任陸軍步兵上尉。[364]

　　方慕韓（1902－1936）別字略，後改名略，原載籍貫湖南郴縣，另載湖南臨湘人。南京中央陸軍軍官學校第七期步兵科畢業。自填登記為民國前九年九月二日出生。[365]1928年12月28日考入南京中央陸軍軍官學校第七期第一總隊步

---

[358] 軍事委員會銓敘廳民國二十五年十二月印製《陸海空軍軍官佐任官名簿》第六冊[上尉]第1334頁記載。
[359] 據民國二十七年十月印行《中央陸軍訓練團官佐通訊錄》記載。
[360] 軍事委員會銓敘廳民國二十五年十二月印製《陸海空軍軍官佐任官名簿》第八冊[上尉]第1869頁記載。
[361] 軍事委員會銓敘廳民國二十五年十二月印製《陸海空軍軍官佐任官名簿》第八冊[上尉]第1869頁記載。
[362] 據湖南省黃埔軍校同學會編纂1990年11月28日印行《湖南省黃埔軍校同學會會員通訊錄》第107頁記載。
[363] 軍事委員會銓敘廳民國二十五年十二月印製《陸海空軍軍官佐任官名簿》第六冊[上尉]第1294頁記載。
[364] 軍事委員會銓敘廳民國二十五年十二月印製《陸海空軍軍官佐任官名簿》第六冊[上尉]第1294頁記載。
[365] 軍事委員會銓敘廳民國二十五年十二月印製《陸海空軍軍官佐任官名簿》第九冊[中尉]第2078

第六章　粵湘浙籍第七期生的地域人文

兵科步兵大隊第二隊學習，入學時登記為25歲，1929年12月28日畢業。歷任步兵教導隊訓練員、排長、連長、參謀。1935年9月13日被國民政府軍事委員會銓敘廳頒令敘任陸軍步兵中尉。[366]1936年隨軍參與「圍剿」紅軍及根據地戰事中陣亡。[367]

鄧永臨（1906－1938）別字莊如，湖南資興人。南京中央陸軍軍官學校第七期炮兵科畢業。1928年12月28日考入南京中央陸軍軍官學校第七期第一總隊炮兵科第一總隊炮兵隊學習，入學時登記為22歲，1929年12月28日畢業。抗日戰爭爆發後，步兵第三六〇團第二營第六連上尉連長，1938年3月在蘇州與日軍作戰陣亡。

鄧步禹（1905－？）別字雲臺，湖南零陵人。南京中央陸軍軍官學校第七期步兵科畢業。自填登記為民國前六年三月一日出生。[368]1928年12月28日考入南京中央陸軍軍官學校第七期第一總隊步兵科步兵大隊第三隊學習，入學時登記為26歲，1929年12月28日畢業。歷任陸軍步兵營排長、連長、參謀。1935年8月16日被國民政府軍事委員會銓敘廳頒令敘任陸軍步兵上尉。[369]

鄧善謀（1906－？）別字遠猷，湖南武岡人。南京中央陸軍軍官學校第七期炮兵科畢業。自填登記為民國前五年三月四日出生。[370]1928年12月28日考入南京中央陸軍軍官學校第七期第一總隊炮兵科炮隊學習，入學時登記為25歲，1929年12月28日畢業。歷任炮兵學校觀測員、訓練員，炮兵訓練大隊區隊長、分隊長。1935年9月13日被國民政府軍事委員會銓敘廳頒令敘任陸軍炮兵上尉。[371]

葉琦（1906－？）別字采生，湖南汝城人。南京中央陸軍軍官學校第七期炮兵科畢業。自填登記為民國前五年九月二十二日出生。[372]1928年12月28日

頁記載。
[366] 軍事委員會銓敘廳民國二十五年十二月印製《陸海空軍軍官佐任官名簿》第九冊[中尉]第2078頁記載。
[367] 黃埔建國文集編纂委員會主編：臺北實踐出版社1985年6月16日印行《黃埔軍魂》第582頁記載。
[368] 軍事委員會銓敘廳民國二十五年十二月印製《陸海空軍軍官佐任官名簿》第七冊[上尉]第1761頁記載。
[369] 軍事委員會銓敘廳民國二十五年十二月印製《陸海空軍軍官佐任官名簿》第七冊[上尉]第1761頁記載。
[370] 軍事委員會銓敘廳民國二十五年十二月印製《陸海空軍軍官佐任官名簿》第八冊[上尉]第1912頁記載。
[371] 軍事委員會銓敘廳民國二十五年十二月印製《陸海空軍軍官佐任官名簿》第八冊[上尉]第1912頁記載。
[372] 據軍事委員會銓敘廳民國二十五年十二月印製《陸海空軍軍官佐任官名簿》第五冊[少校]第1159頁記載。

考入南京中央陸軍軍官學校第七期第一總隊炮兵科炮兵隊學習，入學時登記為22歲，1929年12月28日畢業。歷任軍政部直屬炮兵第一團見習、排長、連長，炮兵第二旅司令部參謀，炮兵第一團第二營營長、團附。1936年3月31日被國民政府軍事委員會銓敘廳頒令敘任陸軍炮兵少校。[373]

左履之（1906－？）湖南湘鄉人。南京中央陸軍軍官學校第七期炮兵科畢業。自填登記為民國前五年二月十八日出生。[374]1928年12月28日考入南京中央陸軍軍官學校第七期第一總隊炮兵科炮兵隊學習，入學時登記為22歲，1929年12月28日畢業。歷任教導第一師司令部炮兵連見習、排長，陸軍第六師獨立炮兵營連長、參謀。1936年9月7日被國民政府軍事委員會銓敘廳頒令敘任陸軍炮兵上尉。[375]

伍伯先（1906－？）別字本初，湖南石門人。南京中央陸軍軍官學校第七期步兵科畢業。自填登記為民國前五年一月十三日出生。[376]1928年12月28日考入南京中央陸軍軍官學校第七期第一總隊步兵科步兵大隊第四隊學習，入學時登記為22歲，1929年12月28日畢業。歷任陸軍步兵營排長、連長、營長。1935年7月25日被國民政府軍事委員會銓敘廳頒令敘任陸軍步兵上尉。[377]

伍珍銜（1906－？）別字魯生，湖南耒陽人。南京中央陸軍軍官學校第七期步兵科畢業。自填登記為民國前五年二月九日出生。[378]1928年12月28日考入南京中央陸軍軍官學校第七期第一總隊步兵科步兵大隊第一隊學習，入學時登記為21歲，1929年12月28日畢業。歷任軍校教導團籌備處見習，教導第一師步兵連排長，陸軍第三師步兵營連長、參謀。1935年9月12日被國民政府軍事委員會銓敘廳頒令敘任陸軍步兵上尉。[379]

---

[373] ①據軍事委員會銓敘廳民國二十五年十二月印製《陸海空軍軍官佐任官名簿》第五冊[少校]第1159頁記載；②國民政府文官處印鑄局印行：臺灣成文出版社有限公司1972年8月出版《國民政府公報》第106冊1936年4月1日第2010號頒令第1頁記載。

[374] 軍事委員會銓敘廳民國二十五年十二月印製《陸海空軍軍官佐任官名簿》第八冊[上尉]第1897頁記載。

[375] 軍事委員會銓敘廳民國二十五年十二月印製《陸海空軍軍官佐任官名簿》第八冊[上尉]第1897頁記載。

[376] 軍事委員會銓敘廳民國二十五年十二月印製《陸海空軍軍官佐任官名簿》第七冊[上尉]第1671頁記載。

[377] 軍事委員會銓敘廳民國二十五年十二月印製《陸海空軍軍官佐任官名簿》第七冊[上尉]第1671頁記載。

[378] 軍事委員會銓敘廳民國二十五年十二月印製《陸海空軍軍官佐任官名簿》第七冊[上尉]第1671頁記載。

[379] 軍事委員會銓敘廳民國二十五年十二月印製《陸海空軍軍官佐任官名簿》第七冊[上尉]第1671

第六章　粵湘浙籍第七期生的地域人文

伍家琪（1906－？別字國楨。湖南新田人。南京中央陸軍軍官學校第七期步兵科、步兵學校戰術研究班第七期畢業。1928年12月28日考入南京中央陸軍軍官學校第七期第一總隊步兵科步兵大隊第二隊學習，入學時登記為21歲，1929年12月28日畢業。歷任步兵學校學員總隊區隊長、助教、教官。抗日戰爭爆發後，任軍政部新兵訓練分處練習團營長、團長。抗日戰爭勝利後，任成都陸軍軍官學校第二十一期步兵科上校戰術教官，第二十二期第一總隊上校戰術教官，第二十三期教育處步兵科上校戰術教官。

劉　俊（1904－1936）別字勷甫，湖南耒陽人。南京中央陸軍軍官學校第七期第一總隊騎兵科畢業。1928年12月28日考入南京中央陸軍軍官學校第七期第一總隊騎兵科騎兵隊學習，入學時登記為26歲，1929年12月28日畢業。歷任陸軍步兵團排長、連長、營長、團附。1935年7月12日被國民政府軍事委員會銓敘廳頒令敘任陸軍步兵少校。[380]1936年秋在討伐軍閥戰事中陣亡。[381]

劉　超（1908－？）原名超，[382]別字必達，後以字行，湖南衡山人。南京中央陸軍軍官學校第七期騎兵科、南京中央騎兵學校馬術甲班畢業。1928年12月考入南京中央陸軍軍官學校第七期第一總隊騎兵科騎兵隊學習，入學時登記為20歲，1929年12月畢業。歷任國民革命軍陸軍步兵團排長、連長。抗日戰爭爆發後，任中央陸軍騎兵學校教官，學員總隊區隊長、分隊長、大隊長。抗日戰爭勝利後，1945年10月10日獲頒忠勤勳章，1946年5月30日獲頒勝利勳章。1948年任陸軍大學教務處上校騎術教官等職。

劉一中（1906－？）別字柏如，湖南武岡人。南京中央陸軍軍官學校第七期步兵科畢業。1928年12月28日考入南京中央陸軍軍官學校第七期第一總隊步兵科步兵大隊第三隊學習，入學時登記為22歲，1929年12月28日畢業。任第十九路軍第六十一師新兵訓練處少尉排長，隨軍參加「一・二八」淞滬會戰身受重傷，留醫傷兵醫院，後回到福建原部隊，升任連長。抗日戰爭爆發後，歷任中央陸軍軍官學校廣州分校學員總隊區隊長，陸軍獨立第九旅司令部少校副官，兼該旅學兵營營長。抗日戰爭勝利後，1945年10月10日獲頒忠勤勳章，1946年5月30日獲頒勝利勳章。1946年7月任中央訓練團第九軍官總隊第八大隊

頁記載。
[380] 國民政府文官處印鑄局印行：臺灣成文出版社有限公司1972年8月出版《國民政府公報》第95冊1935年7月13日第1792號頒令第1頁記載。
[381] 黃埔建國文集編纂委員會主編：臺北實踐出版社1985年6月16日印行《黃埔軍魂》第579頁記載。
[382] 據湖南省檔案館校編、湖南人民出版社1989年7月《黃埔軍校同學錄》記載。

251

第四十中隊上尉隊員，1947年6月27日作為陸軍上尉退伍。

　　劉子紹（1905－？）別字壽眉，湖南寶慶人。南京中央陸軍軍官學校第七期第一總隊炮兵科畢業。1928年12月28日考入南京中央陸軍軍官學校第七期第一總隊炮兵科炮兵隊學習，入學時登記為24歲，1929年12月28日畢業。歷任軍政部獨立炮兵團排長、連長、營長、參謀。1937年5月13日被國民政府軍事委員會銓敘廳頒令敘任陸軍炮兵少校。[383]

　　劉中柱（1906－？）別字蔭之，湖南瀏陽人。南京中央陸軍軍官學校第七期工兵科畢業。1928年12月28日入南京中央陸軍軍官學校第七期第一總隊工兵科工兵隊學習，入學時登記為22歲，1929年12月28日畢業。歷任陸軍獨立工兵團排長、連長、營長、團長。在抗日戰事中陣亡殉國。[384]

　　劉少峰（1911－？）別字天平，湖南新化人。南京中央陸軍軍官學校第七期炮兵科畢業。自填登記為民國前一年八月十一日出生。[385]幼時私塾啟蒙，少時入本地高等小學堂就讀，畢業後入新化縣立初級師範學校學習，後得方鼎英介紹舉薦，投考第六期入伍生隊獲錄取。1928年12月28日考入南京中央陸軍軍官學校第七期第一總隊炮兵科炮兵隊學習，入學時登記為19歲，1929年12月28日畢業。分發軍校野戰炮兵營少尉觀測員，1930年3月任軍校炮兵第一團（團長唐仲勳）少尉觀測員，1930年12月所部改編為陸軍第四師炮兵團，任中尉排長。1935年9月12日任南京中央陸軍軍官學校教導總隊步兵第一團（團長周振強）步兵炮連排長，步兵炮第五營（營長邵一之）第十五連連長。1936年4月25日被國民政府軍事委員會銓敘廳頒令敘任陸軍炮兵中尉。[386]1937年5月16日任機械化裝甲兵團步兵炮營少校營附。抗日戰爭爆發後，1937年8月6日被國民政府軍事委員會銓敘廳頒令敘任陸軍炮兵上尉。1938年10月1日任陸軍第二〇〇師步兵第六〇〇團（團長邵一之）中校團附，1939年12月任陸軍第二〇〇師步兵第六〇〇團團長，率部參加昆侖關戰役。1942年12月10日被國民政府軍事委員會銓敘廳頒令敘任陸軍炮兵少校。1943年11月13日獲頒英軍優異服務十字勳章。1944年8月23日任陸軍第二〇〇師（師長高吉人）副師長。抗日戰爭

---

[383] 國民政府文官處印鑄局印行：臺灣成文出版社有限公司1972年8月出版《國民政府公報》第123冊1937年5月14日第2353號頒令第2頁記載。

[384] 黃埔建國文集編纂委員會主編：臺北實踐出版社1985年6月16日印行《黃埔軍魂》第585頁記載。

[385] 軍事委員會銓敘廳民國二十五年十二月印《陸海空軍軍官佐任官名簿》第十一冊[中尉]第2723頁記載。

[386] 軍事委員會銓敘廳民國二十五年十二月印《陸海空軍軍官佐任官名簿》第十一冊[中尉]第2723頁記載。

勝利後,1945年10月10日獲頒忠勤勳章。1945年11月15日被國民政府軍事委員會銓敘廳頒令敘任陸軍炮兵中校。1946年3月1日任青年軍第二〇七師(師長羅友倫)步兵第六二一團團長,1946年5月30日獲頒勝利勳章。1946年8月20日任青年軍第二〇七師第一旅(旅長傅宗良)少將副旅長,1947年9月任青年軍第二〇七師第三旅旅長。1948年7月1日任陸軍第二〇七師(師長戴樸)副師長,1948年11月1日離職。

劉光榮(1906－？)別字紫雲,湖南耒陽人。南京中央陸軍軍官學校第七期步兵科畢業。自填登記為民國前五年十二月九日出生。[387]1928年12月28日考入南京中央陸軍軍官學校第七期第一總隊步兵科步兵大隊第一隊學習,入學時登記為24歲,1929年12月28日畢業。歷任陸軍步兵團排長、連長、營長。1935年7月30日被國民政府軍事委員會銓敘廳頒令敘任陸軍步兵上尉。[388]

劉名顯(1905－1932)湖南安化人。南京中央陸軍軍官學校第七期步兵科畢業。1928年12月28日考入南京中央陸軍軍官學校第七期第一總隊步兵科步兵大隊第一隊學習,入學時登記為22歲,1929年12月28日畢業。任陸軍步兵連見習、排長,1932年秋在討伐軍閥戰事中陣亡。[389]

劉克中(1900－1932)別字重民,湖南長沙人。南京中央陸軍軍官學校第七期輜重兵科畢業。1928年12月28日考入南京中央陸軍軍官學校第七期第一總隊輜重兵科輜重隊學習,入學時登記為23歲,1929年12月28日畢業。任輜重兵運輸大隊見習、排長。1932年秋在討伐軍閥戰事中陣亡。[390]

劉伯軒(1904－？)別字秉正,湖南寶慶人。南京中央陸軍軍官學校第七期步兵科畢業。1928年12月28日入南京中央陸軍軍官學校第七期第一總隊步兵科步兵大隊第二隊學習,入學時登記為23歲,1929年12月28日畢業。歷任陸軍步兵營排長、連長、營長、團長。在抗日戰事中陣亡殉國。[391]

劉炳炎(1906－？)別字由之,後改名炳時,湖南安化人。南京中央陸軍軍官學校第七期步兵科畢業。自填登記為民國前五年二月十一日出生。[392]1928

---

[387] 軍事委員會銓敘廳民國二十五年十二月印製《陸海空軍軍官佐任官名簿》第七冊[上尉]第1745頁記載。
[388] 軍事委員會銓敘廳民國二十五年十二月印製《陸海空軍軍官佐任官名簿》第七冊[上尉]第1745頁記載。
[389] 黃埔建國文集編纂委員會主編:臺北實踐出版社1985年6月16日印行《黃埔軍魂》第579頁記載。
[390] 黃埔建國文集編纂委員會主編:臺北實踐出版社1985年6月16日印行《黃埔軍魂》第579頁記載。
[391] 黃埔建國文集編纂委員會主編:臺北實踐出版社1985年6月16日印行《黃埔軍魂》第585頁記載。
[392] 軍事委員會銓敘廳民國二十五年十二月印製《陸海空軍軍官佐任官名簿》第十冊[中尉]第2554

年12月28日考入南京中央陸軍軍官學校第七期第一總隊步兵科步兵大隊第四隊學習，入學時登記為21歲，1929年12月28日畢業。後因與另一高級軍官同名，按照戰時條例奉命改名炳時。任訓練總監部步兵科服務員、科員。1936年8月29日被國民政府軍事委員會銓敘廳頒令敘任陸軍步兵中尉。[393]抗日戰爭爆發後，1937年10月任南京中央陸軍訓練團第二大隊第二隊少校區隊長兼教官。[394]

劉校光（1906－？）別字其一，湖南寶慶人。南京中央陸軍軍官學校第七期騎兵科畢業。自填登記為民國前五年一月一日出生。[395]1928年12月28日考入南京中央陸軍軍官學校第七期第一總隊騎兵科騎兵隊學習，入學時登記為23歲，1929年12月28日畢業。歷任騎兵學校籌備處科員、學員大隊中隊長、助教。1936年4月25日被國民政府軍事委員會銓敘廳頒令敘任陸軍騎兵上尉。[396]

劉飄萍（1902－？）原名毅，後改名飄萍，湖南新化人。南京中央陸軍軍官學校第七期炮兵科畢業。先後就讀於本縣第一中學、長沙師範學校，肄業後入湘軍任文書，後經同鄉方鼎英舉薦，赴杭州考入教導隊受訓。1928年12月28日考入南京中央陸軍軍官學校第七期第一總隊騎兵科騎兵隊學習，入學時登記為26歲，1929年12月28日畢業。派任華北宣傳總隊中隊長，中國國民黨南京中央陸軍軍官學校特別區黨部執行委員，武漢行營教導團軍官教育連區隊長、政治總教官。1930年11月轉移任上海大同大學數學系助教、講師。參加汪兆銘系組織的「改組同志會」活動，為汪系「黃埔革命同志會」骨幹成員。失敗後被捕入獄，被判處有期徒刑三年，出獄後銷聲匿跡。

朱　瑜（1907－1936）別字秀祥，湖南醴陵人。南京中央陸軍軍官學校第七期步兵科畢業。1928年12月28日考入南京中央陸軍軍官學校第七期第一總隊步兵科步兵大隊第一隊學習，入學時登記為20歲，1929年12月28日畢業。歷任陸軍步兵營排長、連長、營長。1936年隨軍參與「圍剿」紅軍及根據地戰事中陣亡。[397]

頁記載。
[393] 軍事委員會銓敘廳民國二十五年十二月印製《陸海空軍軍官佐任官名簿》第十冊[中尉]第2554頁記載。
[394] 據民國二十七年十月印行《中央陸軍訓練團官佐通訊錄》記載。
[395] 軍事委員會銓敘廳民國二十五年十二月印製《陸海空軍軍官佐任官名簿》第八冊[上尉]第1875頁記載。
[396] 軍事委員會銓敘廳民國二十五年十二月印製《陸海空軍軍官佐任官名簿》第八冊[上尉]第1875頁記載。
[397] 黃埔建國文集編纂委員會主編：臺北實踐出版社1985年6月16日印行《黃埔軍魂》第582頁記載。

第六章　粵湘浙籍第七期生的地域人文

何　瀾（1909－？）別字敏琹，湖南道縣人。南京中央陸軍軍官學校第七期第一總隊步兵科畢業。1928年12月28日入南京中央陸軍軍官學校第七期第一總隊步兵科步兵大隊第二隊學習，入學時登記為19歲，1929年12月28日畢業。歷任陸軍步兵團排長、連長、營長、團附。1936年12月1日被國民政府軍事委員會銓敘廳頒令敘任陸軍步兵少校。[398]抗日戰爭爆發後，在抗日戰事中陣亡殉國。[399]

余子述（1904－？）別字育中，湖南桃源人。南京中央陸軍軍官學校第七期步兵科畢業。自填登記為民國前七年十二月五日出生。[400]1928年12月28日考入南京中央陸軍軍官學校第七期第一總隊步兵科步兵大隊第三中隊學習，入學時登記為25歲，1929年12月28日畢業。歷任軍政部武漢陸軍訓練處見習、區隊長，訓練員、參謀。1935年9月12日被國民政府軍事委員會銓敘廳頒令敘任陸軍步兵上尉。[401]

張　鐳（1908－1932）湖南辰溪人。南京中央陸軍軍官學校第七期工兵科畢業。1928年12月28日考入南京中央陸軍軍官學校第七期第一總隊工兵科工兵隊學習，入學時登記為20歲，1929年12月28日畢業。任陸軍獨立工兵營見習、排長，1932年秋在討伐軍閥戰事中陣亡。[402]

張國森（1893－？）別字百銘，湖南新化人。南京中央陸軍軍官學校第七期步兵科畢業。自填登記為民國前十八年十二月八日出生。[403]1928年12月28日考入南京中央陸軍軍官學校第七期第一總隊步兵科步兵大隊第一隊學習，入學時登記為27歲，1929年12月28日畢業。歷任軍事訓練助教，上海中學軍事訓練教官。1936年9月11日被國民政府軍事委員會銓敘廳頒令敘任陸軍步兵上尉。[404]

---

[398] 國民政府文官處印鑄局印行：臺灣成文出版社有限公司1972年8月出版《國民政府公報》第117冊1936年12月3日第2218號頒令第4頁記載。
[399] 黃埔建國文集編纂委員會主編：臺北實踐出版社1985年6月16日印行《黃埔軍魂》第585頁記載。
[400] 軍事委員會銓敘廳民國二十五年十二月印製《陸海空軍軍官佐任官名簿》第七冊[上尉]第1637頁記載。
[401] 軍事委員會銓敘廳民國二十五年十二月印製《陸海空軍軍官佐任官名簿》第七冊[上尉]第1637頁記載。
[402] 黃埔建國文集編纂委員會主編：臺北實踐出版社1985年6月16日印行《黃埔軍魂》第579頁記載。
[403] 軍事委員會銓敘廳民國二十五年十二月印製《陸海空軍軍官佐任官名簿》第八冊[上尉]第1810頁記載。
[404] 軍事委員會銓敘廳民國二十五年十二月印製《陸海空軍軍官佐任官名簿》第八冊[上尉]第1810頁記載。

張鯤化（1899－？）湖南新化人。南京中央陸軍軍官學校第七期第一總隊步兵科畢業。1928年12月28日入南京中央陸軍軍官學校第七期第一總隊步兵科步兵大隊第三隊學習，入學時登記為29歲，1929年12月28日畢業。歷任陸軍步兵團排長、連長、營長、團附。抗日戰爭爆發後，任陸軍步兵團團長，率部參加抗日戰事。1938年3月19日國民政府頒令晉任張鯤化為陸軍步兵少校。[405]

　　李　柱（1906－？）別字若愚，湖南湘鄉人。南京中央陸軍軍官學校第七期步兵科畢業。自填登記為民國前五年六月十三日出生。[406]1928年12月28日考入南京中央陸軍軍官學校第七期第一總隊步兵科步兵大隊第二隊學習，入學時登記為23歲，1929年12月28日畢業。歷任步兵學校學員大隊區隊長、中隊長。1936年5月13日被國民政府軍事委員會銓敘廳頒令敘任陸軍步兵上尉。[407]

　　李　浩（1908－？）別字碩夫，湖南常寧人。南京中央陸軍軍官學校第七期步兵科畢業。1928年12月28日考入南京中央陸軍軍官學校第七期第一總隊步兵科步兵大隊第一隊學習，入學時登記為19歲，1929年12月28日畢業。歷任陸軍步兵團排長、連長、營長、團長。在抗日戰事中陣亡殉國。[408]

　　李　熊（1903－？）別字新月，湖南永興人。南京中央陸軍軍官學校第七期步兵科畢業。自填登記為民國前八年三月十九日出生。[409]1928年12月28日考入南京中央陸軍軍官學校第七期第一總隊步兵科步兵大隊第二隊學習，入學時登記為28歲，1929年12月28日畢業。歷任軍校教導團籌備處見習，教導第二師步兵連排長，陸軍第四連連長、參謀。1935年7月30日被國民政府軍事委員會銓敘廳頒令敘任陸軍步兵上尉。[410]

　　李華白（1905－？）別字崢嶸，湖南寶慶人。南京中央陸軍軍官學校第七期第一總隊炮兵科畢業。1928年12月28日入南京中央陸軍軍官學校第七期第一總隊炮兵科炮兵隊學習，入學時登記為23歲，1929年12月28日畢業。歷任陸軍

---

[405] 國民政府文官處印鑄局印行：臺灣成文出版社有限公司1972年8月出版《國民政府公報》第132冊1938年3月23日渝字第33號頒令第6頁記載。

[406] 軍事委員會銓敘廳民國二十五年十二月印製《陸海空軍軍官佐任官名簿》第六冊[上尉]第1425頁記載。

[407] 軍事委員會銓敘廳民國二十五年十二月印製《陸海空軍軍官佐任官名簿》第六冊[上尉]第1425頁記載。

[408] 黃埔建國文集編纂委員會主編：臺北實踐出版社1985年6月16日印行《黃埔軍魂》第585頁記載。

[409] 軍事委員會銓敘廳民國二十五年十二月印製《陸海空軍軍官佐任官名簿》第六冊[上尉]第1405頁記載。

[410] 軍事委員會銓敘廳民國二十五年十二月印製《陸海空軍軍官佐任官名簿》第六冊[上尉]第1405頁記載。

第六章　粵湘浙籍第七期生的地域人文

步兵團排長、連長、營長、團附。1937年5月31日被國民政府軍事委員會銓敘廳頒令任命陸軍炮兵少校。[411]

李芳園（1905－？）別字七之，後改名之，湖南安仁人。南京中央陸軍軍官學校第七期騎兵科畢業。自填登記為民國前六年二月二十日出生。[412]1928年12月28日考入南京中央陸軍軍官學校第七期第一總隊騎兵科騎兵隊學習，入學時登記為27歲，1929年12月28日畢業。歷任騎兵營排長、連長、營長。1936年4月10日被國民政府軍事委員會銓敘廳頒令敘任陸軍騎兵上尉。[413]

李治清（1908－？）別字安順，湖南江華人。南京中央陸軍軍官學校第七期步兵科畢業。自填登記為民國前三年八月十五日出生。[414]1928年12月28日考入南京中央陸軍軍官學校第七期第一總隊步兵科步兵大隊第三隊學習，入學時登記為20歲，1929年12月28日畢業。歷任陸軍步兵營排長、連長、營長。1935年7月30日被國民政府軍事委員會銓敘廳頒令敘任陸軍步兵上尉。[415]

李貽謨（1908－？）湖南湘陰人。南京中央陸軍軍官學校第七期工兵科畢業。自填登記為民國前三年三月五日出生。[416]1928年12月28日考入南京中央陸軍軍官學校第七期第一總隊工兵科工兵隊學習，入學時登記為18歲，1929年12月28日畢業。歷任工兵學校學員大隊區隊長、中隊長、教官。1936年4月15日被國民政府軍事委員會銓敘廳頒令敘任陸軍工兵上尉。[417]

李起所（1908－？）別字秉文，南京中央陸軍軍官學校第七期第一總隊輜重兵科畢業。1928年12月入南京中央陸軍軍官學校第七期第一總隊輜重兵科輜重兵隊學習，入學時登記為20歲，1929年12月畢業。歷任輜重兵訓練處訓練員，輜重兵運輸團排長、連長、營長。1937年6月29日被國民政府軍事委員會

---

[411] 國民政府文官處印鑄局印行：臺灣成文出版社有限公司1972年8月出版《國民政府公報》第125冊1937年6月3日第2370號頒令第3頁記載。

[412] 軍委員會銓敘廳民國二十五年十二月印製《陸海空軍軍官佐任官名簿》第八冊[上尉]第1871頁記載。

[413] 軍委員會銓敘廳民國二十五年十二月印製《陸海空軍軍官佐任官名簿》第八冊[上尉]第1871頁記載。

[414] 軍事委員會銓敘廳民國二十五年十二月印製《陸海空軍軍官佐任官名簿》第六冊[上尉]第1417頁記載。

[415] 軍事委員會銓敘廳民國二十五年十二月印製《陸海空軍軍官佐任官名簿》第六冊[上尉]第1417頁記載

[416] 軍事委員會銓敘廳民國二十五年十二月印製《陸海空軍軍官佐任官名簿》第八冊[上尉]第1931頁記載。

[417] 軍事委員會銓敘廳民國二十五年十二月印製《陸海空軍軍官佐任官名簿》第八冊[上尉]第1931頁記載。

銓敘廳頒令敘任陸軍輜重兵少校。[418]

李繼昌（1904－1939）別字應梅，湖南湘鄉人。南京中央陸軍軍官學校第七期騎兵科畢業。1928年12月28日考入南京中央陸軍軍官學校第七期第一總隊騎兵科騎兵隊學習，入學時登記為24歲，1929年12月28日畢業。歷任教導第二師見習、排長、連長、參謀。抗日戰爭爆發後，任陸軍第二〇〇師步兵第五九八團第一營少校營長，1939年12月在昆侖關與日軍作戰陣亡。

李雄亮（1911－？）別字超菊，湖南郴縣人。南京中央陸軍軍官學校第七期畢業。自填登記為民國前一年十二月二十五日出生。[419]1928年12月28日考入南京中央陸軍軍官學校第七期第一總隊騎兵科騎兵隊學習，入學時登記為19歲，1929年12月28日畢業。歷任南京警備司令部警備大隊區隊長、中隊長、參謀。1935年9月12日被國民政府軍事委員會銓敘廳頒令敘任陸軍騎兵上尉。[420]

楊　布（1908－？）別字浪涯，湖南岳陽人。南京中央陸軍軍官學校第七期騎兵科畢業。自填登記為民國前五年七月二十四日出生。[421]1928年12月28日考入南京中央陸軍軍官學校第七期第一總隊騎兵科騎兵隊學習，入學時登記為20歲，1929年12月28日畢業。歷任騎兵學校籌備處籌備員，騎兵學員大隊區隊長、教官。1935年9月12日被國民政府軍事委員會銓敘廳頒令敘任陸軍騎兵上尉。[422]

蘇若水（1909－？）別字安瀾，湖南衡山人，另載湖南長沙人。南京中央陸軍軍官學校第七期第一總隊騎兵科、騎兵學校第一期畢業。1928年12月28日入南京中央陸軍軍官學校第七期第一總隊騎兵科騎兵隊學習，入學時登記為19歲，1929年12月28日畢業。歷任第一騎兵團見習，第一騎兵旅司令部參謀，南京中央陸軍軍官學校第十期騎兵連連附，第十三期騎兵隊少校隊附。抗日戰爭爆發後，1937年9月8日國民政府頒令由陸軍騎兵上尉晉任陸軍騎兵少校。[423]

---

[418] 國民政府文官處印鑄局印行：臺灣成文出版社有限公司1972年8月出版《國民政府公報》第126冊1937年6月30日第2393號頒令第2頁記載。

[419] 軍事委員會銓敘廳民國二十五年十二月印製《陸海空軍軍官佐任官名簿》第八冊[上尉]第1871頁記載。

[420] 軍事委員會銓敘廳民國二十五年十二月印製《陸海空軍軍官佐任官名簿》第八冊[上尉]第1871頁記載。

[421] 軍事委員會銓敘廳民國二十五年十二月印製《陸海空軍軍官佐任官名簿》第八冊[上尉]第1872頁記載。

[422] 軍事委員會銓敘廳民國二十五年十二月印製《陸海空軍軍官佐任官名簿》第八冊[上尉]第1872頁記載。

[423] 國民政府文官處印鑄局印行：臺灣成文出版社有限公司1972年8月出版《國民政府公報》第129

第六章　粵湘浙籍第七期生的地域人文

成都中央陸軍軍官學校第十六期步兵第三大隊騎兵隊中校隊長，第十九期特科總隊騎兵大隊上校大隊長。抗日戰爭勝利後，1945年10月10日獲頒忠勤勳章，1946年5月30日獲頒勝利勳章。歷任成都陸軍軍官學校第二十一期騎兵科上校副科長，第二十二期教育處騎兵科上校科長，第二十三期第二總隊教育處騎兵科上校科長。

汪　濤（1900－？）別字滌華，原載籍貫湖南九江，另載湖北黃梅人。南京中央陸軍軍官學校第七期步兵科畢業。自填登記為民國前十一年十二月六日出生。[424]1928年12月28日考入南京中央陸軍軍官學校第七期第一總隊步兵科步兵大隊第二隊學習，入學時登記為25歲，1929年12月28日畢業。歷任陸軍步兵團排長、連長、參謀。1935年9月12日被國民政府軍事委員會銓敘廳頒令敘任陸軍步兵上尉。[425]抗日戰爭爆發後，任南京中央陸軍訓練團上尉教官。[426]

陳可權（1905－？）別字遂初，湖南零陵人。南京中央陸軍軍官學校第七期步兵科畢業。自填登記為民國前六年七月十日出生。[427]1928年12月28日考入南京中央陸軍軍官學校第七期第一總隊步兵科步兵大隊第一隊學習，入學時登記為24歲，1929年12月28日畢業。歷任南京陸軍步兵學校籌備處籌備員，學員大隊區隊長、助教，教育處軍事訓練教官。1936年8月17日被國民政府軍事委員會銓敘廳頒令敘任陸軍步兵上尉。[428]

陳遠程（1904－？）別字毓芝，湖南長沙人。南京中央陸軍軍官學校第七期步兵科畢業。自填登記為民國前八年十二月十九日出生。[429]1928年12月28日考入南京中央陸軍軍官學校第七期第一總隊步兵科步兵大隊第四隊學習，入學時登記為24歲，1929年12月28日畢業。歷任軍事訓練教官，防空學校學員大隊區隊長、中隊長、參謀。1935年9月12日被國民政府軍事委員會銓敘廳頒令敘

冊1937年9月9日第2453號頒令第1頁記載。

[424] 軍委員會銓敘廳民國二十五年十二月印製《陸海空軍軍官佐任官名簿》第六冊[上尉]第1245頁記載。

[425] 軍事委員會銓敘廳民國二十五年十二月印製《陸海空軍軍官佐任官名簿》第六冊[上尉]第1231頁記載。

[426] 據民國二十七年十月印行《中央陸軍訓練團官佐通訊錄》記載。

[427] 軍事委員會銓敘廳民國二十五年十二月印製《陸海空軍軍官佐任官名簿》第八冊[上尉]第1833頁記載。

[428] 軍事委員會銓敘廳民國二十五年十二月印製《陸海空軍軍官佐任官名簿》第八冊[上尉]第1833頁記載。

[429] 軍事委員會銓敘廳民國二十五年十二月印製《陸海空軍軍官佐任官名簿》第八冊[上尉]第1843頁記載。

任陸軍步兵上尉。[430]

　　陳啟湘（1908－？）湖南長沙人。南京中央陸軍軍官學校第七期第一總隊步兵科畢業。1928年12月28日考入南京中央陸軍軍官學校第七期第一總隊步兵科步兵大隊第四隊學習，入學時登記為22歲，1929年12月28日畢業。歷任步兵學校籌備處見習，學員大隊區隊長。1932年5月13日奉派入南京中央陸軍軍官學校軍官教育總隊受訓，1932年7月10日結訓。[431]

　　陳應特（1908－？）別字無畏，湖南臨武人。南京中央陸軍軍官學校第七期第一總隊騎兵科畢業。自填登記為民國前三年十二月三日出生。[432]1928年12月28日考入南京中央陸軍軍官學校第七期第一總隊騎兵科騎兵隊學習，入學時登記為21歲，1929年12月28日畢業。歷任陸軍獨立騎兵營排長、連長、參謀。1935年9月1日被國民政府軍事委員會銓敘廳頒令敘任陸軍騎兵上尉。任廣東憲兵司令部參謀，憲兵營營附。1936年3月26日改敘任陸軍憲兵上尉。[433]抗日戰爭爆發後，任第四路軍總司令部軍法執行部附員。1937年9月8日國民政府頒令由陸軍憲兵上尉晉任陸軍憲兵少校。[434]

　　陳星喬（1907－？）原名星橋，[435]別字秀松，湖南湘陰人。南京中央陸軍軍官學校第七期騎兵科、陸軍大學參謀班西南班特別訓練第五期畢業。1928年12月28日考入南京中央陸軍軍官學校第七期第一總隊騎兵科騎兵隊學習，入學時登記為21歲，1929年12月28日畢業。歷任騎兵隊見習、助教，軍需運輸大隊區隊長。抗日戰爭爆發後，任步兵旅司令部副官、參謀，幹部教導隊隊附。1944年1月奉派入陸軍大學參謀班西南班特別訓練第五期學習，1944年6月畢業。

　　周　華（1904－1936）湖南永州人。南京中央陸軍軍官學校第七期步兵科畢業。1928年12月28日考入南京中央陸軍軍官學校第七期第一總隊步兵科步兵

---

[430] 軍事委員會銓敘廳民國二十五年十二月印製《陸海空軍軍官佐任官名簿》第八冊[上尉]第1843頁記載。

[431] 1932年5月13、14日《中央日報》連續刊登"中央陸軍軍官學校軍官教育總隊啟事（一）"記載。

[432] 軍事委員會銓敘廳民國二十五年十二月印製《陸海空軍軍官佐任官名簿》第六冊[上尉]第1231頁記載。

[433] 軍事委員會銓敘廳民國二十五年十二月印製《陸海空軍軍官佐任官名簿》第六冊[上尉]第1231頁記載。

[434] 國民政府文官處印鑄局印行：臺灣成文出版社有限公司1972年8月出版《國民政府公報》第129冊1937年9月9日第2453號頒令第1頁記載。

[435] 據湖南省檔案館校編、湖南人民出版社1989年7月《黃埔軍校同學錄》記載。

大隊第三隊學習，入學時登記為23歲，1929年12月28日畢業。歷任陸軍步兵營排長、連長、營長。1936年隨軍參與「圍剿」紅軍及根據地戰事中陣亡。[436]

周　環（1906－？）又名環，原載籍貫湖南寶慶，另載湖南新化人。南京中央陸軍軍官學校第七期炮兵科畢業。自填登記為民國前五年五月六日出生。[437]1928年12月28日考入南京中央陸軍軍官學校第七期第一總隊炮兵科炮兵隊學習，入學時登記為22歲，1929年12月28日畢業。歷任炮兵營見習、排長、連長、參謀。1935年7月22日被國民政府軍事委員會銓敘廳頒令敘任陸軍炮兵上尉。[438]

周璞照片

周　璞（1904－？）別字天雄，後改名希仁，湖南寶慶人。廣州國民革命軍黃埔軍官學校第七期炮兵科畢業。自填登記為民國前七年八月二十日出生。[439]1927年9月考入廣州國民革命軍黃埔軍官學校第七期第二總隊炮兵科炮兵中隊學習，入學時登記為24歲，1930年9月畢業。歷任炮兵連見習、排長、連長。後因與另一高級軍官重名，按照戰時條例奉令改名希仁。1935年9月24日被國民政府軍事委員會銓敘廳頒令敘任陸軍炮兵中尉。[440]抗日戰爭爆發後，歷任中國遠征軍新編第二十二師營長、團長、炮兵指揮部副指揮官，率部參加遠征印緬抗日戰事。抗日戰爭勝利後，1945年10月10日獲頒忠勤勳章，1946年5月30日獲頒勝利勳章。任新編第六軍新編第二十二師副師長、師長，率部在

---

[436] 黃埔建國文集編纂委員會主編：臺北實踐出版社1985年6月16日印行《黃埔軍魂》第582頁記載。
[437] 據軍事委員會銓敘廳民國二十五年十二月印製《陸海空軍軍官佐任官名簿》第八冊[上尉]第1911頁記載。
[438] 據軍事委員會銓敘廳民國二十五年十二月印製《陸海空軍軍官佐任官名簿》第八冊[上尉]第1911頁記載。
[439] 軍事委員會銓敘廳民國二十五年十二月印《陸海空軍軍官佐任官名簿》第十一冊[中尉]第2724頁記載。
[440] 軍事委員會銓敘廳民國二十五年十二月印《陸海空軍軍官佐任官名簿》第十一冊[中尉]第2724頁記載。

遼西與東北野戰軍作戰。1948年10月27日夜間大部隊潰敗後,廖耀湘決定向南方突圍,衛隊也越來越少,最後只剩下李濤、周璞和一名新編第六軍高級參謀,涉饒陽河通往盤山一條水渠時,他不慎跌入一個水深沒頂的地方,大聲呼救引來東北野戰軍搜索隊,經盤查,廖耀湘坦白自己身份,以求速死。在自己被俘情況下,廖耀湘顯露出他仗義一面,他對東北野戰軍戰士說周璞是他的勤務兵,巡邏隊覺得抓住廖耀湘就行了,再捎上一個勤務兵是累贅,便將國軍師長周璞放走了。[441]

周水天(1906－？)別字浚川,湖南武岡人。南京中央陸軍軍官學校第七期炮兵科畢業。自填登記為民國前五年四月二日出生。[442]1928年12月28日考入南京中央陸軍軍官學校第七期第一總隊炮兵科炮兵隊學習,入學時登記為23歲,1929年12月28日畢業。歷任陸軍炮兵訓練處見習、訓練員,獨立炮兵營排長、分隊長,炮兵訓練班教官。1935年9月13日被國民政府軍事委員會銓敘廳頒令敘任陸軍炮兵上尉。[443]

周方琦(1906-？)別字孝舉,原籍廣州城郊沙河鎮,另載湖南湘陰人。南京中央陸軍軍官學校第七期炮兵科、陸軍大學正則班第十二期畢業。自填登記為民國前六年十月十日出生。[444]1928年12月考入南京中央陸軍軍官學校第七期第一總隊炮兵科炮兵隊學習,1929年12月畢業。記載初任軍職為湖南第一師第三團排長,後任連長、營長。1933年11月考入陸軍大學正則班第十二期學習,1936年12月畢業。歷任團附、參謀、團長、參謀長。抗日戰爭爆發後,1939年3月21日頒令敘任陸軍步兵上校。1941年1月25日頒令委任第三戰區司令長官部榮譽軍人管理處第一分區少將處長。[445]

周光群(1904－？)別字濟,湖南邵陽人。南京中央陸軍軍官學校第七期輜重兵科畢業。自填登記為民國前七年十月二十五日出生。[446]1928年12月28日考入南京中央陸軍軍官學校第七期第一總隊輜重兵科輜重兵隊學習,入學時登

---

[441] 據周璞晚年回憶《我的生平經歷》記載。

[442] 軍事委員會銓敘廳民國二十五年十二月印製《陸海空軍軍官佐任官名簿》第八冊[上尉]第1911頁記載。

[443] 據軍事委員會銓敘廳民國二十五年十二月印製《陸海空軍軍官佐任官名簿》第八冊[上尉]第1911頁記載。

[444] 據軍事委員會銓敘廳民國三十三年十二月印製《軍官資績簿》第一冊[少將]第208頁記載。

[445] 據軍事委員會銓敘廳民國三十三年十二月印製《軍官資績簿》第一冊[少將]第208頁記載。

[446] 軍事委員會銓敘廳民國二十五年十二月印製《陸海空軍軍官佐任官名簿》第八冊[上尉]第1987頁記載。

第六章　粵湘浙籍第七期生的地域人文

記為25歲，1929年12月28日畢業。歷任輜重兵隊見習，後勤司令部運輸大隊區隊長，陸軍步兵團軍需官，陸軍步兵旅司令部軍需主任。1935年7月30日被國民政府軍事委員會銓敘廳頒令敘任陸軍輜重兵上尉。[447]

周國藩（1907－？）湖南耒陽人。南京中央陸軍軍官學校第七期步兵科畢業。自填登記為民國前五年一月十四日出生。[448]1928年12月28日考入南京中央陸軍軍官學校第七期第一總隊步兵科步兵大隊第三隊學習，入學時登記為22歲，1929年12月28日畢業。歷任陸軍步兵營排長、連長、參謀。1935年9月26日被國民政府軍事委員會銓敘廳頒令敘任陸軍步兵上尉。[449]

周駿亞（1905－？）又名駿業，別字崇岐，湖南安仁人。南京中央陸軍軍官學校第七期騎兵科畢業。自填登記為民國前六年七月二十二日出生。[450]1928年12月28日考入南京中央陸軍軍官學校第七期第一總隊騎兵科騎兵隊學習，入學時登記為24歲，1929年12月28日畢業。歷任國民革命軍總司令部騎兵教導隊見習，獨立騎兵營排長、連長、參謀。1935年9月24日被國民政府軍事委員會銓敘廳頒令敘任陸軍騎兵上尉。[451]

周真愚（1903－？）別字頑夫，湖南零陵人。南京中央陸軍軍官學校第七期第一總隊步兵科畢業。1928年12月28日考入南京中央陸軍軍官學校第七期第一總隊步兵科步兵大隊第一隊學習，入學時登記為28歲，1929年12月28日畢業。任步兵教導隊訓練員、助教。1932年5月13日奉派入南京中央陸軍軍官學校軍官教育總隊受訓，1932年7月10日結訓。[452]歷任陸軍步兵團排長、連長、營長、團附。

---

[447] 軍事委員會銓敘廳民國二十五年十二月印製《陸海空軍軍官佐任官名簿》第八冊[上尉]第1987頁記載。

[448] 軍事委員會銓敘廳民國二十五年十二月印製《陸海空軍軍官佐任官名簿》第七冊[上尉]第1756頁記載。

[449] 軍事委員會銓敘廳民國二十五年十二月印製《陸海空軍軍官佐任官名簿》第七冊[上尉]第1756頁記載。

[450] 軍事委員會銓敘廳民國二十五年十二月印製《陸海空軍軍官佐任官名簿》第八冊[上尉]第1875頁記載。

[451] 軍事委員會銓敘廳民國二十五年十二月印製《陸海空軍軍官佐任官名簿》第八冊[上尉]第1875頁記載。

[452] 1932年5月13、14日《中央日報》連續刊登"中央陸軍軍官學校軍官教育總隊啟事（一）"記載。

鄭慶楨（1905－？）別字幹臣，湖南寧遠人。南京中央陸軍軍官學校第七期炮兵科畢業。自填登記為民國前六年八月十四日出生。[453]1928年12月28日考入南京中央陸軍軍官學校第七期第一總隊炮兵科炮兵隊學習，入學時登記為23歲，1929年12月28日畢業。歷任炮兵教導隊見習，炮兵營排長、連長。1935年9月13日被國民政府軍事委員會銓敘廳頒令敘任陸軍炮兵中尉。[454]

林　棲（1908－？）別字劍涯，別號棲，湖南武岡人。南京中央陸軍軍官學校第七期步兵科畢業。自填登記為民國前三年六月七日出生。[455]1928年12月28日考入南京中央陸軍軍官學校第七期第一總隊步兵科步兵大隊第四隊學習，入學時登記為20歲，1929年12月28日畢業。歷任陸軍步兵團排長、連長、參謀、團附。1935年7月30日被國民政府軍事委員會銓敘廳頒令敘任陸軍步兵上尉。[456]

林可成（1910－1938）別字迪，湖南醴陵人。南京中央陸軍軍官學校第七期步兵科畢業。自填登記為民國前二年五月十日出生。[457]1928年12月28日考入南京中央陸軍軍官學校第七期第一總隊步兵科步兵大隊第一隊學習，入學時登記為20歲，1929年12月28日畢業。歷任陸軍步兵團排長、連長、參謀。1935年8月31日被國民政府軍事委員會銓敘廳頒令敘任陸軍步兵上尉。[458]抗日戰爭爆發後，任陸軍新編第十一師步兵第三十六團第一營少校營長，1938年10月在江西新建與日軍作戰陣亡。

歐陽向（1905－？）別字佛頓，湖南衡山人。南京中央陸軍軍官學校第七期工兵科畢業。自填登記為民國前六年三月二十六日出生。[459]1928年12月28日考入南京中央陸軍軍官學校第七期第一總隊工兵科工兵隊學習，入學時登記

---

[453] 軍事委員會銓敘廳民國二十五年十二月印《陸海空軍軍官佐任官名簿》第十一冊[中尉]第2694頁記載。

[454] 軍事委員會銓敘廳民國二十五年十二月印《陸海空軍軍官佐任官名簿》第十一冊[中尉]第2694頁記載。

[455] 軍事委員會銓敘廳民國二十五年十二月印製《陸海空軍軍官佐任官名簿》第六冊[上尉]第1451頁記載。

[456] 軍事委員會銓敘廳民國二十五年十二月印製《陸海空軍軍官佐任官名簿》第六冊[上尉]第1451頁記載。

[457] 軍事委員會銓敘廳民國二十五年十二月印製《陸海空軍軍官佐任官名簿》第六冊[上尉]第1449頁記載。

[458] 軍事委員會銓敘廳民國二十五年十二月印製《陸海空軍軍官佐任官名簿》第六冊[上尉]第1449頁記載。

[459] 軍事委員會銓敘廳民國二十五年十二月印製《陸海空軍軍官佐任官名簿》第六冊[上尉]第1225頁記載。

第六章　粵湘浙籍第七期生的地域人文

為24歲，1929年12月28日畢業。歷任國民革命軍總司令部附設軍校軍官團工兵教導隊助教，工兵分隊長，廣東憲兵司令部參謀。1935年9月1日被國民政府軍事委員會銓敘廳頒令敘任陸軍工兵上尉，1936年3月26日改敘為陸軍憲兵上尉。[460]

歐陽與褚（1905－？）原名興楮，[461]別字因模，湖南資興人。南京中央陸軍軍官學校第七期工兵科、陸軍大學參謀班西南班第五期畢業。1928年12月28日考入南京中央陸軍軍官學校第七期第一總隊工兵科工兵隊學習，入學時登記為23歲，1929年12月28日畢業。歷任陸軍工兵教導隊見習、訓練員，工兵訓練班教官。抗日戰爭爆發後，任陸軍步兵旅司令部參謀。1940年8月考入陸軍大學參謀班西南班第五期學習，1941年8月畢業。

羅　雄（1905－？）別字純熙，湖南衡陽人。南京中央陸軍軍官學校第七期炮兵科畢業。自填登記為民國前六年四月八日出生。[462]1928年12月28日考入南京中央陸軍軍官學校第七期第一總隊炮兵科炮兵隊學習，入學時登記為22歲，1929年12月28日畢業。歷任炮兵教導隊見習、訓練員，軍政部獨立炮兵營排長、連長，炮兵學校教官。1936年4月18日被國民政府軍事委員會銓敘廳頒令敘任陸軍炮兵上尉。[463]

羅　磊（1906－？）別字仲融，湖南邵陽人。南京中央陸軍軍官學校第七期步兵科畢業。自填登記為民國前五年十二月二十二日出生。[464]1928年12月28日考入南京中央陸軍軍官學校第七期第一總隊步兵科步兵大隊第四隊學習，入學時登記為23歲，1929年12月28日畢業。歷任陸軍步兵營排長、連長、營長。1935年8月16日被國民政府軍事委員會銓敘廳頒令敘任陸軍步兵上尉。[465]

---

[460] 軍事委員會銓敘廳民國二十五年十二月印製《陸海空軍軍官佐任官名簿》第六冊[上尉]第1225頁記載。
[461] 湖南省檔案館校編、湖南人民出版社1989年7月《黃埔軍校同學錄》記載。
[462] 軍事委員會銓敘廳民國二十五年十二月印製《陸海空軍軍官佐任官名簿》第八冊[上尉]第1904頁記載。
[463] 軍事委員會銓敘廳民國二十五年十二月印製《陸海空軍軍官佐任官名簿》第八冊[上尉]第1904頁記載。
[464] 軍事委員會銓敘廳民國二十五年十二月印製《陸海空軍軍官佐任官名簿》第七冊[上尉]第1631頁記載。
[465] 軍事委員會銓敘廳民國二十五年十二月印製《陸海空軍軍官佐任官名簿》第七冊[上尉]第1631頁記載。

羅豫照片

羅　豫（1909－？）別字彩橋，湖南寶慶人。廣州國民革命軍黃埔軍官學校第七期炮兵科畢業。自填登記為民國前二年二月十六日出生。[466]1927年9月考入廣州國民革命軍黃埔軍官學校第七期第二總隊炮兵科炮兵中隊學習，入學時登記為21歲，1930年9月畢業。歷任陸軍第五十九師司令部炮兵營見習、排長，第一軍司令部炮兵教導隊教官、區隊長，第四路軍總司令部迫擊炮營營長。1935年8月26日被國民政府軍事委員會銓敘廳頒令敘任陸軍炮兵上尉。[467]

羅直雲（1906－？）別字同夫，湖南邵陽人。南京中央陸軍軍官學校第七期炮兵科畢業。自填登記為民國前六年九月二十三日出生。[468]1928年12月28日考入南京中央陸軍軍官學校第七期第一總隊炮兵科炮兵隊學習，入學時登記為23歲，1929年12月28日畢業。歷任軍政部獨立炮兵團見習、排長、連長、團附。1936年4月25日被國民政府軍事委員會銓敘廳頒令敘任陸軍炮兵上尉。[469]

羅莘求照片

---

[466] 軍事委員會銓敘廳民國二十五年十二月印製《陸海空軍軍官佐任官名簿》第八冊[上尉]第1903頁記載。
[467] 軍事委員會銓敘廳民國二十五年十二月印製《陸海空軍軍官佐任官名簿》第八冊[上尉]第1903頁記載。
[468] 軍事委員會銓敘廳民國二十五年十二月印製《陸海空軍軍官佐任官名簿》第八冊[上尉]第1904頁記載。
[469] 軍事委員會銓敘廳民國二十五年十二月印製《陸海空軍軍官佐任官名簿》第八冊[上尉]第1904頁記載。

第六章　粵湘浙籍第七期生的地域人文

羅莘求（1910－？）又名莘萊，別字成之，湖南衡山人。南京中央陸軍軍官學校第七期第一總隊工兵科、工兵學校研究班畢業，中央軍官訓練團國防要塞訓練班結業。1928年12月28日考入南京中央陸軍軍官學校第七期第一總隊工兵科工兵隊學習，入學時登記為18歲，1929年12月28日畢業。歷任國民革命軍獨立工兵營排長、連長，第一軍司令部工兵營營長，1935年4月9日被軍事委員會頒令委任河南國民軍事訓練委員會專任委員。[470]抗日戰爭爆發後，任第十七軍團司令部獨立工兵團團長，第八戰區司令長官部獨立工兵團團長，工兵指揮部副主任。抗日戰爭勝利後，1945年10月10日獲頒忠勤勳章，1946年5月30日獲頒勝利勳章。1946年6月任陸軍整編第四十九師獨立旅副旅長、旅長，在東北與人民解放軍作戰。1948年10月任陸軍第四十九軍（軍長鄭庭笈）第一九五師師長。1948年12月28日在遼西與人民解放軍作戰被俘。

胡　笙（1908－？）別字雨蒼，湖南衡州人。南京中央陸軍軍官學校第七期炮兵科畢業。自填登記為民國前三年二月三日出生。[471]1928年12月28日考入南京中央陸軍軍官學校第七期第一總隊炮兵科炮兵隊學習，入學時登記為21歲，1929年12月28日畢業。歷任獨立炮兵營排長、連長、參謀。1935年8月31日被國民政府軍事委員會銓敘廳頒令敘任陸軍炮兵中尉。[472]抗日戰爭爆發後，隨軍參加抗日戰事。

胡立民（1907－1986）別字濟時，湖南資興人。南京中央陸軍軍官學校第七期步兵科畢業，中央訓練團國防要塞研究班結業，陸軍大學參謀班第八期畢業。1928年12月28日考入南京中央陸軍軍官學校第七期第一總隊步兵科步兵大隊第三隊學習，入學時登記為21歲，1929年12月28日畢業。歷任陸軍步兵營見習、排長、連長、參謀。抗日戰爭爆發後，1942年2月奉派入陸軍大學參謀班第八期學習，1943年2月畢業。任陸軍步兵團營長、團長，隨軍參加抗日戰事。抗日戰爭勝利後，1945年10月10日獲頒忠勤勳章，1946年5月30日獲頒勝利勳章。任陸軍步兵旅副旅長，守備區司令部司令官。1948年任陸軍第二三四師副師長、代理師長。1949年隨軍赴臺灣，任陸軍第八十七軍司令部幹部訓練

---

[470] 國民政府文官處印鑄局印行，臺灣成文出版社有限公司1972年8月出版《國民政府公報》第92冊1934年4月9日第1711號頒令第5頁記載。
[471] 軍事委員會銓敘廳民國二十五年十二月印《陸海空軍軍官佐任官名簿》第十一冊[中尉]第2707頁記載。
[472] 軍事委員會銓敘廳民國二十五年十二月印《陸海空軍軍官佐任官名簿》第十一冊[中尉]第2707頁記載。

班副主任，陸軍第八軍副軍長。1962年10月屆齡退役。1986年春因病在臺灣新竹逝世。

胡皓白（1911－？）別字光球，湖南零陵人。南京中央陸軍軍官學校第七期第一總隊步兵科畢業。1928年12月28日考入南京中央陸軍軍官學校第七期第一總隊步兵科步兵大隊第一隊學習，入學時登記為19歲，1929年12月28日畢業。歷任軍校教導團籌備處見習、區隊長、連長。1932年5月13日奉派入南京中央陸軍軍官學校軍官教育總隊受訓，1932年7月10日結訓。[473]

柳　堤（1906－？）別字曉莊，湖南零陵人。南京中央陸軍軍官學校第七期炮兵科畢業。自填登記為民國前六年十月十日出生。[474]1928年12月28日考入南京中央陸軍軍官學校第七期第一總隊炮兵科炮兵隊學習，入學時登記為22歲，1929年12月28日畢業。歷任教導第二師司令部直屬炮兵連排長、連長，陸軍第二師司令部參謀。1935年9月10日被國民政府軍事委員會銓敘廳頒令敘任陸軍炮兵上尉。[475]

鍾靈照片

鍾　靈（1903－？）別字子秀，後改名子秀，原載籍貫湖南永州，另載湖南零陵人。廣州國民革命軍黃埔軍官學校第七期炮兵科畢業。自填登記為民國前八年六月二十一日出生。[476]1927年9月考入廣州國民革命軍黃埔軍官學校第七期第二總隊炮兵科炮兵中隊學習，入學時登記為28歲，1930年9月畢業。任粵系軍隊炮兵訓練班訓練員，迫擊炮兵連排長、連長。1935年9月24日被國民

---

[473] 1932年5月13、14日《中央日報》連續刊登"中央陸軍軍官學校軍官教育總隊啟事（一）"記載。

[474] 軍事委員會銓敘廳民國二十五年十二月印製《陸海空軍軍官佐任官名簿》第八冊[上尉]第1892頁記載。

[475] 軍事委員會銓敘廳民國二十五年十二月印製《陸海空軍軍官佐任官名簿》第八冊[上尉]第1892頁記載。

[476] 軍事委員會銓敘廳民國二十五年十二月印《陸海空軍軍官佐任官名簿》第十一冊[中尉]第2717頁記載。

第六章　粵湘浙籍第七期生的地域人文

政府軍事委員會銓敘廳頒令敘任陸軍炮兵中尉。[477]

鐘　瑛（1906－？）別字蘊山，湖南寧遠人。南京中央陸軍軍官學校第七期步兵科畢業。自填登記為民國前六年二月八日出生。[478]1928年12月28日考入南京中央陸軍軍官學校第七期第一總隊步兵科步兵大隊第二隊學習，入學時登記為23歲，1929年12月28日畢業。歷任陸軍步兵團排長、連長、營長。1935年8月16日被國民政府軍事委員會銓敘廳頒令敘任陸軍步兵上尉。[479]

賀子樵（1904－？）別字鼎銘，湖南湘鄉人。南京中央陸軍軍官學校第七期步兵科畢業。自填登記為民國前七年一月一日出生。[480]1928年12月28日考入南京中央陸軍軍官學校第七期第一總隊步兵科步兵大隊第二隊學習，入學時登記為29歲，1929年12月28日畢業。歷任陸軍步兵營排長、連長、副官。1935年7月30日被國民政府軍事委員會銓敘廳頒令敘任陸軍步兵中尉。[481]

唐志才（1909－1989）別字惠清，湖南長沙人，另載籍貫湖南邵陽。南京中央陸軍軍官學校第七期騎兵科畢業。1928年12月28日考入南京中央陸軍軍官學校第七期第一總隊騎兵科騎兵隊學習，入學時登記為19歲，1929年12月28日畢業。歷任國民革命軍總司令部騎兵教導隊見習、訓練員，騎兵學校助教。抗日戰爭爆發後，隨軍參加抗日戰事。中華人民共和國成立，1986年12月參加上海市黃埔軍校同學會活動。1989年11月22日因病在上海逝世。[482]

唐紹懃（1908－1932）別字破浪，湖南零陵人。南京中央陸軍軍官學校第七期步兵科畢業。1928年12月28日考入南京中央陸軍軍官學校第七期第一總隊步兵科步兵大隊第三隊學習，入學時登記為20歲，1929年12月28日畢業。歷任陸軍步兵連見習、排長，1932年秋在討伐軍閥戰事中陣亡。[483]

---

[477] 軍事委員會銓敘廳民國二十五年十二月印《陸海空軍軍官佐任官名簿》第十一冊[中尉]第2717頁記載。

[478] 軍事委員會銓敘廳民國二十五年十二月印製《陸海空軍軍官佐任官名簿》第七冊[上尉]第1646頁記載。

[479] 軍事委員會銓敘廳民國二十五年十二月印製《陸海空軍軍官佐任官名簿》第七冊[上尉]第1646頁記載。

[480] 軍事委員會銓敘廳民國二十五年十二月印《陸海空軍軍官佐任官名簿》第十一冊[中尉]第2634頁記載。

[481] 軍事委員會銓敘廳民國二十五年十二月印《陸海空軍軍官佐任官名簿》第十一冊[中尉]第2634頁記載。

[482] 據上海市黃埔軍校同學會編纂：1990年8月印行《上海市黃埔軍校同學會會員通訊錄》第168頁記載。

[483] 黃埔建國文集編纂委員會主編：臺北實踐出版社1985年6月16日印行《黃埔軍魂》第579頁記載。

高　　峰（1904－？）別字道福，湖南漢壽人。南京中央陸軍軍官學校第七期步兵科畢業。自填登記為民國前八年十二月二十日出生。[484]1928年12月28日考入南京中央陸軍軍官學校第七期第一總隊步兵科步兵大隊第四隊學習，入學時登記為24歲，1929年12月28日畢業。歷任陸軍步兵團排長、連長、營長。1935年8月16日被國民政府軍事委員會銓敘廳頒令敘任陸軍步兵上尉。[485]

袁玉璋（1906－？）別字晉雲，湖南安仁人。南京中央陸軍軍官學校第七期騎兵科畢業。自填登記為民國前六年十一月五日出生。[486]1928年12月28日考入南京中央陸軍軍官學校第七期第一總隊騎兵科騎兵隊學習，入學時登記為23歲，1929年12月28日畢業。歷任騎兵訓練處訓練員，騎兵營排長、連長、營長。1936年4月25日被國民政府軍事委員會銓敘廳頒令敘任陸軍騎兵上尉。[487]

聶　　勁（1910－？）別字篤棣，湖南寶慶人。南京中央陸軍軍官學校第七期炮兵科畢業。自填登記為民國前二年三月十五日出生。[488]1928年12月28日考入南京中央陸軍軍官學校第七期第一總隊炮兵科炮兵隊學習，入學時登記為21歲，1929年12月28日畢業。歷任炮兵教導隊見習，獨立炮兵營排長、連長、參謀。1935年9月13日被國民政府軍事委員會銓敘廳頒令敘任陸軍炮兵上尉。[489]

徐造新（1910－？）別字沈洋，湖南寶慶人。南京中央陸軍軍官學校第七期步兵科畢業。自填登記為民國前二年一月八日出生。[490]1928年12月28日考入南京中央陸軍軍官學校第七期第一總隊步兵科步兵大隊第三隊學習，入學時登記為21歲，1929年12月28日畢業。歷任武漢陸軍訓練處見習，陸軍第四師司令部警衛連排長、連長，1935年8月16日被國民政府軍事委員會銓敘廳頒令敘任

---

[484] 軍事委員會銓敘廳民國二十五年十二月印製《陸海空軍軍官佐任官名簿》第六冊[上尉]第1263頁記載。

[485] 軍事委員會銓敘廳民國二十五年十二月印製《陸海空軍軍官佐任官名簿》第六冊[上尉]第1263頁記載。

[486] 軍事委員會銓敘廳民國二十五年十二月印製《陸海空軍軍官佐任官名簿》第八冊[上尉]第1873頁記載。

[487] 軍事委員會銓敘廳民國二十五年十二月印製《陸海空軍軍官佐任官名簿》第八冊[上尉]第1873頁記載。

[488] 軍事委員會銓敘廳民國二十五年十二月印製《陸海空軍軍官佐任官名簿》第八冊[上尉]第1894頁記載。

[489] 軍事委員會銓敘廳民國二十五年十二月印製《陸海空軍軍官佐任官名簿》第八冊[上尉]第1894頁記載。

[490] 軍事委員會銓敘廳民國二十五年十二月印製《陸海空軍軍官佐任官名簿》第七冊[上尉]第1701頁記載。

第六章　粵湘浙籍第七期生的地域人文

陸軍步兵上尉。[491]抗日戰爭爆發後，在抗日戰事中陣亡殉國。[492]

錢墨林（1906－1932）別字翰之，湖南零陵人。南京中央陸軍軍官學校第七期步兵科畢業。1928年12月28日考入南京中央陸軍軍官學校第七期第一總隊步兵科步兵大隊第四隊學習，入學時登記為22歲，1929年12月28日畢業。歷任陸軍步兵連見習、排長，1932年秋在討伐軍閥戰事中陣亡。[493]

郭　威（1911－？）別字志成，湖南桂東人。南京中央陸軍軍官學校第七期輜重兵科畢業。自填登記為民國前一年七月二十二日出生。[494]1928年12月28日考入南京中央陸軍軍官學校第七期第一總隊輜重兵科輜重兵隊學習，入學時登記為18歲，1929年12月28日畢業。歷任運輸輜重兵團排長、連長、參謀。1935年2月16日被國民政府軍事委員會銓敘廳頒令敘任陸軍輜重兵上尉。[495]

郭開倫（1907－？）別字松華，湖南衡陽人。南京中央陸軍軍官學校第七期炮兵科畢業。自填登記為民國前四年十一月十八日出生。[496]1928年12月28日考入南京中央陸軍軍官學校第七期第一總隊炮兵科炮兵隊學習，入學時登記為24歲，1929年12月28日畢業。歷任炮兵營觀測員、排長、連長。1935年9月13日被國民政府軍事委員會銓敘廳頒令敘任陸軍炮兵中尉。[497]1936年7月任中央陸軍軍官學校廣州分校學員總隊炮兵大隊上尉隊附。抗日戰爭爆發後，任中央陸軍軍官學校第四分校第十三期炮兵科少校重兵器教官。[498]

蕭北辰（1905－？）又名北宸，別字國風，湖南寶慶人。南京中央陸軍軍官學校第七期步兵科畢業。1928年12月28日考入南京中央陸軍軍官學校第七期第一總隊步兵科步兵大隊第一隊學習，入學時登記為23歲，1929年12月28日畢業。任陸軍步兵團排長、連長、參謀。抗日戰爭爆發後，歷任陸軍步兵團營

---

[491] 軍事委員會銓敘廳民國二十五年十二月印製《陸海空軍軍官佐任官名簿》第七冊[上尉]第1701頁記載。
[492] 黃埔建國文集編纂委員會主編：臺北實踐出版社1985年6月16日印行《黃埔軍魂》第585頁記載。
[493] 黃埔建國文集編纂委員會主編：臺北實踐出版社1985年6月16日印行《黃埔軍魂》第579頁記載。
[494] 軍事委員會銓敘廳民國二十五年十二月印製《陸海空軍軍官佐任官名簿》第八冊[上尉]第1983頁記載。
[495] 軍事委員會銓敘廳民國二十五年十二月印製《陸海空軍軍官佐任官名簿》第八冊[上尉]第1983頁記載。
[496] 軍事委員會銓敘廳民國二十五年十二月印《陸海空軍軍官佐任官名簿》第十一冊[中尉]第2692頁記載。
[497] 軍事委員會銓敘廳民國二十五年十二月印《陸海空軍軍官佐任官名簿》第十一冊[中尉]第2692頁記載。
[498] 據民國二十七年十一月印行《中央陸軍軍官學校第四分校第十三期學生總隊同學錄》記載。

長、參謀、團長,率部參加抗日戰事。1941年10月28日國民政府令:敍任蕭北辰為陸軍步兵少校。[499]另載在抗日戰事中陣亡殉國。[500]實為身負重傷,痊癒後返回原部隊續任軍職。抗日戰爭勝利後,1945年10月10日獲頒忠勤勳章,1946年5月30日獲頒勝利勳章。任青年軍第二〇三師第二旅司令部參謀長,陸軍第五十七軍第二一五師司令部參謀長。

蕭伯廉(1909－?)別字義培,湖南湘鄉人。南京中央陸軍軍官學校第七期步兵科畢業。自填登記為民國前三年四月一日出生。[501]1928年12月28日考入南京中央陸軍軍官學校第七期第一總隊步兵科步兵大隊第一隊學習,入學時登記為21歲,1929年12月28日畢業。歷任陸軍步兵營排長、連長、參謀。1935年9月3日被國民政府軍事委員會銓敍廳頒令敍任陸軍步兵上尉。[502]

蕭茂藩(1906－?)別字韶九,湖南耒陽人。南京中央陸軍軍官學校第七期步兵科畢業。自填登記為民國前六年二月十四日出生。[503]1928年12月28日考入南京中央陸軍軍官學校第七期第一總隊步兵科步兵大隊第二隊學習,入學時登記為29歲,1929年12月28日畢業。歷任軍校學員總隊步兵科見習、助教、區隊長。1936年4月23日被國民政府軍事委員會銓敍廳頒令敍任陸軍步兵中尉。[504]

蕭鴻儀(1910－?)別字遂良,湖南湘鄉人。南京中央陸軍軍官學校第七期步兵科畢業。自填登記為民國前二年九月十三日出生。[505]1928年12月28日考入南京中央陸軍軍官學校第七期第一總隊步兵科步兵大隊第四隊學習,入學時登記為20歲,1929年12月28日畢業。歷任陸軍步兵營排長、連長、營長。1935年8月23日被國民政府軍事委員會銓敍廳頒令敍任陸軍步兵上尉。[506]

---

[499] 國民政府文官處印鑄局印行:臺灣成文出版社有限公司1972年8月出版《國民政府公報》第164冊1941年10月29日渝字第409號頒令第9頁記載。

[500] 黃埔建國文集編纂委員會主編:臺北實踐出版社1985年6月16日印行《黃埔軍魂》第585頁記載。

[501] 軍事委員會銓敍廳民國二十五年十二月印製《陸海空軍軍官佐任官名簿》第七冊[上尉]第1595頁記載。

[502] 軍事委員會銓敍廳民國二十五年十二月印製《陸海空軍軍官佐任官名簿》第七冊[上尉]第1595頁記載。

[503] 軍事委員會銓敍廳民國二十五年十二月印製《陸海空軍軍官佐任官名簿》第十冊[中尉]第2396頁記載。

[504] 軍事委員會銓敍廳民國二十五年十二月印製《陸海空軍軍官佐任官名簿》第十冊[中尉]第2396頁記載。

[505] 軍事委員會銓敍廳民國二十五年十二月印製《陸海空軍軍官佐任官名簿》第七冊[上尉]第1596頁記載。

[506] 軍事委員會銓敍廳民國二十五年十二月印製《陸海空軍軍官佐任官名簿》第七冊[上尉]第1596頁記載。

第六章　粵湘浙籍第七期生的地域人文

黃　勁（1908－？）別字竹虛，湖南零陵人。南京中央陸軍軍官學校第七期步兵科畢業。自填登記為民國前四年二月三日出生。[507]1928年12月28日考入南京中央陸軍軍官學校第七期第一總隊步兵科步兵大隊第四隊學習，入學時登記為21歲，1929年12月28日畢業。歷任陸軍步兵團排長、連長、營長。1935年9月12日被國民政府軍事委員會銓敘廳頒令敘任陸軍步兵上尉。[508]

黃湘照片

黃　湘（1908－？）別號一華，湖南宜章人，廣州國民革命軍黃埔軍官學校第七期炮兵科、陸軍大學正則班第十二期、陸軍大學兵學研究院第五期畢業。自填登記為民國前七年六月二十日出生。[509]另載為民國前四年十二月十二日出生。[510]本村私塾啟蒙，入本鄉高等小學就讀，後考入宜章縣立師範學校學習，肄業後南下廣州，入廣東守備軍幹部教導隊受訓。1927年9月考入廣州國民革命軍黃埔軍官學校第七期第二總隊炮兵科炮兵中隊學習，入學時登記為21歲，1930年9月畢業。記載初任軍職為湘軍第四師第八旅司令部炮兵連少尉排長，[511]歷任國民革命軍陸軍炮兵營連長、營長、參謀。1933年11月考入陸軍大學正則班第十二期學習，依據國民政府軍事委員會1936年3月頒令官位序號為第3676號，[512]1935年7月6日被國民政府軍事委員會銓敘廳頒令敘任陸軍步兵少

---

[507] 軍事委員會銓敘廳民國二十五年十二月印製《陸海空軍軍佐任官名簿》第七冊[上尉]第1531頁記載。

[508] 軍事委員會銓敘廳民國二十五年十二月印製《陸海空軍軍佐任官名簿》第七冊[上尉]第1531頁記載。

[509] 據國民政府國防部第一廳民國三十六年二月印行《現役軍官資績簿》第三冊[陸軍現役少將上校軍官資績簿]第23頁記載。

[510] 據軍事委員會銓敘廳民國三十三年十二月印製《軍官資績簿》第二冊[陸軍現役少將上校軍官資績簿]第374頁記載。

[511] 據軍事委員會銓敘廳民國三十三年十二月印製《軍官資績簿》第二冊[陸軍現役少將上校軍官資績簿]第374頁記載。

[512] 據國民政府國防部第一廳民國三十六年二月印行《現役軍官資績簿》第三冊[陸軍現役少將上校軍官資績簿]第23頁記載。

273

校，[513]1936年12月畢業。抗日戰爭爆發後，歷任陸軍炮兵團連長，參謀，炮兵團營長，第二十六集團軍總司令（周嵒）部參謀處處長，炮兵指揮所參謀長，科長，處長，高級參謀。1942年1月31日被國民政府軍事委員會銓敘廳頒令敘任陸軍炮兵上校（黃一華）。[514]1942年3月1日頒令委任陸軍第四預備師少將副師長。[515]後任第二十六集團軍總司令部（參謀長）副參謀長，兼任炮兵指揮部副指揮官。1945年1月任陸軍第七十五軍（軍長柳際明）第十六師師長。獲得軍事委員會頒令嘉獎三次。[516]抗日戰爭勝利後，1945年10月10日獲頒忠勤勳章，1946年5月30日獲頒勝利勳章。於1946年7月任整編第七十五師（師長柳際明）整編第十六旅旅長，率部在魯西南地區與人民解放軍作戰。1946年11月23日頒令委任為國防部部屬少將參謀。[517]1947年2月所部在山東亳州被人民解放軍重創，其在潰敗中逃脫，後潛回南京。1947年3月任國民政府國防部第四廳（廳長楊業孔、蔡文治、趙桂森）副廳長，1948年8月免職。1948年9月22日被國民政府軍事委員會銓敘廳頒令敘任陸軍少將（黃一華）。1948年12月任華中「剿匪」總司令部高級參謀，1949年春任桂系集團重建後的陸軍第一〇三軍（軍長王中柱）副軍長，率部在湘西衡寶戰役與人民解放軍作戰。所部後在廣西戰役中被全殲，1949年11月27日在廣西紅水河北岸拉州圩被人民解放軍俘虜。

黃慮世（1909－？）別字建業，湖南零陵人。南京中央陸軍軍官學校第七期工兵科畢業。自填登記為民國前二年四月二十日出生。[518]1928年12月28日考入南京中央陸軍軍官學校第七期第一總隊工兵科工兵隊學習，入學時登記為19歲，1929年12月28日畢業。歷任陸軍工兵營排長、連長、營長。1935年7月30日被國民政府軍事委員會銓敘廳頒令敘任陸軍工兵上尉。[519]

---

[513] 國民政府文官處印鑄局印行：臺灣成文出版社有限公司1972年8月出版《國民政府公報》第95冊1935年7月7日第1787號頒令第1頁記載。

[514] 據國民政府國防部第一廳民國三十六年二月印行《現役軍官資績簿》第三冊[陸軍現役少將上校軍官資績簿]第23頁記載。

[515] 據軍事委員會銓敘廳民國三十三年十二月印製《軍官資績簿》第二冊[陸軍現役少將上校軍官資績簿]第374頁記載。

[516] 據國民政府國防部第一廳民國三十六年二月印行《現役軍官資績簿》第三冊[陸軍現役少將上校軍官資績簿]第23頁記載。

[517] 據國民政府國防部第一廳民國三十六年二月印行《現役軍官資績簿》第三冊[陸軍現役少將上校軍官資績簿]第23頁記載。

[518] 軍事委員會銓敘廳民國二十五年十二月印製《陸海空軍軍官佐任官名簿》第八冊[上尉]第1937頁記載。

[519] 軍事委員會銓敘廳民國二十五年十二月印製《陸海空軍軍官佐任官名簿》第八冊[上尉]第1937頁記載。

黃程源（1904－？）別字俊，湖南臨武人。南京中央陸軍軍官學校第七期輜重兵科畢業。自填登記為民國前七年八月一日出生。[520]1928年12月28日考入南京中央陸軍軍官學校第七期第一總隊輜重兵科輜重兵隊學習，入學時登記為23歲，1929年12月28日畢業。歷任輜重兵大隊見習、區隊長、中隊長。1936年9月11日被國民政府軍事委員會銓敘廳頒令敘任陸軍輜重兵上尉。[521]

曹登照片

曹　登（1904－1965）別字采藻，湖南永興人。廣州國民革命軍黃埔軍官學校第七期炮兵科、陸軍大學正則班第十四期畢業。自填登記為民國前七年五月十日出生。[522]另載民國前六年十月二十六日出生。[523]1927年9月考入廣州國民革命軍黃埔軍官學校第七期第二總隊炮兵科炮兵中隊學習，入學時登記為29歲，1930年9月畢業。記載初任軍職為獨立第七團少尉連附，[524]歷任步兵營營附、連長、教官。1935年9月13日被國民政府軍事委員會銓敘廳頒令敘任陸軍炮兵上尉。[525]依據國民政府軍事委員會1935年5月頒令官位序號為第3864號。[526]1935年12月考入陸軍大學正則班第十四期學習，1938年7月畢業。抗日

---

[520] 軍事委員會銓敘廳民國二十五年十二月印製《陸海空軍軍官佐任官名簿》第八冊[上尉]第1985頁記載。

[521] 軍事委員會銓敘廳民國二十五年十二月印製《陸海空軍軍官佐任官名簿》第八冊[上尉]第1985頁記載。

[522] 軍事委員會銓敘廳民國二十五年十二月印製《陸海空軍軍官佐任官名簿》第八冊[上尉]第1894頁記載。

[523] 據軍事委員會銓敘廳民國三十三年十二月印製《軍官資績簿》第二冊[陸軍現役少將上校軍官資績簿]第393頁記載。

[524] 據軍事委員會銓敘廳民國三十三年十二月印製《軍官資績簿》第二冊[陸軍現役少將上校軍官資績簿]第393頁記載。

[525] 軍事委員會銓敘廳民國二十五年十二月印製《陸海空軍軍官佐任官名簿》第八冊[上尉]第1894頁記載。

[526] 據國民政府國防部第一廳民國三十六年二月印行《現役軍官資績簿》第三冊[陸軍現役少將上校軍官資績簿]第36頁記載。

戰爭爆發後，任研究員、參謀、課長、處長。1942年4月1日敘任陸軍炮兵中校。[527]1942年9月9日頒令委任長江上游江防總司令部參謀處少將處長。[528]1945年4月1日被國民政府軍事委員會銓敘廳頒令敘任陸軍炮兵上校。[529]獲頒陸海空軍甲種一等獎章。抗日戰爭勝利後，1945年10月10日獲頒忠勤勳章，1946年5月30日獲頒勝利勳章。1946年8月30日任國防部本部副官處少將副處長。[530]1948年任陸軍總司令（餘漢謀）部副官處處長等職。1949年5月任湖南第一兵團第十四軍司令部少將參謀長。1949年8月4日參加湖南長沙起義。[531]

曹代寶（1906－？）別字俊雄，湖南永興人。南京中央陸軍軍官學校第七期步兵科畢業。自填登記為民國前六年五月十八日出生。[532]1928年12月28日考入南京中央陸軍軍官學校第七期第一總隊步兵科步兵大隊第一隊學習，入學時登記為24歲，1929年12月28日畢業。歷任陸軍步兵營排長、連長、參謀。1935年7月30日被國民政府軍事委員會銓敘廳頒令敘任陸軍步兵中尉。[533]

曹浩盦（1907－1936）別字更石，湖南湘鄉人。南京中央陸軍軍官學校第七期步兵科畢業。1928年12月28日考入南京中央陸軍軍官學校第七期第一總隊步兵科步兵大隊第二隊學習，入學時登記為25歲，1929年12月28日畢業。歷任陸軍步兵營排長、連長、參謀、營長、團長。1936年隨軍參與「圍剿」紅軍及根據地戰事中陣亡。[534]

曹鴻逵（1908－？）湖南長沙人。南京中央陸軍軍官學校第七期騎兵科畢業。自填登記為民國前三年十一月二十六日出生。[535]1928年12月28日考入南

---

[527] 據軍事委員會銓敘廳民國三十三年十二月印製《軍官資績簿》第二冊[陸軍現役少將上校軍官資績簿]第393頁記載。
[528] 據軍事委員會銓敘廳民國三十三年十二月印製《軍官資績簿》第二冊[陸軍現役少將上校軍官資績簿]第393頁記載。
[529] 據國民政府國防部第一廳民國三十六年二月印行《現役軍官資績簿》第三冊[陸軍現役少將上校軍官資績簿]第36頁記載。
[530] 據國民政府國防部第一廳民國三十六年二月印行《現役軍官資績簿》第三冊[陸軍現役少將上校軍官資績簿]第36頁記載。
[531] 中國人民解放軍歷史資料叢書編審委員會編纂：中國人民解放軍歷史資料叢書，解放軍出版社1994年11月《國民黨軍起義投誠：鄂湘粵桂地區》第723頁記載。
[532] 軍事委員會銓敘廳民國二十五年十二月印製《陸海空軍軍官佐任官名簿》第十冊[中尉]第2304頁記載。
[533] 軍事委員會銓敘廳民國二十五年十二月印製《陸海空軍軍官佐任官名簿》第十冊[中尉]第2304頁記載。
[534] 黃埔建國文集編纂委員會主編：臺北實踐出版社1985年6月16日印行《黃埔軍魂》第582頁記載。
[535] 軍事委員會銓敘廳民國二十五年十二月印製《陸海空軍軍官佐任官名簿》第八冊[上尉]第1873

第六章　粵湘浙籍第七期生的地域人文

京中央陸軍軍官學校第七期第一總隊騎兵科騎兵隊學習,入學時登記為19歲,1929年12月28日畢業。歷任騎兵訓練處見習、排長,騎兵學校助教、區隊長、中隊長。1935年9月26日被國民政府軍事委員會銓敘廳頒令敘任陸軍騎兵上尉。[536]

曹湖山(1906－?)湖南湘鄉人。南京中央陸軍軍官學校第七期步兵科畢業。自填登記為民國前六年十月四日出生。[537]1928年12月28日考入南京中央陸軍軍官學校第七期第一總隊步兵科步兵大隊第二隊學習,入學時登記為25歲,1929年12月28日畢業。歷任陸軍步兵營排長、連長、參謀。1936年8月29日被國民政府軍事委員會銓敘廳頒令敘任陸軍步兵中尉。[538]

曹植才(1899－1938)別字建侯,湖南資興人。南京中央陸軍軍官學校第七期輜重兵科畢業。1928年12月28日考入南京中央陸軍軍官學校第七期第一總隊輜重兵科輜重隊學習,入學時登記為28歲,1929年12月28日畢業。歷任陸軍教導第一師司令部輜重兵運輸大隊見習、區隊長、分隊長,陸軍步兵營連長、參謀。抗日戰爭爆發後,任陸軍第五師步兵第二十團第二營上尉營附,1938年4月在山東與日軍作戰陣亡。

龔世香(1911－?)湖南石門人。南京中央陸軍軍官學校第七期騎兵科畢業。自填登記為民國前一年八月二十四日出生。[539]1928年12月28日考入南京中央陸軍軍官學校第七期第一總隊騎兵科騎兵隊學習,入學時登記為18歲,1929年12月28日畢業。歷任騎兵營排長、連長、參謀。1935年9月12日被國民政府軍事委員會銓敘廳頒令敘任陸軍騎兵上尉。[540]

梁化中(1906－1985)原名益懷,別字琢,湖南安化人。南京中央陸軍軍官學校第七期炮兵科、陸軍大學正則班第十二期、陸軍大學兵學研究院第五期畢業。自填登記為民國前六年七月十五日出生。[541]幼時私塾啟蒙,少時入本

頁記載。

[536] 軍事委員會銓敘廳民國二十五年十二月印製《陸海空軍軍官佐任官名簿》第八冊[上尉]第1873頁記載。

[537] 軍事委員會銓敘廳民國二十五年十二月印製《陸海空軍軍官佐任官名簿》第十冊[中尉]第2306頁記載。

[538] 軍事委員會銓敘廳民國二十五年十二月印製《陸海空軍軍官佐任官名簿》第十冊[中尉]第2306頁記載。

[539] 軍事委員會銓敘廳民國二十五年十二月印製《陸海空軍軍官佐任官名簿》第八冊[上尉]第1870頁記載。

[540] 軍事委員會銓敘廳民國二十五年十二月印製《陸海空軍軍官佐任官名簿》第八冊[上尉]第1870頁記載。

[541] 據國民政府國防部第一廳民國三十六年二月印行《現役軍官資績簿》第三冊[陸軍現役少將上

鄉高等小學堂學習，畢業後考入安化縣立第一中學就讀。1928年春考入第六期入伍生隊受訓。1928年12月28日考入南京中央陸軍軍官學校第七期第一總隊炮兵科炮兵隊學習，入學時登記為22歲，1929年12月28日畢業。分發南京中央陸軍軍官學校教導團籌備處（主任張治中兼）見習，記載初任軍職為國民革命軍教導第二師炮兵團少尉排長。[542]1932年4月任陸軍教導第二師（師長張治中）炮兵第一團（團長唐仲勳）連長。1933年5月29日任南京中央陸軍軍官學校第九期學員總隊（總隊長唐冠英）炮兵隊（隊長韓恩瀚）上尉助教。依據國民政府軍事委員會頒令官位序號為第3682號。[543]1933年11月考入陸軍大學正則班第十二期學習，1935年9月12日被國民政府軍事委員會銓敘廳頒令敘任陸軍炮兵上尉，1936年12月畢業，繼任陸軍大學兵學研究院第五期研究員。抗日戰爭爆發後，1937年11月任陸軍大學教育處中校教官，1938年1月23日被國民政府軍事委員會銓敘廳頒令敘任陸軍炮兵少校。1938年9月選派兼任中國三民主義青年團中央幹事會訓練處（處長王東原）副處長。[544]1938年10月1日任陸軍第二〇〇師司令部參謀處處長。1939年1月任陸軍新編第十一軍司令部幹部訓練班教育長，1939年10月任峨嵋山中央訓練團教育委員會教官，兼任第一學員總隊第二大隊（大隊長郭思演）第五中隊（中隊白兆琮兼）分隊長、中隊長。1940年7月16日被國民政府軍事委員會銓敘廳頒令敘任陸軍炮兵中校。1940年9月任三民主義青年團總團部訓練處（處長王東原）副處長，1941年3月兼任三民主義青年團軍事訓練大隊大隊長。1941年9月任陸軍第四十九師（師長彭璧生）副師長兼政治部主任，1942年10月任中央訓練團教育委員會軍事組副組長。1943年3月30日被國民政府軍事委員會銓敘廳頒令敘任陸軍炮兵上校。[545]1944年1月19日頒令委任陸軍暫編第五師少將師長，[546]1944年12月30日任陸軍第七十三軍（軍長彭位仁）副軍長。獲頒美軍獨立自由獎章。1945年6月2日任陸軍第十五師師長。抗日戰爭勝利後，1945年10月10日獲頒忠勤勳章，1946年5月

校軍官資績簿]第24頁記載。
[542] 據軍事委員會銓敘廳民國三十三年十二月印製《軍官資績簿》第二冊[陸軍現役少將上校軍官資績簿]第375頁記載。
[543] 據國民政府國防部第一廳民國三十六年二月印行《現役軍官資績簿》第三冊[陸軍現役少將上校軍官資績簿]第24頁記載。
[544] 劉維開編：中華書局2014年6月印行《中國國民黨職名錄（1894－1994）》第176頁記載。
[545] 據國民政府國防部第一廳民國三十六年二月印行《現役軍官資績簿》第三冊[陸軍現役少將上校軍官資績簿]第24頁記載。
[546] 據軍事委員會銓敘廳民國三十三年十二月印製《軍官資績簿》第二冊[陸軍現役少將上校軍官資績簿]第375頁記載。

第六章　粵湘浙籍第七期生的地域人文

30日獲頒勝利勳章。1946年10月25日頒令委任為國防部保安局（局長杜心如）少將副局長。[547]1947年11月22日任特種勤務學校少將校長。1948年4月13日任陸軍經理學校少將校長。1948年9月22日被國民政府軍事委員會銓敘廳頒令敘任陸軍少將。任國防部少將部員。1949年遷移香港，1958年10月移居美國，1985年4月因病在美國三藩市逝世。

閻雄歐（1907－？）湖南長沙人。南京中央陸軍軍官學校第七期工兵科畢業。自填登記為民國前五年八月十一日出生。[548]1928年12月28日考入南京中央陸軍軍官學校第七期第一總隊工兵科工兵隊學習，入學時登記為23歲，1929年12月28日畢業。歷任陸軍工兵營排長、連長。1935年7月23日被國民政府軍事委員會銓敘廳頒令敘任陸軍工兵中尉。[549]

彭璧生（1904－1983）別名程芳、程瑤，別字碧生、覺園，湖南藍山縣龍溪人。南京中央陸軍軍官學校第七期第一總隊步兵科、陸軍大學正則班第十期、陸軍大學兵學研究院畢業，中央軍官訓練團第一期將官研究班學員隊、中央軍官訓練團第三期結業。記載為前六年一月六日出生。[550]早年入龍溪高等小學堂就讀，畢業後考入縣立第一中學學習，1925年畢業，任本鄉務本學校教員，後投筆從戎赴南京投考軍校。1928年12月28日考入南京中央陸軍軍官學校第七期第一總隊步兵科步兵大隊步兵第二隊學習，入學時登記為20歲，1929年12月28日畢業。初任軍校教導團籌備處見習，後任教導第一師步兵第一旅排長，陸軍第四師第十旅（旅長湯恩伯）步兵連連附、參謀、連長。1932年4月考入陸軍大學正則班第十期學習，1935年4月畢業。1935年4月續入陸軍大學兵學研究院深造，並任第三期研究員。依據國民政府軍事委員會1935年5月頒令官位序號為第1796號。[551]歷任陸軍訓練處練習團營長、團附、團長。1936年5月18日被國民政府軍事委員會銓敘廳頒令敘任陸軍步兵中校。[552]1937年5月6日被國

---

[547] 據國民政府國防部第一廳民國三十六年二月印行《現役軍官資績簿》第三冊[陸軍現役少將上校軍官資績簿]第24頁記載。
[548] 軍委員會銓敘廳民國二十五年十二月印《陸海空軍軍官佐任官名簿》第十一冊[中尉]第2759頁記載。
[549] 軍事委員會銓敘廳民國二十五年十二月印《陸海空軍軍官佐任官名簿》第十一冊[中尉]第2759頁記載。
[550] 據國民政府國防部第一廳民國三十六年二月印行《現役軍官資績簿》第二冊[少將上校]第35頁記載。
[551] 據國民政府國防部第一廳民國三十六年二月印行《現役軍官資績簿》第二冊[少將上校]第35頁記載。
[552] 國民政府文官處印鑄局印行：臺灣成文出版社有限公司1972年8月出版《國民政府公報》第108

279

民政府軍事委員會銓敘廳頒令晉任陸軍步兵上校。[553]1937年5月16日任陸軍機械化裝甲兵團（團長杜聿明）團附。抗日戰爭爆發後，1938年1月15日任陸軍第二〇〇師司令部參謀處處長，1938年3月任國民政府軍政部軍務司（司長王文宣）防務科少將科長。1938年5月奉派入中央軍官訓練團第一期將官研究班學員隊受訓，1938年7月結業。1938年10月1日任陸軍第二〇〇師司令部司令部參謀長，1939年1月任陸軍新編第十一軍第一野戰補充團團長，後任陸軍第五軍司令部野戰補充團團長。1940年2月16日任陸軍第四十九師副師長、代理師長，1941年10月任陸軍第五軍司令部高級參謀，1943年1月25日任第五集團軍總司令（杜聿明）部參謀長。1943年4月記大過一次。1944年5月任陸軍第五軍（軍長邱清泉）副軍長，期間兼任湖南零（陵）道（縣）師管區司令部司令官。抗日戰爭勝利後，1945年10月10日獲頒忠勤勳章。1945年10月16日任東北保安司令長官部高級參謀室（主任林英）副主任。1946年2月2日任瀋陽警備司令部少將副司令官，[554]1946年5月30日獲頒勝利勳章，1946年7月25日獲頒四等雲麾勳章。1947年1月10日任瀋陽警備司令部少將司令官。1947年4月奉派入中央軍官訓練團第三期第三中隊學員隊受訓，1947年6月結業。1948年3月7日任陸軍總司令部第二（徐州）訓練處（處長顧祝同兼）少將副處長，1948年9月16日任徐州「剿匪」總司令部第二兵團司令部副司令官，1948年9月22日被國民政府軍事委員會銓敘廳頒令敘任陸軍少將。1948年12月16日任武漢警備司令部少將副司令官。1949年2月離職，1949年5月到香港定居，1983年10月因病在香港逝世。

覃遵三（1905-？）別字集五，湖南石門人。南京中央陸軍軍官學校第七期步兵科畢業。自填登記為民國前七年五月二十五日出生。[555]1928年12月28日考入南京中央陸軍軍官學校第七期第一總隊步兵科步兵大隊第二隊學習，入學時登記為25歲，1929年12月28日畢業。歷任陸軍步兵團見習、排長、連長、營長。1936年4月8日被國民政府軍事委員會銓敘廳頒令敘任陸軍步兵上尉。[556]

冊1936年5月19日第2051號頒令第2頁記載。
[553] ①國民政府文官處印鑄局印行：臺灣成文出版社有限公司1972年8月出版《國民政府公報》第123冊1937年5月7日第2347號頒令第2頁記載；②據國民政府國防部第一廳民國三十六年二月印行《現役軍官資績簿》第二冊[少將上校]第35頁記載。
[554] 據國民政府國防部第一廳民國三十六年二月印行《現役軍官資績簿》第二冊[少將上校]第35頁記載。
[555] 軍事委員會銓敘廳民國二十五年十二月印製《陸海空軍軍官佐任官名簿》第七冊[上尉]第1526頁記載。
[556] 軍事委員會銓敘廳民國二十五年十二月印製《陸海空軍軍官佐任官名簿》第七冊[上尉]第1526頁記載。

第六章　粵湘浙籍第七期生的地域人文

程炯照片

程　炯（1909－1990）別字昆林，別號崑林，湖南湘陰人。長沙舊制中學初中部、南京中央陸軍軍官學校第七期步兵科、陸軍大學將官班乙級第二期畢業，廬山軍官訓練團第一期結業。[557]自填登記為民國前四年十二月十四日出生。[558]另載生於1909年12月。[559]祖上富裕有田產，弟妹三人其為兄長。1915年2月入私塾讀書，1921年考入湘陰縣立高等小學堂學習，1923年入長沙舊制中學初中部就讀。1927年3月入第六期入伍生隊受訓，集體加入中國國民黨。1928年12月28日考入南京中央陸軍軍官學校第七期第一總隊步兵科步兵大隊步兵第四隊學習，入學時登記為21歲，1929年12月28日畢業。記載初任軍職為討逆軍第二軍團總指揮部參謀處少尉服務員，記載履歷軍職為排長、連長、營長、團長、旅長。[560]曾兼任黃埔同學會通訊員。1933年7月起任陸軍第三十五師補充團第一營營長，1933年6月任陸軍第一六七師第九九七團團附、代理團長，隨軍參與對鄂豫皖邊區紅軍及根據地的「圍剿」戰事。1936年3月25日被國民政府軍事委員會銓敘廳頒令敘任陸軍步兵少校。[561]抗日戰爭爆發後，隨軍參加抗日戰事，1938年6月任陸軍第一六七師第九九七團團長，率部參加武漢會戰週邊增援長山戰事。1939年3月任軍政部特務第五團團長，率部駐防重慶，1940年2月奉派入中央訓練團黨政幹部訓練班第十八期受訓，結訓後返回原任。1941年10月30日國民政府頒令：陸軍步兵少校程炯晉任為陸軍步兵

---

[557] 據軍事委員會銓敘廳民國三十三年十二月印製《軍官資績簿》第二冊[陸軍現役少將上校軍官資績簿]第260頁記載。
[558] 據軍事委員會銓敘廳民國二十五年十二月印製《陸海空軍軍官佐任官名簿》第四冊[少校]第944頁記載。
[559] 湖南省人民政府參事室編著：湖南人民出版社2010年11月《湖南省參事傳略》第一冊第422頁記載。
[560] 據軍事委員會銓敘廳民國三十三年十二月印製《軍官資績簿》第二冊[陸軍現役少將上校軍官資績簿]第260頁記載。
[561] ①據軍事委員會銓敘廳民國二十五年十二月印製《陸海空軍軍官佐任官名簿》第四冊[少校]第944頁記載；②國民政府文官處印鑄局印行：臺灣成文出版社有限公司1972年8月出版《國民政府公報》第105冊1936年3月26日第2005號頒令第1頁記載。

中校。[562]1943年1月1日敘任陸軍步兵上校。[563]1943年春任重慶衛戍總司令部總務處處長，另載1943年7月被國民政府軍事委員會銓敘廳頒令敘任陸軍步兵上校。1944年9月14日頒令委任重慶衛戍總司令部第四分區司令部少將副司令官。[564]1944年12月任軍政部第四十五補充兵訓練處少將處長，後任重慶衛戍總司令部第二衛戍分區司令部副司令官。獲頒陸海空軍甲種一等獎章。抗日戰爭勝利後，1945年10月10日獲頒忠勤勳章，1946年5月30日獲頒勝利勳章。1946年春入陸軍大學乙級將官班第二期學習，加入陸軍大學歷屆同學聯誼會，1947年4月畢業。1947年7月任中央訓練團幹部總隊副總隊長，兼任「戡亂建國」幹部訓練班副主任。1948年7月任陸軍總司令部第五編練司令（黃傑兼）部參謀長，駐防湖南衡陽訓練新軍。1949年7月任湖南第一兵團司令部直屬突擊總隊總隊長，1949年8月在長沙參加起義。所部改編後，任中國國民黨人民解放軍第二軍司令部參謀長。中華人民共和國成立後，1949年12月任中國人民解放軍第二十一兵團第五十三軍司令部參謀長，1950年3月奉派入第二十一兵團軍政幹部學校高級研究班學習，1950年10月任該兵團軍政幹部學校教育處處長，兼高級研究班主任。1951年12月入中國人民解放軍高級步兵學校戰術隊為學員，1952年10月任該校戰術系教員。1953年8月由中南軍區安排轉業，1955年1月任湖南省人民政府參事室參事，1956年1月加入民革，1960年參加湖南省志編纂委員會工作。1981年12月19日湖南省政協第四屆第十四次常委會議增補為湖南省第四屆政協委員，1983年4月10日繼續當選為湖南省政協第五屆委員。定居長沙市德雅村57號宅，1986年12月參加湖南省黃埔軍校同學會活動。[565]1990年6月因病在長沙逝世。著有《關於黃傑的一麟半爪》（載於中國文史出版社《文史資料存稿選編－軍政人物》下冊）等。

程樹槐（1907－？）別字益庭，湖南道縣人。南京中央陸軍軍官學校第七期步兵科畢業。自填登記為民國前四年七月二十日出生。[566]1928年12月28日考

---

[562] 國民政府文官處印鑄局印行：臺灣成文出版社有限公司1972年8月出版《國民政府公報》第164冊1941年11月1日渝字第410號頒令第6頁記載。

[563] 據軍事委員會銓敘廳民國三十三年十二月印製《軍官資績簿》第二冊[陸軍現役少將上校軍官資績簿]第260頁記載。

[564] 據軍事委員會銓敘廳民國三十三年十二月印製《軍官資績簿》第二冊[陸軍現役少將上校軍官資績簿]第260頁記載。

[565] 據湖南省黃埔軍校同學編纂：1990年11月28日印行《湖南省黃埔軍校同學會會員通訊錄》第25頁記載。

[566] 軍事委員會銓敘廳民國二十五年十二月印製《陸海空軍軍官佐任官名簿》第七冊[上尉]第1652頁記載。

入南京中央陸軍軍官學校第七期第一總隊步兵科步兵大隊第一隊學習，入學時登記為21歲，1929年12月28日畢業。歷任軍校教導團籌備處見習，教導第一師步兵連排長，陸軍第四師第十二團連長。1935年7月30日被國民政府軍事委員會銓敘廳頒令敘任陸軍步兵上尉。[567]

曾　魯（1908－？）別字子明，後改名子明，湖南長沙人。南京中央陸軍軍官學校第七期騎兵科畢業。自填登記為民國前四年二月十九日出生。[568]1928年12月28日考入南京中央陸軍軍官學校第七期第一總隊騎兵科騎兵隊學習，入學時登記為20歲，1929年12月28日畢業。歷任騎兵營排長、連長、參謀。1935年9月26日被國民政府軍事委員會銓敘廳頒令敘任陸軍騎兵中尉。1936年10月9日敘任陸軍騎兵上尉。[569]

謝元諶（1908－？）別字鎮舫，後改名袁諶，湖南資興人。南京中央陸軍軍官學校第七期工兵科、南京中央陸軍軍官學校戰術研究班第五期畢業。自填登記為民國前四年五月十日出生。[570]1928年12月28日考入南京中央陸軍軍官學校第七期第一總隊工兵科工兵隊學習，入學時登記為22歲，1929年12月28日畢業。歷任獨立工兵營見習、排長、連長、營長。1935年9月12日被國民政府軍事委員會銓敘廳頒令敘任陸軍工兵上尉。[571]抗日戰爭爆發後，任成都中央陸軍軍官學校第十九期上校戰術教官。抗日戰爭勝利後，1945年10月10日獲頒忠勤勳章，1946年5月30日獲頒勝利勳章。任成都陸軍軍官學校第二十一期步兵科上校戰術教官，第二十二期第一總隊上校戰術教官，第二十三期教育處步兵科上校戰術教官。

魯　實（1908－？）湖南長沙人，另載籍貫湖南澧縣。南京中央陸軍軍官學校第七期第一總隊炮兵科畢業。自填登記為1908年6月出生。1928年12月28日考入南京中央陸軍軍官學校第七期第一總隊炮兵科炮兵隊學習，入學時登記為20歲，1929年12月28日畢業。歷任軍政部炮兵第一旅迫擊炮營排長、連長。

---

[567] 軍事委員會銓敘廳民國二十五年十二月印製《陸海空軍軍官佐任官名簿》第七冊[上尉]第1652頁記載。

[568] 軍事委員會銓敘廳民國二十五年十二月印製《陸海空軍軍官佐任官名簿》第八冊[上尉]第1870頁記載。

[569] 軍事委員會銓敘廳民國二十五年十二月印製《陸海空軍軍官佐任官名簿》第八冊[上尉]第1870頁記載。

[570] 軍事委員會銓敘廳民國二十五年十二月印製《陸海空軍軍官佐任官名簿》第八冊[上尉]第1924頁記載。

[571] 軍事委員會銓敘廳民國二十五年十二月印製《陸海空軍軍官佐任官名簿》第八冊[上尉]第1924頁記載。

抗日戰爭爆發後,隨軍參加抗日戰事。中華人民共和國成立後,任湖南省澧縣政協委員。1986年12月參加湖南省黃埔軍校同學會活動。[572]

雷中玄(1907-?)別字風升,湖南常寧人。南京中央陸軍軍官學校第七期炮兵科畢業。1928年12月28日考入南京中央陸軍軍官學校第七期第一總隊炮兵科炮兵隊學習,入學時登記為24歲,1929年12月28日畢業。歷任獨立炮兵團排長、連長。抗日戰爭爆發後,任陸軍步兵團營長、團長。抗日戰爭勝利後,在與人民解放軍作戰中陣亡。[573]

雷光華(1905-?)湖南岳陽人。南京中央陸軍軍官學校第七期騎兵科畢業。自填登記為民國前七年十月十一日出生。[574]1928年12月28日考入南京中央陸軍軍官學校第七期第一總隊騎兵科騎兵隊學習,入學時登記為24歲,1929年12月28日畢業。歷任軍校教導團籌備處見習,教導第二師騎兵連排長,陸軍第四師騎兵連連長。1935年9月12日被國民政府軍事委員會銓敘廳頒令敘任陸軍騎兵上尉。[575]

雷夢熊(1907-?)別字吉征,湖南藍山人。南京中央陸軍軍官學校第七期炮兵科畢業。自填登記為民國前五年十一月四日出生。[576]1928年12月28日考入南京中央陸軍軍官學校第七期第一總隊步兵科步兵大隊第三隊學習,入學時登記為22歲,1929年12月28日畢業。歷任國民革命軍總司令部炮兵教導隊見習、觀測員,獨立山炮兵營排長、連長、參謀。1935年9月11日被國民政府軍事委員會銓敘廳頒令敘任陸軍炮兵上尉。[577]

蔡文義(1908-?)別字興邦,湖南華容人。南京中央陸軍軍官學校第七期步兵科畢業。自填登記為民國前四年四月十八日出生。[578]1928年12月28日考

---

[572] 據湖南省黃埔軍校同學編纂:1990年11月28日印行《湖南省黃埔軍校同學會會員通訊錄》第187頁記載。

[573] 黃埔建國文集編纂委員會主編:臺北實踐出版社1985年6月16日印行《黃埔軍魂》第588頁記載。

[574] 軍事委員會銓敘廳民國二十五年十二月印製《陸海空軍軍官佐任官名簿》第八冊[上尉]第1870頁記載。

[575] 軍事委員會銓敘廳民國二十五年十二月印製《陸海空軍軍官佐任官名簿》第八冊[上尉]第1870頁記載。

[576] 軍事委員會銓敘廳民國二十五年十二月印製《陸海空軍軍官佐任官名簿》第八冊[上尉]第1884頁記載。

[577] 軍事委員會銓敘廳民國二十五年十二月印製《陸海空軍軍官佐任官名簿》第八冊[上尉]第1884頁記載。

[578] 軍事委員會銓敘廳民國二十五年十二月印製《陸海空軍軍官佐任官名簿》第七冊[上尉]第1579頁記載。

第六章　粵湘浙籍第七期生的地域人文

入南京中央陸軍軍官學校第七期第一總隊步兵科步兵大隊第四隊學習，入學時登記為23歲，1929年12月28日畢業。歷任陸軍步兵營排長、連長、營長。1936年5月13日被國民政府軍事委員會銓敘廳頒令敘任陸軍步兵上尉。[579]

虞上懃（1902－？）別字達三，湖南江華人。南京中央陸軍軍官學校第七期輜重兵科畢業。自填登記為民國前九年十一月十八日出生。[580]1928年12月28日考入南京中央陸軍軍官學校第七期第一總隊輜重兵科輜重兵隊學習，入學時登記為23歲，1929年12月28日畢業。歷任交通運輸兵團第三大隊見習、區隊長、中隊長、參謀。1935年7月30日被國民政府軍事委員會銓敘廳頒令敘任陸軍輜重兵上尉。[581]

潘啟枝（1903－？）別字連升，別號醒魂，湖南湘鄉人。南京中央陸軍軍官學校第七期步兵科、戰術研究班第五期畢業。1928年12月28日考入南京中央陸軍軍官學校第七期第一總隊步兵科步兵大隊第一隊學習，入學時登記為26歲，1929年12月28日畢業。任南京中央陸軍軍官學校第十二期步兵第二隊上尉區隊長。抗日戰爭爆發後，隨軍校遷移武漢、成都，任成都中央陸軍軍官學校第十五期步兵第一大隊步兵第一隊少校隊長，第二十期軍校北較場督練區教官組上校組長。抗日戰爭勝利後，1945年10月10日獲頒忠勤勳章，1946年5月30日獲頒勝利勳章。任成都陸軍軍官學校第二十一期步兵科上校戰術教官，第二十二期第二總隊上校副總隊長，第二十三期第一總隊上校副總隊長。

樊傳波（1908－？）別字怒潮，湖南資興人。南京中央陸軍軍官學校第七期第一總隊騎兵科畢業。1928年12月28日考入南京中央陸軍軍官學校第七期第一總隊騎兵科騎兵隊學習，入學時登記為21歲，1929年12月28日畢業。歷任騎兵教導隊見習、訓練員，獨立騎兵大隊區隊長、中隊長、大隊長、參謀。1937年6月29日被國民政府軍事委員會銓敘廳頒令敘任陸軍騎兵少校。[582]抗日戰爭爆發後，隨軍參加抗日戰事。

---

[579] 軍事委員會銓敘廳民國二十五年十二月印製《陸海空軍軍官佐任官名簿》第七冊[上尉]第1579頁記載。

[580] 軍事委員會銓敘廳民國二十五年十二月印製《陸海空軍軍官佐任官名簿》第八冊[上尉]第1986頁記載。

[581] 軍事委員會銓敘廳民國二十五年十二月印製《陸海空軍軍官佐任官名簿》第八冊[上尉]第1986頁記載。

[582] 國民政府文官處印鑄局印行：臺灣成文出版社有限公司1972年8月出版《國民政府公報》第126冊1937年6月30日第2393號頒令第2頁記載。

樊傳海（1910－？）別字靜海，湖南資興人。南京中央陸軍軍官學校第七期第一總隊步兵科畢業。1928年12月28日考入南京中央陸軍軍官學校第七期第一總隊步兵科步兵大隊第一隊學習，入學時登記為23歲，1929年12月28日畢業。歷任陸軍步兵訓練處見習、步兵營排長、連長。1932年5月13日奉派入南京中央陸軍軍官學校軍官教育總隊受訓，1932年7月10日結訓。[583]

　　近現代湖南名人對於國家政治、軍事等方面頗具作用和影響力，第七期生僅為其中一小部分。據上表顯示，軍級以上人員有6人，占2%，師級有3名，1%，兩項相加達到3%，所占比例較前六期都小，只有9人成為將領。

　　綜合上述人員構成情況，主要有以下特點：一是師軍級以上人員，比較知名的有彭璧生、梁化中、黃湘、劉少峰等，參與了抗日戰爭時期一些重要會戰戰役。二是有部分畢生從事軍校教育與訓練，如謝元諶、蘇若水、潘啟枝、伍家琪等。三是部分在人民解放戰爭後期率部起義將領，主要有程炯、曹登等。為留存人文史料記憶資訊，特將第七期部分暫缺簡介的湘籍學員照片輯錄。

　　部分缺載簡介學員照片（12張）：

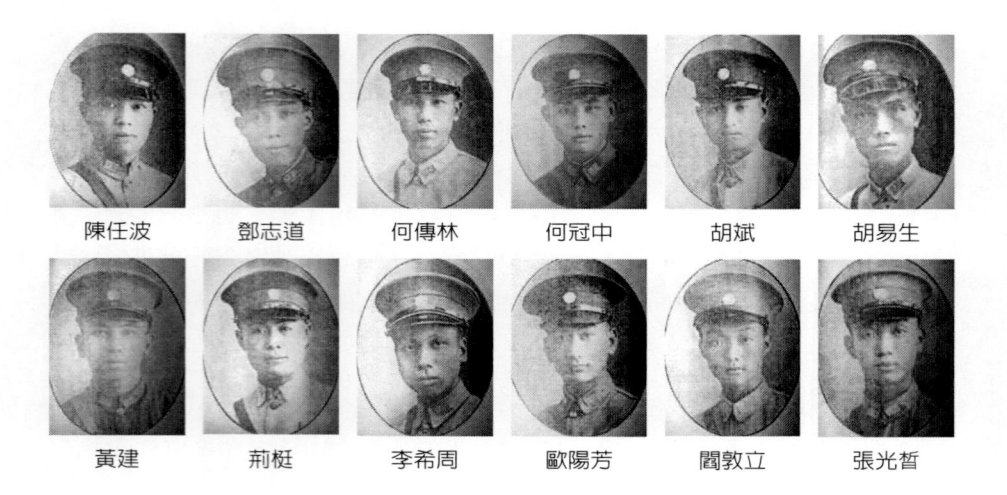

陳任波	鄧志道	何傳林	何冠中	胡斌	胡易生
黃建	荊梃	李希周	歐陽芳	閻敦立	張光晢

---

[583] 1932年5月13、14日《中央日報》連續刊登 "中央陸軍軍官學校軍官教育總隊啟事（一）" 記載。

第三節　浙籍第七期生簡況

浙江歷來是文明富庶之地，名人輩出遙領風騷於清末民國數十年。黃埔軍校自創辦始，浙江人投考黃埔延續第六期為各省第三位。學員人數較多的縣主要有：溫州16名，永康、諸暨各10名等。

表27：浙江籍學員任官級職數量比例一覽表

職級	學員肄業暨任官職級名單	人數	%
肄業或尚未見從軍任官記載	趙學團、朱　光、周文雄、王　誠、王愷澄、王熊升、王鶴群、葉　超、鄭崇文、楊正泰、陳鴻書、馮志成、陳明德、賴邦平、王士鵠、楊士禮、潘　鏡、王治鮮、沈　解、沈敦絳、潘振羅、徐象義、盧聖育、章　雄、謝　旭、孫克強、林樹秦、鄭　良、王士昌、劉景林、滕滔天、姚夢俊、梁則霖、張民仁、陳能杞、項殿元、樓　鶴、樓國楨、林式民、葉明照、錢　疇、丁勵文、劉光烈、金階平、周恬靜、顧　煒、林良瀛、倪祖銓、詹豺雄、餘贊周、吳伯介、葉　椿、葉秉淵、朱　強、任克昌、劉　畿、餘震東、張平化、陳光志、陳松軒、陳衷魂、陳繼往、潘　潮、潘海容、何　權、沈炎熾、張化鵬、盧　燦	68	62
排連營級	倪金謙、王正文、龔望峰、王　普、吳邦彥、陸鴻書、葉蓋天、王作佐、王吉甫、沈　岐、陳綏之、林厚湊、胡　雛、程　翔、何秉中、葉　固、鐘　超、陳鬱堂、朱　澄、周曙光、鐘　潔、倪永惕、樓子謙、黃晉沼、吳少顏	25	23
團旅級	杜光瑤、鄭在邦、李公尚、鄭　平、胡贊華、王維勤、王一飛、任益珍、林國楨、錢達權	10	8
師級	方仲吾、鄔　剛、汪　政、鄭　琦	4	4
軍級以上	龐仲乾、張祖正、鄭邦捷	3	3
合計	110	110	100

部分知名學員簡介：（42名）

王　普（1907－？）後改名半樵，浙江樂清人。南京中央陸軍軍官學校第七期工兵科畢業。自填登記為民國前四年六月一日出生。[584]1928年12月28日考入南京中央陸軍軍官學校第七期第一總隊工兵科工兵隊學習，入學時登記為22歲，1929年12月28日畢業。歷任工兵學校訓練員、助教，學員大隊區隊長、分隊長。1936年4月25日被國民政府軍事委員會銓敘廳頒令敘任陸軍工兵上尉。[585]

---

[584] 軍事委員會銓敘廳民國二十五年十二月印製《陸海空軍軍官佐任官名簿》第八冊[上尉]第1927頁記載。

[585] 軍事委員會銓敘廳民國二十五年十二月印製《陸海空軍軍官佐任官名簿》第八冊[上尉]第1927頁記載。

王一飛（1906－？）浙江黃岩人。南京中央陸軍軍官學校第七期工兵科畢業。1928年12月28日考入南京中央陸軍軍官學校第七期第一總隊工兵科工兵隊學習，入學時登記為22歲，1929年12月28日畢業。歷任陸軍獨立工兵營排長、連長、營長、參謀。1937年1月25日被國民政府軍事委員會銓敘廳頒令敘任陸軍工兵少校。[586]抗日戰爭爆發後，隨軍參加抗日戰事。

　　王正文（1907－？）浙江東陽人，南京中央陸軍軍官學校第七期輜重兵科畢業。自填登記為民國前四年一月三十一日出生。[587]1928年12月28日考入南京中央陸軍軍官學校第七期第一總隊輜重兵科輜重兵隊學習，入學時登記為19歲，1929年12月28日畢業。歷任輜重兵訓練所見習、訓練員，輜重兵大隊區隊長、分隊長。1935年10月30日被國民政府軍事委員會銓敘廳頒令敘任陸軍輜重兵上尉。[588]

　　王吉甫（1903－？）別字進陽，後改名慶甫，浙江永康人。南京中央陸軍軍官學校第七期步兵科畢業。自填登記為民國前八年八月十五日出生。[589]1928年12月28日考入南京中央陸軍軍官學校第七期第一總隊步兵科步兵大隊第三隊學習，入學時登記為27歲，1929年12月28日畢業。任軍校教導團籌備處見習，教導第一師步兵連排長，陸軍第六師步兵營連長、參謀。1936年9月11日被國民政府軍事委員會銓敘廳頒令敘任陸軍步兵上尉。[590]

　　王作佐（1907－？）別字蘇民，浙江寧海人。南京中央陸軍軍官學校第七期步兵科畢業。自填登記為民國前四年三月二十七日出生。[591]1928年12月28日考入南京中央陸軍軍官學校第七期第一總隊步兵科步兵大隊第二隊學習，入學時登記為24歲，1929年12月28日畢業。歷任步兵學校籌備處籌備員，黃埔同學調查登記處服務員，訓練總監部教導隊區隊長、分隊長。1936年7月18日被國

---

[586] 國民政府文官處印鑄局印行：臺灣成文出版社有限公司1972年8月出版《國民政府公報》第119冊1937年1月26日第2262號頒令第2頁記載。

[587] 軍事委員會銓敘廳民國二十五年十二月印製《陸海空軍軍官佐任官名簿》第八冊[上尉]第1983頁記載。

[588] 軍事委員會銓敘廳民國二十五年十二月印製《陸海空軍軍官佐任官名簿》第八冊[上尉]第1983頁記載。

[589] 軍事委員會銓敘廳民國二十五年十二月印製《陸海空軍軍官佐任官名簿》第六冊[上尉]第1334頁記載。

[590] 軍事委員會銓敘廳民國二十五年十二月印製《陸海空軍軍官佐任官名簿》第六冊[上尉]第1334頁記載。

[591] 軍事委員會銓敘廳民國二十五年十二月印製《陸海空軍軍官佐任官名簿》第六冊[上尉]第1350頁記載。

民政府軍事委員會銓敘廳頒令敘任陸軍步兵上尉。[592]抗日戰爭爆發後，1939年4月任成都中央陸軍軍官學校第十六期第二總隊第三大隊第十隊少校隊附。

王維勤（1906－？）浙江海寧人。南京中央陸軍軍官學校第七期騎兵科畢業。1928年12月28日考入南京中央陸軍軍官學校第七期第一總隊騎兵科騎兵隊學習，入學時登記為22歲，1929年12月28日畢業。歷任陸軍獨立騎兵團排長、連長、營長、團長。在抗日戰事中陣亡殉國。[593]

方仲吾（1909－？）別號從吾，浙江鎮海人，[594]南京中央陸軍軍官學校第七期步兵科、陸軍大學正則班第十三期畢業。自填登記為民國前三年二月六日出生。[595]本鄉高等小學堂畢業，考入鎮海縣立中學就讀，後經舉薦考入第六期入伍生隊受訓。1928年12月考入南京中央陸軍軍官學校第七期第一總隊步兵大隊第二隊學習，入學時登記為19歲，1929年12月畢業。初任軍職為國民革命軍總司令部警衛團少尉排長。[596]歷任國民革命軍陸軍步兵團連長、營長。依據國民政府軍事委員會1935年4月頒令官位序號為第3041號。[597]1935年4月考入陸軍大學正則班第十三期學習，1937年12月畢業。1935年9月13日被國民政府軍事委員會銓敘廳頒令敘任陸軍步兵中尉。[598]任教官，主任。抗日戰爭爆發後，任中央陸軍軍官學校戰術研究班戰術教官（掛陸軍上校銜），主講《日俄戰史》等課程。後任團長，高參，處長，陸軍大學兵學教官、班主任。1945年3月1日被國民政府軍事委員會銓敘廳頒令敘任陸軍步兵中校，[599]後任參謀長，高級參謀。1945年7月21日頒令委任為陸軍大學戰術系少將兵學教官。[600]抗日戰爭勝

---

[592] 軍事委員會銓敘廳民國二十五年十二月印製《陸海空軍軍官佐任官名簿》第六冊[上尉]第1350頁記載。
[593] 黃埔建國文集編纂委員會主編：臺北實踐出版社1985年6月16日印行《黃埔軍魂》第585頁記載。
[594] 據湖南省檔案館校編、湖南人民出版社1989年7月《黃埔軍校同學錄》記載為浙江寧波人。
[595] 軍事委員會銓敘廳民國二十五年十二月印製《陸海空軍軍官佐任官名簿》第九冊[中尉]第2077頁記載。
[596] 據軍事委員會銓敘廳民國三十三年十二月印製《軍官資績簿》第二冊[陸軍現役少將上校軍官資績簿]第310頁記載。
[597] 國民政府國防部第一廳民國三十六年二月印行《現役軍官資績簿》第三冊（上校中校）第163頁記載。
[598] 軍事委員會銓敘廳民國二十五年十二月印製《陸海空軍軍官佐任官名簿》第九冊[中尉]第2077頁記載。
[599] 國民政府國防部第一廳民國三十六年二月印行《現役軍官資績簿》第三冊（上校中校）第163頁記載。
[600] 據國民政府國防部第一廳民國三十六年二月印行《現役軍官資績簿》第二冊[陸軍現役少將軍官資績簿]下冊第163頁記載。

利後，1945年10月10日獲頒忠勤勳章，1946年5月30日獲頒勝利勳章。1946年5月被國民政府軍事委員會銓敘廳頒令敘任陸軍步兵上校。1946年6月任中央訓練團中隊長，陸軍大學後勤系副主任，1947年2月任陸軍大學將官班乙級第二期班少將兵學教官。1948年任陸軍大學後勤系少將代理主任。1949年1月兼任陸軍大學特別班第八期班主任，1949年12月1日在重慶與杭鴻志等率領陸軍大學起義，並在「陸軍大學起義通電」上署名。1950年後任中國人民解放軍南京軍事學院軍事學教員等職。

葉　固（1908－？）浙江青田人。南京中央陸軍軍官學校第六期步兵科畢業。自填登記為民國前三年五月二十一日出生。[601]1928年12月28日考入南京中央陸軍軍官學校第七期第一總隊步兵科步兵大隊第四隊學習，入學時登記為26歲，1929年12月28日畢業。歷任陸軍步兵營排長、連長、營長、參謀。1935年7月30日被國民政府軍事委員會銓敘廳頒令敘任陸軍步兵上尉。[602]

葉蓋天（1908－1932）別字仲良，浙江寧波人。南京中央陸軍軍官學校第七期步兵科畢業。1928年12月28日考入南京中央陸軍軍官學校第七期第一總隊步兵科步兵大隊第三隊學習，入學時登記為20歲，1929年12月28日畢業。任陸軍步兵連見習、排長，1932年秋在討伐軍閥戰事中陣亡。[603]

任益珍（1904－？）別字席儒，浙江溫州人。南京中央陸軍軍官學校第七期輜重兵科畢業。1928年12月28日考入南京中央陸軍軍官學校第七期第一總隊輜重兵科輜重兵隊學習，入學時登記為23歲，1929年12月28日畢業。歷任陸軍輜重兵營排長、連長、營長、團長，在抗日戰事中陣亡殉國。[604]

朱　澄（1902－？）浙江諸暨人。南京中央陸軍軍官學校第七期輜重兵科畢業。自填登記為民國前九年十二月十五日出生。[605]1928年12月28日考入南京中央陸軍軍官學校第七期第一總隊輜重兵科輜重兵大隊第四隊學習，入學時登記為27歲，1929年12月28日畢業。任軍校教導團籌備處見習，黃埔同學會通訊處服務員，南京中央陸軍軍官學校政治訓練處股長。1935年9月13日被國民政

---

[601] 軍事委員會銓敘廳民國二十五年十二月印製《陸海空軍軍官佐任官名簿》第七冊[上尉]第1585頁記載。
[602] 軍事委員會銓敘廳民國二十五年十二月印製《陸海空軍軍官佐任官名簿》第七冊[上尉]第1585頁記載。
[603] 黃埔建國文集編纂委員會主編：臺北實踐出版社1985年6月16日印行《黃埔軍魂》第579頁記載。
[604] 黃埔建國文集編纂委員會主編：臺北實踐出版社1985年6月16日印行《黃埔軍魂》第585頁記載。
[605] 軍事委員會銓敘廳民國二十五年十二月印製《陸海空軍軍官佐任官名簿》第七冊[上尉]第1665頁記載。

第六章　粵湘浙籍第七期生的地域人文

府軍事委員會銓敘廳頒令敘任陸軍步兵上尉。[606]

鄔　剛（1905－？）別字克強，浙江寧海人。南京中央陸軍軍官學校第七期第一總隊步兵科畢業。自填登記為民國前三年六月十二日出生。[607]1928年12月28日入南京中央陸軍軍官學校第七期第一總隊步兵科步兵大隊第一隊學習，入學時登記為23歲，1929年12月28日畢業。記載初任軍職為教導第二師第三團少尉排長，記載履歷軍職為參謀、連長、隊長。[608]依據國民政府軍事委員會1936年5月頒令官位序號為第3335號。[609]1937年1月13日被國民政府軍事委員會銓敘廳頒令敘任陸軍步兵少校。[610]抗日戰爭爆發後，任陸軍步兵師司令部副官、科長、處長。1944年10月1日被國民政府軍事委員會銓敘廳頒令敘任陸軍步兵上校。[611]1944年10月9日頒令委任軍事委員會政治部人事處少將代理副處長。[612]獲頒陸海空軍甲種一等獎章。抗日戰爭勝利後，1945年10月10日獲頒忠勤勳章，1946年5月30日獲頒勝利勳章。政治部裁撤後免職。1946年12月26日奉派入中央訓練團受訓，登記為少將團員。[613]

何秉中（1903－？）別字建平，浙江臺州人。南京中央陸軍軍官學校第七期炮兵科畢業。自填登記為民國前八年九月十六日出生。[614]1928年12月28日考入南京中央陸軍軍官學校第七期第一總隊炮兵科炮兵隊學習，入學時登記為25歲，1929年12月28日畢業。歷任炮兵訓練班助教，觀測員，防空學校籌備處教

---

[606] 軍事委員會銓敘廳民國二十五年十二月印製《陸海空軍軍官佐任官名簿》第七冊[上尉]第1665頁記載。
[607] 據國民政府國防部第一廳民國三十六年二月印行《現役軍官資績簿》第二冊[陸軍現役少將軍官資績簿]第83頁記載。
[608] 據軍事委員會銓敘廳民國三十三年十二月印製《軍官資績簿》第二冊[陸軍現役少將上校軍官資績簿]第340頁記載。
[609] 據國民政府國防部第一廳民國三十六年二月印行《現役軍官資績簿》第二冊[陸軍現役少將軍官資績簿]第83頁記載。
[610] 國民政府文官處印鑄局印行：臺灣成文出版社有限公司1972年8月出版《國民政府公報》第119冊1937年1月14日第2252號頒令第1頁記載。
[611] 據國民政府國防部第一廳民國三十六年二月印行《現役軍官資績簿》第二冊[陸軍現役少將軍官資績簿]第83頁記載。
[612] 據軍事委員會銓敘廳民國三十三年十二月印製《軍官資績簿》第二冊[陸軍現役少將上校軍官資績簿]第340頁記載。
[613] 據國民政府國防部第一廳民國三十六年二月印行《現役軍官資績簿》第二冊[陸軍現役少將軍官資績簿]第83頁記載。
[614] 軍事委員會銓敘廳民國二十五年十二月印製《陸海空軍軍官佐任官名簿》第八冊[上尉]第1905頁記載。

291

官。1936年4月18日被國民政府軍事委員會銓敘廳頒令敘任陸軍炮兵上尉。[615]

吳少顏（1908－？）別字紹伯，後改名紹伯，別號吾，浙江新昌人。南京中央陸軍軍官學校第七期工兵科畢業。自填登記為民國前三年三月二十五日出生。[616]1928年12月28日考入南京中央陸軍軍官學校第七期第一總隊工兵科工兵隊學習，入學時登記為20歲，1929年12月28日畢業。歷任獨立工兵營排長、連長、參謀。1936年8月17日被國民政府軍事委員會銓敘廳頒令敘任陸軍工兵上尉。[617]

吳邦彥（1901－1936）別字縱飛，浙江樂清人。南京中央陸軍軍官學校第七期工兵科畢業。1928年12月28日考入南京中央陸軍軍官學校第七期第一總隊工兵科工兵隊學習，入學時登記為26歲，1929年12月28日畢業。歷任陸軍獨立工兵營排長、連長、營長。1936年隨軍參與「圍剿」紅軍及根據地戰事中陣亡。[618]

張祖正（1906－？）別字珪全、珪荃，浙江東陽人。南京中央陸軍軍官學校第七期工兵科、陸軍大學正則班第十三期畢業。自填登記為前五年四月十二日出生。[619]1928年12月28日考入南京中央陸軍軍官學校第七期第一總隊工兵科工兵隊學習，入學時登記為22歲，1929年12月28日畢業。記載初任軍職為少尉排長、連附、營附、參謀。1935年4月考入陸軍大學正則班第十三期學習，1937年12月畢業。依據國民政府軍事委員會1935年4月頒令官位序號為第9667號。[620]抗日戰爭爆發後，1938年1月任陸軍步兵團團附、獨立旅司令部參謀長，率部參加抗日戰事。1944年10月任中央陸軍軍官學校第七分校學員總隊少將總隊長。抗日戰爭勝利後，任陸軍軍官學校西安督訓處少將高級教官。1945年10月10日獲頒忠勤勳章，1946年5月30日獲頒勝利勳章。1946年10月任成都陸軍軍官學校第二十一期西安督訓處督訓官、少將高級教官。1946年11月16日

---

[615] 軍事委員會銓敘廳民國二十五年十二月印製《陸海空軍軍官佐任官名簿》第八冊[上尉]第1905頁記載。

[616] 軍事委員會銓敘廳民國二十五年十二月印製《陸海空軍軍官佐任官名簿》第八冊[上尉]第1941頁記載。

[617] 軍事委員會銓敘廳民國二十五年十二月印製《陸海空軍軍官佐任官名簿》第八冊[上尉]第1941頁記載。

[618] 黃埔建國文集編纂委員會主編：臺北實踐出版社1985年6月16日印行《黃埔軍魂》第582頁記載。

[619] 國民政府國防部第一廳民國三十六年二月印行《現役軍官資績簿》第三冊[陸軍現役少將上校軍官資績簿]第60頁記載。

[620] 國民政府國防部第一廳民國三十六年二月印行《現役軍官資績簿》第三冊[陸軍現役少將上校軍官資績簿]第60頁記載。

被國民政府軍事委員會銓敘廳頒令敘任陸軍工兵上校。[621]1946年11月21日頒令委任為第十一戰區保安總司令部少將參謀長。[622]後任陸軍總司令部編練司令部教育處副處長、參謀長。

李公尚（1903－？）別字工上，浙江永康人。南京中央陸軍軍官學校第七期輜重兵科畢業。1928年12月28日考入南京中央陸軍軍官學校第七期第一總隊輜重兵科輜重兵隊學習，入學時登記為25歲，1929年12月28日畢業。歷任陸軍輜重兵營排長，陸軍步兵團連長、營長、團長。在抗日戰事中陣亡殉國。[623]

杜光瑨（1901－？）別字廣銘，浙江東陽人。南京中央陸軍軍官學校第七期第一總隊輜重兵科畢業。1928年12月28日入南京中央陸軍軍官學校第七期第一總隊輜重兵科輜重兵隊學習，入學時登記為27歲，1929年12月28日畢業。歷任輜重兵學校籌備處籌備員，學員隊隊長，輜重兵運輸團連長、營長、團附。1937年6月16日被國民政府軍事委員會銓敘廳頒令敘任陸軍輜重兵少校。[624]

汪　政（1908－？）別字正文，浙江遂安人。南京中央陸軍軍官學校第七期第一總隊輜重兵科、陸軍大學將官班甲級第二期畢業。自填登記為民國前六年九月六日出生。[625]1928年12月28日入南京中央陸軍軍官學校第七期第一總隊輜重兵科輜重兵隊學習，入學時登記為21歲，1929年12月28日畢業。記載初任軍職為陸軍教導第二師警衛連少尉排長。[626]歷任連長、政治服務員、副主任等職。依據國民政府軍事委員會1935年4月頒令官位序號為第4200號。[627]抗日戰爭爆發後，1937年7月29日國民政府頒令任命為陸軍輜重兵少校。[628]歷任粵系軍隊輜重兵隊隊長，主任，科長，步兵團團長，第七戰區司令長官部第四處副

---

[621] 國民政府國防部第一廳民國三十六年二月印行《現役軍官資績簿》第三冊[陸軍現役少將上校軍官資績簿]第60頁記載。

[622] 國民政府國防部第一廳民國三十六年二月印行《現役軍官資績簿》第三冊[陸軍現役少將上校軍官資績簿]第60頁記載。

[623] 黃埔建國文集編纂委員會主編：臺北實踐出版社1985年6月16日印行《黃埔軍魂》第585頁記載。

[624] 國民政府文官處印鑄局印行：臺灣成文出版社有限公司1972年8月出版《國民政府公報》第125冊1937年6月17日第2382號頒令第5頁記載。

[625] 國民政府國防部第一廳民國三十六年二月印行《現役軍官資績簿》第三冊[陸軍現役少將上校軍官資績簿]第75頁記載。

[626] 據軍事委員會銓敘廳民國三十三年十二月印製《軍官資績簿》第二冊[陸軍現役少將上校軍官資績簿]第427頁記載。

[627] 國民政府國防部第一廳民國三十六年二月印行《現役軍官資績簿》第三冊[陸軍現役少將上校軍官資績簿]第75頁記載。

[628] 國民政府文官處印鑄局印行：臺灣成文出版社有限公司1972年8月出版《國民政府公報》第127冊1937年7月30日第2419號頒令第3頁記載。

處長。1942年1月19日頒令委任軍令部第二廳第三處第十科少將科長。[629]1944年9月26日頒令委任為國民政府軍政部第二廳第三處少將副處長。[630]1944年10月1日被國民政府軍事委員會銓敘廳頒令敘任陸軍輜重兵上校。[631]1945年3月保送陸軍大學將官班甲級第二期學習，1945年6月畢業。獲頒陸海空軍甲級一等獎章。抗日戰爭勝利後，1945年10月10日獲頒忠勤勳章，1946年5月30日獲頒勝利勳章。任衢州綏靖主任（余漢謀）公署第二處處長等職。1947年4月入中央軍官訓練團第三期第一中隊學員隊受訓，1947年6月結業，返回原部隊續任原職。後任衢州綏靖主任（余漢謀）公署少將高級參謀。

沈　岐（1902－？）別字濟人，浙江永康人。南京中央陸軍軍官學校第七期輜重兵科畢業。自填登記為民國前九年十一月九日出生。[632]1928年12月28日考入南京中央陸軍軍官學校第七期第一總隊輜重兵科輜重兵隊學習，入學時登記為27歲，1929年12月28日畢業。歷任輜重兵運輸大隊區隊長、中隊長、參謀，兵站副主任。1935年7月30日被國民政府軍事委員會銓敘廳頒令敘任陸軍輜重兵上尉。[633]

陸鴻書（1904－1936）別字烈哉，浙江蘭溪人。南京中央陸軍軍官學校第七期工兵科畢業。1928年12月28日入南京中央陸軍軍官學校第七期第一總隊工兵科工兵隊學習，入學時登記為23歲，1929年12月28日畢業。歷任陸軍獨立工兵營排長、連長、營長。1936年隨軍參與「圍剿」紅軍及根據地戰事中陣亡。[634]

---

[629] 據軍事委員會銓敘廳民國三十三年十二月印製《軍官資績簿》第二冊[陸軍現役少將上校軍官資績簿]第427頁記載。

[630] 國民政府國防部第一廳民國三十六年二月印行《現役軍官資績簿》第三冊[陸軍現役少將上校軍官資績簿]第75頁記載。

[631] 國民政府國防部第一廳民國三十六年二月印行《現役軍官資績簿》第三冊[陸軍現役少將上校軍官資績簿]第75頁記載。

[632] 軍事委員會銓敘廳民國二十五年十二月印製《陸海空軍軍官佐任官名簿》第八冊[上尉]第1983頁記載。

[633] 軍事委員會銓敘廳民國二十五年十二月印製《陸海空軍軍官佐任官名簿》第八冊[上尉]第1983頁記載。

[634] 黃埔建國文集編纂委員會主編：臺北實踐出版社1985年6月16日印行《黃埔軍魂》第582頁記載。

第六章　粵湘浙籍第七期生的地域人文

陳鬱堂照片

陳鬱堂（1908－？）別字鬱棠，浙江浦江人。廣州國民革命軍黃埔軍官學校第七期第二總隊工兵科畢業。1927年9月考入廣州國民革命軍黃埔軍官學校第七期第二總隊工兵科工兵中隊學習，入學時登記為21歲，1930年9月畢業。歷任獨立工兵營排長、連長、營長。1937年6月14日被國民政府軍事委員會銓敘廳頒令任命為陸軍工兵少校。[635]

陳綏之（1904－1937）浙江永康人。南京中央陸軍軍官學校第七期步兵科畢業。自填登記為民國前八年十月二十一日出生。[636]1928年12月28日考入南京中央陸軍軍官學校第七期第一總隊步兵科步兵大隊第四隊學習，入學時登記為24歲，1929年12月28日畢業。歷任陸軍步兵營見習、排長、副官、參謀。1936年4月6日被國民政府軍事委員會銓敘廳頒令敘任陸軍步兵中尉。[637]抗日戰爭爆發後，任陸軍第九師步兵第五十團第四連中尉排長，1937年9月在嘉定與日軍作戰陣亡。

周曙光（1901－？）別字晨曦，浙江諸暨人。南京中央陸軍軍官學校第七期輜重兵科畢業。自填登記為民國前十年五月二十日出生。[638]1928年12月28日考入南京中央陸軍軍官學校第七期第一總隊輜重兵科輜重兵隊學習，入學時登記為27歲，1929年12月28日畢業。任輜重兵隊見習、區隊長。1935年9月11日被國民政府軍事委員會銓敘廳頒令敘任陸軍輜重兵少尉。任憲兵第二團部參謀、分隊長。1936年3月26日敘任陸軍憲兵中尉。[639]

---

[635] 國民政府文官處印鑄局印行：臺灣成文出版社有限公司1972年8月出版《國民政府公報》第125冊1937年6月15日第2380號頒令第4頁記載為陳鬱棠。
[636] 軍事委員會銓敘廳民國二十五年十二月印《陸海空軍軍官佐任官名簿》第十一冊[中尉]第2649頁記載。
[637] 軍事委員會銓敘廳民國二十五年十二月印《陸海空軍軍官佐任官名簿》第十一冊[中尉]第2649頁記載。
[638] 軍事委員會銓敘廳民國二十五年十二月印製《陸海空軍軍官佐任官名簿》第九冊[中尉]第2009頁記載。
[639] 軍事委員會銓敘廳民國二十五年十二月印製《陸海空軍軍官佐任官名簿》第九冊[中尉]第2009

林國楨（1904－？）別字國禎，浙江溫州人。南京中央陸軍軍官學校第七期第一總隊步兵科畢業。1928年12月28日考入南京中央陸軍軍官學校第七期第一總隊步兵科步兵大隊第四隊學習，入學時登記為25歲，1929年12月28日畢業。歷任陸軍步兵團排長、連長、營長、團長。1936年3月20日被國民政府軍事委員會銓敘廳頒令敘任陸軍步兵中校。[640]抗日戰爭爆發後，在抗日戰事中陣亡殉國。[641]

林厚湊（1904－？）別字文忠，浙江永康人。南京中央陸軍軍官學校第七期騎兵科畢業。自填登記為民國前八年七月十五日出生。[642]1928年12月28日考入南京中央陸軍軍官學校第七期第一總隊騎兵科騎兵隊學習，入學時登記為27歲，1929年12月28日畢業。歷任騎兵訓練班助教，騎兵大隊區隊長、分隊長，騎兵科助教。1935年9月12日被國民政府軍事委員會銓敘廳頒令敘任陸軍騎兵上尉。[643]

鄭　平（1911－？）別字博惠，浙江永嘉人。南京中央陸軍軍官學校第七期第一總隊步兵科畢業。1928年12月28日考入南京中央陸軍軍官學校第七期第一總隊步兵科步兵大隊第一隊學習，入學時登記為17歲，1929年12月28日畢業。歷任陸軍步兵團排長、連長、營長、團附。1936年12月11日被國民政府軍事委員會銓敘廳頒令敘任陸軍步兵少校。[644]

鄭　琦（1908－？）別字恒之，浙江鄞縣人。南京中央陸軍軍官學校第七期第一總隊炮兵科、陸軍大學參謀班第三期畢業。自填登記為民國前三年七月二十八出生。[645]幼時入本村私塾啟蒙，繼考入本鄉高等小學堂肄業四年，畢業後考入縣立第一中學學習，畢業後考入第六期入伍生隊受訓。1928年12月28日考入南京中央陸軍軍官學校第七期第一總隊炮兵科炮兵隊學習，入學

頁記載。
[640] 國民政府文官處印鑄局印行：臺灣成文出版社有限公司1972年8月出版《國民政府公報》第105冊1936年3月21日第2001號頒令第1頁記載。
[641] 黃埔建國文集編纂委員會主編：臺北實踐出版社1985年6月16日印行《黃埔軍魂》第585頁記載。
[642] 軍事委員會銓敘廳民國二十五年十二月印製《陸海空軍軍官佐任官名簿》第八冊[上尉]第1872頁記載。
[643] 軍事委員會銓敘廳民國二十五年十二月印製《陸海空軍軍官佐任官名簿》第八冊[上尉]第1872頁記載。
[644] 國民政府文官處印鑄局印行：臺灣成文出版社有限公司1972年8月出版《國民政府公報》第118冊1936年12月12日第2226號頒令第2頁記載。
[645] 據國民政府國防部第一廳民國三十六年二月印行《現役軍官資績簿》第三冊[陸軍現役少將上校軍官資績簿]第37頁記載。

第六章　粵湘浙籍第七期生的地域人文

時登記為20歲，1929年12月28日畢業。初任獨立炮兵第四團排長，歷任獨立炮兵團連長、營長。依據國民政府軍事委員會1935年5月頒令官位序號為第9689號。[646]1937年2月22日被國民政府軍事委員會銓敘廳頒令敘任陸軍炮兵少校。[647]抗日戰爭爆發後，1938年6月考入陸軍大學參謀班第三期學習，1939年8月畢業。任軍政部獨立炮兵團團長，峨嵋山中央訓練團教官，炮兵指揮部主任。1943年3月1日被國民政府軍事委員會銓敘廳頒令敘任陸軍炮兵上校。[648]後任集團軍總司令部炮兵指揮部指揮官，守備區司令部副司令官。獲頒四等雲麾勳章、幹城甲種一等獎章。[649]抗日戰爭勝利後，1945年10月10日獲頒忠勤勳章，1946年5月30日獲頒勝利勳章。1946年6月2日任海南島榆林要塞司令部少將司令官。[650]

鄭在邦（1905－？）別字達，浙江寧海人。南京中央陸軍軍官學校第七期步兵科畢業。1928年12月28日考入南京中央陸軍軍官學校第七期第一總隊步兵科步兵大隊第一隊學習，入學時登記為22歲，在校期間加入了中國國民黨，1929年12月28日畢業。任陸軍步兵營排長、連長、營長、團長。在抗日戰事中陣亡殉國。[651]

鄭邦捷（1907－1961）原名幫捷，別字敏之，別字敏之，別號仁傑，浙江寧海縣珠嶴後遼村人。浙江省立第六師範學校、南京中央陸軍軍官學校第七期第一總隊步兵科畢業。自填登記為民國前四年五月七日出生。[652]出身貧苦農耕家庭，節衣縮食供他讀書，初入本鄉珠山小學，因成績優秀考入浙江省立第六師範學校，畢業後在本鄉高等小學校任教，後因有激進言語，校長獲悉後向上報告，他離家出走到上海，為謀生在店家當計賬。一日外出發現街頭有許多

---

[646] 據國民政府國防部第一廳民國三十六年二月印行《現役軍官資績簿》第三冊[陸軍現役少將上校軍官資績簿]第37頁記載。
[647] 國民政府文官處印鑄局印行：臺灣成文出版社有限公司1972年8月出版《國民政府公報》第120冊1937年2月24日第2287號頒令第2頁記載。
[648] 據國民政府國防部第一廳民國三十六年二月印行《現役軍官資績簿》第三冊[陸軍現役少將上校軍官資績簿]第37頁記載。
[649] 據國民政府國防部第一廳民國三十六年二月印行《現役軍官資績簿》第三冊[陸軍現役少將上校軍官資績簿]第37頁記載。
[650] 據國民政府國防部第一廳民國三十六年二月印行《現役軍官資績簿》第三冊[陸軍現役少將上校軍官資績簿]第37頁記載。
[651] 黃埔建國文集編纂委員會主編：臺北實踐出版社1985年6月16日印行《黃埔軍魂》第585頁記載。
[652] 軍事委員會銓敘廳民國二十五年十二月印製《陸海空軍軍官佐任官名簿》第六冊[上尉]第1322頁記載。

297

人圍看一告示，見是馮玉祥西北軍招兵，遂投筆從戎，1927年投筆從戎參加北伐戰爭，任國民軍第一軍第三師步兵連準尉代排長，後被保送投考中央軍校。1928年12月28日考入南京中央陸軍軍官學校第七期第一總隊步兵科步兵大隊第四隊學習，入學時登記為22歲，在校期間加入了中國國民黨，1929年12月28日畢業。歷任陸軍步兵營排長、連長、營長。1935年7月4日被國民政府軍事委員會銓敘廳頒令敘任陸軍步兵上尉。[653]1935年7月30日被國民政府軍事委員會銓敘廳頒令敘任陸軍步兵少校。[654]抗日戰爭爆發後，1943年任陸軍第四師步兵第十二團團長，率部在河北冀中地區參加抗日戰事。1944年任陸軍第十三軍（軍長石覺）第四師（駱振韶）副師長。抗日戰爭勝利後，1945年10月10日獲頒忠勤勳章，1946年5月30日獲頒勝利勳章。1946年39歲任陸軍第十三軍（軍長石覺兼，駱振韶代理）第四師少將師長，1949年1月任陸軍第十三軍副軍長，率部駐北平城內，軍長駱振韶南逃，他任代理軍長，召集各師長商議，毅然決定起義。1949年1月29日並受傅作義指派獨自驅車出西門，找尋解放軍平津前線司令部。達成和平協議後，1949年2月2日迎中國人民解放軍入北平，首先帶頭作出表率，將自己所屬的軍開赴城外指定地點接受整編，第十三軍從此改編為中國人民解放軍第四十四軍，他被任命為第四十四軍副軍長，兼任獨立第四十七師師長。在北平和平起義中勞累過度，不久便一病不起，被送往北京廣濟醫院治療。康復後他一家定居杭州，組織上安排他行政十一級，後批准享受副省級待遇。五十年代又將自己在杭州大獅子巷的三合院除留一部分自住外，全部捐贈給了國家。歷任浙江省政協第二屆委員（當時不設常委），民主黨派統一戰線組召集人，杭州市政協第一屆委員，民革杭州市第一屆委員、第二屆常委等職。1961年1月因病在杭州逝世。

龐仲乾照片

---

[653] 國民政府文官處印鑄局印行：臺灣成文出版社有限公司1972年8月出版《國民政府公報》第95冊1935年7月5日第1785號頒令第1頁記載為鄭邦傑。
[654] 軍事委員會銓敘廳民國二十五年十二月印製《陸海空軍軍官佐任官名簿》第六冊[上尉]第1322頁記載。

第六章　粵湘浙籍第七期生的地域人文

龐仲乾（1906－1949）別字玄蘊，浙江天臺人。廣州國民革命軍黃埔軍官學校第七期炮兵科、陸軍大學正則班第十三期畢業。自填登記為民國前五年一月二十九日出生。[655]1927年9月考入廣州國民革命軍黃埔軍官學校第七期第二總隊炮兵科炮兵中隊學習，入學時登記為26歲，1930年9月畢業。初任國民革命軍教導第一師警衛連排長。歷任獨立炮兵團連長、營長。1935年4月考入陸軍大學正則班第十三期學習，1937年12月畢業。依據國民政府軍事委員會1936年2月頒令官位序號為3530號。[656]抗日戰爭爆發後，任陸軍獨立旅團附、參謀長。任第三十四集團軍總司令部作戰科科長，1938年12月任中央陸軍軍官學校第七分校軍士教導團副團長，1939年任陸軍第四十二軍預備第七師司令部參謀長、高級教官、副處長、師長等職。抗日戰爭勝利後，1945年9月1日被國民政府軍事委員會銓敘廳頒令敘任陸軍炮兵上校。[657]1945年10月10日獲頒忠勤勳章，另載1946年2月任陸軍炮兵上校，1946年5月30日獲頒勝利勳章。1946年11月13日1奉派入中央訓練團受訓，登記為少將團員。後任陸軍第六十九軍副軍長，1949年12月在四川與人民解放軍作戰失利後自殺身亡。

胡　雛（1906－？）別字雲祥，浙江永康人。南京中央陸軍軍官學校第七期炮兵科畢業。自填登記為民國前六年四月十六日出生。[658]1928年12月28日考入南京中央陸軍軍官學校第七期第一總隊炮兵科炮兵隊學習，入學時登記為24歲，1929年12月28日畢業。歷任軍校教導團籌備處見習，炮兵訓練班訓練員，炮兵連排長、連長、參謀。1935年9月11日被國民政府軍事委員會銓敘廳頒令敘任陸軍炮兵上尉。[659]

胡贊華（1903－1937）別字翊中，浙江永嘉人。南京中央陸軍軍官學校第七期步兵科畢業。1928年12月28日考入南京中央陸軍軍官學校第七期第一總隊步兵科步兵大隊第一隊學習，入學時登記為24歲，1929年12月28日畢業。歷任陸軍教導第二師見習、排長、參謀、連長、營長。1936年12月8日被國民政府

---

[655] 據國民政府國防部第一廳民國三十六年二月印行《現役軍官資績簿》第三冊[陸軍現役少將上校軍官資績簿]第44頁記載。

[656] 國民政府國防部第一廳民國三十六年二月印行《現役軍官資績簿》第三冊[陸軍現役少將上校軍官資績簿]第44頁記載。

[657] 國民政府國防部第一廳民國三十六年二月印行《現役軍官資績簿》第三冊[陸軍現役少將上校軍官資績簿]第44頁記載。

[658] 軍事委員會銓敘廳民國二十五年十二月印製《陸海空軍軍官佐任官名簿》第八冊[上尉]第1893頁記載。

[659] 軍事委員會銓敘廳民國二十五年十二月印製《陸海空軍軍官佐任官名簿》第八冊[上尉]第1893頁記載。

299

軍事委員會銓敘廳頒令敘任陸軍步兵上尉。抗日戰爭爆發後，任陸軍第八十八師步兵第五二四團少校團附第五二四團少校團附，1937年12月13日在南京保衛戰陣亡。

鍾　潔（1904－？）別字卓凡，浙江諸暨人。南京中央陸軍軍官學校第七期輜重兵科畢業。自填登記為民國前八年十月一日出生。[660]1928年12月28日考入南京中央陸軍軍官學校第七期第一總隊輜重兵科輜重兵隊學習，入學時登記為25歲，1929年12月28日畢業。歷任軍校教導團籌備處見習，輜重兵隊區隊長，汽車運輸大隊分隊長、中隊長。1935年9月1日被國民政府軍事委員會銓敘廳頒令敘任陸軍輜重兵上尉。轉任南京憲兵司令部參謀。1936年3月26日敘任陸軍憲兵上尉。[661]

鍾超照片

鍾　超（1910－？）別字逸凡，後改名超然，浙江桐廬人。廣州國民革命軍黃埔軍官學校第七期工兵科畢業。自填登記為民國前一年十二月十日出生。[662]1927年9月考入廣州國民革命軍黃埔軍官學校第七期第二總隊工兵科工兵中隊學習，入學時登記為22歲，1930年9月畢業。歷任工兵教導隊訓練員，獨立工兵營排長、連長、參謀。1936年4月11日被國民政府軍事委員會銓敘廳頒令敘任陸軍工兵上尉。[663]

---

[660] 軍事委員會銓敘廳民國二十五年十二月印製《陸海空軍軍官佐任官名簿》第六冊[上尉]第1227頁記載。
[661] 軍事委員會銓敘廳民國二十五年十二月印製《陸海空軍軍官佐任官名簿》第六冊[上尉]第1227頁記載。
[662] 軍事委員會銓敘廳民國二十五年十二月印製《陸海空軍軍官佐任官名簿》第八冊[上尉]第1943頁記載。
[663] 軍事委員會銓敘廳民國二十五年十二月印製《陸海空軍軍官佐任官名簿》第八冊[上尉]第1943頁記載。

倪永惕（1911－？）別字乾昭，後改名乾照，浙江諸暨人。南京中央陸軍軍官學校第七期炮兵科畢業。自填登記為民國前一年八月二十八日出生。[664] 1928年12月28日考入南京中央陸軍軍官學校第七期第一總隊炮兵科炮兵隊學習，入學時登記為21歲，1929年12月28日畢業。歷任國民革命軍總司令部炮兵教導隊見習、訓練員、排長，陸軍第二十五師司令部野戰炮兵營連長、作戰參謀。1936年4月18日被國民政府軍事委員會銓敘廳頒令敘任陸軍炮兵上尉。[665]

倪金謙（1908－？）浙江玉環人。南京中央陸軍軍官學校第七期騎兵科畢業。自填登記為民國前三年十月六日出生。[666] 1928年12月28日考入南京中央陸軍軍官學校第七期第一總隊騎兵科騎兵隊學習，入學時登記為21歲，1929年12月28日畢業。歷任陸軍騎兵營見習、排長、連長、參謀。1935年9月13日被國民政府軍事委員會銓敘廳頒令敘任陸軍騎兵中尉。[667]

錢達權（1908－？）別字不鳴，別號逖權，浙江溫州人。南京中央陸軍軍官學校第七期騎兵科畢業。自填登記為民國前三年三月十三日出生。[668] 1928年12月28日考入南京中央陸軍軍官學校第七期第一總隊騎兵科騎兵隊學習，入學時登記為20歲，1929年12月28日畢業。任國民革命軍總司令部騎兵教導隊見習、排長、連長，南京中央陸軍軍官學校第九期騎兵科助教，第十期第二總隊步兵大隊騎兵隊上尉區隊長，第十一期第一總隊步兵大隊騎兵隊上尉服務員。1936年4月25日被國民政府軍事委員會銓敘廳頒令敘任陸軍騎兵上尉。[669] 抗日戰爭爆發後，成都中央陸軍軍官學校第十四期第二總隊步兵第二大隊騎兵隊少校隊附。後任陸軍第四騎兵師營長、參謀，步兵團代理團長，參加第三次長沙會戰，重傷致殘退出一線作戰部隊。1944年任成都中央陸軍軍官學校騎兵科馬術教官，抗日戰爭勝利後，1945年10月10日獲頒忠勤勳章，1946年5月30日獲

---

[664] 軍事委員會銓敘廳民國二十五年十二月印製《陸海空軍軍官佐任官名簿》第八冊[上尉]第1906頁記載。

[665] 軍事委員會銓敘廳民國二十五年十二月印製《陸海空軍軍官佐任官名簿》第八冊[上尉]第1906頁記載。

[666] 軍事委員會銓敘廳民國二十五年十二月印《陸海空軍軍官佐任官名簿》第十一冊[中尉]第2685頁記載。

[667] 軍事委員會銓敘廳民國二十五年十二月印《陸海空軍軍官佐任官名簿》第十一冊[中尉]第2685頁記載。

[668] 軍事委員會銓敘廳民國二十五年十二月印製《陸海空軍軍官佐任官名簿》第八冊[上尉]第1875頁記載。

[669] 軍事委員會銓敘廳民國二十五年十二月印製《陸海空軍軍官佐任官名簿》第八冊[上尉]第1875頁記載。

頒勝利勳章。任機械化部隊上校戰術教官,成都陸軍軍官學校第二十一期教育處騎兵科副科長兼高級教官,騎兵科上校馬術教官,第二十二期第二總隊騎兵科上校副科長,第二十三期教育處騎兵科上校副科長。

黃晉沼(1907－?)原載籍貫浙江溫州,另載浙江永嘉人。南京中央陸軍軍官學校第七期步兵科畢業。自填登記為民國前四年八月九日出生。[670]1928年12月28日考入南京中央陸軍軍官學校第七期第一總隊步兵科步兵大隊第一隊學習,入學時登記為24歲,1929年12月28日畢業。歷任陸軍步兵營排長、連長。1936年4月18日被國民政府軍事委員會銓敘廳頒令敘任陸軍步兵中尉。[671]

龔望峰(1906－?)別字毓祥,原載籍貫浙江東陽,另載浙江杭縣人。南京中央陸軍軍官學校第七期輜重兵科畢業。自填登記為民國前六年七月二十日出生。[672]1928年12月28日考入南京中央陸軍軍官學校第七期第一總隊輜重兵科輜重兵隊學習,入學時登記為24歲,1929年12月28日畢業。歷任輜重兵運輸團區隊長、中隊長、大隊長。1935年10月30日被國民政府軍事委員會銓敘廳頒令敘任陸軍輜重兵上尉。[673]

程翔照片

程　翔(1907－1937)別字翱方,浙江永嘉人。廣州國民革命軍黃埔軍官學校第七期工兵科畢業。1927年9月考入廣州國民革命軍黃埔軍官學校第七期第二總隊工兵科工兵中隊學習,入學時登記為21歲,1930年9月畢業。歷任第一集團軍第二軍工兵教導隊見習、區隊長、分隊長、陸軍步兵補充團連長、營

---

[670] 軍事委員會銓敘廳民國二十五年十二月印製《陸海空軍軍官佐任官名簿》第十冊[中尉]第2330頁記載。

[671] 軍事委員會銓敘廳民國二十五年十二月印製《陸海空軍軍官佐任官名簿》第十冊[中尉]第2330頁記載。

[672] 軍事委員會銓敘廳民國二十五年十二月印製《陸海空軍軍官佐任官名簿》第八冊[上尉]第1983頁記載。

[673] 軍事委員會銓敘廳民國二十五年十二月印製《陸海空軍軍官佐任官名簿》第八冊[上尉]第1983頁記載。

長。抗日戰爭爆發後，任陸軍第一七四師步兵第一〇四四團中校團附，1937年11月在江蘇吳興與日軍作戰陣亡。

樓子謙照片

樓子謙（1908－？）別字季遜，浙江諸暨人。廣州國民革命軍黃埔軍官學校第七期步兵科畢業。自填登記為民國前三年九月十二日出生。[674]1927年9月考入廣州國民革命軍黃埔軍官學校第七期第二總隊步兵科步兵大隊步兵第四中隊學習，入學時登記為22歲，1930年9月畢業。歷任陸軍步兵營排長、連長、營長。1935年7月29日被國民政府軍事委員會銓敘廳頒令敘任陸軍步兵上尉。[675]

綜觀浙江省籍將領構成，多少與校長蔣介石及江浙軍政圈有親緣連帶關係。具體分析上述情形，軍級以上人員有3名，占3%，師級人員有4名，占4%，兩項相加為7人，占7%，只有7人曾任高級軍職。分析起來有以下情況：一是比較有些影響的將領為方仲吾、張祖正、鄭邦捷、龐仲乾，其中鄭邦捷、方仲吾為起義將領；二是長期從事軍事教育訓練的有錢達權、張祖正。為留存人文史料記憶資訊，特將第七期部分暫缺簡介的浙籍學員照片輯錄。

部分缺載簡介學員照片（7張）：

---

[674] 軍事委員會銓敘廳民國二十五年十二月印製《陸海空軍軍官佐任官名簿》第六冊[上尉]第1478頁記載。
[675] 軍事委員會銓敘廳民國二十五年十二月印製《陸海空軍軍官佐任官名簿》第六冊[上尉]第1478頁記載。

繼往開來：黃埔軍校第七期研究

陳能杞 　　梁則霖 　　劉光烈 　　樓國楨 　　倪祖銓 　　潘海容

周文雄

第七章

贛閩桂籍第七期生的地域人文

鄰近廣東的贛閩桂三省，每期都有一些學員，回應孫中山國民革命運動赴廣州投考黃埔軍校。

第一節　贛籍第七期生簡況

江西地處華南內陸腹地，具有光榮革命傳統。黃埔開創以來陸續有江西籍青年學子，南下廣東投身國民革命。學員人數較多的縣為：贛縣16名。

表28：江西籍學員任官級職數量比例一覽表

職級	學員肄業暨任官職級名單	人數	%
肄業或尚未見從軍任官記載	劉鵬翔、楊士雄、吳漢鼎、杜冠群、楊翔雲、黃奚爭、尹迪侃、劉薰炎、胡宏陶、駱連剛、黃佐庭、塗宗熙、張　瓏、郭　嵩、龍雯然、陳　略、陳良獻、陳鏡清、黃玉輝、劉　群、劉大翼、許東海、汪　瀾、胡曙光、裘震亞、吳鳴謙、朱錫棟、劉存德、幸追漢、林培茂、陳燕林、熊肇基、歐陽珣、江　鯤、吳　欽、溫嶠犀、周天祜、彭國棟、譚本儀、潘振綱、劉應濤、許昊仁、吳浩生、陳德應、鍾　靈、鍾魯三、蕭惠周、溫承裘、謝學梅、陳非非、顧　敏、蕭廷翹	52	62
排連營級	王滌寰、羅元偉、曹　瑚、藍揚經、龍禎伯、蔡　平、鐘定軍、李鴻魁、邱　烜、江　征、高　獄、董來圭、劉修珖、謝代平、曾　操、李德懷、陳仿忠、胡　鐸、朱宗堯	19	23
團旅級	黃　琦、曹　建、藍　魁、鄭　鈞、黃　石、陳祖蕃、謝勉賢、鍾鐘（光裕）、戴堯天	9	9
師級	朱鳴剛、梁　筠、巫劍峰	3	4
軍級以上	劉雲瀚、歐陽春圃	2	2
合計	85	85	100

部分知名學員簡介：（33名）

王滌寰（1905－？）別字若仙，江西大庾人。南京中央陸軍軍官學校第七期輜重兵科畢業。自填登記為民國前六年五月十一日出生。[1] 1928年12月28日考入南京中央陸軍軍官學校第七期第一總隊輜重兵科輜重兵隊學習，入學時登記為23歲，1929年12月28日畢業。歷任輜重兵大隊見習、訓練員、區隊長、分隊長。1936年4月11日被國民政府軍事委員會銓敘廳頒令敘任陸軍輜重兵中尉。[2]

龍頑伯（1904－？）別字見田，江西萬載人。南京中央陸軍軍官學校第七期步兵科畢業。自填登記為民國前七年十月五日出生。[3] 1928年12月28日考入南京中央陸軍軍官學校第七期第一總隊步兵科步兵大隊第二隊學習，入學時登記為26歲，1929年12月28日畢業。歷任湖南省保安司令部參謀，保安第三團排長、連長、參謀。1936年4月4日被國民政府軍事委員會銓敘廳頒令敘任陸軍步兵上尉。[4]

劉雲瀚照片

劉雲瀚（1910－1981）別號雲翰，江西大庾人。本鄉高等小學、縣立初級中學、南京中央陸軍軍官學校第七期工兵科、陸軍大學正則班第十一期、陸軍大學研究班畢業。自填登記為1910年農曆9月27日出生，另載為民國前二年九月二十七日出生。[5] 1918年入本鄉小學就讀，1924年入縣立初級中學學習。1926年9月隨黃埔學生軍參加北伐戰爭，1926年10月考入廣州國民革命軍黃埔

---

[1] 軍事委員會銓敘廳民國二十五年十二月印製《陸海空軍軍官佐任官名簿》第十一冊[中尉]第2801頁記載。

[2] 軍事委員會銓敘廳民國二十五年十二月印《陸海空軍軍官佐任官名簿》第十一冊[中尉]第2801頁記載。

[3] 軍事委員會銓敘廳民國二十五年十二月印製《陸海空軍軍官佐任官名簿》第六冊[上尉]第1280頁記載。

[4] 軍事委員會銓敘廳民國二十五年十二月印製《陸海空軍軍官佐任官名簿》第六冊[上尉]第1280頁記載。

[5] 國民政府國防部第一廳民國三十六年二月印行《現役軍官資績簿》第三冊[陸軍現役少將上校軍官資績簿]第53頁記載。

第七章　贛閩桂籍第七期生的地域人文

軍官學校入伍生隊受訓,防守廣州黃埔魚珠炮臺。1927年夏升學第七期預科,後獲黃埔同學會資助赴杭州,1928年春隨部參加第二期北伐戰事,任國民革命軍總政治部宣傳隊隊員。戰後返回南京續學,1928年12月28日入南京中央陸軍軍官學校第七期第一總隊工兵科工兵隊學習,入學時登記為20歲,1929年12月28日畢業。任南京中央陸軍軍官學校軍官教育團工兵連分隊長,1930年3月任南京中央陸軍軍官學校軍官教育團第二營第七連連附,1930年7月任中央教導第二師(師長張治中)工兵第二營第七連連長。1931年1月任陸軍第四師(師長徐庭瑤)工兵營第三連連長,1931年3月入南京中央陸軍軍官學校附設憲兵員警訓練班肄業,中途輟學重入部隊服務。1932年1月任陸軍第八十七師(師長張治中)第五二二團團附,隨部參加「一•二八」淞滬抗戰。1932年12月考入陸軍大學正則班第十一期學習,1935年12月以該期第一名畢業。依據國民政府軍事委員會頒令官位序號為第4002號。[6] 繼入陸軍大學兵學研究院第四期深造,1937年2月任陸軍大學兵學教官,1937年6月奉派入廬山暑期中央訓練團第二期受訓。抗日戰爭爆發後,任第十五集團軍總司令(陳誠兼)部參謀處第一課(作戰)課長,自此入陳誠系高級幕僚。後任第三戰區前敵總司令(陳誠)部高級參謀,1938年1月任武漢衛戍總司令(陳誠)部參謀處第一課課長,1938年4月任該總司令部參謀處副處長。1938年6月任第九戰區司令長官(陳誠)部參謀處副處長,1938年10月任參謀處處長。1939年1月任陸軍第六十七師(師長莫與碩)第一九九旅副旅長兼第三九七團團長,參加蘇南敵後抗日遊擊戰爭。1939年10月任陸軍第十八軍(軍長羅卓英兼)第十一師(師長葉佩高)司令部參謀長,1939年11月為拱衛戰時首都重慶特設立第六戰區,任該戰區司令長官(陳誠)部(參謀長施伯衡)參謀處處長,隨軍駐防湖北戰時省會恩施地區,直接參與戰區戰役策劃與指導事宜。1940年6月任軍事委員會政治部部長(陳誠)辦公廳副主任,1941年5月任陸軍第十八師(師長羅廣文)副師長,兼任第六戰區司令長官部辦公室主任。1941年9月任第六戰區幹部訓練團教育處處長。1941年9月3日敘任陸軍工兵上校,[7] 另載1942年1月任陸軍工兵上校。1941年4月任陸軍第八軍(軍長鄭洞國)第五師代理師長,1941年12月實任陸軍第五師師長。繼入中央軍官訓練團黨政幹部訓練班第二十九期受

---

[6] 國民政府國防部第一廳民國三十六年二月印行《現役軍官資績簿》第三冊[陸軍現役少將上校軍官資績簿]第53頁記載。

[7] 據軍事委員會銓敘廳民國三十三年十二月印製《軍官資績簿》第二冊[陸軍現役少將上校軍官資績簿]第407頁記載。

訓，結業後返回原部隊續任原職，率部參加鄂西會戰。1943年8月任中國遠征軍司令長官（陳誠）部副參謀長。1943年9月3日被國民政府軍事委員會銓敘廳頒令敘任陸軍工兵上校。[8]1944年1月23日頒令委任陸軍第十八軍（軍長羅廣文）第十一師少將師長，[9]1945年1月任軍政部（部長陳誠）人事處處長，兼任後勤總司令部人事處處長，1945年5月任軍政部駐新疆供應局局長。獲頒四等雲麾勳章、美軍獨立自由獎章、陸海空軍甲種一等獎章，光華甲種一等獎章，幹城甲種一等獎章。[10]抗日戰爭勝利後，1945年10月10日獲頒忠勤勳章。1946年1月頒令委任國民政府軍政部參事，1946年3月任軍事委員會銓敘廳（廳長錢卓倫）第一處處長。1946年5月30日獲頒勝利勳章。1946年6月任國民政府國防部（部長白崇禧）第一廳（廳長錢卓倫）第一處處長。1946年10月獲頒四等雲麾勳章及美軍自由勳章。1946年11月5日任國防部第一廳（廳長於達）副廳長兼第一處處長，[11]1947年1月與張曼玲結婚。1947年3月任國防部第五廳代理廳長，1947年7月實任廳長，負責軍隊整編訓練事宜。1948年1月獲頒四等寶鼎勳章。1948年6月任陸軍新編第五軍軍長，率部駐防山海關地區。1948年9月22日被國民政府軍事委員會銓敘廳頒令敘任陸軍少將。1948年10月部隊改變番號後，任陸軍第八十六軍軍長，率部在天津地區與人民解放軍作戰。1949年1月中旬所部在天津戰役中被人民解放軍全殲，其在部隊潰敗中逃脫。南下南京報告後，奉派任長沙綏靖主任（程潛）公署南昌指揮所（主任方天）副主任。1949年9月任重建後的陸軍第十九軍軍長，統轄陸軍第十三師（師長吳垂昆）、第十四師（師長羅錫疇）、第十八師（師長尹俊）等部，1949年10月率部赴舟山群島，後赴福建金門駐防，率部在登陸戰中重創人民解放軍登島部隊。1950年1月獲頒三等寶鼎勳章。入臺灣「革命實踐研究院」第三期學習，結業後率部駐防舟山群島。1950年5月率部撤退臺灣，1950年9月任臺灣「國防部」戰略計畫研究委員會委員，1950年11月任「國防部」參議。1951年1月奉派入臺灣「革命實踐研究院」軍官訓練團高級班第三期受訓。1951年6月任臺

---

[8] 國民政府國防部第一廳民國三十六年二月印行《現役軍官資績簿》第三冊[陸軍現役少將上校軍官資績簿]第53頁記載。

[9] 據軍事委員會銓敘廳民國三十三年十二月印製《軍官資績簿》第二冊[陸軍現役少將上校軍官資績簿]第407頁記載。

[10] 據軍事委員會銓敘廳民國三十三年十二月印製《軍官資績簿》第二冊[陸軍現役少將上校軍官資績簿]第407頁記載。

[11] 國民政府國防部第一廳民國三十六年二月印行《現役軍官資績簿》第三冊[陸軍現役少將上校軍官資績簿]第53頁記載。

灣陸軍工兵學校校長,1953年11月任「臺灣聯合後方勤務總司令部」工程署署長。1954年6月奉派入臺灣「國防大學」聯合作戰系第三期受訓,1954年12月結業。1955年9月任「陸軍總司令部」陸軍供應司令部工兵署署長。1956年1月敘任陸軍中將。1956年5月奉派入臺灣「陸軍參謀指揮大學」將官班第七期受訓,1956年11月結業。1957年7月任「陸軍總司令部」陸軍供應司令部副司令官,1959年免職。1964年5月退役。1968年10月任臺灣「光復大陸設計研究委員會」編纂委員。1981年5月17日因病在臺北逝世。著有《紀念古寧頭之役》、《大陸光復後邊防建設之研究》、《劉雲瀚自傳》等。

劉修珖(1911－?)原名雲飛,別字修珖,後以字行,江西泰和人。南京中央陸軍軍官學校第七期步兵科畢業。自填登記為民國前一年九月二十九日出生。[12]1928年12月28日考入南京中央陸軍軍官學校第七期第一總隊步兵科步兵大隊第二隊學習,入學時登記為19歲,1929年12月28日畢業。歷任陸軍步兵學校籌備處籌備員,學員大隊區隊長、中隊長。1935年9月19日被國民政府軍事委員會銓敘廳頒令敘任陸軍步兵上尉。[13]

朱宗堯(1906－?)別字慕唐,江西贛縣人。南京中央陸軍軍官學校第七期炮兵科畢業。自填登記為民國前五年一月十五日出生。[14]1928年12月28日考入南京中央陸軍軍官學校第七期第一總隊炮兵科炮兵隊學習,入學時登記為24歲,1929年12月28日畢業。歷任國民革命軍總司令部附設軍校軍官團炮兵教導隊觀測員,炮兵第一旅司令部副官,炮兵第一團第二營連長。1936年4月18日被國民政府軍事委員會銓敘廳頒令敘任陸軍炮兵中尉。[15]

朱鳴剛(1907－1997)原名暉,[16]別字鳴剛,別號國光,後以字行,江西南康縣龍迴人。廣州國民革命軍黃埔軍官學校第七期炮兵科、陸軍大學正則班第十五期畢業,中央軍官訓練團第三期結業。1927年9月考入廣州國民革命軍黃埔軍官學校第七期第二總隊炮兵科炮兵中隊學習,入學時登記為20歲,

---

[12] 軍事委員會銓敘廳民國二十五年十二月印製《陸海空軍軍官佐任官名簿》第七冊[上尉]第1723頁記載。

[13] 軍事委員會銓敘廳民國二十五年十二月印製《陸海空軍軍官佐任官名簿》第七冊[上尉]第1723頁記載。

[14] 軍事委員會銓敘廳民國二十五年十二月印《陸海空軍軍官佐任官名簿》第十一冊[中尉]第2718頁記載。

[15] 軍事委員會銓敘廳民國二十五年十二月印《陸海空軍軍官佐任官名簿》第十一冊[中尉]第2718頁記載。

[16] 據湖南省檔案館校編、湖南人民出版社1989年7月《黃埔軍校同學錄》中的《廣州黃埔國民革命軍軍官學校第七期同學錄》記載。

1930年9月畢業。歷任國民革命軍陸軍炮兵團排長、連長。1936年12月考入陸軍大學正則班第十五期學習，1939年3月畢業。1939年4月任陸軍大學兵學教官，1940年12月任軍政部第四十四補充兵訓練總處參謀長，兼任第三練習團團長，1944年10月任陸軍新編第二軍（軍長李鐵軍）司令部參謀處處長、參謀長。抗日戰爭勝利後，1945年10月10日獲頒忠勤勳章，1946年5月30日獲頒勝利勳章。1946年秋任陸軍整編第七十八師（師長葉成）暫編第五十八旅（旅長顧葆裕、彭邁）少將副旅長。1947年4月入中央軍官訓練團第三期第二中隊學員隊受訓，1947年6月結業。1948年任陸軍整編第七十八師整編第二二七旅少將旅長，1949年9月25日率部在新疆迪化參加起義，並隨陶峙嶽等十四名將領在起義通電上簽字署名。[17]中華人民共和國成立後，任中國人民解放軍新疆軍區司令部炮兵主任，新疆生產建設兵團司令部副處長，新疆生產建設兵團第二十二師副師長兼第十三團團長，[18]新疆生產建設兵團哈哈密管理處副處長。轉業地方工作後，任新疆維吾爾自治區人民政府建築工程局顧問，新疆維吾爾自治區第一屆政協常委，1986年12月任新疆維吾爾自治區黃埔軍校同學會會長。[19]1997年8月20日因病在烏魯木齊逝世。著有《整編第二二七旅在起義前後》（載於①中國人民解放軍資料叢書編審委員會編纂：中國人民解放軍歷史資料叢書，解放軍出版社1995年12月《解放戰爭時期國民黨軍起義投誠：陝甘寧青新地區》第525－527頁；②中國文史出版社《解放戰爭中的西北戰場》第651－654頁）等。

江　征（1902－？）又名徵，別字素波，江西餘幹人。自填登記為民國前九年九月十五日出生。[20]1928年12月28日考入南京中央陸軍軍官學校第七期第一總隊炮兵科炮兵隊學習，入學時登記為23歲，1929年12月28日畢業。歷任炮兵學校訓練員，學員大隊區隊長、中隊長。1935年9月13日被國民政府軍事委員會銓敘廳頒令敘任陸軍炮兵中尉。[21]

---

[17] 中國人民解放軍資料叢書編審委員會編纂：中國人民解放軍歷史資料叢書，解放軍出版社1995年12月《解放戰爭時期國民黨軍起義投誠：陝甘寧青新地區》第83頁記載。

[18] 《新疆生產建設兵團史志》編纂委員會編纂：新疆人民出版社1995年10月印行《新疆生產建設兵團大事記》第89頁記載。

[19] 中共中央統戰部、黃埔軍校同學總會編纂：華藝出版社1994年6月印行《紀念黃埔軍校建校七十周年－黃埔軍校》第587頁記載。

[20] 軍事委員會銓敘廳民國二十五年十二月印《陸海空軍軍官佐任官名簿》第十一冊[中尉]第2690頁記載。

[21] 軍事委員會銓敘廳民國二十五年十二月印《陸海空軍軍官佐任官名簿》第十一冊[中尉]第2690頁記載。

第七章　贛閩桂籍第七期生的地域人文

李德懷（1908－？）別字飛雄，江西贛州人。南京中央陸軍軍官學校第七期工兵科畢業。自填登記為民國前三年九月十一日出生。[22]1928年12月28日考入南京中央陸軍軍官學校第七期第一總隊工兵科工兵隊學習，入學時登記為22歲，1929年12月28日畢業。歷任獨立工兵團排長、連長、營長。1935年9月23日被國民政府軍事委員會銓敘廳頒令敘任陸軍工兵上尉。[23]

李鴻魁照片

李鴻魁（1905－？）別字占優，江西會昌人。廣州國民革命軍黃埔軍官學校第七期步兵科畢業。自填登記為民國前六年九月五日出生。[24]1927年9月考入廣州國民革命軍黃埔軍官學校第七期第二總隊步兵科步兵大隊步兵第四中隊學習，入學時登記為26歲，1930年9月畢業。歷任廣東軍事政治學校步兵科助教、教官。1935年9月21日被國民政府軍事委員會銓敘廳頒令敘任陸軍步兵上尉。[25]

邱　馗（1902－？）別字九首，江西興國人。南京中央陸軍軍官學校第七期步兵科畢業。自填登記為民國前九年一月二十一日出生。[26]1928年12月28日考入南京中央陸軍軍官學校第七期第一總隊步兵科步兵大隊第二隊學習，入學時登記為23歲，1929年12月28日畢業。任南京大中專科學校軍事訓練組教官，南京軍警處科員。1935年9月12日被國民政府軍事委員會銓敘廳頒令敘任陸軍步兵上尉。[27]

---

[22] 軍委員會銓敘廳民國二十五年十二月印製《陸海空軍軍官佐任官名簿》第八冊[上尉]第1929頁記載。

[23] 軍事委員會銓敘廳民國二十五年十二月印製《陸海空軍軍官佐任官名簿》第八冊[上尉]第1929頁記載。

[24] 軍事委員會銓敘廳民國二十五年十二月印製《陸海空軍軍官佐任官名簿》第六冊[上尉]第1419頁記載。

[25] 軍事委員會銓敘廳民國二十五年十二月印製《陸海空軍軍官佐任官名簿》第六冊[上尉]第1419頁記載。

[26] 軍事委員會銓敘廳民國二十五年十二月印製《陸海空軍軍官佐任官名簿》第七冊[上尉]第1696頁記載。

[27] 軍事委員會銓敘廳民國二十五年十二月印製《陸海空軍軍官佐任官名簿》第七冊[上尉]第1696

陳仿忠（1904－？）別字培芳，江西贛州人。南京中央陸軍軍官學校第七期輜重兵科畢業。自填登記為民國前八年十二月五日出生。[28]1928年12月28日考入南京中央陸軍軍官學校第七期第一總隊輜重兵科輜重隊學習，入學時登記為26歲，1929年12月28日畢業。歷任輜重兵運輸大隊區隊長、中隊長、參謀。1936年4月25日被國民政府軍事委員會銓敘廳頒令敘任陸軍輜重兵上尉。[29]

　　陳祖蕃（1904－？）別字仰賢，江西南昌人。南京中央陸軍軍官學校第七期第一總隊步兵科畢業。1928年12月28日考入南京中央陸軍軍官學校第七期第一總隊步兵科步兵大隊第二隊學習，入學時登記為25歲，1929年12月28日畢業。歷歷任陸軍步兵團排長、連長、參謀、團附。1937年2月5日被國民政府軍事委員會銓敘廳頒令敘任陸軍步兵少校。[30]抗日戰爭爆發後，隨軍參加抗日戰事。

　　巫劍峰（1910－？）別字志中，江西萍鄉人。南京中央陸軍軍官學校第七期工兵科畢業。自填登記為民國前二年二月一日出生。[31]1928年12月28日考入南京中央陸軍軍官學校第七期第一總隊工兵科工兵隊學習，入學時登記為19歲，1929年12月28日畢業。1935年7月30日被國民政府軍事委員會銓敘廳頒令敘任陸軍工兵上尉。[32]抗日戰爭爆發後，任陸軍第十三軍（軍長湯恩伯）第四師（師長石覺）司令部直屬工兵營營長。1939年10月任陸軍第四師（師長石覺）第十團團長，率部參加隨棗會戰。抗日戰爭勝利後，1948年任華北「剿匪」總司令部第九兵團（司令官石覺）陸軍第三十九軍第二九九師師長，1949年1月率部參加北平起義。改編後任中國人民解放軍獨立第四十八師師長。中華人民共和國成立後，奉派入中國人民解放軍華北軍政大學高級研究班學習。1951年轉業地方工作。著有《在臨沂、臺兒莊、隨棗三大戰役中作戰片斷》等。

　　鄭鈞（1903－？）別字如山，江西上饒人。南京中央陸軍軍官學校第七期第一總隊步兵科畢業。1928年12月28日考入南京中央陸軍軍官學校第七期

　頁記載。
[28] 軍事委員會銓敘廳民國二十五年十二月印製《陸海空軍軍官佐任官名簿》第八冊[上尉]第1987頁記載。
[29] 軍事委員會銓敘廳民國二十五年十二月印製《陸海空軍軍官佐任官名簿》第八冊[上尉]第1987頁記載。
[30] 國民政府文官處印鑄局印行：臺灣成文出版社有限公司1972年8月出版《國民政府公報》第120冊1937年2月6日第2272號頒令第2頁記載。
[31] 軍事委員會銓敘廳民國二十五年十二月印製《陸海空軍軍官佐任官名簿》第八冊[上尉]第1937頁記載。
[32] 軍事委員會銓敘廳民國二十五年十二月印製《陸海空軍軍官佐任官名簿》第八冊[上尉]第1937頁記載。

第一總隊步兵科步兵大隊第一隊學習,入學時登記為26歲,1929年12月28日畢業。歷任軍校教導團籌備處見習,教導第二師步兵連排長,陸軍第四師步兵第十二旅連長、參謀、營長。1935年7月2日被國民政府軍事委員會銓敘廳頒令敘任陸軍步兵少校。[33]抗日戰爭爆發後,隨軍參加抗日戰事。

歐陽春圃照片

歐陽春圃(1909－1990)別字壽民,江西泰和人。廣州國民革命軍黃埔陸軍軍官學校第七期炮兵科、南京湯山炮兵學校第二期、陸軍大學正則班第十四期畢業。自填登記為民國前三年三月二十三日出生。[34]幼時入本鄉私塾啟蒙,考入本鄉高等小學堂就讀,畢業後考入縣立初級師範學校學習,未及畢業聞信南下,入第六期入伍生隊受訓。1927年9月考入廣州國民革命軍黃埔軍官學校第七期第二總隊炮兵科炮兵中隊學習,入學時登記為24歲,1930年9月畢業。記載初任軍職為軍校教導團籌備處獨立炮兵營見習,教導第一師炮兵排長,記載履歷軍職為連長、營長、參謀長、教官、高級參謀。[35]1930年4月7日任教導第一師(馮軼裴)野戰炮兵團排長,1931年1月起任國民政府警衛師炮兵旅第一團排長,國民政府警衛軍炮兵旅第一團排長,1932年5月任軍政部直屬獨立炮兵第七團第二營第四連連附。1933年9月奉派入南京湯山炮兵學校第二期學習,1934年11月畢業。1935年2月18日任獨立炮兵第七團第二營上尉副官,1935年9月13日被國民政府軍事委員會銓敘廳頒令敘任陸軍炮兵上尉。[36]1935年12月考入陸軍大學正則班第十四期學習,依據國民政府軍事委員會1936年3月

---

[33] 國民政府文官處印鑄局印行:臺灣成文出版社有限公司1972年8月出版《國民政府公報》第95冊1935年7月3第1783號頒令第3－4頁記載。

[34] 軍事委員會銓敘廳民國二十五年十二月印製《陸海空軍軍官佐任官名簿》第八冊[上尉]第1898頁記載。

[35] 據軍事委員會銓敘廳民國三十三年十二月印製《軍官資績簿》第二冊[陸軍現役少將上校軍官資績簿]第303頁記載。

[36] 軍事委員會銓敘廳民國二十五年十二月印製《陸海空軍軍官佐任官名簿》第八冊[上尉]第1898頁記載。

頒令官位序號為第2960號。[37]抗日戰爭爆發後，1938年7月陸軍大學正則班第十四期畢業。續任陸軍大學兵學研究院研究員，1939年6月任陸軍大學兵學教官。1941年8月奉派入中央訓練團黨政幹部訓練班第二十四期學員總隊受訓，期間任第三大隊第六中隊中隊附，結業後任陸軍第七十八師參謀處作戰科科長，第六戰區司令長官部軍官訓練班副主任，第五軍司令部軍官大隊大隊長，隨軍參加昆侖關抗日戰事。1941年11月任第十一集團軍總司令部參謀處處長，1943年4月1日敘任陸軍炮兵中校。[38]1943年4月14日頒令委任第十一集團軍總司令部少將附員。[39]1945年1月任陸軍第五軍（軍長邱清泉）司令部參謀長，率部參加遠征印緬抗戰、桂柳會戰諸役。獲頒陸海空軍甲種一等獎章。抗日戰爭勝利後，1945年10月任陸軍第九軍司令部炮兵指揮部指揮官，1945年10月10日獲頒忠勤勳章。1946年1月4日頒令委任陸軍整編第一一〇旅少將旅長。[40]1946年5月10日被國民政府軍事委員會銓敘廳頒令敘任陸軍炮兵上校。1946年5月30日獲頒勝利勳章。1946年7月部隊整編後，任青年軍第二〇三師司令部炮兵指揮部指揮官，青年軍第二〇六師（師長蕭勁）副旅長、司令部參謀長，率部在西北與人民解放軍作戰。1947年1月4日任陸軍整編第一一〇旅（旅長廖運周）副旅長，1947年7月9日獲頒美軍銀質自由勳章。1948年7月16日任陸軍整編第八十五師（師長吳紹周）司令部參謀長，1948年9月所部恢復為軍編制，任陸軍第八十五軍司令部參謀長。1948年11月1日任陸軍第二一六師（師長毅允懷）副師長，1948年12月1日任聯合後方勤務總司令部少將高級參謀。1949年4月離職，攜眷赴香港定居，從事中小學教學。1990年6月3日因病在香港逝世。

　　羅元偉（1902－1932）別字一之，江西大庾人。南京中央陸軍軍官學校第七期步兵科畢業。1928年12月28日考入南京中央陸軍軍官學校第七期第一總隊步兵大隊第四隊學習，入學時登記25歲，1929年12月28日畢業。任陸軍步兵連見習、排長，1932年秋在討伐軍閥戰事中陣亡。[41]

---

[37] 據國民政府國防部第一廳民國三十六年二月印行《現役軍官資績簿》第二冊[陸軍現役少將軍官資績簿]下冊第160頁記載。

[38] 據軍事委員會銓敘廳民國三十三年十二月印製《軍官資績簿》第二冊[陸軍現役少將上校軍資績簿]第303頁記載。

[39] 據軍事委員會銓敘廳民國三十三年十二月印製《軍官資績簿》第二冊[陸軍現役少將上校軍資績簿]第303頁記載。

[40] 據國民政府國防部第一廳民國三十六年二月印行《現役軍官資績簿》第二冊[陸軍現役少將軍官資績簿]下冊第160頁記載。

[41] 黃埔建國文集編纂委員會主編：臺北實踐出版社1985年6月16日印行《黃埔軍魂》第579頁記載。

第七章　贛閩桂籍第七期生的地域人文

　　胡　鐸（1906－？）別字覺民，江西贛州人。南京中央陸軍軍官學校第七期輜重兵科畢業。自填登記為民國前五年十月十一日出生。[42]1928年12月28日考入南京中央陸軍軍官學校第七期第一總隊輜重兵科輜重兵隊學習，入學時登記為24歲，1929年12月28日畢業。歷任軍校教導團籌備處見習，教導第一師司令部輜重兵隊區隊長，軍需運輸大隊分隊長、中隊長。1935年7月30日被國民政府軍事委員會銓敘廳頒令敘任陸軍輜重兵上尉。[43]

　　鍾光裕（1906－1988）原名鐘，別字光裕，後改名光裕、醒民，江西龍南人。南京中央陸軍軍官學校第七期炮兵科畢業。1928年12月28日考入南京中央陸軍軍官學校第七期第一總隊炮兵科炮兵隊學習，入學時登記為22歲，1929年12月28日畢業。任軍校教導團籌備處炮兵訓練班訓練員，炮兵學校學員隊區隊長。抗日戰爭爆發後，因與另一高級軍官同名，依據戰時條例奉令改名醒民，隨軍參加抗日戰事。中華人民共和國成立後，1986年12月參加上海市黃埔軍校同學會活動，1988年1月9日因病在上海逝世。[44]

　　鍾定軍（1907－？）別字漢淮，江西分宜人。南京中央陸軍軍官學校第七期騎兵科畢業。自填登記為民國前四年四月七日出生。[45]1928年12月28日考入南京中央陸軍軍官學校第七期第一總隊騎兵科騎兵隊學習，入學時登記為22歲，1929年12月28日畢業。歷任騎兵訓練班訓練員，騎兵學校學員隊區隊長，騎兵訓練教官。1936年4月10日被國民政府軍事委員會銓敘廳頒令敘任陸軍騎兵上尉。[46]

　　高　嶽（1908－？）別字峭壁，江西餘幹人。南京中央陸軍軍官學校第七期騎兵科畢業。自填登記為民國前四年八月十日出生。[47]1928年12月28日考入南京中央陸軍軍官學校第七期第一總隊騎兵科騎兵隊學習，入學時登記為22

---

[42] 軍事委員會銓敘廳民國二十五年十二月印製《陸海空軍軍官佐任官名簿》第八冊[上尉]第1985頁記載。
[43] 軍事委員會銓敘廳民國二十五年十二月印製《陸海空軍軍官佐任官名簿》第八冊[上尉]第1985頁記載。
[44] 據上海市黃埔軍校同學會編纂：1990年8月印行《上海市黃埔軍校同學會會員通訊錄》第162頁記載。
[45] 軍事委員會銓敘廳民國二十五年十二月印製《陸海空軍軍官佐任官名簿》第八冊[上尉]第1875頁記載。
[46] 軍事委員會銓敘廳民國二十五年十二月印製《陸海空軍軍官佐任官名簿》第八冊[上尉]第1875頁記載。
[47] 軍事委員會銓敘廳民國二十五年十二月印製《陸海空軍軍官佐任官名簿》第八冊[上尉]第1869頁記載。

歲，1929年12月28日畢業。歷任國民革命軍附設軍校軍官團騎兵訓練處見習、訓練員，騎兵大隊區隊長、連長、參謀。1935年9月7日被國民政府軍事委員會銓敘廳頒令敘任陸軍騎兵上尉。[48]

　　黃　石（1899－？）別字鐵如，江西尋鄔人。南京中央陸軍軍官學校第七期炮兵科畢業。1928年12月28日考入南京中央陸軍軍官學校第七期第一總隊炮兵科炮兵隊學習，入學時登記為28歲，1929年12月28日畢業。1936年3月任南京中央陸軍軍官學校第十四期第六總隊第一大隊第三隊少校隊附。抗日戰爭爆發後，歷任成都中央陸軍軍官學校第十六期第三總隊第二大隊第六隊少校隊長，第十七期第一總隊中校兵器教官，第十八期第二總隊炮兵科上校兵器教官。

　　黃　琦（1907－？）別字玉琦，江西九江人。南京中央陸軍軍官學校第七期第一總隊步兵科畢業。1928年12月28日考入南京中央陸軍軍官學校第七期第一總隊步兵科步兵大隊第二隊學習，入學時登記為21歲，1929年12月28日畢業。歷任陸軍步兵團排長、連長、營長、團長。1935年5月21日被國民政府軍事委員會銓敘廳頒令敘任陸軍步兵中校。[49]

　　曹　建（1908－？）別字仲初，江西大庾人。南京中央陸軍軍官學校第七期第一總隊步兵科畢業。1928年12月28日考入南京中央陸軍軍官學校第七期第一總隊步兵科步兵大隊第四隊學習，入學時登記為21歲，1929年12月28日畢業。歷任陸軍步兵團排長、連長、營長、團附。1937年2月2日被國民政府軍事委員會銓敘廳頒令敘任陸軍步兵少校。[50]

　　曹　瑚（1906－1936）江西大庾人。南京中央陸軍軍官學校第七期輜重兵科畢業。1928年12月28日考入南京中央陸軍軍官學校第七期第一總隊輜重兵科輜重兵隊學習，入學時登記為22歲，1929年12月28日畢業。歷任陸軍輜重兵營排長、連長、營長。1936年隨軍參與「圍剿」紅軍及根據地戰事中陣亡。[51]

　　梁　筠（1908－？）別字雯兮，江西泰和人。南京中央陸軍軍官學校第七期步兵科畢業。自填登記為民國前三年十一月八日出生。[52]1928年12月28日考

---

[48] 軍事委員會銓敘廳民國二十五年十二月印製《陸海空軍軍官佐任官名簿》第八冊[上尉]第1869頁記載。

[49] 國民政府文官處印鑄局印行：臺灣成文出版社有限公司1972年8月出版《國民政府公報》第93冊1935年5月22日第1747號頒令第1頁記載。

[50] 國民政府文官處印鑄局印行：臺灣成文出版社有限公司1972年8月出版《國民政府公報》第120冊1937年2月3日第2269號頒令第1頁記載。

[51] 黃埔建國文集編纂委員會主編：臺北實踐出版社1985年6月16日印行《黃埔軍魂》第582頁記載。

[52] 軍事委員會銓敘廳民國二十五年十二月印製《陸海空軍軍官佐任官名簿》第六冊[上尉]第1253

入南京中央陸軍軍官學校第七期第一總隊步兵科步兵大隊第二隊學習，入學時登記為19歲，1929年12月28日畢業。歷任陸軍步兵團排長、連長、參謀。1935年8月28日被國民政府軍事委員會銓敘廳頒令敘任陸軍步兵上尉。[53]抗日戰爭爆發後，任駐華北陸軍步兵師營長、團長，率部參加抗日戰事。抗日戰爭勝利後，1945年10月10日獲頒忠勤勳章，1946年5月30日獲頒勝利勳章。1948年任華北綏靖總司令部冀熱遼邊區司令部副參謀長。

曾　操（1908－？）別字操生，江西萍鄉人。南京中央陸軍軍官學校第七期步兵科畢業。1928年12月28日考入南京中央陸軍軍官學校第七期第一總隊步兵科步兵大隊步兵第三隊學習，入學時登記為20歲，1929年12月28日畢業。曾參加汪兆銘派組織的「改組同志會」和「黃埔革命同志會」，事敗後被捕入獄，獲釋後返回原籍教書為生。

董來圭（1907－？）江西南康人。南京中央陸軍軍官學校第七期步兵科畢業。自填登記為民國前五年一月十二日出生。[54]1928年12月28日考入南京中央陸軍軍官學校第七期第一總隊步兵科步兵大隊第四隊學習，入學時登記為23歲，1929年12月28日畢業。歷任陸軍步兵營排長、連長、營長。1936年6月27日被國民政府軍事委員會銓敘廳頒令敘任陸軍步兵上尉。[55]

謝代平（1904－？）別字戈富，江西蓮花人。南京中央陸軍軍官學校第七期步兵科畢業。自填登記為民國前七年七月十五日出生。[56]1928年12月28日考入南京中央陸軍軍官學校第七期第一總隊步兵科步兵大隊第三隊學習，入學時登記為26歲，1929年12月28日畢業。歷任軍校教導團籌備處見習，教導第二師步兵連排長，陸軍第十師第十二團第二營連長、參謀。1936年4月14日被國民政府軍事委員會銓敘廳頒令敘任陸軍步兵中尉。[57]

頁記載。
[53] 軍事委員會銓敘廳民國二十五年十二月印製《陸海空軍軍官佐任官名簿》第六冊[上尉]第1253頁記載。
[54] 軍事委員會銓敘廳民國二十五年十二月印製《陸海空軍軍官佐任官名簿》第七冊[上尉]第1576頁記載。
[55] 軍事委員會銓敘廳民國二十五年十二月印製《陸海空軍軍官佐任官名簿》第七冊[上尉]第1576頁記載。
[56] 軍事委員會銓敘廳民國二十五年十二月印製《陸海空軍軍官佐任官名簿》第九冊[中尉]第2087頁記載。
[57] 軍事委員會銓敘廳民國二十五年十二月印製《陸海空軍軍官佐任官名簿》第九冊[中尉]第2087頁記載。

謝勉賢照片

謝勉賢（1899－？）別字勵賓，江西瑞金人。廣州國民革命軍黃埔軍官學校第七期步兵科、南京中央陸軍軍官學校戰術研究班第二期畢業。1927年9月考入廣州國民革命軍黃埔軍官學校第七期第二總隊步兵科步兵第一大隊第一中隊學習，入學時登記為28歲，1930年9月畢業。任南京中央陸軍軍官學校第十期第一總隊步兵第二隊部準尉服務員、少尉區隊長、中尉訓練員。抗日戰爭爆發後，隨軍遷移武漢、成都，任成都中央陸軍軍官學校第十七期第二總隊中校戰術教官，第十八期第一總隊步兵科中校戰術教官，第十九期特科總隊中校總隊附。抗日戰爭勝利後，1945年10月10日獲頒忠勤勳章，1946年5月30日獲頒勝利勳章。任成都陸軍軍官學校第二十一期上校戰術教官，第二十二期第一總隊上校戰術教官，第二十三期教育處步兵科上校戰術教官。

藍　魁（1909－？）別字冠新，江西大庾人。南京中央陸軍軍官學校第七期工兵科畢業。自填登記為民國前二年十一月二十一日出生。[58]1928年12月28日考入南京中央陸軍軍官學校第七期第一總隊工兵科工兵隊學習，入學時登記為20歲，1929年12月28日畢業。歷任國民革命軍總司令部附設軍校軍官團工兵教導隊見習、區隊長、分隊長。1935年8月26日被國民政府軍事委員會銓敘廳頒令敘任陸軍工兵中尉。[59]抗日戰爭爆發後，任陸軍步兵營排長、連長、營長、團長。在抗日戰事中陣亡殉國。[60]

藍揚經（1909－？）別字道傳，江西大庾人。南京中央陸軍軍官學校第七期工兵科畢業。自填登記為民國前二年十一月十三日出生。[61]1928年12月28日

---

[58] 軍事委員會銓敘廳民國二十五年十二月印《陸海空軍軍官佐任官名簿》第十一冊[中尉]第2751頁記載。

[59] 軍事委員會銓敘廳民國二十五年十二月印《陸海空軍軍官佐任官名簿》第十一冊[中尉]第2751頁記載。

[60] 黃埔建國文集編纂委員會主編：臺北實踐出版社1985年6月16日印行《黃埔軍魂》第585頁記載。

[61] 軍事委員會銓敘廳民國二十五年十二月印製《陸海空軍軍官佐任官名簿》第十冊[中尉]第2391頁記載。

考入南京中央陸軍軍官學校第七期第一總隊工兵科工兵隊學習，入學時登記為20歲，1929年12月28日畢業。歷任陸軍步兵營排長、連長。1935年8月26日被國民政府軍事委員會銓敘廳頒令敘任陸軍步兵中尉。[62]

蔡　平（1906－？）別字正衡，江西上猶人。南京中央陸軍軍官學校第七期步兵科畢業。自填登記為民國前六年十月三日出生。[63]1928年12月28日考入南京中央陸軍軍官學校第七期第一總隊步兵科步兵大隊第四隊學習，入學時登記為24歲，1929年12月28日畢業。歷任陸軍步兵營見習、排長、連長。1936年4月23日被國民政府軍事委員會銓敘廳頒令敘任陸軍步兵中尉。[64]

戴堯天（1909－？）別字德蒼，原載籍貫江西贛縣，另載福建長汀人。[65]南京中央陸軍軍官學校第七期第一總隊步兵科畢業。自填登記為民國前二年二月十五日出生。[66]1928年12月28日考入南京中央陸軍軍官學校第七期第一總隊步兵科步兵大隊第二隊學習，入學時登記為24歲，1929年12月28日畢業。歷任南京憲兵司令部參謀，憲兵團排長、連長、營長。1936年3月24日被國民政府軍事委員會銓敘廳頒令敘任陸軍憲兵少校。[67]抗日戰爭爆發後，1937年12月隨軍參加南京保衛戰。

　　江西作為內陸省份與廣東接壤，歷史上多受南粵風氣之先影響，不斷有贛省籍青年參與國民革命運動。在此之前，第五路軍亦在南昌籌辦軍官教導團，後改為中央軍事政治學校南昌分校，吸引了部分贛籍學子求學該校。受此影響第七期僅有少量學員亦屬自然。如上述資料反映，軍級以上人員有2名，師級人員有3名，兩項相加達6%，僅有5人位居將領行列。

---

[62] 軍事委員會銓敘廳民國二十五年十二月印製《陸海空軍軍官佐任官名簿》第十冊[中尉]第2391頁記載。

[63] 軍事委員會銓敘廳民國二十五年十二月印製《陸海空軍軍官佐任官名簿》第十冊[中尉]第2379頁記載。

[64] 軍事委員會銓敘廳民國二十五年十二月印製《陸海空軍軍官佐任官名簿》第十冊[中尉]第2379頁記載。

[65] 據軍事委員會銓敘廳民國二十五年十二月印製《陸海空軍軍官佐任官名簿》第三冊[中校、少校]第626頁記載。

[66] 軍事委員會銓敘廳民國二十五年十二月印《陸海空軍軍官佐任官名簿》第三冊[中校少校]第626頁記載。

[67] ①據軍事委員會銓敘廳民國二十五年十二月印製《陸海空軍軍官佐任官名簿》第三冊[中校、少校]第626頁記載；②國民政府文官處印鑄局印行：臺灣成文出版社有限公司1972年8月出版《國民政府公報》第105冊1936年3月25日第2004號頒令第1頁記載。

比較知名的人物有：一是劉雲瀚，是第七期生較早擔任師級軍職，參與了抗戰時期多次重要會戰，遷臺後履歷高級軍職，為第七期最為著名的將領。二是起義將領朱鳴剛、巫劍峰，中華人民共和國成立後參與地方政府工作。三是有部分第七期生長期從事軍校教育工作，如黃石、謝勉賢等。為留存人文史料記憶資訊，特將第七期部分暫缺簡介的贛籍學員照片輯錄。

部分缺載簡介學員照片（11張）：

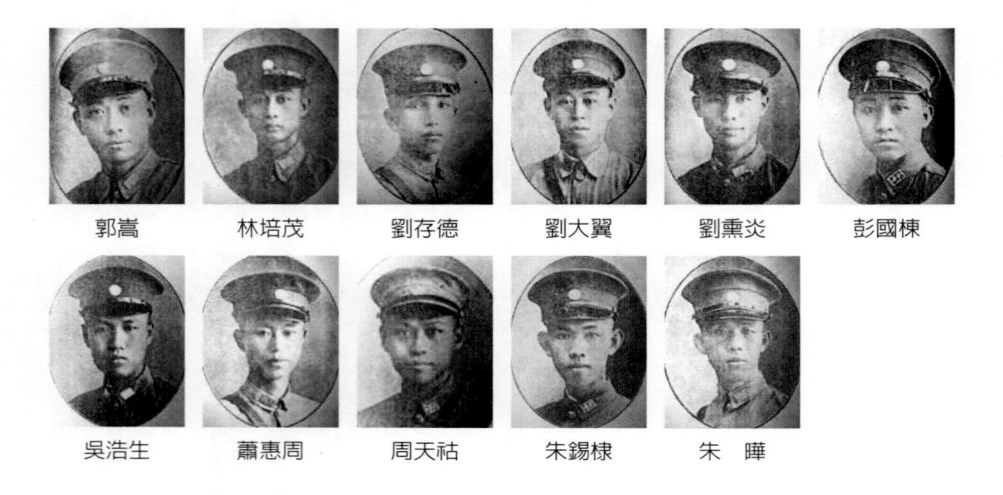

郭嵩　　林培茂　　劉存德　　劉大翼　　劉熏炎　　彭國棟

吳浩生　　蕭惠周　　周天祐　　朱錫棣　　朱　曄

第二節　閩籍第七期生簡況

福建是現代中國航海、遠洋船務及海軍發祥地。閩人投考黃埔軍校，向來數量不多。學員人數較多的縣為：閩侯16名，廈門14名，建甌11名。

表29：福建籍學員任官級職數量比例一覽表

職級	學員肄業暨任官職級名單	人數	%
肄業或尚未見從軍任官記載	李經猷、周克雍、姜緝榮、盧志新、吳秉疇、吳兆元、蕭　陶、何濟民、葉象乾、江明恪、連　珍、張　讓、張　存、鄭　慶、謝榮鴻、管棟材、鄭清祥、韋瑞陶、李德源、楊瑞山、吳達志、張孝墀、陳一軌、林大騰、林利鑫、周承烈、郭進才、唐文坤、黃自強、曹振成、李　濤、王文明、朱劍波、朱潤屋、許清華、蘇履謙、楊忠衍、楊獻欽、林化龍、林瑞奪、林慕孫、曾慶炎、姚　平、賴履璋、朱志和、黃精華	46	68
排連營級	葉在青、王光廷、鄭　剛、管鳴浩、黃　亞、曹同遠、謝作哲、宋衍文、李中輝、陳尚傑、林恩純、徐劍若、陳成義、林紫涵、程　政	15	22
團旅級	蔡　波、黃蔚南	2	3

320

第七章　贛閩桂籍第七期生的地域人文

職級	學員肄業暨任官職級名單	人數	%
師級	盧雲光、羅先致、杜中光、葉　敬	4	6
軍級以上	呂省吾	1	1
合計	68	68	100

部分知名學員簡介：（22名）

王光廷（1903－？）別字少輝，原載籍貫福建汀州，另載福建長汀人。南京中央陸軍軍官學校第七期工兵科畢業。自填登記為民國前八年九月六日出生。[68] 1928年12月28日考入南京中央陸軍軍官學校第七期第一總隊工兵科工兵隊學習，入學時登記為23歲，1929年12月28日畢業。歷任獨立工兵營排長、連長、參謀。1935年8月16日被國民政府軍事委員會銓敘廳頒令敘任陸軍工兵上尉。[69]

盧雲光照片

盧雲光（1904－？）原名鄒寨，別號炯中，福建連城縣上寨人，原籍舊屬長汀縣培田鄉村管轄。廣州國民革命軍黃埔軍官學校第七期炮兵科、陸軍大學正則班第十五期畢業。自填登記為民國前七年九月十三日出生。[70]幼時私塾啟蒙，後考入縣立第一高等小學堂就讀，繼考入連城縣舊制中學，畢業後赴廣州考入第六期入伍生隊受訓。1927年9月考入廣州國民革命軍黃埔軍官學校第七期第二總隊炮兵科炮兵中隊學習，入學時登記為24歲，1930年9月畢業。記載初軍職為陸軍第六十二師司令部警衛連排長。[71]歷任第十九路軍第六十一

---

[68] 軍事委員會銓敘廳民國二十五年十二月印製《陸海空軍軍官佐任官名簿》第八冊[上尉]第1927頁記載。
[69] 軍事委員會銓敘廳民國二十五年十二月印製《陸海空軍軍官佐任官名簿》第八冊[上尉]第1927頁記載。
[70] 據軍事委員會銓敘廳民國三十三年十二月印製《軍官資績簿》第二冊[陸軍現役少將上校軍官資績簿]第392頁記載。
[71] 據軍事委員會銓敘廳民國三十三年十二月印製《軍官資績簿》第二冊[陸軍現役少將上校軍官資績簿]第392頁記載。

321

師步兵營連長、營長，各級司令部參謀。依據國民政府軍事委員會1936年2月頒令官位序號為3858號。[72]1936年春任第四路軍總司令部參謀處第三科第一班上尉參謀。[73]1936年12月考入陸軍大學正則班第十五期學習，1939年3月畢業。抗日戰爭爆發後，任第三戰區司令部參謀、科長，陸軍預備第十師司令部參謀長、代理副師長。1940年8月20日頒令委任陸軍第五十軍司令部少將參謀長。[74]1941年任陸軍第五十軍司令部參謀長。1943年7月敘任陸軍炮兵上校。另載1944年8月19日被國民政府軍事委員會銓敘廳頒令敘任陸軍炮兵上校。[75]獲頒幹城甲等一級獎章。抗日戰爭勝利後，任第三戰區司令長官部高級參謀。1945年10月10日獲頒忠勤勳章，1946年5月30日獲頒勝利勳章。1946年10月8日頒令入中央訓練團受訓，登記為少將團員。[76]1947年10月任臺灣警備司令部參謀長。1964年12月退役。

葉　敬（1908－？）別字植三，福建順昌人。南京中央陸軍軍官學校第七期步兵科畢業。自填登記為民國前三年六月十四日出生。[77]1928年12月28日考入南京中央陸軍軍官學校第七期第一總隊步兵科步兵大隊第四隊學習，入學時登記為22歲，1929年12月28日畢業。初任軍校教導團籌備處見習，後任教導第二師排長，陸軍第四師排長，1932年12月30日任陸軍第二十五師步兵第七十三旅（旅長杜聿明）步兵第一四六團第二營第七連連長，隨軍參加長城古北口抗日戰事。1936年4月8日被國民政府軍事委員會銓敘廳頒令敘任陸軍步兵上尉。[78]1937年5月任機械化裝甲兵團特務連連長。抗日戰爭爆發後，1938年1月任陸軍第二〇〇師戰車第一一五〇團第二營營長，1938年10月任陸軍新編第十一軍汽車兵團第二營營長，1939年2月任陸軍第五軍司令部直屬汽車運輸團第

---

[72] 據國民政府國防部第一廳民國三十六年二月印行《現役軍官資績簿》第三冊[陸軍現役少將上校軍官資績簿]第28頁記載。
[73] 1936年12月印行《廣東綏靖主任公署暨第四路軍總司令部職員錄》第86頁記載。
[74] 據軍事委員會銓敘廳民國三十三年十二月印製《軍官資績簿》第二冊[陸軍現役少將上校軍官資績簿]第392頁記載。
[75] 據國民政府國防部第一廳民國三十六年二月印行《現役軍官資績簿》第三冊[陸軍現役少將上校軍官資績簿]第28頁記載。
[76] 據國民政府國防部第一廳民國三十六年二月印行《現役軍官資績簿》第三冊[陸軍現役少將上校軍官資績簿]第28頁記載。
[77] 軍事委員會銓敘廳民國二十五年十二月印製《陸海空軍軍官佐任官名簿》第七冊[上尉]第1585頁記載。
[78] 軍事委員會銓敘廳民國二十五年十二月印製《陸海空軍軍官佐任官名簿》第七冊[上尉]第1585頁記載。

二營營長。1941年10月29日被國民政府軍事委員會銓敘廳頒令敘任陸軍步兵少校。1944年1月任陸軍第二〇〇師步兵第五九八團團長，1945年2月19日被國民政府軍事委員會銓敘廳頒令直接敘任陸軍步兵上校。抗日戰爭勝利後，1945年10月10日獲頒忠勤勳章，1945年10月16日任東北保安司令長官部特務團團長，1946年5月30日獲頒勝利勳章。1947年3月任東北保安總司令部保安第七支隊司令官。1947年8月任國防部部員，1948年11月任徐州「剿匪」總司令部前進指揮部第一處處長，1949年2月任陸軍第四十六師副師長、代理師長，1949年4月任陸軍第二〇〇師師長。1949年9月任國防部少將部員，派赴陸軍第五軍司令部為少將附員。

葉在青（1909－？）福建長汀人。南京中央陸軍軍官學校第七期工兵科畢業。自填登記為民國前二年六月十一日出生。[79]1928年12月28日考入南京中央陸軍軍官學校第七期第一總隊工兵科工兵隊學習，入學時登記為26歲，1929年12月28日畢業。歷任工兵學校學員大隊區隊長、分隊長。1935年9月12日被國民政府軍事委員會銓敘廳頒令敘任陸軍工兵上尉。[80]任南京中央陸軍軍官學校教導總隊工兵團第一營營長，教導總隊軍士教導營營長。抗日戰爭爆發後，1937年12月11日隨軍參加南京保衛戰，防守光華門激戰胸部負重傷。送教會醫院救治。到武漢後入軍事委員會戰時幹部訓練團第一團任教。

呂省吾（1912－？）原名基和，[81]別字喚民，別號省吾，後改名省吾，福建晉江人。南京中央陸軍軍官學校第七期工兵科、陸軍大學特別班第五期畢業，訓練總監部軍事教官訓練班第二期結業。自填登記為民國前三年三月十日出生，[82]另載生於1912年11月10日。幼時在本村私塾入館啟蒙，少年時考入本鄉高等小學堂就讀，後入縣立初級師範學校學習，未及畢業輟學，赴廣州考入廣東守備軍幹部教導隊受訓。1928年12月28日考入南京中央陸軍軍官學校第七期第一總隊工兵科工兵隊學習，入學時登記為22歲，1929年12月28日畢業。初任軍校教導團籌備處見習，陸軍教導第二師工兵團排長，1930年11月10日任陸軍第四師工兵營排長、連長，1935年5月任訓練總監部軍事教育處（處長潘

---

[79] 軍事委員會銓敘廳民國二十五年十二月印製《陸海空軍軍官佐任官名簿》第八冊[上尉]第1939頁記載。

[80] 軍事委員會銓敘廳民國二十五年十二月印製《陸海空軍軍官佐任官名簿》第八冊[上尉]第1939頁記載。

[81] 湖南省檔案館校編、湖南人民出版社1989年7月《黃埔軍校同學錄》記載。

[82] 國民政府國防部第一廳民國三十六年二月印行《現役軍官資績簿》第三冊[陸軍現役少將上校軍官資績簿]第65頁記載。

佑強）科員。1936年春考入訓練總監部軍事教官訓練班第二期學習，依據國民政府軍事委員會1935年4月頒令官位為第9085號。[83]1936年9月結業。1936年10月14日任福建省國民兵軍事訓練處（處長楊華）教官，福建南安縣國民兵軍事訓練總隊副總隊長，1937年4月任福建省學生軍事訓練總隊支隊長。抗日戰爭爆發後，任軍事訓練總隊營長、團附、教官、副團長、團長。1938年6月任閩南抗敵自衛團第六大隊大隊長，1939年3月任陸軍第八十師（師長陳琪）司令部中校師附。1940年7月入陸軍大學特別班第五期學習，1942年7月畢業，續任陸軍大學兵學研究院第十期研究員。1943年5月任陸軍第二〇〇師（師長高吉人）司令部參謀處參謀、課長、主任。1944年8月1日頒令委任為陸軍第二〇〇師司令部少將參謀長。[84]1944年8月30日被國民政府軍事委員會銓敘廳頒令敘任陸軍工兵上校。[85]獲頒美軍獨立自由獎章，四等雲麾勳章。抗日戰爭勝利後，1945年10月10日獲頒忠勤勳章，1946年5月30日獲頒勝利勳章。1947年7月任陸軍整編第二〇〇旅（旅長熊笑三）司令部參謀長、副旅長，1948年5月任陸軍第三十一軍（軍長廖慷）司令部參謀長。1948年8月任臺灣省警備司令部參謀處處長，1948年12月16日委派任陸軍第三二五師師長，1949年6月1日任陸軍第一二一軍（軍長沈向奎）副軍長，1949年8月任東南軍政長官公署少將高級參謀。1950年3月任臺灣「國防部」少將高級參謀，1960年10月屆齡退役。

李中輝（1906－？）別字子琛，原載籍貫福建泉州，另載福建晉江人。南京中央陸軍軍官學校第七期步兵科畢業。自填登記為民國前五年三月十日出生。[86]1928年12月28日考入南京中央陸軍軍官學校第七期第一總隊步兵科步兵大隊第二隊學習，入學時登記為24歲，1929年12月28日畢業。歷任陸軍步兵團排長、連長、營長。1936年8月23日被國民政府軍事委員會銓敘廳頒令敘任陸軍步兵上尉。[87]

---

[83] 國民政府國防部第一廳民國三十六年二月印行《現役軍官資績簿》第三冊[陸軍現役少將上校軍官資績簿]第65頁記載。
[84] 國民政府國防部第一廳民國三十六年二月印行《現役軍官資績簿》第三冊[陸軍現役少將上校軍官資績簿]第65頁記載。
[85] 國民政府國防部第一廳民國三十六年二月印行《現役軍官資績簿》第三冊[陸軍現役少將上校軍官資績簿]第65頁記載。
[86] 軍事委員會銓敘廳民國二十五年十二月印製《陸海空軍軍官佐任官名簿》第六冊[上尉]第1433頁記載。
[87] 軍事委員會銓敘廳民國二十五年十二月印製《陸海空軍軍官佐任官名簿》第六冊[上尉]第1433頁記載。

第七章　贛閩桂籍第七期生的地域人文

杜中光（1902－？）別字耀華，福建建甌人。南京中央陸軍軍官學校第七期炮兵科、陸軍大學正則班第十二期畢業。[88]自填登記為民國前九年六月十二日出生。[89]另載民國前八年十月十九日出生。[90]1928年12月28日考入南京中央陸軍軍官學校第七期第一總隊炮兵科炮兵隊學習，入學時登記為23歲，1929年12月28日畢業。記載初任軍職為國民革命軍教導第二師司令部直屬山炮營少尉排長。[91]歷任炮兵連長，炮兵訓練班幹部教導隊隊長。依據國民政府軍事委員會頒令官位序號為3716號。[92]1933年11月考入陸軍大學正則班第十二期學習，1936年12月畢業。1935年9月11日被國民政府軍事委員會銓敘廳頒令敘任陸軍炮兵中尉。[93]抗日戰爭爆發後，歷任軍政部炮兵團參謀、教官，團長，代理處長，高級參謀，參謀長，軍事訓練部重炮兵研究班主任。1944年8月5日頒令委任陸軍大學西南參謀班少將兵學教官。[94]1944年10月1日被國民政府軍事委員會銓敘廳頒令敘任陸軍炮兵上校。[95]另載1945年4月被國民政府軍事委員會銓敘廳頒令敘任陸軍炮兵上校。抗日戰爭勝利後，1945年10月10日獲頒忠勤勳章，1946年5月30日獲頒勝利勳章。1946年9月12日奉派入中央訓練團受訓，登記為少將團員。[96]

宋衍文（1902－1932）別字拂塵，福建政和人。南京中央陸軍軍官學校第七期步兵科畢業。1928年12月28日考入南京中央陸軍軍官學校第七期第一總隊

---

[88] 據國民政府國防部第一廳民國三十六年二月印行《現役軍官資績簿》第三冊[陸軍現役少將上校軍官資績簿]第30頁記載。
[89] 軍事委員會銓敘廳民國二十五年十二月印《陸海空軍軍官佐任官名簿》第十一冊[中尉]第2703頁記載。
[90] 據軍事委員會銓敘廳民國三十三年十二月印製《軍官資績簿》第二冊[陸軍現役少將上校軍官資績簿]第378頁記載。
[91] 據軍事委員會銓敘廳民國三十三年十二月印製《軍官資績簿》第二冊[陸軍現役少將上校軍官資績簿]第378頁記載。
[92] 據國民政府國防部第一廳民國三十六年二月印行《現役軍官資績簿》第三冊[陸軍現役少將上校軍官資績簿]第30頁記載。
[93] 軍事委員會銓敘廳民國二十五年十二月印《陸海空軍軍官佐任官名簿》第十一冊[中尉]第2703頁記載。
[94] 據軍事委員會銓敘廳民國三十三年十二月印製《軍官資績簿》第二冊[陸軍現役少將上校軍官資績簿]第378頁記載。
[95] 據國民政府國防部第一廳民國三十六年二月印行《現役軍官資績簿》第三冊[陸軍現役少將上校軍官資績簿]第30頁記載。
[96] 據國民政府國防部第一廳民國三十六年二月印行《現役軍官資績簿》第三冊[陸軍現役少將上校軍官資績簿]第30頁記載。

步兵科步兵大隊第四隊學習，入學時登記為25歲，1929年12月28日畢業。歷任陸軍步兵營見習、排長、連長，1932年秋在討伐軍閥戰事中陣亡。[97]

陳成義（1905－？）別字仁德，福建廈門人。南京中央陸軍軍官學校第七期第一總隊步兵科畢業。1928年12月28日考入南京中央陸軍軍官學校第七期第一總隊步兵科步兵大隊第二隊學習，入學時登記為27歲，1929年12月28日畢業。任南京黃埔同學會調查員，訓練總監部步兵部參謀。1932年5月13日奉派入南京中央陸軍軍官學校軍官教育總隊受訓，1932年7月10日結訓。[98]

陳尚傑照片

陳尚傑（1908－？）原名上傑，福建閩侯人。廣州國民革命軍黃埔軍官學校第七期第二總隊步兵科畢業。自填登記為民國前三年八月十三日出生。[99]1927年9月考入廣州國民革命軍黃埔軍官學校第七期第二總隊步兵科步兵第二中隊學習，入學時登記為22歲，1930年9月畢業。歷任陸軍步兵營排長、連長、參謀。1936年4月25日被國民政府軍事委員會銓敘廳頒令敘任陸軍步兵上尉。[100]

羅先致（1907－1997）福建連城人。南京中央陸軍軍官學校第七期炮兵科、南京湯山炮兵學校第二期畢業。1928年12月28日考入南京中央陸軍軍官學校第七期第一總隊騎兵科騎兵隊學習，入學時登記為23歲，1929年12月28日畢業。分發任陸軍第四十五師炮兵連排長，1931年1月任國民政府警衛師（師長馮軼裴）炮兵旅（旅長項致莊）第一團（團長張廣厚）第二營第五連排長、連

---

[97] 黃埔建國文集編纂委員會主編：臺北實踐出版社1985年6月16日印行《黃埔軍魂》第579頁記載。
[98] 1932年5月13、14日《中央日報》連續刊登"中央陸軍軍官學校軍官教育總隊啟事（一）"記載。
[99] 軍事委員會銓敘廳民國二十五年十二月印製《陸海空軍軍佐任官名簿》第八冊[上尉]第1836頁記載。
[100] 軍事委員會銓敘廳民國二十五年十二月印製《陸海空軍軍佐任官名簿》第八冊[上尉]第1836頁記載。

附、連長。1933年9月考入南京湯山炮兵學校第二期學習，1934年11月畢業。任炮兵學校學員隊上尉隊附，1936年1月3日任炮兵學校少校兵器教官。抗日戰爭爆發後，1938年10月1日任陸軍新編第二十二師（師長邱清泉）司令部直屬炮兵營營長，1940年6月任陸軍新編第二十二師（師長廖耀湘）野戰補充團團長，1943年1月任陸軍新編第二十二師司令部炮兵指揮部副指揮官、指揮官。1944年9月4日任陸軍新編第六軍（軍長廖耀湘）炮兵指揮部指揮官，1945年3月9日被國民政府軍事委員會銓敘廳頒令敘任陸軍炮兵中校。抗日戰爭勝利後，1945年10月10日獲頒忠勤勳章，1946年5月30日獲頒勝利勳章。1947年9月任東北保安總司令部第八區保安司令（陳膺華）部副司令官，1948年6月1日所部改編，任陸軍暫編第六十師（師長陳膺華）副師長，兼任秦皇島軍警憲聯合督察處處長。1948年9月所部再度改編，仍任陸軍第二九三師（師長陳膺華）副師長，1948年12月1日任陸軍第二八四師上校師長。1949年3月1日任國防部上校部員，派赴陸軍第四十五軍司令部為上校附員。1949年5月離職避居香港，1951年3月遷移臺灣，從事工商業管理。1972年11月退休，1997年4月在香港因車禍遇難身亡。

林恩純照片

林恩純（1909－？）別字友雄，福建閩侯人。廣州國民革命軍黃埔軍官學校第七期步兵科畢業。自填登記為民國前二年十月四日出生。[101] 1927年9月考入廣州國民革命軍黃埔軍官學校第七期第二總隊步兵科步兵第四中隊學習，入學時登記為22歲，1930年9月畢業。歷任陸軍步兵團排長、連長、營長。1935年8月26日被國民政府軍事委員會銓敘廳頒令敘任陸軍步兵上尉。[102]

---

[101] 軍事委員會銓敘廳民國二十五年十二月印製《陸海空軍軍官佐任官名簿》第六冊[上尉]第1452頁記載。
[102] 軍事委員會銓敘廳民國二十五年十二月印製《陸海空軍軍官佐任官名簿》第六冊[上尉]第1452頁記載。

林紫涵（1907-？）別字耀東，福建廈門人。南京中央陸軍軍官學校第七期騎兵科畢業。自填登記為民國前五年十月二十八日出生。[103]1928年12月28日考入南京中央陸軍軍官學校第七期第一總隊騎兵科騎兵隊學習，入學時登記為24歲，1929年12月28日畢業。歷任騎兵營排長、連長、參謀。1936年8月17日被國民政府軍事委員會銓敘廳頒令敘任陸軍騎兵上尉。[104]

鄭　剛（1908-？）福建永定人。南京中央陸軍軍官學校第七期步兵科畢業。自填登記為民國前三年八月五日出生。[105]1928年12月28日考入南京中央陸軍軍官學校第七期第一總隊步兵科步兵大隊第三隊學習，入學時登記為20歲，1929年12月28日畢業。歷任陸軍步兵營排長、連長、參謀、營長。1936年8月29日被國民政府軍事委員會銓敘廳頒令敘任陸軍步兵上尉。[106]

徐劍若（1909-？）別字銳之，福建閩侯人。南京中央陸軍軍官學校第七期第一總隊步兵科畢業。1928年12月28日考入南京中央陸軍軍官學校第七期第一總隊步兵科步兵大隊第一隊學習，入學時登記為26歲，1929年12月28日畢業。歷任陸軍步兵連見習、排長、連長。1932年5月13日奉派入南京中央陸軍軍官學校軍官教育總隊受訓，1932年7月10日結訓。[107]

黃　亞（1908-？）別字宗元，後改名中越，福建連城人。南京中央陸軍軍官學校第七期輜重兵科畢業。自填登記為民國前三年六月十日出生。[108]1928年12月28日考入南京中央陸軍軍官學校第七期第一總隊輜重兵科輜重兵隊學習，入學時登記為22歲，1929年12月28日畢業。歷任陸軍步兵營軍需官，步兵團軍需主任。1936年4月14日被國民政府軍事委員會銓敘廳頒令敘任陸軍輜重兵上尉。[109]

---

[103] 軍事委員會銓敘廳民國二十五年十二月印製《陸海空軍軍官佐任官名簿》第八冊[上尉]第1872頁記載。

[104] 軍事委員會銓敘廳民國二十五年十二月印製《陸海空軍軍官佐任官名簿》第八冊[上尉]第1872頁記載。

[105] 軍事委員會銓敘廳民國二十五年十二月印製《陸海空軍軍官佐任官名簿》第六冊[上尉]第1323頁記載。

[106] 軍事委員會銓敘廳民國二十五年十二月印製《陸海空軍軍官佐任官名簿》第六冊[上尉]第1323頁記載。

[107] 1932年5月13、14日《中央日報》連續刊登"南京中央陸軍軍官學校軍官教育總隊啟事（一）"記載。

[108] 軍事委員會銓敘廳民國二十五年十二月印製《陸海空軍軍官佐任官名簿》第八冊[上尉]第1985頁記載。

[109] 軍事委員會銓敘廳民國二十五年十二月印製《陸海空軍軍官佐任官名簿》第八冊[上尉]第1985頁記載。

第七章　贛閩桂籍第七期生的地域人文

　　黃蔚南（1900－？）別字炳初，福建廈門人。南京中央陸軍軍官學校第七期第一總隊炮兵科畢業。自填登記為民國前八年十月二十日出生。[110]1928年12月28日考入南京中央陸軍軍官學校第七期第一總隊炮兵科炮兵隊學習，入學時登記為28歲，1929年12月28日畢業。歷任國民革命軍總司令部炮兵教導隊見習、訓練員，教導第一師司令部迫擊炮連排長、連長。1935年9月12日被國民政府軍事委員會銓敘廳頒令敘任陸軍炮兵上尉。[111]抗日戰爭爆發後，任陸軍第二十五師直屬炮兵營營長。1937年9月8日國民政府頒令由陸軍炮兵上尉晉任陸軍炮兵少校。[112]抗日戰爭爆發後，1944年12月任中央陸軍軍官學校第七分校第二十一期學員總隊少將總隊長。抗日戰爭勝利後，1945年10月10日獲頒忠勤勳章，1946年5月30日獲頒勝利勳章。

　　曹同遠（1908－？）別字烈輝，福建建甌人。南京中央陸軍軍官學校第七期騎兵科畢業。自填登記為民國前四年十一月九日出生。[113]1928年12月28日考入南京中央陸軍軍官學校第七期第一總隊騎兵科騎兵隊學習，入學時登記為22歲，1929年12月28日畢業。歷任國民革命軍總司令部騎兵教導隊見習、訓練員，騎兵大隊區隊長、分隊長、中隊長。1936年9月11日被國民政府軍事委員會銓敘廳頒令敘任陸軍騎兵上尉。[114]

　　程　政（1908－？）別字正民，原載籍貫福建福州，另載福建建甌人。南京中央陸軍軍官學校第七期工兵科畢業。自填登記為民國前三年五月二十日出生。[115]1928年12月28日考入南京中央陸軍軍官學校第七期第一總隊工兵科工兵隊學習，入學時登記為20歲，1929年12月28日畢業。歷任國民革命軍總司令部工兵教導隊見習，工兵大隊區隊長、中隊長、參謀。1935年9月12日被國民

---

[110] 軍事委員會銓敘廳民國二十五年十二月印製《陸海空軍軍官佐任官名簿》第八冊[上尉]第1896頁記載。

[111] 軍事委員會銓敘廳民國二十五年十二月印製《陸海空軍軍官佐任官名簿》第八冊[上尉]第1896頁記載。

[112] 國民政府文官處印鑄局印行：臺灣成文出版社有限公司1972年8月出版《國民政府公報》第129冊1937年9月9日第2453號頒令第1頁記載。

[113] 軍事委員會銓敘廳民國二十五年十二月印製《陸海空軍軍官佐任官名簿》第八冊[上尉]第1873頁記載。

[114] 軍事委員會銓敘廳民國二十五年十二月印製《陸海空軍軍官佐任官名簿》第八冊[上尉]第1873頁記載。

[115] 軍事委員會銓敘廳民國二十五年十二月印製《陸海空軍軍官佐任官名簿》第八冊[上尉]第1944頁記載。

政府軍事委員會銓敘廳頒令敘任陸軍工兵上尉。[116]抗日戰爭爆發後，隨軍參加抗日戰事。中華人民共和國成立後，定居北京市東城區北新橋前永康胡同42號宅。1989年7月參加北京市黃埔軍校同學會活動。[117]

謝作哲（1908－？）別字述賢，福建建甌人。南京中央陸軍軍官學校第七期第一總隊步兵科畢業。自填登記為民國前四年十二月二十八日出生。[118]1928年12月28日考入南京中央陸軍軍官學校第七期第一總隊步兵科步兵大隊第二隊學習，入學時登記為24歲，1929年12月28日畢業。歷任教導第一師見習，步兵營排長、連長。1932年5月13日奉派入南京中央陸軍軍官學校軍官教育總隊受訓，1932年7月10日結訓。[119]1936年6月27日被國民政府軍事委員會銓敘廳頒令敘任陸軍步兵上尉。[120]

蔡　波（1908－？）別字浪花，福建崇安人。南京中央陸軍軍官學校第七期步兵科畢業。1928年12月28日考入南京中央陸軍軍官學校第七期第一總隊步兵科步兵大隊第三隊學習，入學時登記為20歲，1929年12月28日畢業。歷任陸軍步兵團排長、連長、營長、團附。1937年1月13日被國民政府軍事委員會銓敘廳頒令敘任陸軍步兵少校。[121]

管鳴浩（1906－？）別字博軒，原載籍貫福建延平，另載福建寧洋人。南京中央陸軍軍官學校第七期炮兵科畢業。自填登記為民國前六年二月四日出生。[122]1928年12月28日考入南京中央陸軍軍官學校第七期第一總隊炮兵科炮兵隊學習，入學時登記為24歲，1929年12月28日畢業。歷任獨立炮兵營排長、連

---

[116] 軍事委員會銓敘廳民國二十五年十二月印製《陸海空軍軍官佐任官名簿》第八冊[上尉]第1944頁記載。
[117] 據北京市黃埔軍校同學會編纂：1990年12月10日印行《北京市黃埔軍校同學會通訊錄》第14頁記載。
[118] 軍事委員會銓敘廳民國二十五年十二月印製《陸海空軍軍官佐任官名簿》第六冊[上尉]第1301頁記載。
[119] 1932年5月13、14日《中央日報》連續刊登"中央陸軍軍官學校軍官教育總隊啟事（一）"記載。
[120] 軍事委員會銓敘廳民國二十五年十二月印製《陸海空軍軍官佐任官名簿》第六冊[上尉]第1301頁記載。
[121] 國民政府文官處印鑄局印行：臺灣成文出版社有限公司1972年8月出版《國民政府公報》第119冊1937年1月14日第2252號頒令第1頁記載。
[122] 軍事委員會銓敘廳民國二十五年十二月印《陸海空軍軍官佐任官名簿》第十一冊[中尉]第2716頁記載。

長、參謀。1936年8月25日被國民政府軍事委員會銓敘廳頒令敘任陸軍炮兵中尉。[123]

延續至第七期，福建仍舊是投考黃埔軍校人數較少的省份。如上述資料所示，擔任軍級職務人員1名，師級人員4名，兩項相加合計占7%，有5人曾任將領。綜合分析有幾種情形，一是呂省吾、羅先致等，隨軍參與遠征印緬抗日戰事。二是杜中光長期從事炮兵戰術訓練。三是盧雲光、葉敬，分別從事司令部作戰參謀與裝甲兵訓練事宜。為留存人文史料記憶資訊，特將第七期部分暫缺簡介的閩籍學員照片輯錄。

部分缺載簡介學員照片（10張）：

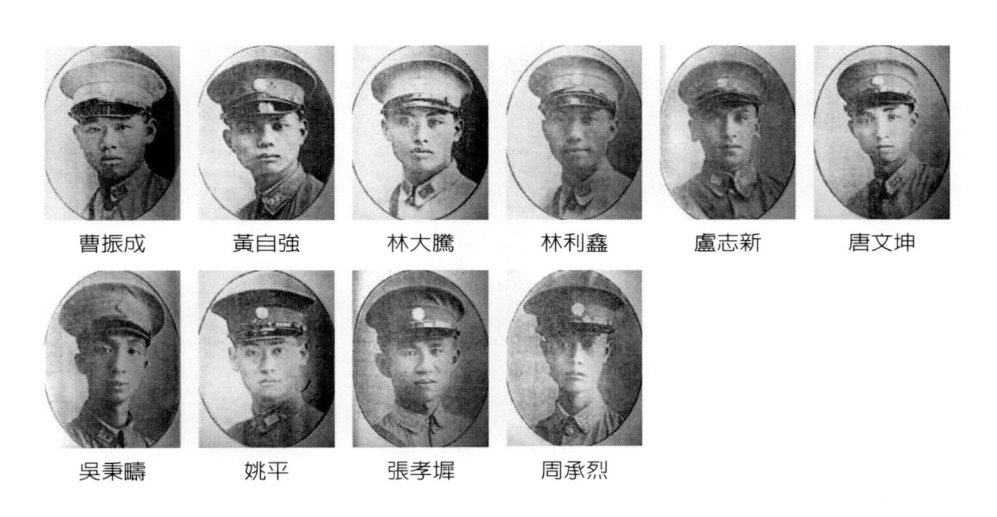

曹振成　　黃自強　　林大騰　　林利鑫　　盧志新　　唐文坤

吳秉疇　　姚平　　張孝墀　　周承烈

第三節　桂籍第七期生簡況

近代廣西歷來與廣東聯繫緊密，兩廣人氏相互交融，現代歷史上多次攜手進退，共同推進北伐國民革命運動，八桂子弟入學黃埔軍校逐期增加。

---

[123] 軍事委員會銓敘廳民國二十五年十二月印《陸海空軍軍官佐任官名簿》第十一冊[中尉]第2716頁記載。

表30：廣西籍學員任官級職數量比例一覽表

職級	學員肄業暨任官職級名單	人數	%
肄業或尚未見從軍任官記載	彭有麟、文錫鈞、李集虛、陳　綱、周　謙、鐘繼業、梁澄賢、黎展雄、甘祜業、趙能英、黃子琮、羅民英、周啓源、宋軍凱、陳大雅、潘寶讓、胡遠昭、劉　胤、關　山、林建屏、黃國昌、雷坤培、文思偉、劉　申、劉德榮、李文爵、黃惠民、磨作棟、磨作璋、盧煥清、關夢青、鐘國安、龍漢評、楊嶽森、石經武、楊　雲、陳宗唐、周文強	38	79
排連營級	李　權、武輝光、潘震銓、諸葛定、賴自醒、陳紹珍、劉靖遠、楊澍霖	8	17
團旅級	黃時懷	1	2
師級	歐孝全	1	2
合計	48	48	100

部分知名學員簡介：（10名）

劉靖遠照片

劉靖遠（1908－？）別字輝山，廣西邕寧人。廣州國民革命軍黃埔軍官學校第七期第二總隊步兵科畢業。1927年9月考入廣州國民革命軍黃埔軍官學校第七期第二總隊步兵科步兵大隊步兵第一中隊學習，入學時登記為23歲，1930年9月畢業。歷任廣東軍事政治學校第一期步兵科助教，學員大隊區隊長、中隊長。1932年5月13日奉派入南京中央陸軍軍官學校軍官教育總隊受訓，1932年7月10日結訓。[124]

---

[124] 1932年5月13、14日《中央日報》連續刊登"南京中央陸軍軍官學校軍官教育總隊啟事（一）"記載。

第七章　贛閩桂籍第七期生的地域人文

李權照片

李　權（1901－？）廣西蒼梧人。廣州國民革命軍黃埔軍官學校第七期步兵科畢業。1927年9月考入廣州國民革命軍黃埔軍官學校第七期第二總隊步兵科步兵大隊第一中隊學習，入學時登記為26歲，1930年9月畢業。1936年春任第四路軍總司令部參謀處第三科航空班中尉服務員。[125]

楊澍霖（1905－？）廣西藤縣人。南京中央陸軍軍官學校第七期步兵科畢業。自填登記為民國前七年三月九日出生。[126]1928年12月28日考入南京中央陸軍軍官學校第七期第一總隊步兵科步兵大隊第四隊學習，入學時登記為23歲，1929年12月28日畢業。歷任陸軍步兵營排長、連長。1936年4月23日被國民政府軍事委員會銓敘廳頒令敘任陸軍步兵中尉。[127]

陳紹珍（1904－1936）又名紹畛，廣西容縣人。南京中央陸軍軍官學校第七期炮兵科畢業。1928年12月28日考入南京中央陸軍軍官學校第七期第一總隊炮兵科炮兵隊學習，入學時登記為21歲，1929年12月28日畢業。歷任陸軍獨立炮兵營排長、連長、營長。1936年隨軍參與「圍剿」紅軍及根據地戰事中陣亡。[128]

歐孝全（1907－？）原籍廣西滕縣，生於越南河陽。南京中央陸軍軍官學校第七期步兵科畢業，廣西省幹部訓練團第十期結業，中央陸軍軍官學校第四分校高等教育班畢業。1928年12月28日考入南京中央陸軍軍官學校第七期第一總隊步兵科步兵大隊第一隊學習，入學時登記為21歲，1929年12月28日畢業。歷任陸軍第四師第二十四團第二營第六連連長、少校團附、營長。抗日戰爭爆發後，任陸軍第四軍第九十師第十一團團附、團長，率部參加抗日戰事。抗日

---

[125] 1937年5月印行《廣東綏靖主任公署暨第四路軍總司令部職員錄》第89頁記載。
[126] 軍事委員會銓敘廳民國二十五年十二月印製《陸海空軍軍官佐任官名簿》第九冊[中尉]第2258頁記載。
[127] 軍事委員會銓敘廳民國二十五年十二月印製《陸海空軍軍官佐任官名簿》第九冊[中尉]第2258頁記載。
[128] 黃埔建國文集編纂委員會主編：臺北實踐出版社1985年6月16日印行《黃埔軍魂》第582頁記載。

戰爭勝利後，任陸軍第四軍第九十師副師長，1945年10月10日獲頒忠勤勳章，1946年5月30日獲頒勝利勳章。1947年任陸軍暫編第六十三師師長，1948年任華北「剿匪」總司令部第九兵團第十三軍第二九七師師長，1949年1月隨軍在北平參加和平改編。

武輝光照片

武輝光（1908－？）別字星普，原名輝元，後改名輝光，廣西武宣人。廣州國民革命軍黃埔軍官學校第七期步兵科畢業。自填登記為民國前三年一月八日出生。[129]1927年9月考入廣州國民革命軍黃埔軍官學校第七期第二總隊步兵科步兵第二中隊學習，入學時登記為22歲，1930年9月畢業。歷任陸軍步兵營見習、排長、連長、參謀。1935年8月17日被國民政府軍事委員會銓敘廳頒令敘任陸軍步兵上尉。[130]

諸葛定（1904－？）別字球五，廣西修仁人。南京中央陸軍軍官學校第七期炮兵科畢業。自填登記為民國前八年五月二十五日出生。[131]1928年12月28日考入南京中央陸軍軍官學校第七期第一總隊炮兵科炮兵隊學習，入學時登記為24歲，1929年12月28日畢業。任軍政部獨立重炮兵第二旅排長、連長、參謀。1935年9月11日被國民政府軍事委員會銓敘廳頒令敘任陸軍炮兵上尉。[132]

---

[129] 軍事委員會銓敘廳民國二十五年十二月印製《陸海空軍軍官佐任官名簿》第六冊[上尉]第1392頁記載。

[130] 軍事委員會銓敘廳民國二十五年十二月印製《陸海空軍軍官佐任官名簿》第六冊[上尉]第1392頁記載。

[131] 軍事委員會銓敘廳民國二十五年十二月印製《陸海空軍軍官佐任官名簿》第八冊[上尉]第1883頁記載。

[132] 軍事委員會銓敘廳民國二十五年十二月印製《陸海空軍軍官佐任官名簿》第八冊[上尉]第1883頁記載。

第七章　贛閩桂籍第七期生的地域人文

黃時懷照片

黃時懷（1902－？）別字哲民，廣西岑溪人。南京中央陸軍軍官學校第七期炮兵科畢業。自填登記為民國前七年六月十九日出生。1928年12月28日考入南京中央陸軍軍官學校第七期第一總隊炮兵科炮兵隊學習，入學時登記為26歲，1929年12月28日畢業。歷任陸軍步兵團見習、排長、連長。1936年6月任第四路軍第一五三師司令部參謀處少校副官。[133]抗日戰爭爆發後，任陸軍步兵團營長、團附，隨軍參加抗日戰事。後任陸軍第六十三軍司令部副官處處長。抗日戰爭勝利後，1945年10月10日獲頒忠勤勳章，1946年5月30日獲頒勝利勳章。1946年6月奉派入中央訓練團第九軍官總隊總隊受訓，登記為上校隊員，1947年12月1日辦理退役。登記住所為廣州市文昌路鄉約直街十一號。[134]

賴自醒照片

賴自醒（1909－？）廣西桂平人。廣州國民革命軍黃埔軍官學校第七期步兵科畢業。自填登記為民國前二年十一月十八日出生。[135]1927年9月考入廣州國民革命軍黃埔軍官學校第七期第二總隊步兵科步兵大隊步兵第三中隊學習，入學時登記為20歲，1930年9月畢業。歷任第一集團軍第一軍司令部幹部教導隊見習、訓練員、助教，學員隊區隊長。1936年4月17日被國民政府軍事委員

---

[133] 1937年5月印行《廣東綏靖主任公署暨第四路軍總司令部各機關部隊職員錄》第58頁記載。
[134] 1948年2月印行《廣州市陸軍在鄉軍官會會員名冊》第15頁記載。
[135] 軍事委員會銓敘廳民國二十五年十二月印製《陸海空軍軍官佐任官名簿》第十冊[中尉]第2344頁記載。

會銓敘廳頒令敘任陸軍步兵中尉。[136]

潘震銓（1907－？）別字定如，廣西南都安人。南京中央陸軍軍官學校第七期步兵科畢業。自填登記為民國前五年八月四日出生。[137]1928年12月28日考入南京中央陸軍軍官學校第七期第一總隊步兵科步兵大隊第二隊學習，入學時登記為22歲，1929年12月28日畢業。歷任陸軍步兵營排長、連長、營長。1935年9月12日被國民政府軍事委員會銓敘廳頒令敘任陸軍步兵上尉。[138]

現代廣西軍事在歷史上就相對獨立，形成了自成體系的軍事教育機構，這種情形與廣東粵軍極為相似。此前在廣西亦有中央軍事政治學校第一分校（南寧分校）續辦，桂籍少有人參與第七期亦屬自然。據上述資料反映，任師職人員1名，旅級人員1名，兩項相加僅占4%。其中歐孝全隨軍參加北平和平起義，黃時懷參與軍事教育與訓練。為留存人文史料記憶資訊，特將第七期部分暫缺簡介的桂籍學員照片輯錄。

部分缺載簡介學員照片（27張）：

陳大雅	陳宗唐	甘祜業	關夢青	黃惠民	黎展雄
李文爵	梁澄賢	林建屏	林駒	劉德榮	劉申

---

[136] 軍事委員會銓敘廳民國二十五年十二月印製《陸海空軍軍官佐任官名簿》第十冊[中尉]第2344頁記載。

[137] 軍事委員會銓敘廳民國二十五年十二月印製《陸海空軍軍官佐任官名簿》第六冊[上尉]第1256頁記載。

[138] 軍事委員會銓敘廳民國二十五年十二月印製《陸海空軍軍官佐任官名簿》第六冊[上尉]第1256頁記載。

第七章　贛閩桂籍第七期生的地域人文

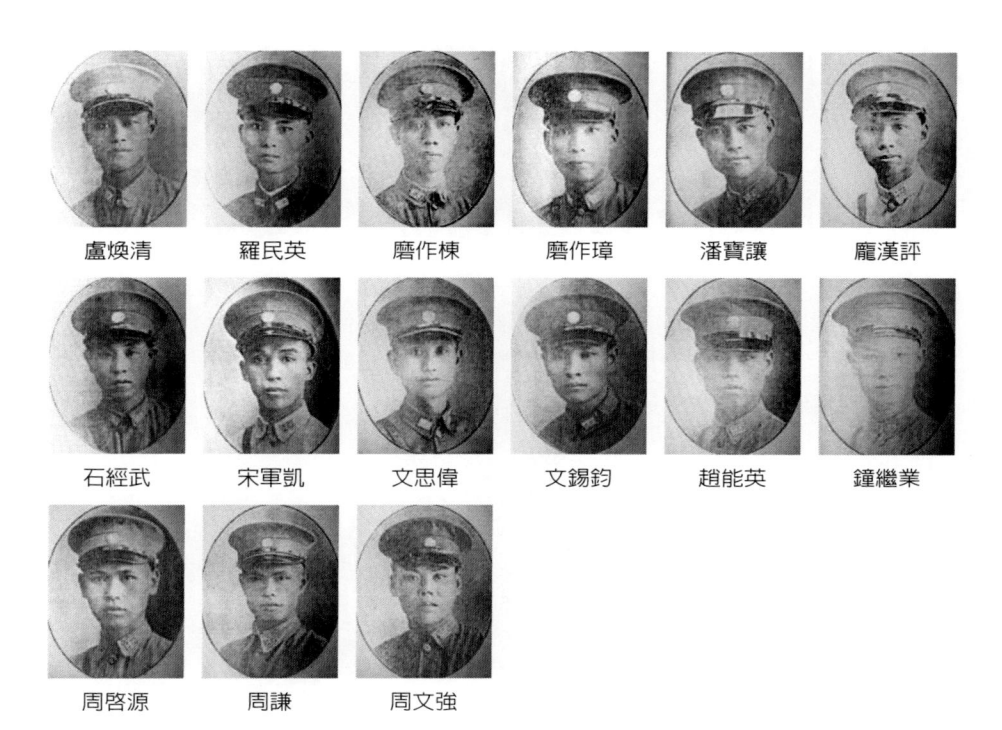

盧煥清　　羅民英　　磨作棟　　磨作璋　　潘寶讓　　龐漢評

石經武　　宋軍凱　　文思偉　　文錫鈞　　趙能英　　鐘繼業

周啓源　　周謙　　周文強

第八章

川蘇鄂籍第七期生的地域人文

　　歷史上，川鄂兩省有區域軍閥自辦軍校與軍官訓練所，蘇籍人士歷來崇商，經武者略少，因此投考軍校比較各省都少。

第一節　川籍第七期生簡況

　　四川歷史上不乏革命先驅者和引領者，受到廣東國民革命思潮影響，但川人投考黃埔軍校第七期僅為少數。

表31：四川籍學員任官級職數量比例一覽表

職級	學員肄業暨任官職級名單	人數	%
肄業或尚未見從軍任官記載	賈鋤非、淩尚忠、陳世楠、聶梧高、李問華、李亞白、張尾中、張且幹、榮致中、蔣野人、唐　崑、陳曼青、梅　麒、張儉慈、劉乙民、胡襄甫、蕭　琛、毛光遠、董國凱、燕　煌、孫祥畛、李永彥、楊成驤、張君侯、饒　寬、楊道之、鄔孟儒、魏祥恕、袁中民、蔡毅夫	30	71
排連營級	隆紹伯、安　鈞、張開卷	3	7
團旅級	平德鶴、楊鳳舉、楊南村、王　政、陳昭信、姚植卿、藍國斌、王肇中	8	18
師級	羅怒濤、王公常、劉理雄	3	3
軍級以上	柯蜀耘	1	1
合計	45	45	100

　　部分知名學員簡介：（15名）

　　王　政（1905－？）別字靈詔，四川南川人。南京中央陸軍軍官學校第七期步兵科畢業。1928年12月28日考入南京中央陸軍軍官學校第七期第一總隊步兵科步兵大隊第二隊學習，入學時登記為22歲，1929年12月28日畢業。歷任陸軍步兵團排長、連長、營長、團長。在抗日戰事中陣亡殉國。[1]

---

[1] 黃埔建國文集編纂委員會主編：臺北實踐出版社1985年6月16日印行《黃埔軍魂》第585頁記載。

第八章　川蘇鄂籍第七期生的地域人文

王公常（1906－1949）別字樹瑤，四川威遠人。南京中央陸軍軍官學校第七期炮兵科畢業。炮兵學校第一期、陸軍大學正則班第十二期畢業。[2]自填登記為民國前六年十二月十日出生。[3]另載1906年12月10日出生。幼時私塾啟蒙，少年考入本鄉高等小學堂，繼入威遠縣立中學學習，畢業後南下考入第六期入伍生隊受訓。1928年12月28日考入南京中央陸軍軍官學校第七期第一總隊炮兵科炮兵隊學習，入學時登記為23歲，1929年12月28日畢業。初任獨立炮兵團排長，1931年12月入炮兵學校第一期學習，1932年9月畢業。歷任南京中央陸軍軍官學校重兵器助教。1933年11月考入陸軍大學正則班第十二期學習，1935年9月12日敘任陸軍炮兵上尉，1936年12月陸軍大學正則班第十二期畢業。派任訓練總監部交通兵監部少校附員，炮兵隊隊長。依據國民政府軍事委員會1936年2月頒令官位序號為3896號。[4]抗日戰爭爆發後了，1937年12月任陸軍第二〇〇師司令部參謀處參謀。1938年1月22日被國民政府軍事委員會銓敘廳頒令敘任陸軍炮兵少校。任炮兵營營長，1938年10月1日任陸軍新編第十一軍司令部參謀處科長，1939年7月任改編後的陸軍第五軍司令部參謀處處長。1939年12月敘任陸軍第五軍司令部少將銜附員。1940年1月任中央訓練團教育委員會教官兼黨政幹部訓練班第二大隊第五中隊分隊長，1940年5月任軍政部第八補充兵訓練處第二團團長，兼任中央訓練團黨政幹部訓練班中隊附。1940年12月任陸軍暫編第五十五師（師長陳勉吾）第二團團長，1942年1月任中央訓練團教育委員會軍事組副組長，1942年10月任中央訓練團黨政幹部訓練班第三大隊第九中隊少將銜中隊長。1942年11月3日頒令委任陸軍四十九師（師長劉觀龍）少將副師長兼政治部主任。[5]1942年12月10日被國民政府軍事委員會銓敘廳頒令敘任陸軍炮兵中校。1945年3月1日被國民政府軍事委員會銓敘廳頒令敘任陸軍炮兵上校。曾被軍法判處有期徒刑一年四個月。[6]1945年4月任陸軍第五軍政治部副主任，另載1945年6月15日敘任陸軍炮兵上校。抗日戰爭勝利

---

[2] 據國民政府國防部第一廳民國三十六年二月印行《現役軍官資績簿》第三冊[陸軍現役少將上校軍官資績簿]第32頁記載。
[3] 據國民政府國防部第一廳民國三十六年二月印行《現役軍官資績簿》第三冊[陸軍現役少將上校軍官資績簿]第32頁記載。
[4] 據國民政府國防部第一廳民國三十六年二月印行《現役軍官資績簿》第三冊[陸軍現役少將上校軍官資績簿]第32頁記載。
[5] 據軍事委員會銓敘廳民國三十三年十二月印製《軍官資績簿》第二冊[陸軍現役少將上校軍官資績簿]第395頁記載。
[6] 據國民政府國防部第一廳民國三十六年二月印行《現役軍官資績簿》第三冊[陸軍現役少將上校軍官資績簿]第32頁記載。

339

後，1945年10月10日獲頒忠勤勳章，1946年5月30日獲頒勝利勳章。1946年10月8日奉派入中央訓練團受訓，登記為少將團員。1947年9月任中央訓練團幹部總隊第一大隊少將大隊長，1948年12月16日任丹陽縣縣長，兼任丹陽縣保安第一大隊大隊長。1949年4月24日在金壇縣被人民解放軍俘虜，1949年9月20日在丹陽縣處決。[7]

王肇中（1905－？）別字中王，原載籍貫四川富順，另載四川南部人。南京中央陸軍軍官學校第七期工兵科、陸軍大學參謀班第二期、陸軍大學正則班第十六期畢業。自填登記為民國前六年六月二十二日出生。[8]1928年12月28日考入南京中央陸軍軍官學校第七期第一總隊工兵科工兵隊學習，入學時登記為25歲，1929年12月28日畢業。任軍校教導團籌備處見習，陸軍教導第二師排長，陸軍第四師第十二旅司令部工兵連連長，第二十五師第七十三旅司令部參謀，隨軍參加長城古北口抗日戰事。1935年8月26日被國民政府軍事委員會銓敘廳頒令敘任陸軍步兵上尉。[9]1936年6月奉派入陸軍大學參謀班第二期學習，1937年8月畢業。抗日戰爭爆發後，任陸軍新編第十一軍司令部參謀處處長，兼任軍士教導隊教官。1938年5月考入陸軍大學正則班第十六期學習，1940年9月畢業。1941年5月任陸軍第五軍野戰補充第一團團長，1942年10月任陸軍第五軍司令部附員，1943年1月任陸軍第四十九師司令部參謀長，1945年6月任昆明警備司令部參謀處處長。抗日戰爭勝利後，1945年10月10日獲頒忠勤勳章。1945年10月任重慶警備總司令部上校參謀，1946年2月25日被國民政府軍事委員會銓敘廳頒令敘任陸軍工兵上校。

平德鶴（1909－？）別字子松，四川成都人。南京中央陸軍軍官學校第七期第一總隊工兵科畢業。自填登記為民國前四年十二月十七日出生。[10]1928年12月考入南京中央陸軍軍官學校第七期第一總隊工兵科工兵隊學習，入學時登記為20歲，1929年12月畢業。任黃埔軍校教導團籌備處籌備員，政治訓練處宣傳員，黃埔同學總會調查科股長。1933年7月20日南京中央陸軍軍官學校校本

---

[7] 胡博、石智文編著：臺北金剛出版有限公司2018年7月《國民革命軍第五軍將官錄》第121頁記載。

[8] 軍事委員會銓敘廳民國二十五年十二月印製《陸海空軍軍官佐任官名簿》第六冊[上尉]第1358頁記載。

[9] 軍事委員會銓敘廳民國二十五年十二月印製《陸海空軍軍官佐任官名簿》第六冊[上尉]第1358頁記載。

[10] 軍事委員會銓敘廳民國二十五年十二月印製《陸海空軍軍官佐任官名簿》第五冊[少校]第1182頁記載。

部特別黨部執行委員會召集第二次全校黨員大會,其被推選為中國國民黨南京中央陸軍軍官學校第四屆特別黨部執行委員會執行委員。[11]1936年9月14日被國民政府軍事委員會銓敘廳頒令敘任陸軍工兵少校。[12]

安　鈞(1907－?)別字文烈,四川安嶽人。南京中央陸軍軍官學校第七期騎兵科畢業。自填登記為民國前四年十一月五日出生。[13]1928年12月28日考入南京中央陸軍軍官學校第七期第一總隊騎兵科騎兵隊學習,入學時登記為23歲,1929年12月28日畢業。任南京憲兵司令部警衛處見習、科員、參謀。1936年3月26日被國民政府軍事委員會銓敘廳頒令敘任陸軍憲兵上尉。[14]

劉理雄(1903－?)四川資中人。南京中央陸軍軍官學校第七期步兵科、陸軍大學正則班第十二期畢業。自填登記為民國前八年九月二日出生。[15]幼時本村入館庭訓,少時考入高等小學堂學習,畢業後入縣立中學學習,「五卅事件」發生後,參與本地學生抗議活動,見報聞知廣東國民革命運動風起雲湧,毅然輟學赴廣州,考入第六期入伍生隊受訓。1928年12月28日考入南京中央陸軍軍官學校第七期第一總隊步兵科步兵大隊第四隊學習,入學時登記為22歲,1929年12月28日畢業。記載初任軍職為川軍第二十四軍獨立旅排長、連長、營長、少校參謀。1933年11月考入陸軍大學正則班第十二期學習,1936年12月畢業。繼任陸軍大學兵學研究院第五期研究員。依據國民政府軍事委員會1935年5月頒令官位為第1954號。[16]抗日戰爭爆發後,1937年11月任陸軍大學教育處教官。1938年1月15日任陸軍第二〇〇師司令部參謀處主任,1938年8月任建南師管區司令部參謀主任,1940年6月任建南師管區司令部補充兵第三訓練團團長,兼幹部教導隊教官。1941年9月1日被國民政府軍事委員會銓敘廳頒令敘

---

[11] 中國第二歷史檔案館供稿:檔案出版社1989年7月出版、華東工學院編輯出版部影印《黃埔軍校史稿》第七冊第189頁記載。

[12] ①據軍事委員會銓敘廳民國二十五年十二月印製《陸海空軍軍官佐任官名簿》第五冊[少校]第1182頁記載;②國民政府文官處印鑄局印行:臺灣成文出版社有限公司1972年8月出版《國民政府公報》第114冊1936年9月15日第2152號頒令第2頁記載。

[13] 軍事委員會銓敘廳民國二十五年十二月印製《陸海空軍軍官佐任官名簿》第六冊[上尉]第1219頁記載。

[14] 軍事委員會銓敘廳民國二十五年十二月印製《陸海空軍軍官佐任官名簿》第六冊[上尉]第1219頁記載。

[15] 據國民政府國防部第一廳民國三十六年二月印行《現役軍官資績簿》第二冊[陸軍現役少將軍官資績簿]第50頁記載。

[16] 據國民政府國防部第一廳民國三十六年二月印行《現役軍官資績簿》第二冊[陸軍現役少將軍官資績簿]第50頁記載。

任陸軍步兵上校。[17]1945年4月25日頒令委任陸軍第二〇五師司令部少將參謀長。1941年11月任四川邛大師管區司令部少將司令部少將司令官,獲得軍事委員會嘉獎狀。1942年8月奉派入中央訓練團黨政幹部訓練班第二十一期受訓。1942年10月結業,返任原職。1944年5月任陸軍第九十師(師長陳侃)副師長,1944年12月任青年軍第二〇五師(師長劉安祺)司令部參謀長。抗日戰爭勝利後,1945年10月10日獲頒忠勤勳章,1946年5月30日獲頒勝利勳章。1947年5月25日奉派國防部監察局少將附員,1948年3月5日任特派戰地視察第五組(組長張際鵬)少將視察官。1948年6月16日任國防部少將部員,1949年3月16日任國防部戰地視察第十組(組長於天寵)少將視察官,1949年10月裁撤離職。

張開卷(1907－1932)四川資中人。南京中央陸軍軍官學校第七期步兵科畢業。1928年12月28日考入南京中央陸軍軍官學校第七期第一總隊步兵科步兵大隊第四隊學習,入學時登記為21歲,1929年12月28日畢業。歷任陸軍步兵營見習、排長、副連長,1932年秋在討伐軍閥戰事中陣亡。[18]

楊鳳舉(1906－?)別字燁,四川安嶽人。南京中央陸軍軍官學校第七期炮兵科畢業。自填登記為民國前五年一月一日出生。[19]1928年12月28日考入南京中央陸軍軍官學校第七期第一總隊炮兵科炮兵隊學習,入學時登記為24歲,1929年12月28日畢業。記載初任軍職為國民革命軍第四十五師炮兵連排長,履歷獨立炮兵團連長、營長,中央軍官訓練團學員總隊大隊長。1935年7月30日被國民政府軍事委員會銓敘廳頒令敘任陸軍炮兵上尉。[20]依據國民政府軍事委員會頒令官位序號為第7956號。[21]抗日戰爭爆發後,任軍政部獨立炮兵團團長、參謀、參謀長。因戰功獲國民政府軍政部嘉獎。抗日戰爭勝利後,1945年9月30日被國民政府軍事委員會銓敘廳頒令敘任陸軍炮兵中校。[22]1945年10月10日獲頒忠勤勳章,1946年5月30日獲頒勝利勳章。1946年10月8日奉派入中央

---

[17] 據國民政府國防部第一廳民國三十六年二月印行《現役軍官資績簿》第二冊[陸軍現役少將軍官資績簿]第50頁記載。

[18] 黃埔建國文集編纂委員會主編:臺北實踐出版社1985年6月16日印行《黃埔軍魂》第579頁記載。

[19] 軍事委員會銓敘廳民國二十五年十二月印製《陸海空軍軍官佐任官名簿》第八冊[上尉]第1892頁記載。

[20] 軍事委員會銓敘廳民國二十五年十二月印製《陸海空軍軍官佐任官名簿》第八冊[上尉]第1892頁記載。

[21] 國民政府國防部第一廳民國三十六年二月印行《現役軍官資績簿》第三冊[陸軍現役少將上校軍官資績簿]第48頁記載。

[22] 國民政府國防部第一廳民國三十六年二月印行《現役軍官資績簿》第三冊[陸軍現役少將上校軍官資績簿]第48頁記載。

訓練團受訓,登記為少將團員。[23]

楊南村(1905－?)別字淩登,四川安嶽人。南京中央陸軍軍官學校第七期步兵科畢業。自填登記為民國前七年五月二十四日出生。[24]1928年12月28日考入南京中央陸軍軍官學校第七期第一總隊步兵科步兵大隊第一隊學習,入學時登記為23歲,1929年12月28日畢業。歷任陸軍步兵團排長、連長、營長。1935年8月17日被國民政府軍事委員會銓敘廳頒令敘任陸軍步兵上尉。[25]抗日戰爭爆發後,任陸軍第十五師第四十五團團附、團長,率部參加抗日戰事。抗日戰爭勝利後,1945年10月10日獲頒忠勤勳章,1946年5月30日獲頒勝利勳章。1946年7月31日退役。

陳昭信(1908－?)四川敘永人。南京中央陸軍軍官學校第七期第一總隊工兵科畢業。1928年12月28日考入南京中央陸軍軍官學校第七期第一總隊工兵科工兵隊學習,入學時登記為20歲,1929年12月28日畢業。歷任陸軍工兵隊見習,獨立工兵營排長、連長,陸軍步兵師司令部參謀。1937年3月6日被國民政府軍事委員會銓敘廳頒令敘任陸軍工兵少校。[26]抗日戰爭爆發後,隨軍參加抗日戰事。

羅怒濤(1908－?)別字破浪,別號德馨,原載籍貫四川南川,另載四川南部人。南京中央陸軍軍官學校第七期步兵科畢業。自填登記為民國前四年一月一日出生。[27]1928年12月28日考入南京中央陸軍軍官學校第七期第一總隊步兵科步兵大隊第四隊學習,入學時登記為23歲,1929年12月28日畢業。任陸軍步兵營排長、連長。1935年8月16日被國民政府軍事委員會銓敘廳頒令敘任陸軍步兵上尉。[28]抗日戰爭爆發後,任中央陸軍軍官學校督訓處大隊長,中央陸軍軍官學校第七分校學員總隊總隊附,1942年2月入峨帽山中央訓練團受訓,

---

[23] 國民政府國防部第一廳民國三十六年二月印行《現役軍官資績簿》第三冊[陸軍現役少將上校軍官資績簿]第48頁記載。

[24] 軍事委員會銓敘廳民國二十五年十二月印製《陸海空軍軍官佐任官名簿》第六冊[上尉]第1466頁記載。

[25] 軍事委員會銓敘廳民國二十五年十二月印製《陸海空軍軍官佐任官名簿》第六冊[上尉]第1466頁記載。

[26] 國民政府文官處印鑄局印行:臺灣成文出版社有限公司1972年8月出版《國民政府公報》第121冊1937年3月8日第2297號頒令第1頁記載。

[27] 軍事委員會銓敘廳民國二十五年十二月印製《陸海空軍軍官佐任官名簿》第七冊[上尉]第1634頁記載。

[28] 軍事委員會銓敘廳民國二十五年十二月印製《陸海空軍軍官佐任官名簿》第七冊[上尉]第1634頁記載。

並任總辦公廳教育科副科長。抗日戰爭勝利後，1945年10月10日獲頒忠勤勳章，1946年5月30日獲頒勝利勳章。任陸軍步兵學校學員大隊上校大隊長，任成都陸軍軍官學校第二十二期辦公廳副官處副處長，第二十三期副官處上校副處長，1948年任成都陸軍軍官學校辦公廳副官處少將副處長。1949年12月隨軍校第一、三總隊起義。

柯蜀耘（1904－？）別字白柏，四川平武縣鎖同鄉人。南京中央陸軍軍官學校第七期工兵科、陸軍大學將官班乙級第三期畢業。自填登記為民國前七年七月七日出生。[29]本村私塾啟蒙，繼入鄉間務本學校就讀三年，考入縣立初級中學學習，入第六期入伍生隊受訓。1928年12月28日考入南京中央陸軍軍官學校第七期第一總隊工兵科工兵隊學習，入學時登記為24歲，1929年12月28日畢業。記載初任軍職為國民革命軍教導第一師警衛連排長，[30]歷任連長、隊長、股長、大隊長、教官等職。1932年12月加入中華民族復興社，1933年12月任中央陸軍軍官學校特別訓練班（主任康澤兼）教務組股長，依據國民政府軍事委員會1936年2月頒令官位序號為第4108號。[31]1936年12月任軍事委員會別動總隊（總隊長康澤）部指導組調查股股長，第六大隊副大隊長、代理大隊長，訓導團學員總隊總隊長。抗日戰爭爆發後，別動總隊改編正規部隊，任陸軍新編第二十九師（師長馬維驥）步兵團團長、步兵旅副旅長。1944年11月27日頒令委任軍事委員會少將高級參謀。[32]1945年4月1日被國民政府軍事委員會銓敘廳頒令敘任陸軍工兵上校。[33]另載1945年7月任陸軍工兵上校。抗日戰爭勝利後，任高級參謀，1945年10月10日獲頒忠勤勳章，1946年5月30日獲頒勝利勳章。1946年9月12日奉派入中央訓練團受訓，登記為少將團員。[34]1947年2月入陸軍大學乙級將官班第三期學習，1948年4月畢業。任陸軍第四十七軍司令部

---

[29] 國民政府國防部第一廳民國三十六年二月印行《現役軍官資績簿》第三冊[陸軍現役少將上校軍官資績簿]第59頁記載。

[30] 據軍事委員會銓敘廳民國三十三年十二月印製《軍官資績簿》第二冊[陸軍現役少將上校軍官資績簿]第417頁記載。

[31] 國民政府國防部第一廳民國三十六年二月印行《現役軍官資績簿》第三冊[陸軍現役少將上校軍官資績簿]第59頁記載。

[32] 據軍事委員會銓敘廳民國三十三年十二月印製《軍官資績簿》第二冊[陸軍現役少將上校軍官資績簿]第417頁記載。

[33] 國民政府國防部第一廳民國三十六年二月印行《現役軍官資績簿》第三冊[陸軍現役少將上校軍官資績簿]第59頁記載。

[34] 國民政府國防部第一廳民國三十六年二月印行《現役軍官資績簿》第三冊[陸軍現役少將上校軍官資績簿]第59頁記載。

少將參謀長,所部潰敗後離職。1949年國民黨川陝甘邊綏靖公署成立後,在中壢設立了辦事處,委任為主任,1949年12月潛逃外地不知所終。

姚植卿（1907－？）別字直卿,四川資中人。南京中央陸軍軍官學校第七期第一總隊炮兵科、陸軍大學正則班第十一期畢業。自填登記為民國前五年三月二十九日出生。[35]1928年12月28日考入南京中央陸軍軍官學校第七期第一總隊炮兵科炮兵隊學習,入學時登記為21歲,1929年12月28日畢業。記載初任軍職為國民革命軍教導第二師警衛連排長,[36]歷任連長、營長、大隊長。1932年12月考入陸軍大學正則班第十一期學習,1935年12月畢業。任南京中央陸軍軍官學校炮兵科教官,炮兵隊區隊長、參謀。依據國民政府軍事委員會頒令官位序號為第3777號。[37]1932年12月考入陸軍大學正則班第十一期學習,1935年12月畢業。1936年12月30日被國民政府軍事委員會銓敘廳頒令敘任陸軍炮兵少校。[38]任陸軍步兵師司令部參謀處參謀、科長、步兵團團長。抗日戰爭爆發後,任成都中央陸軍軍官學校第十六期炮兵科戰術教官。後任高級參謀。1944年9月24日頒令委任四川資簡師管區司令部少將副司令官。[39]1945年4月被國民政府軍事委員會銓敘廳頒令敘任陸軍炮兵中校。抗日戰爭勝利後,1945年10月10日獲頒忠勤勳章,1946年5月30日獲頒勝利勳章。1946年7月8日奉派入中央訓練團受訓,登記為少將團員。1946年12月30日被國民政府軍事委員會銓敘廳頒令敘任陸軍炮兵上校。[40]

隆紹伯（1907－？）四川豐都人。南京中央陸軍軍官學校第七期第一總隊工兵科畢業。1928年12月28日考入南京中央陸軍軍官學校第七期第一總隊工兵科工兵隊學習,入學時登記為22歲,1929年12月28日畢業。歷任陸軍獨立工兵營排長、連長、營長。1937年5月1日被國民政府軍事委員會銓敘廳頒令敘任陸

---

[35] 據軍事委員會銓敘廳民國三十三年十二月印製《軍官資績簿》第二冊[陸軍現役少將上校軍官資績簿]第384頁記載。

[36] 據軍事委員會銓敘廳民國三十三年十二月印製《軍官資績簿》第二冊[陸軍現役少將上校軍官資績簿]第384頁記載。

[37] 據國民政府國防部第一廳民國三十六年二月印行《現役軍官資績簿》第三冊[陸軍現役少將上校軍官資績簿]第33頁記載。

[38] 國民政府文官處印鑄局印行:臺灣成文出版社有限公司1972年8月出版《國民政府公報》第118冊1936年12月31日第2242號頒令第4頁記載。

[39] 據軍事委員會銓敘廳民國三十三年十二月印製《軍官資績簿》第二冊[陸軍現役少將上校軍官資績簿]第384頁記載。

[40] 據國民政府國防部第一廳民國三十六年二月印行《現役軍官資績簿》第三冊[陸軍現役少將上校軍官資績簿]第33頁記載。

軍工兵少校。[41]抗日戰爭爆發後，隨軍參加抗日戰事。

藍國斌照片

　　藍國斌（1907－？）別字亮，四川資中縣馬鞍鄉人。廣州國民革命軍黃埔軍官學校第七期炮兵科、陸軍大學正則班第十三期畢業。1927年9月考入廣州國民革命軍黃埔軍官學校第七期第二總隊炮兵科炮兵中隊學習，入學時登記為21歲，1930年9月畢業。歷任廣東軍事政治學校第一期炮兵科觀測員、訓練員、學員大隊區隊長，第一集團軍總司令部炮兵教導隊參謀。1935年4月考入陸軍大學正則班第十三期學習，1937年12月畢業。抗日戰爭爆發後，任陸軍步兵師司令部炮兵主任，隨軍參加抗日戰事。1945年1月被國民政府軍事委員會銓敘廳頒令敘任陸軍炮兵上校。

　　四川延續前六期優勢領先，第七期學員數有所下降。觀察上述資料反映，擔任軍級人員有1名，師級人員3名，兩項合計占4%。具體分析有以下情況：一是王公常、羅怒濤、姚植卿等長期從事軍校教育與訓練。二是劉理雄參與青年軍的組編與訓練。三是柯蜀耘由軍統人員轉任作戰部隊軍職。為留存人文史料記憶資訊，特將第七期部分暫缺簡介的川籍學員照片輯錄。缺載簡介學員照片（1張）：

唐崐照片

---

[41] 國民政府文官處印鑄局印行：臺灣成文出版社有限公司1972年8月出版《國民政府公報》第123冊1937年5月3日第2343號頒令第5頁記載。

第二節　蘇籍第七期生簡況

江蘇是近代工業及文明科技發祥地。隨著國民革命及軍事重心南移廣東，江蘇人參與了廣東革命政權和粵系軍隊的一系列活動。江蘇省籍入讀第七期，延續了這方面人才優勢。

表32：江蘇籍學員任官級職數量比例一覽表

職級	學員畢業暨任官職級名單	人數	%
肄業或尚未見從軍任官記載	吳　琪、張　若、施其程、左　龍、郎羨儒、徐靖涵、陳卓夫、單偉誥、高士彥、周祥鳳、任　鋒、張　澤、葉志謨、孫秉澄、魯策三、高　炯、宋雲漢、陸建唐、邱印泉、魏青雲、萬裏鵬、史水清	22	63
排連營級	薛家年、陳盛祥、周耀禮、孫　麟、穀劍平、翁旭體	6	17
團旅級	諸長森、王　政、	2	6
師級	石佐民、蔣瑞清	2	6
軍級以上	潘茹剛、張　超、黃　通	3	8
合計	35	35	100

部分知名學員簡介：（13名）

王　政（1906－？）別字貫一，江蘇崇明人。南京中央陸軍軍官學校第七期步兵科畢業。1928年12月28日考入南京中央陸軍軍官學校第七期第一總隊步兵科步兵大隊第一隊學習，入學時登記為22歲，1929年12月28日畢業。歷任陸軍步兵團排長、連長、營長、團長。1936年3月16日被國民政府軍事委員會銓敘廳頒令敘任陸軍步兵中校。[42]抗日戰爭爆發後，1943年4月11日當選為中國三民主義青年團第一屆中央幹事會候補幹事。[43]

石佐民（1907－？）別字象遜，江蘇句容人。南京中央陸軍軍官學校第七期第一總隊步兵科畢業。1928年12月考入南京中央陸軍軍官學校第七期第一總隊步兵科步兵大隊第三隊學習，入學時登記為21歲，1929年12月畢業。歷任江蘇省保安司令部參謀，保安第二團排長、連長、營長，江蘇保安縱隊第二支隊支隊長。抗日戰爭爆發後，1938年10月29日國民政府頒令派為江蘇省第一區保

---

[42] 國民政府文官處印鑄局印行：臺灣成文出版社有限公司1972年8月出版《國民政府公報》第105冊1936年3月17日第1997號頒令第1－2頁記載。

[43] 劉維開編：中華書局2014年6月印行《中國國民黨職名錄（1894－1994）》第183頁記載。

安司令部副司令官。[44]

孫　麟（1908－？）別字祥如，後改名如祥，原載籍貫江蘇徐州，另載江蘇蕭縣人。南京中央陸軍軍官學校第七期步兵科畢業。自填登記為民國前四年四月二十五日出生。[45]1928年12月28日考入南京中央陸軍軍官學校第七期第一總隊步兵科步兵大隊第四隊學習，入學時登記為20歲，1929年12月28日畢業。歷任陸軍步兵團排長、連長、參謀。1935年9月19日被國民政府軍事委員會銓敘廳頒令敘任陸軍步兵上尉。[46]

谷劍平（1907－？）江蘇淳安人。南京中央陸軍軍官學校第七期步兵科畢業。自填登記為1907年11月出生。1928年12月28日考入南京中央陸軍軍官學校第七期第一總隊步兵科步兵大隊第二隊學習，入學時登記為22歲，1929年12月28日畢業。任陸軍步兵營見習、排長、副連長，1932年秋在討伐軍閥戰事中陣亡。[47]實為身負重傷，痊癒後複任軍職。抗日戰爭爆發後，隨軍參加抗日戰事。中華人民共和國成立後，定居湖南省郴縣城內裕後街10號院宅。1986年12月參加湖南省黃埔軍校同學會活動。[48]

張超照片

張　超（1910－？）別字孟威，原載江蘇松江，江蘇南京人，[49]另載福建福州人。[50]南京中央陸軍軍官學校第七期步兵科畢業，中央訓練團黨政幹部訓

---

[44] 國民政府文官處印鑄局印行：臺灣成文出版社有限公司1972年8月出版《國民政府公報》第137冊1938年11月2日渝字第97號頒令第9頁記載。

[45] 軍事委員會銓敘廳民國二十五年十二月印製《陸海空軍軍官佐任官名簿》第八冊[上尉]第1864頁記載。

[46] 軍事委員會銓敘廳民國二十五年十二月印製《陸海空軍軍官佐任官名簿》第八冊[上尉]第1864頁記載。

[47] 黃埔建國文集編纂委員會主編：臺北實踐出版社1985年6月16日印行《黃埔軍魂》第580頁記載。

[48] 據湖南省黃埔軍校同學會編纂：1990年11月28日印行《湖南省黃埔軍校同學會會員通訊錄》第249頁記載。

[49] 湖南省檔案館校編、湖南人民出版社1989年7月《黃埔軍校同學錄》第356頁記載。

[50] 餘克禮、朱顯龍主編：陝西人民出版社2001年4月《中國國民黨全書》第946頁記載。

第八章　川蘇鄂籍第七期生的地域人文

練班第三期結業，中央黨務學校畢業，中國三民主義青年團幹部訓練班高級班結業。1928年12月28日考入南京中央陸軍軍官學校第七期第一總隊步兵科步兵大隊第四隊學習，入學時登記為21歲，登記通訊處為南京鋪鎮東門合隆號轉，1929年12月28日畢業。1933年10月任軍事委員會別動總隊第三大隊政治指導員，1936年12月任別動總隊第二支隊政治指導員。1936年10月奉派中央訓練團黨政幹部訓練班第三期，1936年12月結業。抗日戰爭爆發後，1938年任第三戰區司令長官部政治部中校專員，兼任三民主義青年團第三戰區支團部常務監事。1943年3月任國民政府社會部青年幹部訓導團東南分團副主任。1943年4月11日被推選為三民主義青年團第一屆中央幹事會候補監察。[51]抗日戰爭勝利後，1945年10月10日獲頒忠勤勳章。1945年12月任三民主義青年團福建支團部常務理事。1946年5月30日獲頒勝利勳章。1946年9月13日被推選為三民主義青年團第二屆中央監察會候補監察。[52]任福建省第四區行政督察專員，兼任該區保安司令部司令官。1947年9月12日中國國民黨第六屆四中全會黨團合併後推選為第六屆候補中央監察委員。[53]1949年到臺灣，任中央政治大學副教育長，1951年12月遞補為「國民大會」代表。[54]1950年3月15日任中國國民黨中央執行委員會財務稽核委員會（主任委員王子弦）委員。[55]

陳盛祥（1908－？）別字後齋，江蘇泗陽人。南京中央陸軍軍官學校第七期步兵科畢業。記載為民國前四年十一月十三日出生。[56]1928年12月28日考入南京中央陸軍軍官學校第七期第一總隊步兵科步兵大隊第四隊學習，入學時登記為22歲，1929年12月28日畢業。歷任陸軍步兵營見習、排長、連長、營附。1935年9月12日被國民政府軍事委員會銓敘廳頒令敘任陸軍步兵上尉。[57]

周耀禮（1907－？）別字恕之，江蘇宜興人。南京中央陸軍軍官學校第七期騎兵科畢業。自填登記為民國前五年七月二十日出生。[58]1928年12月28日考

---

[51] 劉維開編：中華書局2014年6月《中國國民黨職員錄1894－1994》第188頁記載。
[52] 賈維著：社會科學文獻出版社2012年10月《三民主義青年團史稿》第621頁記載。
[53] 劉維開編：中華書局2014年6月《中國國民黨職員錄1894－1994》第142頁記載。
[54] 劉國銘主編：團結出版社2005年12月《中國國民黨百年人物全書》第1149頁記載。
[55] 劉維開編：中華書局2014年6月印行《中國國民黨職名錄（1894－1994）》第169頁記載。
[56] 軍事委員會銓敘廳民國二十五年十二月印製《陸海空軍軍官佐任官名簿》第八冊[上尉]第1851頁記載。
[57] 軍事委員會銓敘廳民國二十五年十二月印製《陸海空軍軍官佐任官名簿》第八冊[上尉]第1851頁記載。
[58] 軍事委員會銓敘廳民國二十五年十二月印《陸海空軍軍官佐任官名簿》第十一冊[中尉]第2686頁記載。

349

入南京中央陸軍軍官學校第七期第一總隊騎兵科騎兵隊學習，入學時登記為24歲，1929年12月28日畢業。歷任騎兵教導隊見習，騎兵學校訓練員、助教、教官。1936年4月24日被國民政府軍事委員會銓敘廳頒令敘任陸軍騎兵中尉。[59]

諸長森（1904－？）別字慧僧，江蘇無錫人。南京中央陸軍軍官學校第七期第一總隊輜重兵科畢業。1928年12月28日考入南京中央陸軍軍官學校第七期第一總隊輜重兵科輜重兵隊學習，入學時登記為25歲，1929年12月28日畢業。歷任輜重兵大隊區隊長、中隊長、大隊長。1937年6月29日被國民政府軍事委員會銓敘廳頒令敘任陸軍輜重兵少校。[60]抗日戰爭爆發後，隨軍參加抗日戰事。

翁旭體（1906－？）原載籍貫江蘇溧陽，另載江蘇吳縣人。南京中央陸軍軍官學校第七期輜重兵科畢業。自填登記為民國前五年八月二十四日出生。[61]1928年12月28日考入南京中央陸軍軍官學校第七期第一總隊輜重兵科輜重兵隊學習，入學時登記為25歲，1929年12月28日畢業。歷任輜重兵營排長、連長、營長。1935年10月30日被國民政府軍事委員會銓敘廳頒令敘任陸軍輜重兵上尉。[62]

黃通照片

黃　通（1907－1997）別字更夫，江蘇海門人。南京中央陸軍軍官學校第七期炮兵科畢業。少時入本鄉啟秀高等小學堂就讀，畢業後入啟秀中學學習，肄業兩年後，赴上海私立文治大學國文系就讀，期間同鄉杜凱元（黃埔軍校司藥）、李翔鳳（黃埔軍校第三期入伍生）返鄉，受其影響即南下投考

---

[59] 軍事委員會銓敘廳民國二十五年十二月印《陸海空軍軍官佐任官名簿》第十一冊[中尉]第2686頁記載。
[60] 國民政府文官處印鑄局印行：臺灣成文出版社有限公司1972年8月出版《國民政府公報》第126冊1937年6月30日第2393號頒令第2頁記載。
[61] 軍事委員會銓敘廳民國二十五年十二月印製《陸海空軍軍官佐任官名簿》第八冊[上尉]第1986頁記載。
[62] 軍事委員會銓敘廳民國二十五年十二月印製《陸海空軍軍官佐任官名簿》第八冊[上尉]第1986頁記載。

黃埔軍校，[63]錄取為廣州沙河燕塘第六期入伍生團第三營第十連，因沒接到通知招生，入伍受訓不久，轉為軍校政治部司書，期間加入中國國民黨。過兩月軍校招收第七期生，與2000名考生同赴考場，他以第二名考取。不久接軍校通知，集體赴南京報到，1928年12月28日入南京中央陸軍軍官學校第七期第一總隊炮兵科炮兵隊學習，入學時登記為22歲，因學資較長分配任分隊長，在讀時被委派為軍校特別區黨部常務委員，時軍校有三名常務委員，七名執行委員，作為軍校學生代表之一參加孫中山南京奉安大典，赴武漢受訓時兼任特別黨部戰地宣傳委員會常務委員，1929年12月28日畢業。任教導第二師（師長張治中兼）第一旅（旅長周至柔）炮兵教導第二營第一排中尉排長，陸軍第四師（師長徐庭瑤）獨立炮兵第四團連長、營附、營長，南京中央陸軍軍官學校政治訓練人員研究班（主任劉健群）區隊長、中隊長，華北宣傳總隊中隊長，南京軍事交通研究所政治指導員、主任，江西星子特別人員訓練班區隊長，加入中華民族復興社及力行社。後任貴州省會警察局第五分局局長，防空學校研究班區隊長，東北軍第五十七軍第一一五師（師長姚東藩）政治訓練處副主任、主任。抗日戰爭爆發後，任貴陽防空司令部防空科科長，貴州省政府保安處防空科科長，珞珈山中央訓練團政治指導員，軍事委員會第六部編練處第一科上校科長，貴州全省各縣保甲人員訓練班教育長。1940年春任軍政部補充兵訓練處新兵訓練團團長、副主任。1945年5月赴重慶參加中國國民黨第六次全國代表大會。抗日戰爭勝利後，1945年10月10日獲頒忠勤勳章。任三民主義青年團南京支團幹事、書記，南京市臨時參議會參議員，中國國民黨南京市黨部書記長。1945年12月7日任中國國民黨中央執行委員會經濟專門委員會（主任委員劉維熾）委員。[64]1946年5月30日獲頒勝利勳章。1946年9月14日被推選為三民主義青年團第二屆中央監察會候補監察。[65]1946年11月當選為立法院第一屆立法委員，兼任中國國民黨立法院黨部常務委員。期間捐資創辦高級職業實習學校，兼任教授。1947年9月12日在中國國民黨第六屆四中全會通過當選為黨團合併後的中國國民黨第六屆候補中央監察委員。[66]1948年5月4日當選為行憲第一屆立法院立法委員。1949年隨軍遷移臺灣，1950年3月15日任中國國民

---

[63] 黃通口述：陸實千採訪，鄭麗榕記錄，沈懷玉、魏秀梅整理：中國大百科全書出版社2012年10月《黃通口述自傳》記載。
[64] 劉維開編：中華書局2014年6月印行《中國國民黨職名錄（1894－1994）》第158頁記載。
[65] 劉維開編：中華書局2014年6月《中國國民黨職員錄1894－1994》第192頁記載。
[66] 劉維開編：中華書局2014年6月印行《中國國民黨職名錄（1894－1994）》第142頁記載。

黨中央執行委員會常務考核委員會（主任委員李嗣璁）委員。[67]1951年4月奉派入「革命實踐研究院」第十七期受訓並結業，留院任通訊研究部研究員。後任石牌黨政軍聯合作戰訓練班第三期幹事，通訊研究部副主任，「國防研究院」第七期結業，後任「中央政策委員會」委員，中國國民黨「立法院」黨部書記長，「立法院法制委員會」召集委員，中國國民黨臺中改造委員會主任委員。[68]1978年6月14日任中國國民黨第十一屆中央委員會副秘書長，[69]1978年12月31日依例自退。1981年4月2日當選為中國國民黨第十二屆中央評議委員會委員。[70]1988年7月8日當選為中國國民黨第十三屆中央評議委員會委員。[71]1993年8月18日當選為中國國民黨第十四屆中央評議委員會委員。[72]黃通為臺灣當局界定的第七期代表人物，在臺灣當局編纂《黃埔軍魂：黃埔建國文集》[73]第547－550頁撰有《黃通：堅貞為黨，精誠為國》專文記載。北京中國大百科全書出版社2012年10月依據臺北「中央研究院」近代史研究所採訪記錄編成《黃通先生訪問記錄》版本印行《黃通口述自傳》（陸寶千採訪，鄭麗榕記錄，沈懷玉、魏秀梅整理），為口述歷史叢書之一。

蔣瑞清（1901－1988）別字振河，江蘇淮陰人。淮陰縣立第一中學、南京中央陸軍軍官學校第七期第一總隊步兵科畢業。自填登記為民國前十年十月八日出生。[74]另載1902年10月8日出生。少時在本鄉高等小學堂就讀，畢業後考入淮陰縣立第一中學，畢業任淮陰縣立甲等師範學校教員。1928年春考入第六期入伍生隊受訓。1928年12月28日考入南京中央陸軍軍官學校第七期第一總隊步兵科步兵大隊第四隊學習，入學時登記為29歲，1929年12月28日畢業。分發南京中央陸軍軍官學校教導團籌備處見習，後任教導第二師第二旅第六團第三營第九連排長。1930年11月任陸軍第四師第十二旅（旅長羅鐵華）第二十四團（團長杜聿明）第三營第九連中尉排長，1932年3月任步兵第二十四團部副官，1932年12月任陸軍第二十五師（師長關麟徵）第七十三旅（旅長杜聿明）司令

---

[67] 劉維開編：中華書局2014年6月印行《中國國民黨職名錄（1894－1994）》第168頁記載。
[68] 臺北黃埔建國文集編纂委員會主編：實踐出版社1985年6月16日《黃埔軍魂》第547頁有詳細傳記。
[69] 劉維開編：中華書局2014年6月《中國國民黨職員錄1894－1994》第263頁記載。
[70] 劉維開編：中華書局2014年6月《中國國民黨職員錄1894－1994》第272頁記載。
[71] 劉維開編：中華書局2014年6月《中國國民黨職員錄1894－1994》第287頁記載。
[72] 劉維開編：中華書局2014年6月《中國國民黨職員錄1894－1994》第309頁記載。
[73] 黃埔建國文集編纂委員會主編：臺北實踐出版社1985年6月16日印行。
[74] 軍事委員會銓敘廳民國二十五年十二月印製《陸海空軍軍官佐任官名簿》第四冊[少校]第894頁記載。

第八章　川蘇鄂籍第七期生的地域人文

部少校副官,隨軍參加長城古北口抗日戰事。1935年6月20日被國民政府軍事委員會銓敘廳頒令敘任陸軍步兵少校。[75]任機械化訓練處教官,1937年5月任陸軍裝甲機械化兵團(團長杜聿明)司令部中校副官。抗日戰爭爆發後,1938年1月任陸軍第二〇〇師(師長杜聿明)司令部副官處中校主任,1938年10月1日任陸軍新編第十一軍(軍長徐庭瑤)司令部副官處處長。1939年2月改任陸軍第五軍司令部副官處處長,1941年10月29日被國民政府軍事委員會銓敘廳頒令敘任陸軍步兵中校。1942年10月1日任昆明防守司令部兵站分監部分監,1943年1月任後勤總司令部第五兵站分監部少將銜司令官。獲頒幹城甲種一等獎章。[76]抗日戰爭勝利後,1946年5月10月被國民政府軍事委員會銓敘廳頒令敘任陸軍步兵上校。1946年5月30日獲頒勝利勳章。1946年7月11日獲頒忠勤勳章。1946年7月12日頒令委任聯合後方勤務總司令部第三兵站總監(張元濱)部少將副監,[77]1948年9月任國防部派赴陸軍第八十八軍司令部少將附員,1948年11月1日任聯合後方勤務總司令部第十兵站總監部少將總監。1949年9月任聯合後方勤務總司令部第十二補給區司令部少將司令官。1950年5月3日因案撤職,被判處有期徒刑一年。1952年10月退役,後營商謀生。1988年3月28日因病在臺北逝世。

潘茹剛(1908－1949)別字愎,江蘇江陰人。南京中央陸軍軍官學校第七期第一總隊步兵科、陸軍大學正則班第十一期畢業。自填登記為民國前三年十月十九日出生。[78]1928年12月28日考入南京中央陸軍軍官學校第七期第一總隊步兵科步兵大隊第二隊學習,入學時登記為21歲,1929年12月28日畢業。記載初任軍職為中央軍校第八期入伍生團排長,記載履歷軍職為區隊長、參謀、科長。[79]1932年12月考入陸軍大學正則班第十一期學習,1935年12月畢業。依據國民政府軍事委員會1936年5月頒令官位序號為第2440號。[80]1936年12月30日

---

[75] ①據軍事委員會銓敘廳民國二十五年十二月印製《陸海空軍軍官佐任官名簿》第四冊[少校]第894頁記載;②國民政府文官處印鑄局印行:臺灣成文出版社有限公司1972年8月出版《國民政府公報》第94冊1935年6月21日第1773號頒令第1頁記載。

[76] 據國民政府國防部第一廳民國三十六年二月印行《現役軍官資績簿》第二冊[陸軍現役少將軍官資績簿]下冊第137頁記載。

[77] 據國民政府國防部第一廳民國三十六年二月印行《現役軍官資績簿》第二冊[陸軍現役少將軍官資績簿]下冊第137頁記載。

[78] 據軍事委員會銓敘廳民國三十三年十二月印製《軍官資績簿》第二冊[陸軍現役少將上校軍官資績簿]第250頁記載。

[79] 據軍事委員會銓敘廳民國三十三年十二月印製《軍官資績簿》第二冊[陸軍現役少將上校軍官資績簿]第250頁記載。

[80] 據國民政府國防部第一廳民國三十六年二月印行《現役軍官資績簿》第二冊[陸軍現役少將軍

被國民政府軍事委員會銓敘廳頒令敘任陸軍步兵少校。[81]任陸軍步兵團團長。1937年5月15日被國民政府軍事委員會銓敘廳頒令敘任陸軍步兵中校。[82]抗日戰爭爆發後，任南京首都警衛軍司令部參謀處上校課長兼代處長，隨軍參加南京保衛戰。1942年9月30日敘任陸軍步兵上校，[83]另載1943年2月被國民政府軍事委員會銓敘廳頒令敘任陸軍上校。1944年6月13日頒令委任軍事委員會後方勤務部參謀處少將副處長。[84]獲頒幹城甲種一等獎章。抗日戰爭勝利後，1945年10月10日獲頒忠勤勳章，1946年5月30日獲頒勝利勳章。1946年11月4日頒令委任聯合後方勤務總司令部計畫指導處少將處長。[85]1947年12月任聯合後方勤務總司令部經理署少將副署長，1948年4月任聯合後方勤務總司令部第四處處長。1948年9月22日被國民政府軍事委員會銓敘廳頒令敘任陸軍少將。1949年5月因病在廣州逝世。著有《南京突圍記》（1937年12月30日撰稿）等。

薛家年（1906－？）別字松如，江蘇邳縣人。南京中央陸軍軍官學校第七期步兵科畢業。自填登記為民國前六年八月二十五日出生。[86]1928年12月28日考入南京中央陸軍軍官學校第七期第一總隊步兵科步兵大隊第二隊學習，入學時登記為24歲，1929年12月28日畢業。歷任陸軍步兵營排長、連長、營長。1935年8月16日被國民政府軍事委員會銓敘廳頒令敘任陸軍步兵上尉。[87]

江蘇省籍有少量第七期生，其中多數就近考入南京本校第一總隊。據以上資料所載，擔任軍級人員有3名，師職人員有2名，兩項相加合計14%。具體情況歸納如下：一是本期最有名的學員張超、黃通，長期負責三青團團務暨軍隊

官資績簿]下冊第99頁記載。
[81] 國民政府文官處印鑄局印行：臺灣成文出版社有限公司1972年8月出版《國民政府公報》第118冊1936年12月31日第2242號頒令第4頁記載。
[82] 國民政府文官處印鑄局印行：臺灣成文出版社有限公司1972年8月出版《國民政府公報》第124冊1937年5月17日第2355號頒令第2頁記載。
[83] 據軍委會銓敘廳民國三十三年十二月印製《軍官資績簿》第二冊[陸軍現役少將上校軍官資績簿]第250頁記載。
[84] 據軍事委員會銓敘廳民國三十三年十二月印製《軍官資績簿》第二冊[陸軍現役少將上校軍官資績簿]第250頁記載。
[85] 據國民政府國防部第一廳民國三十六年二月印行《現役軍官資績簿》第二冊[陸軍現役少將軍官資績簿]下冊第99頁記載。
[86] 軍事委員會銓敘廳民國二十五年十二月印製《陸海空軍軍官佐任官名簿》第七冊[上尉]第1593頁記載。
[87] 軍事委員會銓敘廳民國二十五年十二月印製《陸海空軍軍官佐任官名簿》第七冊[上尉]第1593頁記載。

黨務工作。二是長期從事軍隊後方勤務的潘茹剛。三是負責戰區兵站事務的蔣瑞清。

第三節　鄂籍第七期生簡況

湖北的文化教育和軍校基礎較為發達，構成了比較完備的軍事教育體系。南下投考第七期的學子，比較前兩期有所增長。

表33：湖北籍學員任官級職數量比例一覽表

職級	學員畢業暨任官職級名單	人數	%
肄業或尚未見從軍任官記載	李星飛、周　者、史恩榮、黃彥琛、蔡　超、陳　昂、周海漁、田樹楨、李雨蒼、藍文祥、陳鴻鑫、唐之鑛、劉　敦、劉沛然、薑翰卿、汪子華、李裕群、王澤生、吳　銳、吳楚玠、沈　潛、劉　正	22	73
排連營級	馬納川、劉勝殷、嚴　正、許　傑、陳定科、劉屏玉、彭玉祥	7	23
團旅級	陳希齋	1	4
合計	30	30	100

部分知名學員簡介：（9名）

馬納川照片

馬納川（1910－？）別字向陽，湖北天門人。廣州國民革命軍黃埔軍官學校第七期第一總隊步兵科畢業。1927年9月考入廣州國民革命軍黃埔軍官學校第七期第二總隊步兵科步兵大隊步兵第四中隊學習，入學時登記為21歲，1930年9月畢業。歷任步兵訓練處見習、區隊長。1932年5月13日奉派入南京中央陸軍軍官學校軍官教育總隊受訓，1932年7月10日結訓。[88]

---

[88] 1932年5月13、14日《中央日報》連續刊登"中央陸軍軍官學校軍官教育總隊啟事（一）"記載。

劉屏玉（1907－？）別字時瑾，湖北黃陂人。南京中央陸軍軍官學校第七期炮兵科畢業。自填登記為民國前四年九月十日出生。[89]1928年12月28日考入南京中央陸軍軍官學校第七期第一總隊炮兵科炮兵隊學習，入學時登記為21歲，1929年12月28日畢業。任炮兵學校學員大隊訓練員、區隊長、中隊長。1935年8月26日被國民政府軍事委員會銓敘廳頒令敘任陸軍炮兵上尉。[90]

　　劉勝殷（1908－？）別字克智，湖北漢口人。南京中央陸軍軍官學校第七期工兵科畢業。自填登記為民國前三年三月二十七日出生。[91]1928年12月28日考入南京中央陸軍軍官學校第七期第一總隊工兵科工兵隊學習，入學時登記為21歲，1929年12月28日畢業。歷任工兵教導隊見習，獨立工兵團排長、連長、參謀。1936年4月25日被國民政府軍事委員會銓敘廳頒令敘任陸軍工兵上尉。[92]

　　許　傑（1905－？）湖北漢川人。南京中央陸軍軍官學校第七期步兵科畢業。自填登記為民國前七年十月十日出生。[93]1928年12月28日考入南京中央陸軍軍官學校第七期第一總隊步兵科步兵大隊第二隊學習，入學時登記為26歲，1929年12月28日畢業。歷任陸軍步兵營排長、連長、參謀。1936年4月22日被國民政府軍事委員會銓敘廳頒令敘任陸軍步兵上尉。[94]

　　嚴　正（1907－？）別字佐華，原載籍貫湖北漢口，另載湖北黃梅人。南京中央陸軍軍官學校第七期炮兵科畢業。自填登記為民國前四年八月十三日出生。[95]1928年12月28日考入南京中央陸軍軍官學校第七期第一總隊炮兵科炮兵隊學習，入學時登記為22歲，1929年12月28日畢業。歷任防空學校籌備處籌備員，防空司令部觀測站站長，炮兵第一旅司令部參謀。1935年7月22日被國民

---

[89] 軍事委員會銓敘廳民國二十五年十二月印製《陸海空軍軍官佐任官名簿》第八冊[上尉]第1906頁記載。

[90] 軍事委員會銓敘廳民國二十五年十二月印製《陸海空軍軍官佐任官名簿》第八冊[上尉]第1906頁記載。

[91] 軍事委員會銓敘廳民國二十五年十二月印製《陸海空軍軍官佐任官名簿》第八冊[上尉]第1949頁記載。

[92] 軍事委員會銓敘廳民國二十五年十二月印製《陸海空軍軍官佐任官名簿》第八冊[上尉]第1949頁記載。

[93] 軍事委員會銓敘廳民國二十五年十二月印製《陸海空軍軍官佐任官名簿》第六冊[上尉]第1295頁記載。

[94] 軍事委員會銓敘廳民國二十五年十二月印製《陸海空軍軍官佐任官名簿》第六冊[上尉]第1295頁記載。

[95] 軍事委員會銓敘廳民國二十五年十二月印製《陸海空軍軍官佐任官名簿》第八冊[上尉]第1902頁記載。

第八章　川蘇鄂籍第七期生的地域人文

政府軍事委員會銓敘廳頒令敘任陸軍炮兵上尉。[96]

陳希齋（1906－？）別字民武，湖北羅田人。南京中央陸軍軍官學校第七期第一總隊步兵科畢業。自填登記為民國前四年十二月二十九日出生。[97]1928年12月28日考入南京中央陸軍軍官學校第七期第一總隊步兵科步兵大隊第二隊學習，入學時登記為22歲，1929年12月28日畢業。歷任陸軍步兵團排長、連長、營長、團附。1935年7月16日被國民政府軍事委員會銓敘廳頒令敘任陸軍步兵少校。[98]

陳定科照片

陳定科（1905－1938）湖北秭歸人。廣州國民革命軍黃埔軍官學校第七期第二總隊步兵科畢業。自填登記為民國前六年三月二十日出生。[99]1927年9月考入廣州國民革命軍黃埔軍官學校第七期第二總隊步兵科步兵第二中隊學習，入學時登記為24歲，1930年9月畢業。歷任陸軍步兵營排長、連長、參謀。1935年8月26日被國民政府軍事委員會銓敘廳頒令敘任陸軍步兵上尉。[100]抗日戰爭爆發後，任陸軍第八十七師步兵第五一八團第三營少校營長，1938年10月在河南信陽與日軍作戰陣亡。

彭玉祥（1908－1932）別字華甫，湖北鄂城人。南京中央陸軍軍官學校第七期騎兵科畢業。1928年12月28日考入南京中央陸軍軍官學校第七期第一總隊

---

[96] 軍事委員會銓敘廳民國二十五年十二月印製《陸海空軍軍官佐任官名簿》第八冊[上尉]第1902頁記載。
[97] 軍事委員會銓敘廳民國二十五年十二月印製《陸海空軍軍官佐任官名簿》第五冊[少校]第1085頁記載。
[98] ①據軍事委員會銓敘廳民國二十五年十二月印製《陸海空軍軍官佐任官名簿》第五冊[少校]第1085頁記載；②國民政府文官處印鑄局印行：臺灣成文出版社有限公司1972年8月出版《國民政府公報》第95冊1935年7月17日第1795號頒令第2－3頁記載。
[99] 軍事委員會銓敘廳民國二十五年十二月印製《陸海空軍軍官佐任官名簿》第八冊[上尉]第1841頁記載。
[100] 軍事委員會銓敘廳民國二十五年十二月印製《陸海空軍軍官佐任官名簿》第八冊[上尉]第1841頁記載。

騎兵科騎兵隊學習,入學時登記為20歲,1929年12月28日畢業。歷任陸軍步兵營見習、排長、連長,1932年秋在討伐軍閥戰事中陣亡。[101]

　　湖北近代以來名人輩出叱吒風雲,但第七期僅有一名團級人員,其餘皆名不見經傳,如上述資料所載。為留存人文史料記憶資訊,特將第七期部分暫缺簡介的鄂籍學員照片輯錄。

　　部分缺載簡介學員照片(4張):

蔡超　　黃彥琛　　李雨蒼　　李裕群

---

[101] 黃埔建國文集編纂委員會主編:臺北實踐出版社1985年6月16日印行《黃埔軍魂》第579頁記載。

第九章

滇皖黔豫魯直晉籍及越南籍第七期生的地域人文

滇皖黔豫魯直晉籍各省，皆有各自革命歷史傳統，陸續有青年學子回應孫中山國民革命運動赴廣州投考黃埔軍校。更有越南籍學子在當時革命潮流影響下前往黃埔軍校學習軍事。

第一節　滇籍第七期生簡況

近代雲南曆處革命狂飆浪尖，雲南軍人素以驍勇善戰著稱，陸續有雲南學人投考黃埔軍校。相距廣東較遠的雲南，在黃埔前六期招生效應下，陸續有學子千里迢迢跋涉南下，說明廣州作為國民革命革命的策源地，對於邊遠省份頗具感召和影響力。

表34：雲南籍學員任官級職數量比例一覽表

職級	學員肄業暨任官職級名單	人數	占%
肄業或尚未見從軍任官記載	熊楚善、趙楚珩、白　浪、張　維、潘心儀、李　珣、劉家韋、祁緝光、杜慶生、楊　振	10	46
排連營級	李華傑、石　磊、張　樞、楊奉先、嚴　熔、秦鐘材、郭君平、王　綱	8	36
團旅級	沈式琦、魏文淦	2	9
師級	曾　鏗、甘　藝	2	9
合計	22	22	100

部分知名學員簡介：（12名）

王　綱（1907－？）後改名剛，別號靜泉，雲南新平人。南京中央陸軍軍官學校第七期砲兵科、南京中央陸軍軍官學校高等教育班第一期畢業。自填登記為民國前四年四月四日出生。[1]1928年12月28日考入南京中央陸軍軍官學校第

---

[1] 軍事委員會銓敘廳民國二十五年十二月印《陸海空軍軍官佐任官名簿》第十一冊[中尉]第2697

七期第一總隊炮兵科炮兵隊學習，入學時登記為22歲，1929年12月28日畢業。任廣東陸軍炮兵訓練處見習、觀測員，迫擊炮兵大隊區隊長、分隊長。1935年9月26日被國民政府軍事委員會銓敍廳頒令敍任陸軍炮兵中尉。[2]抗日戰爭爆發後，任陸軍步兵團營長，第四戰區司令長官部幹部訓練團第二大隊大隊長。抗日戰爭勝利後，1946年5月30日獲頒勝利勳章。1946年7月11日獲頒忠勤勳章。任成都陸軍軍官學校中校兵器教官、上校兵器主任教官、教育處高級兵器主任教官。1949年隨軍校部分學員起義。中華人民共和國成立後，定居雲南省峨山縣化念農場氣象站宿舍。1986年12月參加雲南省黃埔軍校同學會活動。[3]

石磊照片

　　石　磊（1906－？）別字琢齋，後改名琢齋，雲南開化人。南京中央陸軍軍官學校第七期炮兵科畢業。自填登記為民國前五年十一月二日出生。[4]1928年12月28日考入南京中央陸軍軍官學校第七期第一總隊炮兵科炮兵隊學習，入學時登記為24歲，1929年12月28日畢業。任軍政部獨立炮兵團排長、連長、參謀。1935年9月25日被國民政府軍事委員會銓敍廳頒令敍任陸軍炮兵上尉。[5]

　　甘　藝（1907－？）別字子遊，雲南鹽豐人。南京中央陸軍軍官學校第七期炮兵科畢業。1928年12月28日考入南京中央陸軍軍官學校第七期第一總隊炮兵科炮兵隊學習，入學時登記為22歲，1929年12月28日畢業。任武漢陸軍訓練處炮兵教導隊見習，炮兵學校學員大隊區隊長、分隊長。抗日戰爭爆發後，返回雲南服務，任昆明防空司令部參謀，防空炮兵團連長、營長、團長。抗日

頁記載。
[2] 軍事委員會銓敍廳民國二十五年十二月印《陸海空軍軍官佐任官名簿》第十一冊[中尉]第2697頁記載。
[3] 據雲南省黃埔軍校同學會編纂：1990年12月印行《雲南省黃埔軍校同學會通訊錄》第3頁記載。
[4] 軍事委員會銓敍廳民國二十五年十二月印製《陸海空軍軍官佐任官名簿》第八冊[上尉]第1897頁記載。
[5] 軍事委員會銓敍廳民國二十五年十二月印製《陸海空軍軍官佐任官名簿》第八冊[上尉]第1897頁記載。

第九章　滇皖黔豫魯直晉籍及越南籍第七期生的地域人文

戰爭勝利後，1945年10月10日獲頒忠勤勳章，1946年5月30日獲頒勝利勳章。1948年3月任陸軍第六十軍第一八四師副師長，率部在東北與人民解放軍作戰。

嚴　熔（1908－？）別字少陵，原載籍貫雲南迤西，另載雲南雲縣人。南京中央陸軍軍官學校第七期步兵科畢業。自填登記為民國前四年一月五日出生。[6]1928年12月28日考入南京中央陸軍軍官學校第七期第一總隊步兵科步兵大隊第三隊學習，入學時登記為21歲，1929年12月28日畢業。歷任陸軍步兵營排長、連長、營長。1935年9月12日被國民政府軍事委員會銓敘廳頒令敘任陸軍步兵上尉。[7]

張　樞（1904－1936）別字少機，雲南元謀人。南京中央陸軍軍官學校第七期炮兵科畢業。1928年12月28日考入南京中央陸軍軍官學校第七期第一總隊炮兵科炮兵隊學習，入學時登記為25歲，1929年12月28日畢業。歷任陸軍炮兵營排長、連長、參謀、營長。1936年隨軍參與「圍剿」紅軍及根據地戰事中陣亡。[8]

李華傑（1908－？）雲南大關人。南京中央陸軍軍官學校第七期步兵科畢業。自填登記為民國前三年一月二十六日出生。[9]1928年12月28日考入南京中央陸軍軍官學校第七期第一總隊步兵科步兵大隊第四隊學習，入學時登記為20歲，1929年12月28日畢業。歷任步兵學校籌備處籌備員，學員大隊訓練員、區隊長，政治訓練處科員。1935年9月12日被國民政府軍事委員會銓敘廳頒令敘任陸軍步兵上尉。[10]

楊奉先（1906－？）別字抑我，雲南麗江人。南京中央陸軍軍官學校第七期炮兵科畢業。自填登記為民國前六年四月九日出生。[11]1928年12月28日考入南京中央陸軍軍官學校第七期第一總隊炮兵科炮兵隊學習，入學時登記為25歲，1929年12月28日畢業。歷任炮兵第一團排長、連長，炮兵第一旅司令部參

---

[6] 軍事委員會銓敘廳民國二十五年十二月印製《陸海空軍軍官佐任官名簿》第七冊[上尉]第1612頁記載。
[7] 軍事委員會銓敘廳民國二十五年十二月印製《陸海空軍軍官佐任官名簿》第七冊[上尉]第1612頁記載。
[8] 黃埔建國文集編纂委員會主編：臺北實踐出版社1985年6月16日印行《黃埔軍魂》第582頁記載。
[9] 軍事委員會銓敘廳民國二十五年十二月印製《陸海空軍軍官佐任官名簿》第六冊[上尉]第1426頁記載。
[10] 軍事委員會銓敘廳民國二十五年十二月印製《陸海空軍軍官佐任官名簿》第六冊[上尉]第1426頁記載。
[11] 軍事委員會銓敘廳民國二十五年十二月印製《陸海空軍軍官佐任官名簿》第八冊[上尉]第1891頁記載。

謀。1935年9月13日被國民政府軍事委員會銓敘廳頒令敘任陸軍炮兵上尉。[12]

沈式琦（1912－？）別字波秋，雲南大理人。南京中央陸軍軍官學校第七期步兵科畢業。自填登記為民國一年八月十八日出生。[13]1928年12月28日考入南京中央陸軍軍官學校第七期第一總隊步兵科步兵大隊第三隊學習，入學時登記為18歲，1929年12月28日畢業。1936年4月3日被國民政府軍事委員會銓敘廳頒令敘任陸軍步兵上尉。[14]抗日戰爭爆發後，任陸軍新編第十一軍汽車運輸團第一營第一連連長，1939年2月任陸軍第五軍汽車運輸團第三營營長。1941年10月28日國民政府令：陸軍步兵上尉沈式琦晉任為陸軍步兵少校。[15]1941年12月任陸軍第五軍司令部附員，1942年3月任軍政部第五〇一廠廠長。抗日戰爭勝利後，1945年10月任江灣軍用汽車廠廠長，1945年10月10日獲頒忠勤勳章，1946年5月30日獲頒勝利勳章。1947年3月任交通部材料儲運總處處長。

秦鐘材（1906－？）別字國棟，雲南宣威人。南京中央陸軍軍官學校第七期炮兵科畢業。自填登記為民國前六年八月二十八日出生。[16]1928年12月28日考入南京中央陸軍軍官學校第七期第一總隊炮兵科炮兵隊學習，入學時登記為23歲，1929年12月28日畢業。歷任軍政部獨立炮兵第七團排長、連長、營長。1935年9月11日被國民政府軍事委員會銓敘廳頒令敘任陸軍炮兵上尉。[17]

郭君平（1905－？）雲南蒙化人。南京中央陸軍軍官學校第七期步兵科畢業。自填登記為民國前六年七月十四日出生。[18]1928年12月28日考入南京中央陸軍軍官學校第七期第一總隊步兵科步兵大隊第二隊學習，入學時登記為23歲，1929年12月28日畢業。歷任陸軍步兵營排長、連長。1935年9月12日被國

---

[12] 軍事委員會銓敘廳民國二十五年十二月印製《陸海空軍軍官佐任官名簿》第八冊[上尉]第1891頁記載。

[13] 軍事委員會銓敘廳民國二十五年十二月印製《陸海空軍軍官佐任官名簿》第六冊[上尉]第1246頁記載。

[14] 軍事委員會銓敘廳民國二十五年十二月印製《陸海空軍軍官佐任官名簿》第六冊[上尉]第1246頁記載。

[15] 國民政府文官處印鑄局印行：臺灣成文出版社有限公司1972年8月出版《國民政府公報》第164冊1941年10月29日渝字第409號頒令第13頁記載。

[16] 軍事委員會銓敘廳民國二十五年十二月印製《陸海空軍軍官佐任官名簿》第八冊[上尉]第1886頁記載。

[17] 軍事委員會銓敘廳民國二十五年十二月印製《陸海空軍軍官佐任官名簿》第八冊[上尉]第1886頁記載。

[18] 軍事委員會銓敘廳民國二十五年十二月印製《陸海空軍軍官佐任官名簿》第六冊[上尉]第1273頁記載。

第九章　滇皖黔豫魯直晉籍及越南籍第七期生的地域人文

民政府軍事委員會銓敘廳頒令敘任陸軍步兵上尉。[19]

曾　鏗（1905－？）雲南永善人。南京中央陸軍軍官學校第七期炮兵科畢業。自填登記為民國前六年十月二十六日出生。[20]陸軍炮兵學校第一期畢業。1928年12月28日考入南京中央陸軍軍官學校第七期第一總隊炮兵科炮兵隊學習，入學時登記為22歲，1929年12月28日畢業。記載初任軍職為中央軍校教導總隊炮兵第二團第二營第四連中尉排長，記載履歷軍職為連長、營長、參謀、主任、參謀長。[21]抗日戰爭爆發後，1944年5月15日頒令委任陸軍暫編第十八師司令部少將參謀長。[22]

魏文淦（1906－？）別字少齋，雲南昆明人，另載雲南順寧人。南京中央陸軍軍官學校第七期第一總隊步兵科畢業。自填登記為民國前二年二月十四日出生。[23]1928年12月28日考入南京中央陸軍軍官學校第七期第一總隊步兵科步兵大隊第一隊學習，入學時登記為23歲，1929年12月28日畢業。歷任陸軍步兵營排長、連長、參謀。1935年9月4日被國民政府軍事委員會銓敘廳頒令敘任陸軍步兵上尉。[24]抗日戰爭爆發後，任陸軍步兵團營長、團附。1938年3月19日國民政府頒令晉任為陸軍步兵少校。[25]

　　雲南因有設置昆明的雲南講武堂暨許多類別軍事幹部訓練班，少有遠途投考黃埔軍校。如上述所載情況：擔任師級職務僅兩名，占該省學員數9%。其中：長期任教官的王綱隨軍校起義，沈式琦為兵工廠及軍事運輸部門負責人。為留存人文史料記憶資訊，特將第七期部分暫缺簡介的滇籍學員照片輯錄。部分缺載簡介學員照片（5張）：

---

[19] 軍事委員會銓敘廳民國二十五年十二月印製《陸海空軍軍官佐任官名簿》第六冊[上尉]第1273頁記載。
[20] 據軍事委員會銓敘廳民國三十三年十二月印製《軍官資績簿》第二冊[陸軍現役少將上校軍官資績簿]第399頁記載。
[21] 據軍事委員會銓敘廳民國三十三年十二月印製《軍官資績簿》第二冊[陸軍現役少將上校軍官資績簿]第399頁記載。
[22] 據軍事委員會銓敘廳民國三十三年十二月印製《軍官資績簿》第二冊[陸軍現役少將上校軍官資績簿]第399頁記載。
[23] 軍事委員會銓敘廳民國二十五年十二月印製《陸海空軍軍官佐任官名簿》第七冊[上尉]第1656頁記載。
[24] 軍事委員會銓敘廳民國二十五年十二月印製《陸海空軍軍官佐任官名簿》第七冊[上尉]第1656頁記載。
[25] 國民政府文官處印鑄局印行：臺灣成文出版社有限公司1972年8月出版《國民政府公報》第132冊1938年3月23日渝字第33號頒令第6頁記載。

曹剛 　　杜慶生 　　李珣 　　楊振 　　張維

第二節　皖籍第七期生簡況

安徽是源遠流長的「桐城學派」、「徽州文化」發祥地，在廣東國民革命思潮影響下，每期均有一些安徽學子南下投考黃埔軍校。

表35：安徽籍學員任官級職數量比例一覽表

職級	學員肄業暨任官職級名單	人數	占%
肄業或尚未見從軍任官記載	江湘圃、程　遠、艾雲海、胡鵬九、熊兆國、範嘯穀、徐　襄、黃　超、鄭國華、閻茂青、方鎮平	11	52
排連營級	汪月濤、丁在山、任峻山、劉　珩、劉光孚、童　英、單　鐵、吳克崧、	8	38
團旅級	劉光琮、段榮光	2	10
合計	21	21	100

部分知名學員簡介：（10名）

丁在山（1907－？）別字靜泉，安徽壽縣人。南京中央陸軍軍官學校第七期炮兵科畢業。自填登記為民國前四年四月二十七日出生。[26]1928年12月28日考入南京中央陸軍軍官學校第七期第一總隊炮兵科炮兵隊學習，入學時登記為22歲，1929年12月28日畢業。任炮兵教導隊見習，獨立炮兵營排長、連長、參謀。1935年9月13日被國民政府軍事委員會銓敘廳頒令敘任陸軍炮兵上尉。[27]

任畯山（1908－？）原載峻山，後改名畯山，別字蘭亭，安徽宿縣人。南京中央陸軍軍官學校第七期步兵科畢業。自填登記為民國前三年八月十二日出生。[28]1928年12月28日考入南京中央陸軍軍官學校第七期第一總隊步兵科步兵

---

[26] 軍事委員會銓敘廳民國二十五年十二月印製《陸海空軍軍官佐任官名簿》第八冊[上尉]第1898頁記載。

[27] 軍事委員會銓敘廳民國二十五年十二月印製《陸海空軍軍官佐任官名簿》第八冊[上尉]第1898頁記載。

[28] 軍事委員會銓敘廳民國二十五年十二月印製《陸海空軍軍官佐任官名簿》第十冊[中尉]第2479

大隊第四隊學習,入學時登記為24歲,1929年12月28日畢業。任陸軍步兵營排長、副官、連長、參謀。1935年9月13日被國民政府軍事委員會銓敘廳頒令敘任陸軍步兵中尉。[29]

劉　珩(1909－？)安徽巢縣人。劉光孚、劉光琮胞弟。南京中央陸軍軍官學校第七期步兵科畢業。因父親劉禾豐1927在廣州黃埔軍校任書記官,他與兩胞兄光孚、光琮三人一同南下廣州,考入第六期入伍生隊。1928年12月28日入南京中央陸軍軍官學校第七期第一總隊步兵科步兵大隊第四隊學習,入學時登記為19歲,1929年12月28日畢業。任南京警備司令部教導隊見習,警備第一團排長、連長、營長。抗日戰爭爆發後,隨軍參加抗日戰事。

劉光孚(1905－？)別字需齋,別號啟明,安徽巢縣人。劉光琮胞兄。南京中央陸軍軍官學校第七期炮兵科畢業。自填登記為民國前六年三月三日出生。[30]因父親劉禾豐1927在廣州黃埔軍校任書記官,他與兩胞弟光琮、劉珩三人一同南下廣州,考入第六期入伍生隊。1928年12月28日考入南京中央陸軍軍官學校第七期第一總隊炮兵科炮兵隊學習,入學時登記為23歲,1929年12月28日畢業。任炮兵觀測站觀測員,炮兵學校籌備處區隊長,迫擊炮兵連排長、連長、參謀。1935年9月12日被國民政府軍事委員會銓敘廳頒令敘任陸軍炮兵上尉。[31]

劉光琮(1906－？)安徽巢縣人。劉光孚胞弟。南京中央陸軍軍官學校第七期第一總隊步兵科畢業。自填登記為民國前五年十一月十七日出生。[32]因父親劉禾豐1927在廣州黃埔軍校任書記官,他與兩胞兄光孚、胞弟劉珩三人一同南下廣州,考入第六期入伍生隊。1928年12月28日入南京中央陸軍軍官學校第七期第一總隊步兵科步兵大隊第四隊學習,入學時登記為23歲,1929年12月28日畢業。歷任步兵團排長、連長、參謀。1935年9月12日被國民政府軍事委員會銓敘廳頒令敘任陸軍步兵上尉。[33]抗日戰爭爆發後,任陸軍步兵團團附,隨

---

[29] 軍事委員會銓敘廳民國二十五年十二月印製《陸海空軍軍官佐任官名簿》第十冊[中尉]第2479頁記載。

[30] 軍事委員會銓敘廳民國二十五年十二月印製《陸海空軍軍官佐任官名簿》第八冊[上尉]第1911頁記載。

[31] 軍事委員會銓敘廳民國二十五年十二月印製《陸海空軍軍官佐任官名簿》第八冊[上尉]第1911頁記載。

[32] 軍事委員會銓敘廳民國二十五年十二月印製《陸海空軍軍官佐任官名簿》第七冊[上尉]第1744頁記載。

[33] 軍事委員會銓敘廳民國二十五年十二月印製《陸海空軍軍官佐任官名簿》第七冊[上尉]第1744

軍參加抗日戰事。1937年9月8日國民政府頒令由陸軍步兵上尉晉任陸軍步兵少校。[34]中華人民共和國成立後，著有《我所親歷的黃埔軍校「清黨」和北遷》（1981年4月何錚整理，中國文史出版社《文史資料存稿選編－軍事機構》下冊第428－429頁）等。

吳克崧（1905－1932）別字峻明，安徽滁縣人。南京中央陸軍軍官學校第七期步兵科畢業。1928年12月28日入南京中央陸軍軍官學校第七期第一總隊步兵科步兵大隊第二隊學習，入學時登記為23歲，1929年12月28日畢業。歷任陸軍步兵營見習、排長、連長，1932年秋在討伐軍閥戰事中陣亡。[35]

汪月濤（1908－？）別字鏡壁，原載籍貫安徽大通，另載安徽桐城人。南京中央陸軍軍官學校第七期輜重兵科畢業。自填登記為民國前四年三月十二日出生。[36]1928年12月28日考入南京中央陸軍軍官學校第七期第一總隊輜重兵科輜重兵隊學習，入學時登記為23歲，1929年12月28日畢業。歷任訓練總監部步兵部見習、科員、組長。1935年9月13日被國民政府軍事委員會銓敘廳頒令敘任陸軍步兵中尉。[37]

單　鐵（1908－？）別字士賢，原載籍貫安徽皖北，另載安徽宿縣。南京中央陸軍軍官學校第七期炮兵科畢業。自填登記為民國前四年十二月七日出生。[38]1928年12月28日考入南京中央陸軍軍官學校第七期第一總隊炮兵科炮兵隊學習，入學時登記為24歲，1929年12月28日畢業。歷任陸軍獨立炮兵營排長、連長、連長、參謀。1935年8月28日被國民政府軍事委員會銓敘廳頒令敘任陸軍炮兵上尉。[39]

段榮光（1906－？）安徽潁上人。南京中央陸軍軍官學校第七期步兵科畢業。1928年12月28日考入南京中央陸軍軍官學校第七期第一總隊步兵科步兵大

頁記載。

[34] 國民政府文官處印鑄局印行：臺灣成文出版社有限公司1972年8月出版《國民政府公報》第129冊1937年9月9日第2453號頒令第1頁記載。

[35] 黃埔建國文集纂委員會主編：臺北實踐出版社1985年6月16日印行《黃埔軍魂》第579頁記載。

[36] 軍事委員會銓敘廳民國二十五年十二月印製《陸海空軍軍官佐任官名簿》第九冊[中尉]第2025頁記載。

[37] 軍事委員會銓敘廳民國二十五年十二月印製《陸海空軍軍官佐任官名簿》第九冊[中尉]第2010頁記載。

[38] 軍事委員會銓敘廳民國二十五年十二月印製《陸海空軍軍官佐任官名簿》第八冊[上尉]第1902頁記載。

[39] 軍事委員會銓敘廳民國二十五年十二月印製《陸海空軍軍官佐任官名簿》第八冊[上尉]第1902頁記載。

隊第二隊學習，入學時登記為21歲，1929年12月28日畢業。歷任陸軍步兵團見習、排長、連長、營長。抗日戰爭爆發後，1942年8月30日奉派入任中央訓練團黨政幹部訓練班第二十一期受訓，並任第六中隊上校分隊長，1942年10月4日結業。

童　英（1903－？）別字卓越，安徽巢縣人。南京中央陸軍軍官學校第七期騎兵科畢業。自填登記為民國前八年五月七日出生。[40]1928年12月28日考入南京中央陸軍軍官學校第七期第一總隊步兵科步兵大隊第三隊學習，入學時登記為23歲，1929年12月28日畢業。歷任騎兵訓練班見習、訓練員，騎兵營排長、連長、參謀。1936年4月25日被國民政府軍事委員會銓敘廳頒令敘任陸軍騎兵上尉。[41]

從上述情況分析，皖籍學員擔任團旅級以上人員有2名，占學員數2%。為留存人文史料記憶資訊，特將第七期部分暫缺簡介的皖籍學員照片輯錄。缺載簡介學員照片（2張）：

熊兆國　　徐襄

第三節　黔籍第七期生簡況

貴州人文地理遠離民國社會軸心，國民革命思潮滲透貴州，何應欽在黃埔崛起後，陸續有黔人被推薦投考黃埔軍校。

---

[40] 軍事委員會銓敘廳民國二十五年十二月印製《陸海空軍軍官佐任官名簿》第八冊[上尉]第1869頁記載。
[41] 軍事委員會銓敘廳民國二十五年十二月印製《陸海空軍軍官佐任官名簿》第八冊[上尉]第1869頁記載。

表36：貴州籍學員任官級職數量比例一覽表

職級	學員肄業暨任官職級名單	人數	%
肄業或尚未見從軍任官記載	黃書年、趙爾玉、沈　輯、曹　剛、馮思澄、範維新、羅湘培、高用中、商寓農	9	50
排連營級	童亞僕、黃伯容、徐敏齋	3	17
團旅級	何紀常、唐澤堃、龔　魯	3	17
師級	蔣無識、王光煒	2	11
軍級以上	車蕃如	1	3
合計	18	18	100

部分知名學員簡介：（9名）

王光煒照片

　　王光煒（1911－2004）別字甌民，貴州遵義人。南京中央陸軍軍官學校第七期步兵科畢業。自填登記為1911年3月出生於貴州遵義。1928年12月28日考入南京中央陸軍軍官學校第七期第一總隊步兵科步兵大隊第二隊學習，入學時登記為19歲，1929年12月28日畢業。歷任陸軍步兵團排長、連長、團附。抗日戰爭爆發後，隨軍參加淞滬會戰、武漢會戰。後任貴州遵義師管區司令部補充團團長、中國遠征軍第一路司令部補充團團長，率部參加雲南松山戰役，在收復松山打通滇緬公路的戰鬥中立下戰功。抗日戰爭勝利後，1946年5月30日獲頒勝利勳章。1946年7月11日獲頒忠勤勳章。任陸軍第八十九軍教導團團長，第八十九軍（軍長張濤）第三二八師（師長張濤兼）司令部少將參謀長，後任副師長兼第九八二團團長，1949年12月在貴州普安與張濤等參與發動第八十九軍通電起義。1949年12月，先後任中國人民解放軍西南軍區公安學校、武漢軍區第一公安學校軍事教員、戰術教員。1959年1月任貴州省人民政府參事室參事，1991年8月任貴州省人民政府參事室副廳級參事。歷任貴州省政協第二、三、四、五、六屆委員，貴州省政協辦公廳總務處副處長，貴州省第二屆政協

368

第九章　滇皖黔豫魯直晉籍及越南籍第七期生的地域人文

學習委員會辦公室副主任，貴州省黃埔軍校同學會顧問。2004年3月30日因病在貴陽逝世。著有《國民黨軍第八十九軍普安起義前後》（1985年2月撰文，載於中國人民解放軍歷史資料叢書編審委員會編纂：解放軍出版社《解放戰爭時期國民黨軍起義投誠：川黔滇康藏地區》第527－536頁）等。

車番如照片

車番如（1908－1994）別字藩如，別號廕禧，貴州貴陽人。南京中央陸軍軍官學校第七期步兵科、陸軍大學正則班第十一期畢業。自填登記為1908年12月16日出生。少時考入本地高等小學堂就讀，肄業後入貴陽縣立中學學習，經何應欽信函介紹舉薦，赴南京考入入伍生隊受訓。1928年12月考入南京中央陸軍軍官學校第七期第一總隊步兵大隊步兵第二隊學習，入學時登記20歲，1929年12月畢業。分發陸軍第二十五軍第五師，歷任見習官、排長、連長，陸軍第二十五軍司令部參謀處參謀。1932年12月考入陸軍大學正則班第十一期學習，1935年12月畢業。入陸軍大學兵學研究院任第四期研究員。依據國民政府軍事委員會1936年2月頒令官位序號為第2239號。1936年11月任陸軍大學教育處上校銜教官。1937年3月5日被國民政府軍事委員會銓敘廳頒令敘任陸軍步兵中校。[42]抗日戰爭爆發後，任陸軍新編師司令部參謀處處長、參謀長。1938年12月任陸軍新編第十一軍司令部參謀處處長，1939年2月任陸軍第五軍司令部參謀處處長。後任軍政部第八補充兵訓練總處第二團團長。1940年7月19日被國民政府軍事委員會銓敘廳頒令敘任陸軍步兵上校。任中央訓練團黨政幹部訓練班第二十三期學員總隊第二大隊大隊附。1940年12月任陸軍暫編第五十五師副師長。1941年5月任中央訓練總團教育委員會軍事組副組長，1941年10月30日任第十一集團軍總司令部少將參謀長。率部參加遠征軍滇西作戰與惠通橋陣地戰。1943年9月28日任軍事委員會軍令部第一廳第二處處長，1945年1月任

---

[42] 國民政府文官處印鑄局印行：臺灣成文出版社有限公司1972年8月出版《國民政府公報》第121冊1937年3月6日第2296號頒令第1頁記載。

軍政部（部長陳誠）軍務署（署長方天）步兵司少將司長。抗日戰爭勝利後，1945年8月16日任陸軍第二十四師少將師長。1945年10月10日獲頒忠勤勳章。1946年3月獲頒美軍銀質自由勳章。1946年5月30日獲頒勝利勳章。1946年5月任陸軍整編第二十四旅少將旅長，兼任第一快速縱隊司令部司令官。1946年10月29日任軍事委員會參謀總長（陳誠）辦公室（主任錢倫體）副主任。1947年3月14日獲頒四等雲麾勳章。1948年1月1日獲頒四等寶鼎勳章。1948年8月任國民政府東北行轅辦公室主任。1948年9月22日被國民政府軍事委員會銓敘廳頒令敘任陸軍少將。1948年12月1日派任貴州黔西師管區司令部司令官，1949年5月任貴州綏靖主任公署（主任穀正倫）參謀長，1949年7月赴福州任東南軍政長官公署秘書長。1950年3月任臺灣「陸軍總司令部」參謀長，1953年1月任臺灣「國防部」第三廳廳長。1954年12月1日任「戰略計畫研究委員會」委員，1958年8月1日任「聯合作戰研究督察委員會」中將委員。1968年12月2日退役。1994年5月26日因病在臺北逝世。臺北出版有《車蕃如先生自述》等。

何紀常（1906－？）貴州貴陽人。南京中央陸軍軍官學校第七期第一總隊炮兵科畢業。1928年12月入南京中央陸軍軍官學校第七期第一總隊炮兵科炮兵隊學習，1929年12月畢業。1928年12月28日考入南京中央陸軍軍官學校第七期第一總隊炮兵科炮兵隊學習，入學時登記為22歲，1929年12月28日畢業。歷任軍政部直屬獨立炮兵團排長、連長、營長、參謀。1937年3月6日被國民政府軍事委員會銓敘廳頒令敘任陸軍炮兵少校。[43]抗日戰爭爆發後，隨軍參加抗日戰事。

唐澤堃（1907－？）別字笑塵，貴州貴陽人。南京中央陸軍軍官學校第七期騎兵科、騎兵學校戰術研究班第六期畢業。自填登記為民國前五年五月二十七日出生。[44]1928年12月28日考入南京中央陸軍軍官學校第七期第一總隊騎兵科騎兵隊學習，入學時登記為21歲，1929年12月28日畢業。任國民革命軍總司令部騎兵教導隊見習、訓練員，騎兵學校助教，學員總隊區隊長、中隊長，南京中央陸軍軍官學校第十期第二總隊步兵大隊騎兵隊上尉隊附，第十一期第一總隊步兵大隊騎兵隊上尉服務員。1936年4月25日被國民政府軍事委員會銓敘

---

[43] 國民政府文官處印鑄局印行：臺灣成文出版社有限公司1972年8月出版《國民政府公報》第121冊1937年3月8日第2297號頒令第1頁記載。

[44] 軍事委員會銓敘廳民國二十五年十二月印製《陸海空軍軍官佐任官名簿》第八冊[上尉]第1870頁記載。

廳頒令敘任陸軍騎兵上尉。[45]抗日戰爭爆發後，任成都中央陸軍軍官學校第十八期第二總隊騎兵科上校馬術教官。抗日戰爭勝利後，1946年5月30日獲頒勝利勳章。1946年7月11日獲頒忠勤勳章。任成都陸軍軍官學校第二十一期機械化部隊上校戰術教官，第二十二期第二總隊上校機械化部隊戰術教官，第二十三期教育處步兵科上校機械戰術教官。

徐敏哉（1909－1936）別字敏齋，原籍貴州平越，生於浙江杭州。南京中央陸軍軍官學校第七期炮兵科畢業。1928年12月28日考入南京中央陸軍軍官學校第七期第一總隊炮兵科炮兵隊學習，入學時登記19歲，1929年12月畢業。歷任杭州軍官補習團見習，步兵學校訓練員助教，陸軍步兵旅司令部參謀。1936年隨軍參與「圍剿」紅軍及根據地戰事中陣亡。[46]

黃伯容（1905－？）貴州平壩人。南京中央陸軍軍官學校第七期炮兵科畢業。自填登記為民國前七年五月十五日出生。[47]1928年12月28日考入南京中央陸軍軍官學校第七期第一總隊炮兵科炮兵隊學習，入學時登記為24歲，1929年12月28日畢業。歷任國民革命軍總司令部炮兵教導隊見習、訓練員，野戰炮兵團排長、連長、參謀。1935年9月9日被國民政府軍事委員會銓敘廳頒令敘任陸軍炮兵上尉。[48]

龔　魯（1908－？）原名魯，別字橙生，後改名橙生，貴州婺川人。南京中央陸軍軍官學校第七期第一總隊炮兵科炮兵隊、陸軍大學將官班乙級第四期畢業。1928年12月28日考入南京中央陸軍軍官學校第七期第一總隊炮兵科炮兵隊學習，入學時登記為21歲，1929年12月28日畢業。歷任陸軍步兵團排長、連長、營長。抗日戰爭爆發後，任陸軍步兵旅團長、副旅長，率部參加抗日戰事。抗日戰爭勝利後，1945年10月10日獲頒忠勤勳章。任國民政府軍事委員會委員長侍從室第二處參謀等職。1946年5月30日獲頒勝利勳章。1947年11月奉派入陸軍大學乙級將官班第四期學習，1948年11月畢業。

蔣無識（1905－？）貴州黃草壩人。南京中央陸軍軍官學校第七期第一總隊炮兵科畢業。1928年12月28日考入南京中央陸軍軍官學校第七期第一總隊炮

---

[45] 軍事委員會銓敘廳民國二十五年十二月印製《陸海空軍軍官佐任官名簿》第八冊[上尉]第1870頁記載。
[46] 黃埔建國文集編纂委員會主編：臺北實踐出版社1985年6月16日印行《黃埔軍魂》第582頁記載。
[47] 軍事委員會銓敘廳民國二十五年十二月印製《陸海空軍軍官佐任官名簿》第八冊[上尉]第1896頁記載。
[48] 軍事委員會銓敘廳民國二十五年十二月印製《陸海空軍軍官佐任官名簿》第八冊[上尉]第1896頁記載。

兵科炮兵隊學習，入學時登記為29歲，1929年12月28日畢業。歷任軍政部炮兵第二旅迫擊炮營排長、連長、營長，軍團司令部炮兵指揮部副主任。1936年12月12日被國民政府軍事委員會銓敘廳頒令敘任陸軍炮兵中校。[49]抗日戰爭爆發後，率部參加抗日戰事。

童亞僕（1910－1937）別字民隸，貴州水城人。南京中央陸軍軍官學校第七期第一總隊步兵科畢業。1928年12月28日考入南京中央陸軍軍官學校第七期第一總隊步兵科步兵大隊步兵第三隊學習，入學時登記為23歲，1929年12月28日畢業。歷任國民革命軍總司令部附設軍校軍官團見習、訓練員、區隊長，陸軍步兵營排長、連長、團附。1936年12月1日被國民政府軍事委員會銓敘廳頒令敘任陸軍步兵少校。[50]抗日戰爭爆發後，任陸軍第五十八師第一七四旅（旅長吳繼光）步兵第三四三團（團長朱奇）第二營營長，隨軍參加淞滬會戰。1937年11月11日在江蘇青浦縣城八字橋至白鶴港阻擊日軍，激戰時中彈陣亡。

如上表及簡介所載情況：擔任軍級職務以上人員有1名，師旅團級人員有2名，占該省學員總數14%。本期較為著名的將領為車番如，以陸軍大學教官出任師軍級職務。何澤墅長期從事軍校教學與訓練。王光煒為起義將領，中華人民共和國成立後參與地方政權工作。

第四節　豫魯直晉籍第七期生簡況

譽為中華文明搖籃的河南，由於處在北洋軍閥集團嚴密統治下，與廣州國民政府形成對峙局面。借助國民軍勢力與影響，在開封設點招收河南籍學員，南下參加國民革命的青年僅4人，比較前六期大幅度減少。山東是中國國民黨和中國共產黨最早發起組織省份，在廣東國民革命運動影響下，山東省籍學子陸續投考黃埔軍校。舊稱直隸的河北省籍，以北京為中心的五四以來新文化新思潮如火如荼。在國共兩黨影響與作用下，第七期生招生比較前六期銳減。現代山西，緣於閻錫山地緣政治，具有相對獨立與自主性，延續至第七期，仍有個別山西籍青年南下投考黃埔軍校。

---

[49] 國民政府文官處印鑄局印行：臺灣成文出版社有限公司1972年8月出版《國民政府公報》第118冊1936年12月15日第2228號頒令第3頁記載。

[50] 國民政府文官處印鑄局印行：臺灣成文出版社有限公司1972年8月出版《國民政府公報》第117冊1936年12月3日第2218號頒令第4頁記載。

第九章　滇皖黔豫魯直晉籍及越南籍第七期生的地域人文

表37：河南、山東、直隸、山西籍學員任官級職數量比例一覽表

職級	河南	山東	直隸	山西	人數	占%
肄業或尚未見從軍任官記載	薛樹蘭、康永奇、陳革新	徐志和	汪崇善		5	46
排連營級		馬善述	史長清	薛秉德	3	27
團旅級	賀海峰	單墨林	武恩洪		3	27
合計	4	3	3	1	11	100

部分知名學員簡介：（6名）

馬善述（1903－？）別字孝亭，原載籍貫山東濱城，另載山東濱縣人。南京中央陸軍軍官學校第七期步兵科畢業。自填登記為民國前八年十一月七日出生。[51]1928年12月28日考入南京中央陸軍軍官學校第七期第一總隊步兵科步兵大隊第二隊學習，入學時登記為25歲，1929年12月28日畢業。任陸軍步兵營見習、訓練員、助教，學員大隊區隊長、中隊長。1935年9月12日被國民政府軍事委員會銓敘廳頒令敘任陸軍步兵上尉。[52]

史長清（1900－？）別字松泉，直隸新樂人。南京中央陸軍軍官學校第七期炮兵科畢業。自填登記為民國前十一年二月十九日出生。[53]1928年12月28日考入南京中央陸軍軍官學校第七期第一總隊炮兵科炮兵隊學習，入學時登記為29歲，1929年12月28日畢業。任武漢陸軍訓練處炮兵隊觀測員、訓練員、助教，陸軍第三十二軍炮兵教導隊教務主任。1935年9月11日被國民政府軍事委員會銓敘廳頒令敘任陸軍炮兵中尉。[54]

武恩洪（1910－？）直隸武清人。南京中央陸軍軍官學校第七期第一總隊騎兵科畢業。記載為1910年11月出生。1928年12月28日考入南京中央陸軍軍官學校第七期第一總隊騎兵科騎兵隊學習，入學時登記為20歲，1929年12月28日畢業。歷任騎兵教導隊見習、訓練員，獨立騎兵營排長、連長、營長。1936年

---

[51] 軍事委員會銓敘廳民國二十五年十二月印製《陸海空軍軍官佐任官名簿》第六冊[上尉]第1389頁記載。

[52] 軍事委員會銓敘廳民國二十五年十二月印製《陸海空軍軍官佐任官名簿》第六冊[上尉]第1389頁記載。

[53] 軍事委員會銓敘廳民國二十五年十二月印《陸海空軍軍官佐任官名簿》第十一冊[中尉]第2715頁記載。

[54] 軍事委員會銓敘廳民國二十五年十二月印《陸海空軍軍官佐任官名簿》第十一冊[中尉]第2715頁記載。

繼往開來：黃埔軍校第七期研究

12月11日被國民政府軍事委員會銓敘廳頒令敘任陸軍騎兵少校。[55]抗日戰爭爆發後，隨軍參加抗日戰事。中華人民共和國成立後，定居北京市東城區景山東街三眼井36號宅。1989年7月參加北京市黃埔軍校同學會活動。[56]

單墨林（1905－？）別字曦普，山東霑化人。南京中央陸軍軍官學校第七期第一總隊炮兵科畢業。自填登記為民國前六年三月十三日出生。[57]1928年12月28日入南京中央陸軍軍官學校第七期第一總隊炮兵科炮兵隊學習，入學時登記為25歲，1929年12月28日畢業。歷任炮兵教導隊見習、訓練員，獨立炮兵營排長、連長。1936年4月25日被國民政府軍事委員會銓敘廳頒令敘任陸軍炮兵上尉。[58]抗日戰爭爆發後，1937年9月8日國民政府頒令由陸軍炮兵上尉晉任陸軍炮兵少校。[59]任獨立炮兵團營長、團附、團長，率部參加抗日戰事。

賀海峰照片

賀海峰（1900－？）別字擎權，河南新安人。廣州國民革命軍黃埔軍官學校第七期第二總隊步兵科畢業。1927年9月考入廣州國民革命軍黃埔軍官學校第七期第二總隊步兵科步兵第一中隊學習，入學時登記為28歲，1930年9月畢業。歷任陸軍步兵團排長、連長、營長、團附。1937年6月29日被國民政府軍事委員會銓敘廳頒令敘任陸軍步兵少校。[60]抗日戰爭爆發後，隨軍參加抗日戰事。

---

[55] 國民政府文官處印鑄局印行：臺灣成文出版社有限公司1972年8月出版《國民政府公報》第118冊1936年12月12日第2226號頒令第2頁記載。

[56] 據北京市黃埔軍校同學會編纂：1990年12月10日印行《北京市黃埔軍校同學會通訊錄》第14頁記載。

[57] 軍事委員會銓敘廳民國二十五年十二月印製《陸海空軍軍官佐任官名簿》第八冊[上尉]第1902頁記載。

[58] 軍事委員會銓敘廳民國二十五年十二月印製《陸海空軍軍官佐任官名簿》第八冊[上尉]第1902頁記載。

[59] 國民政府文官處印鑄局印行：臺灣成文出版社有限公司1972年8月出版《國民政府公報》第129冊1937年9月9日第2453號頒令第1頁記載。

[60] 國民政府文官處印鑄局印行：臺灣成文出版社有限公司1972年8月出版《國民政府公報》第126冊1937年6月30日第2393號頒令第2頁記載。

第九章　滇皖黔豫魯直晉籍及越南籍第七期生的地域人文

薛秉德（1906－？）別字義僧，山西榮河人。南京中央陸軍軍官學校第七期步兵科畢業。自填登記為民國前六年十二月十五日出生。[61]1928年12月28日考入南京中央陸軍軍官學校第七期第一總隊步兵科步兵大隊第四隊學習，入學時登記為23歲，1929年12月28日畢業。歷任軍校教導團籌備處見習，黃埔同學總會調查員，步兵學校政治訓練處股長，學員大隊區隊長。1936年4月8日被國民政府軍事委員會銓敘廳頒令敘任陸軍步兵上尉。[62]

豫魯冀晉各省在第七期的學員，皆名不見經傳，暫時未見記載突出事蹟。為留存人文史料記憶資訊，特將第七期部分暫缺簡介的豫魯冀晉籍學員照片輯錄。

部分缺載簡介學員照片（3張）：

康永奇　　汪崇善　　徐志和

第五節　越南籍第七期生簡況

受孫中山國民革命思潮影響，慕名前來中國投考黃埔軍校有9名越南籍青年。

表38：越南籍學員一覽表

職級	越南	人數	占%
肄業或尚未見從軍任官記載	嚴春廣、韋登祥、張玉貞、武文運、陶文究、武伯遷、阮玉瑤、張中奉、陶信根	9	
合計		9	100

---

[61] 軍事委員會銓敘廳民國二十五年十二月印製《陸海空軍軍官佐任官名簿》第七冊[上尉]第1592頁記載。
[62] 軍事委員會銓敘廳民國二十五年十二月印製《陸海空軍軍官佐任官名簿》第七冊[上尉]第1592頁記載。

越南籍學員，暫未見有從軍任官記載。為留存人文史料記憶資訊，特將第七期暫缺簡介的越南籍學員照片輯錄（9張）：

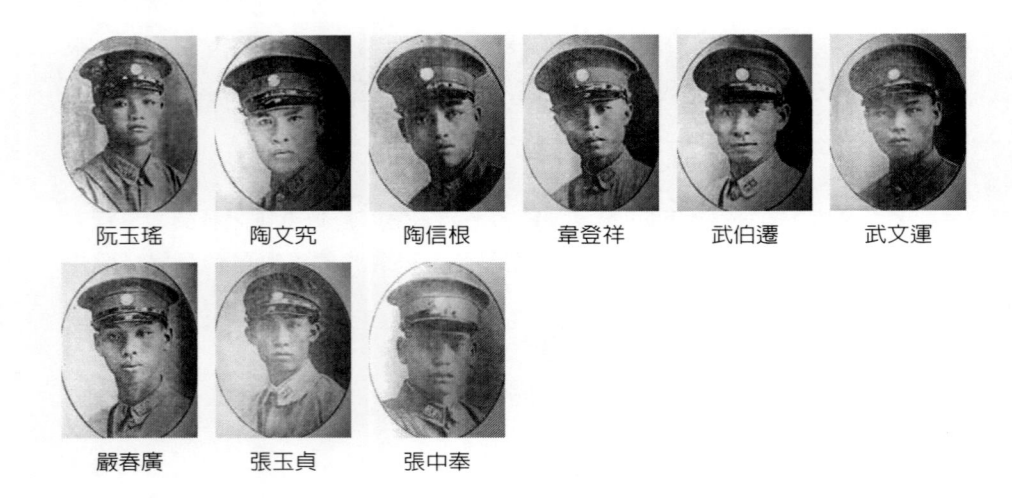

阮玉瑤　　陶文究　　陶信根　　韋登祥　　武伯遷　　武文運

嚴春廣　　張玉貞　　張中奉

上述所列第七期知名學員，均系各省暨各歷史時期（或某方面）代表性人物，反映那個時代具有特徵意義人文情況。雖然僅為學員總數一小部分，但就資料翔實或存史記載者，作出了初步的簡要記述。仍有部分在某段時期或某個區域知名人物，鑒於史料、考據、篇幅等原因，只能暫付闕如。

第十章

參與中華人民共和國政務活動綜述

中華人民共和國成立後，部分第七期生參與了國家或地方政務活動。他們多任職於各級政協、人大或參事室以及黃埔軍校同學會等。

第一節　任職地方政協、人大、參事室情況綜述

中華人民共和國成立後，部分第七期生參與了地方政務活動，有些在居住地擔負參政議政職務，生活有了基本保障。下表所列為他們在當地任職。

表39：當選地方政協委員、人大代表及任職地方一覽表（按姓氏筆劃為序）

序	姓名	屆別	年月
1	王光煒	貴州省政協第二、三、四、五、六屆委員	1958－1999
		貴州省第二屆政協學習委員會辦公室副主任	1958年
		貴州省人民政府參事室參事	1959.1
		貴州省人民政府參事室副廳級參事	1991.8
2	朱鳴剛	新疆維吾爾自治區第一屆政協常委	1956年
3	張大華	廣東省人民政府參事室參事	1957年
4	陳慶斌	廣州市人民政府參事室研究員、參事	1979年
		廣州市第六屆政協委員	1985年
5	陳宏樟	廣東省人民政府參事室參事	1980年
6	鄭邦捷	浙江省政協第二屆委員	1958年
		杭州市政協第一屆委員	1955年
7	鐘世謙	廣東省人民政府參事室參事	1953年
		廣東省政協第一屆委員	1957.5.2
		廣東省政協第二屆委員	1959.12.5
		廣東省政協第三屆委員	1963.12.27
8	黃維亨	湛江市第一屆政協委員	1955年
9	程　炯	湖南省人民政府參事室參事	1955.1
		湖南省第四屆政協委員	1981.12.19
		湖南省第五屆政協委員	1983.4.10
10	黎天榮	廣東省政協秘書處文史專員	1976年

序	姓名	屆別	年月
11	魏漢新	廣東省政協第一屆常務委員	1955.1.29
		廣東省第一屆人民代表大會代表	1955.1
		廣東省政協第二屆委員	1963.12.27
		廣東省人民政府參事室副主任	1980年

從上表所列有11名第七期生，中華人民共和國成立後，當選為各地方政協委員、人大代表及參事職務等。

第二節　參與各省、市、自治區黃埔軍校同學會活動簡述

黃埔軍校同學會於1984年6月16日在北京成立，會議通過了《黃埔軍校同學會章程》，選舉出第一屆理事會成員。徐向前、侯鏡如、李默庵、李運昌、林上元先後任會長。1988年黃埔軍校同學會創辦會刊《黃埔》。1986年起全國各省、市、自治區相繼成立黃埔軍校同學會，發展會員四萬多名，截止2022年8月黃埔軍校健在學員還有數百餘名，多為二十至二十三期九旬以上高齡。第七期學員年高者也在本世紀初期相繼作古。

表40：第七期生參與各省、市、自治區黃埔軍校同學會與活動情況一覽表

姓名	任各省、地區黃埔軍校同學會職務或參與活動	年月
王光煒	貴州省黃埔軍校同學會顧問	1990年
朱鳴剛	新疆維吾爾自治區黃埔軍校同學會會長	1986.12
陳慶斌	廣州地區黃埔軍校同學會籌備委員、副秘書長，	1985.3
	廣東省黃埔軍校同學會第一屆理事會理事、副秘書長，	1988.8.22
	廣東省黃埔軍校同學會第二屆理事會理事、常務副會長。	1998.11.20
余肇光	參加廣州地區黃埔軍校同學會活動	1985.3
黃維亨	參加廣州地區黃埔軍校同學會活動	1985.3
	廣東省黃埔軍校同學會第一屆理事會理事（補選）	1988.8.20
	廣東省黃埔軍校同學會第二屆理事會理事	1998.11.20
藍守青	參加武漢市黃埔軍校同學會活動	1986年
王　綱	參加雲南省黃埔軍校同學會活動。	1986.12
文　底	參加湖南省黃埔軍校同學會活動。	1986.12
谷劍平	參加湖南省黃埔軍校同學會活動。	1986.12
張大華	廣州地區黃埔軍校同學會理事，	1985.3
	廣東省黃埔軍校同學會理事	1986.5
鍾光裕	參加上海市黃埔軍校同學會活動	1986.12
程　政	參加北京市黃埔軍校同學會活動。	1989.7

姓名	任各省、地區黃埔軍校同學會職務或參與活動	年月
程　炯	參加湖南省黃埔軍校同學會活動。	1986.12
魯　實	參加湖南省黃埔軍校同學會活動。	1986.12

　　以第七期生觀察，有公職或生計著落者，多任各省、市、自治區黃埔軍校同學會職務，或參與活動。

第十一章

參與臺灣黨務政務活動及紀念刊物史載情況

遷移臺灣的第七期生,一部分是隨軍前往,另有一部分是滯留香港或旅居海外,有些在海外期間返回臺灣。無論他們寓居何處,都是大陸以外居住的第七期生。這部分第七期生,到了二十世紀八、九十年代開始,成為大陸有關部門及史家關注點。

第一節　參加黨務政務活動簡介

1949年上半年以後,第七期生的一部分遷移臺灣。目前仍無法準確統計,究竟有多少名第七期生遷移臺灣、港澳或海外寓居,只能根據現存資料與資訊,盡可能反映他們的情況。這部分第七期生中,到臺灣繼續擔任軍政當局官員是個別人,絕大多數人到臺灣後於1950年至1952年期間辦理退役,從此留居寶島或海外謀生。

表41：任中國國民黨、三民主義青年團中央或地方機構任職一覽表

姓名	屆次	當選年月
羅又倫	中國國民黨第十屆中央委員	1969.4.8
	中國國民黨第十一屆中央委員	1976.10.16
	中國國民黨第十二屆中央評議委員會委員	1981.4.2
	中國國民黨第十三屆中央評議委員會委員	1988.7.8
	中國國民黨第十四屆中央評議委員會委員	1993.8.18
黃通	中國國民黨第十一屆中央委員會副秘書長	1978.6.14
	中國國民黨第十二屆中央評議委員會委員	1981.4.2
	中國國民黨第十三屆中央評議委員會委員	1988.7.8
	中國國民黨第十四屆中央評議委員會委員	1993.8.18

第十一章　參與臺灣黨務政務活動及紀念刊物史載情況

表42：任「國民大會」代表、「立法院」立法委員、「考試院」考試委員等一覽表

姓名	屆次	年月
張　超	遞補為「國民大會」代表	1951.12
陳克強	遞補陳濟棠空缺為臺灣「國民大會」代表	1955.4
黃　通	行憲第一屆立法院立法委員	1948.5.4

表43：第七期生當選「國民大會」代表一覽表

序	姓名	當選屆別	當選年月
1	張　超	遞補為「國民大會」代表。	1950年12月
2	陳克強	遞補陳濟棠空缺，補任為臺灣「國民大會」代表	1955年4月

在「國民大會」代表名單中，第七期生佔有比重很小。

第二節　黃埔軍校四十、六十周年紀念刊物史載情況

1964年6月與1984年6月黃埔軍校成立40、60周年之際，與會組織者以「黃埔建國文集編纂委員會主編」名義，紀念刊《黃埔軍魂》。由臺灣《傳記文學》編輯部專門組織編寫個別第七期生傳記，刊載《陸軍軍官學校建校四十年紀念特刊》、《陸軍軍官學校建校六十年紀念特刊》，為臺灣當局官方史載出版物。

為紀念黃埔軍校建校40周年，臺灣當局將黃埔各時期歷史人物排列。

表44：臺灣當局建校40周年開列的第七期生「陣亡姓名表」

戰役或事由	部分歷史時期與第七期「陣亡姓名表」	人數	%
討逆平亂各戰役姓名表	李振虞：湖南嘉禾人。派任教導師排長，中州之亂（中原大戰），奮勇出征，於河南高賢集一役彈中鎖骨，歿於南京第一陸軍醫院。 吳龍雄：廣東瓊山人。參加平定中州之亂（中原大戰），於河南高賢集，肉搏英勇陣亡。	2	33.3
「剿匪」戰役陣亡姓名表	王光：廣東臨高人。民國二十一年在湖北金家寨「剿匪」有功，旋「追剿」黃陂之匪，卒以彈盡援絕飲彈身亡。 歐雨新：廣東瓊山人。參與江西樂安「剿匪」，被困重圍，彈盡與城俱亡，時任少校訓練員。	2	33.3
抗日戰役殉國英雄姓名表	鄭在邦：浙江寧海人。於「一·二八」戰役，在滬西孟家宅陣地，忠勇殉國。 黃茂松：廣東興寧人。派充第八十八師中尉排長，於暴日侵滬時，參加江灣及廟行鎮之役，中彈陣亡。	2	33.3
合計	6	6	100

上表資料刊載於《黃埔軍校簡史》中《黃埔忠烈殉國同學傳略》（龔樂群著：臺北正中書店1971年印行），為了原始記載歷史資料，上述與政治關聯緊密的事件稱謂均保持原貌。

表45：臺灣當局建校60周年開列的第七期生「陣亡姓名表」

戰役或事由	第七期「陣亡姓名表」	人數	%
討逆平亂各戰役姓名表	劉克中、錢墨林、梁志強、羅元偉、劉名顯、唐紹懿、葉蓋天、張 鏞、鄭又錚、宋衍文、彭玉祥、吳龍雄、吳克崧、劉 俊、張開卷、余浩東、何茂生	17	31
「剿匪」戰役陣亡姓名表	方 略、曹浩鑫、張 樞、王占魁、歐雨新、陸鴻書、胡經翰、王 光、陳少波、周 華、徐敏齋、朱 渝、吳邦彥、曹 湖、陳紹珍	15	28
抗日戰役殉國英雄姓名表	李 浩、符克白、藍 魁、麥靜修、王志英、鄭在邦、黃茂松、任益珍、劉伯軒、連偉英、李公尚、蕭北辰、劉中柱、何 瀾、李國棟、陳求平、王維勤、刁遠鵬、陳鼎勳、林國楨、王 政、徐造新	22	41
合計	54	54	100

上表資料源自《黃埔軍魂：黃埔建國文集》。[1]

---

[1] 黃埔建國文集編纂委員會主編，臺北實踐出版社1985年6月16日印行第577－585頁記載。

餘　論

　　黃埔軍校自1924年6月創辦到第七期，為長期封閉的中國軍事教育領域，注入了先進的軍事學術思想和軍事技術知識，為國共兩大政黨在政治、軍事合作別開生面，為國民革命運動推進北方形成了進步力量。

　　在廣州、南京兩地第七期生入伍、學習兩至三年間，經歷了第一次國共合作後重大歷史轉折，中國國民黨從「容共」合作到分裂「清黨」，再到國共兩黨「黨爭」、「政爭」乃至兩軍兵戎相向，經歷了現代政黨變革史上令人痛心的一頁！

　　延續前六期生研究，第七期生由於學員數量較少、起點較低，少有影響較大知名學員，個別學員在現代軍事史上留下一些印記。由於第七期生在抗日戰爭中期以後，個別學員才成長為師旅級人員，倘因第七期生群體勢弱，未能形成「軍事精英群體」，這是毫無置疑的。緣於歷史與當時原因，黃埔軍校第七期生的絕大多數，在抗日戰爭爆發前僅為上尉或少校低級軍官，在後來的抗日戰場上也未能成長為知名抗日將領揚名於世，更缺少抗日戰場殉國知名將校，確為第七期生揚名史跡留存記憶之缺憾。從黃埔軍校前六期學員群體綜合情形觀察，第七期生群體知名度，也遠不如第六期生群體佔據先機，儘管他們畢業時間相差才一年，確出現如此巨大的差異與不同。譬如第六期生的部分學員，當時參與籌備創建各兵科學校，而後成為一些學校的主要骨幹與負責人，而第七期生當年作為各兵科學校籌備創建參與者，絕大多數僅為一般的參與者，或是普通教官。僅有個別人如羅又倫，赴臺後才為黃埔複校首屆主官，抗戰中亦少有人充任軍隊師旅級主官，較為知名的抗戰將領只有劉雲瀚、羅又倫、彭璧生、梁化中、車番如等少數五人。再如：第六期群體有47名選派軍事留學英法德美等國，108名轉學航空班，人才四溢散佈各領域，第七期群體僅有5人選派日本軍事留學，相比之下頗為懸殊。俗話說得好：千帆過後競舟起，1463名第七期生競逐成名者僅為少數幾十人，歷史舞臺僅為少數人提供登臺競技機會。誠然第七期生只能與第五期群體比較，在某些方面有其獨到之處，而且獨當一面彰顯風彩。

　　廣州黃埔本校與南京軍校本部，在教職官佐配置方面各有不同，廣州黃埔本校第七期配備有154名教職官佐，主要是未隨遷北上人員。南京軍校本部

則延續中央意圖設置，首度設立中央陸軍軍官學校校務委員制，配置有：軍校常務委員、校務委員計12名；軍事指導委員10名，以及奉命隨軍校北遷南京的288名教職官佐，仍舊保持中央軍校之架構與配置。此外以地域人文情形分佈各省籍部分學員簡介與照片，是對廣州、南京兩地學員基本情況總體概攬。全書配置照片總計有近千張。

關於第七期生對於現代軍事歷史、政治等諸方面，究竟有過那些值得評述的歷史作用與影響呢？第七期部分學員參與了抗日戰爭期間的一些會戰和戰役，部分學員曾參與對紅軍及根據地「圍剿」作戰及與人民解放軍作戰。第七期生延續了前六期生在國民革命軍中的某些軍事優勢，繼續不同程度地影響了軍隊建設與地方軍校「中央化」進程，在廣州黃埔本校由粵系將領主持的國民革命軍軍官學校，最終被明示停辦，校本部整體遷移南京，在國家軍事歷史上曾發揮重要作用和影響。另一部分學員到臺灣後成為重要軍事將領，晚年還是抵制台獨的中堅力量。截至1930年10月黃埔本校在廣州結束，第一至七期總計培養了13944名學員，分發國民革命軍各級部隊，為抗戰期間歷次戰役推進提供了源源不斷的初級軍官，同時也為中國國民黨「黃埔」嫡系中央軍積聚了軍官儲備，第七期師生當中仍存極其豐富的「黃埔嫡系」資源，對於日後推動中國國民黨一黨專制的軍隊「國家化」和「中央化」進程起到重要作用。冠以「黃埔」印記的現代軍事史及其將領史跡，涉及政黨嫡系、民國軍政、國共合作、軍事發展、社會政治生活以及眾多著名歷史人物，可說是一部濃縮的二十世紀中國革命及其軍事演進史，更是海峽兩岸民族認同以及同源同宗不可或缺罕有軍事人文文化資源，永存於黃埔軍事人文史冊當中。

軍事與將領是緊密連接的對子，綜觀二十世紀二十年代至四十年代末期民國歷史，彪炳「黃埔」軍事與現代戰爭更是密不可分，「黃埔」軍事與現代戰爭造就了「黃埔」嫡系將領和國民革命軍中央軍，政黨與軍事的結合，政黨政治與軍事（軍校）教育的結合，鍛造成就了國共兩黨風格迥異的軍事統帥及軍隊指揮階層。第七期軍事將校在其中的作用影響，無論其孰是孰非，歸結到歷史學、政治學、軍事學及人文範疇，應當到了結論或總攬的時候了。歷史複歸的路子是漫長曲折的，但當政治、政黨與軍事、軍隊到了科學昌明坦蕩相處的年代，前世的軍事將領對於國家及民族的功德優劣，亦到了整理論及的時候了。所幸的是，改革開放45年的豐功偉業，將歷史學的車輪載入了政治開明人文進步的時代。所有這些成果及其學術進步，得益於具有中國特色的唯物主義科學發展觀。

餘　論

　　歷史學術其中重要功能就是追溯與複歸原始，忘記自己民族與國家的過往歷史，等於「數典忘祖」！其後果及罪責「罄竹難書」！要告誡後人知史懂史述史記史，要知道面對外來入侵，他們曾是中華民族和國家意義的武裝力量及軍事棟樑，他們曾為中華民族及國家興盛乃至救亡圖存生死攸關而「前仆後繼」、「拋頭顱灑熱血」，他們曾是中華民族與國家軍事成長歷程的先驅者、開拓者和奠基者！要認清他們曾在國民革命、北伐戰爭、抗日戰爭及其軍事、政治、外交、社會諸多方面留存各自不同的軌跡、印痕與風采。由是觀之，「黃埔精神」是伴隨著黃埔軍校的國共兩黨政治與軍事方面的合作而逐步形成的。早期的「黃埔精神」解釋為敢於犧牲，團結奮鬥。後來在不同歷史時期對「黃埔精神」詮釋各有不同。譬如：「是為主義而英勇奮鬥的精神」；是軍校奉行「同志仍須努力，革命必須成功」的堅毅精神；是「不妥協，不調和，不成功便成仁」的犧牲精神；是孫中山先生宣導的「忍苦耐勞，努力奮發」的學習精神；是「一心一意為國家奮鬥」的革命精神；是為民眾利益「不要身家性命」的犧牲精神；還有黃埔學生耳熟能詳的「兩不」「兩愛」，即「不要錢不要命」「愛國家愛百姓」。後來引伸為孫中山先生所言「革命事業就是要愛國，就是要救國救民，我要求諸君，從今天起，共同來承擔這種責任」之愛國和革命精神。孫中山逝世後，受蔣介石武斷形成了「服從校長，盡忠黨國，精誠團結，成功成仁」之惟蔣「黃埔精神」。然而，以曆久留傳的中華傳統武德與三民主義革命精神相結合，則為「團結，奮鬥，負責，犧牲」精神；延伸意涵「黃埔精神」以「愛國革命」為核心內容，「親愛精誠」為關鍵要點，「團結合作」為顯著特點，「奮鬥犧牲」為相互詮釋。

　　世界上任何民族與國家的軍事歷史都有一個功德榮辱褒貶揚棄的過程。記住歷史是為了放眼未來把握明天！無疑為黃埔軍校史研究注入了勃勃生機。這也是我們弘揚黃埔精神，研究黃埔軍校的初衷與宏大願景，隨之而來的海峽兩岸文化交流互動，通過兩岸黃埔軍校研究史料與成果共用，將為拓展與深化黃埔軍校研究注入取之不盡用之不完的源泉和力量。

　　黃埔軍校反映了現代中國北伐抗戰救國復興之大時代，至今仍舊是聯結海峽兩岸的精神紐帶之一，是海峽兩岸黃埔人的共同財富。在此基礎上啟動「黃埔軍校文化紀念公園」申報聯合國世界文化遺產目錄工程，論軍事教育、世界影響度，論它對傳承中國歷史文化之貢獻，論它的人文文化價值，因此有理由認為，「申遺」並不是「天方夜譚」，而是有理有據，功在千秋的理性奮爭目標。將黃埔軍校舊址紀念地，打造成「黃埔軍校文化紀念公園」，也許是擦亮

中華歷史文化瑰寶，為黃埔建校百年與傳承海峽兩岸認同的「黃埔精神」之最好途徑。

　　值此黃埔軍校建校百年紀念，黃埔軍校作為現代中國著名軍校，以其稱譽世界長存中國之軍事魅力，在現代中國軍事史上留有凝重輝煌一頁。時至今日，黃埔軍校在過往歷史的風采與軼事，仍舊是熱心史事讀者之無盡話題。回顧十四年抗日歲月，黃埔軍校師生與「黃埔精神」，在國共兩黨的抗日部隊均留下深刻的歷史印記，海峽兩岸近年著重對「黃埔精神」在抗日戰爭艱苦歲月上升為「民族精神」，進行了歷史與現實的詮釋與弘揚。我們行進於當今強國強軍強盛之中華民族復興偉大時代，更應站得更高看得更遠，為黃埔軍校這段輝煌偉岸的革命史跡，為幾代人的黃埔情緣，留存更多當代人之追憶與緬懷。

著者：陳予歡

2009年5月28日起稿章節目
2011年4月23日第一次修改
2012年1月24日第二次修改
2014年4月2日第三次修改
2015年5月28日第四次修改
2016年6月29日第五次修改
2017年9月23日第六次修改
2018年8月29日第七次修改
2019年9月28日第八次修改
2020年8月23日修訂結稿
2022年8月22日再行訂正
2024年9月13日訂正結稿

後 記

　　從撰稿《初露鋒芒：黃埔軍校第一期生研究》至本書結稿交付，經歷了18年光景，終將廣州黃埔軍校時期第一至七期人文史料研究書稿相繼完成。今年2024年即為黃埔建校100周年紀念。對於研究者而言，身居國家中心城市暨一線省會城市廣州，擁有許多其他城市缺少的豐富黃埔史料資源，是我們所在城市能夠源源不斷進行黃埔軍校研究之前進動力。史學先師教導我們：在搜集材料方面，要做到「竭澤而漁」。用我們今天的話來說，就是系統地周密地調查研究，詳細地佔有材料。但是真正做到竭澤而漁，談何容易。史學大師陳垣指出：「考史者遇事當從多方面考究，不可只憑一面之詞」。即是說：史學著作必須有根有據，不能憑道聽途說，更不應隨意發揮，否則不能成為信史。所幸在過去40年當中，筆者始終追尋著黃埔軍校歷期生的步伐與身影，回顧與記載他們行將遠去的背影與故事。筆者履歷黃埔軍校研究演進，一直在現代軍事將領名人群像及其戰史資料中徜徉，他們曾經叱吒風雲、威武雄壯、氣吞山河、悲情慘烈的軍旅功績以及具像容貌，仿佛就在眼前耳旁環繞回蕩依稀傳頌，振聾發瞶長久不息，所閱所聞猶如親歷戰場徘徊其景，如是記載與留存下他們的資訊、資料、傳記乃至照片。能夠有幸充當這段黃埔軍校歷屆學員軍事成長史跡及其將校傳記照片的圖書記錄者，形成一家之言傳聞於學界與讀者群，實乃吾輩此生夢寐以求莫大幸事。百年黃埔軍校建校紀念，謹此寫下粗淺感想。

2024年8月22日寫於廣州

國家圖書館出版品預行編目

繼往開來：黃埔軍校第七期研究 / 陳予歡著. --
臺北市：獵海人, 2024.11
  面； 公分
ISBN 978-626-7588-03-1(平裝)

1. CST: 黃埔軍校 2. CST: 歷史 3. CST: 軍官
4. CST: 傳記

596.71   113016733

繼往開來：
黃埔軍校第七期研究

作　　者／陳予歡
出版策劃／獵海人
製作銷售／秀威資訊科技股份有限公司
　　　　　114 台北市內湖區瑞光路76巷69號2樓
　　　　　電話：+886-2-2796-3638
　　　　　傳真：+886-2-2796-1377
網路訂購／秀威書店：https://store.showwe.tw
　　　　　博客來網路書店：https://www.books.com.tw
　　　　　三民網路書店：https://www.m.sanmin.com.tw
　　　　　讀冊生活：https://www.taaze.tw

出版日期／2024年11月
定　　價／600元

版權所有・翻印必究　All Rights Reserved
Printed in Taiwan